中国电建
POWERCHINA
中国水电
SINOHYDRO
中国水电建设集团十五工程局有限公司
SINOHYDRO CORPORATION ENGINEERING BUREAU 15 CO., LTD.
杨凌职业技术学院
YANGLING VOCATIONAL & TECHNICAL COLLEGE

校企合作特色教材

水利工程施工技术

主　编　穆创国　芦　琴
副主编　高振兴　郭　庆　何祖朋
主　审　张少卫

中国水利水电出版社
www.waterpub.com.cn
·北京·

内 容 提 要

全书系统地阐述水利水电工程建设中主要工种的施工方法，以及主要建筑物施工程序与方法、施工工艺与施工机械等内容。本书包含6个项目，即明挖爆破工程施工、地基处理工程施工、混凝土工程施工、土石方工程施工、砌筑工程施工、地下洞室施工等。

本书可作水利水电工程施工专业的教材，也可供水利类相关专业教学使用，同时可作为水利水电工程技术人员的参考用书。

图书在版编目（CIP）数据

水利工程施工技术 / 穆创国，芦琴主编. -- 北京 : 中国水利水电出版社，2018.1(2020.1重印)
校企合作特色教材
ISBN 978-7-5170-6057-4

Ⅰ. ①水… Ⅱ. ①穆… ②芦… Ⅲ. ①水利工程－工程施工－高等职业教育－教材 Ⅳ. ①TV52

中国版本图书馆CIP数据核字(2017)第284135号

书　　名	校企合作特色教材 **水利工程施工技术** SHUILI GONGCHENG SHIGONG JISHU
作　　者	主编　穆创国　芦琴　副主编　高振兴　郭庆　何祖朋 主审　张少卫
出版发行	中国水利水电出版社 （北京市海淀区玉渊潭南路1号D座　100038） 网址：www.waterpub.com.cn E-mail：sales@waterpub.com.cn 电话：（010）68367658（营销中心）
经　　售	北京科水图书销售中心（零售） 电话：（010）88383994、63202643、68545874 全国各地新华书店和相关出版物销售网点
排　　版	中国水利水电出版社微机排版中心
印　　刷	北京印匠彩色印刷有限公司
规　　格	184mm×260mm　16开本　18.5印张　439千字
版　　次	2018年1月第1版　2020年1月第2次印刷
印　　数	2501—3500册
定　　价	**48.00**元

中国水电十五局水电学院
校企合作特色教材编审委员会

本书编委会

主　编：穆创国　杨凌职业技术学院

芦　琴　杨凌职业技术学院

副主编：高振兴　杨凌职业技术学院

郭　庆　杨凌职业技术学院

何祖朋　杨凌职业技术学院

参　编：张敬博　杨凌职业技术学院

朱显鸽　杨凌职业技术学院

陈　伟　中国水电建设集团十五工程局有限公司

石海超　中国水电建设集团十五工程局有限公司

吕　渊　中国水电建设集团十五工程局有限公司

主　审：张少卫　中国水电建设集团十五工程局有限公司

前　言

Preface

随着我国高等职业教育改革的进一步深化，校企合作、协同育人成为职业教育培养高素质技术技能人才的一条有效途径。《国务院关于加快发展现代职业教育的决定》（国发〔2014〕19号）明确提出：突出职业院校办学特色，强化校企协同育人。鼓励行业和企业举办或参与举办职业教育，发挥企业重要办学主体作用。推动专业设置与产业需求对接，课程内容与职业标准对接，教学过程与生产过程对接，毕业证书与职业资格证书对接，职业教育与终身学习对接。规模以上企业要有机构或人员组织实施职工教育培训、对接职业院校，设立学生实习和教师实践岗位。多种形式支持企业建设兼具生产与教学功能的公共实训基地。支持企业通过校企合作共同培养培训人才，不断提升企业价值。

杨凌职业技术学院与中国水电建设集团十五工程局有限公司的合作由来已久，可以说伴随着两个单位的成长与发展，繁荣与壮大，是职业教育校企合作的典范。企业全过程全方位参与学校的教育教学过程，为学院的建设发展和人才培养做出了卓越贡献。学院为企业培养输送了一大批优秀的技术人才，成长为企业的技术骨干，在企业的发展壮大过程中做出了显著贡献。特别是自2006年示范院校建设以来，校企双方合作的广度和深度显著加大，在水利类专业人才培养方案制订与实施、专业建设、课程建设、校内外实验实训条件建设、学生生产实习和顶岗实习指导、教师下工地实践锻炼、兼职教师授课、资源共享、接收毕业生等方面开展了全方位实质性合作，成果突出。2013年3月依托学院水利水电建筑工程专业，本着“合作共建，创新共赢”的原则，经双方共同协商，成立校企合作理事会和“中国水电十五工程局水电学院”，共同发挥各自的资源优势，协同为社会行业企业培养高素质水利水电工程技术技能人才。在水电学院的运行过程中，为了更好地实现五个对接、校企协同育人，将企业的新技术新成果引入到教学过程中，在教育部、财政部提升专业服务产业发展能力计划项目的支持下，主要围绕水利水电工程施工一线的施工员、造价员、质检员、安全员等关键技术岗位工作要求，培养学生的专业核心能力，双方多次协商研讨，共同策划编写校企合作特色教材，该套教材共计7本，作为水电学院学生的课程学习教材，同时也可作为企业员工工作参考。

本书在编写过程中，突出“以工作过程为导向、以岗位为依据、以能力为本位”的思想；体现“两个育人主体、两个育人环境”的本质特征；注重职业能力的训练和个性培养；坚持学生知识、能力、素质协调发展；既满足了高质量人才培养的需要，又推动了行业的发展。

本书共6个项目，包括明挖爆破工程施工、地基处理工程施工、混凝土工程施工、土石方工程施工、砌筑工程施工、地下洞室施工等。全书系统地阐述水利水电工程建设中主要工种的施工方法，以及主要建筑物施工程序与方法、施工工艺与施工机械等内容。

本书由杨凌职业技术学院穆创国、芦琴主编并统稿，具体编写分工：杨凌职业技术学院穆创国（项目1、项目3任务3.1～任务3.4）、郭庆（项目2任务2.1～任务2.3）、吕渊（项目2任务2.4）、高振兴（项目4、项目3任务3.5～任务3.7）、陈伟（项目5任务5.1）、何祖朋（项目5任务5.2）、张敬博（项目6任务6.1～任务6.3）、朱显鸽（项目6任务6.4）、石海超（项目6任务6.5、任务6.6）、芦琴（项目2任务2.5）。

在本书编写过程中，专业建设组的领导和全体老师对本书提出了许多宝贵意见，学院及教务处领导也给予了大力支持，在此表示最诚挚的感谢。

由于作者水平有限，本书不足之处在所难免，恳请广大师生和读者对书中存在的缺点和疏漏提出批评指正，编者不胜感激。

编　者

2017年10月

目　录

Contents

项目1 明挖爆破工程施工

在水利水电工程建设中，经常遇到各种建筑物岩基与石料开挖等项目，由于岩石比较坚硬，机械难以直接挖掘，目前均采用炸药爆破的方法进行，一般先将岩体爆破形成渣体，然后再用挖运机械挖装运出。通常这类项目工程量大，开挖又有一些特定的质量要求，因此，爆破技术对于提高爆破效率、保证开挖质量是至关重要的。

任务1.1 爆 破 器 材

请思考：

1. 炸药的主要性能主要有哪些？
2. 炸药有哪些种类？
3. 起爆器材有哪些性能？
4. 起爆器材有哪些种类？
5. 起爆器材如何选用？
6. 爆破材料的储存要求及方法有哪些？

1.1.1 炸药及其选择

1.1.1.1 炸药和爆破

炸药是指在一定条件下能够发生快速化学反应、放出能量、生成气体产物并显示出爆炸效应的化合物或混合物，由氧化剂和还原剂两类物质组成。

因环境和条件不同，炸药有 4 种不同形式的化学变化，即热分解、燃烧、爆炸和爆轰。其中爆轰是指爆炸以最大的稳定速度进行传播的过程，爆炸和爆轰并无本质的区别，爆炸是一种不稳定的爆轰状态。

爆轰波指炸药被引爆以后，在局部发生爆炸化学反应产生大量的高温高压和高速的气体产物，形成一种冲击波，并以高温、高压、高速、高密度的状态传播能量，作用于未反应的临近炸药薄层，这样持续作用持续反应，使冲击波维持一定速度和波阵面压力向前传播，这种伴随化学反应在炸药中传播的特殊形式的冲击波称为爆轰波。爆轰波的传播速度称爆速，爆轰波的传播过程称爆轰过程。

爆轰波以不变的最大速度传播，称为理想爆轰；如爆速达不到最大爆速，仅以一定的常速传播，称为稳定爆轰；如果爆轰波不能维持恒速传播，传播衰减以致中断，就称为不稳定爆轰。在实际工程中，要求稳定爆轰是十分必要的。影响爆轰传播的因素有药包直径、药包外壳以及炸药量度。

装药直径对爆轰传播有很大的影响。爆速达到极大值时的最小直径称为极限直径 d_1，

对应的极限爆速为 D_1。只有当装药直径达到某一临界值时，才有可能达到稳定爆轰，稳定爆轰的最小直径称为临界直径 d_S，对应于临界直径的爆速称为临界爆速 D_S。如果装药直径小于临界直径，不论起爆能多大，均不能稳定爆轰。只有当装药直径在 d_S 和 d_1 之间时，爆速才随直径的增大而增大。

不同种类炸药或装药密度不同，临界直径 d_S、临界爆速 D_S、极限直径 d_F 和极限爆速 D_F 是不相同的。一般来说，混合炸药的临界直径 d_S 极限直径 d_F 比单质炸药的大而临界爆速 D_S 和极限爆速 D_F 比单质炸药的小。表 1.1 列出了部分炸药的临界直径和极限直径。

表 1.1　部分炸药的临界直径和极限直径

炸药名称	临界直径 d_S/mm	极限直径 d_1/mm
黑索金（RDX）	1.0～1.5	3～4
梯恩梯（TNT）	6	10～30
岩石铵梯炸药	15	120

药包外壳对爆轰也有一定的影响。外壳阻力越大，临界直径与极限直径就越小。

单质炸药装药密度增大，爆速也随之增大，并呈线性关系。

对于混合炸药，起初爆速随装药密度的增大而增大，但当密度增大到一定值时，爆速达到最大值；此后随着密度的进一步增大，爆速反而下降，当密度超过某一极限值时，就会发生所谓的“压死”现象，导致炸药拒爆。

爆破是利用炸药的爆炸能量对周围的岩石、混凝土或土等介质进行破碎、抛掷或压缩，以达到预定的开挖、填筑或处理等工程目的技术。

1.1.1.2　炸药的分类

1. 按组成分类

炸药分为单体（质）炸药和混合炸药两大类。

单体炸药又称为爆炸化合物，它本身是一种化合物，即一种均一的相对稳定的化学系统。

混合炸药是由两种或两种以上化学性质不同的组分组成的混合物。混合炸药是目前工程爆破中应用最广、品种最多的一类炸药。

2. 按用途分类

炸药分为起爆药、猛炸药、发射药。

起爆药是一种对外界作用十分敏感的炸药，主要用于装填雷管和其他火工品，用来起爆猛炸药。最常用的起爆药有雷汞、叠氮化铅和二硝基重氮酚等。

猛炸药具有相当大的稳定性，对外界作用的敏感度比起爆药低得多，在使用时需用起爆药起爆。TNT、乳化炸药、浆状炸药和铵油炸药等都是猛炸药。

发射药又称火药，其主要特点是对火焰敏感，化学反应呈燃烧形式，但在密闭条件下能转变为爆炸。

3. 按使用环境分类

炸药分为煤矿许用炸药、岩石炸药和露天炸药。

1.1.1.3　炸药的性能

1. 感度

炸药在外界能量作用下激起爆炸的过程称为起爆。起爆炸药所需的外界能量称为起爆能或初始冲能。

工业炸药常用的起爆能有 3 种，即热能、机械能和爆炸能，其中爆炸能是指起爆药爆炸产生的可以起爆另一些炸药的爆轰波或高温、高压气体产物流的动能，常用的有雷管、导爆索和中继起爆药包等爆炸能。

炸药的感度是指炸药在外界起爆能的作用下发生爆炸的难易程度。感度的高低是以激发炸药爆炸反应所需要的起爆能的大小来衡量的。炸药起爆时所需的起爆能小，表示炸药的感度高；反之，所需的起爆能大，则表示炸药的感度低。

2. 炸药氧平衡

炸药通常是由碳、氢、氧、氮 4 种元素组成，通常可以写成 $C_aH_bO_cN_d$，其中碳、氢是可燃元素，氧是助燃元素，氮是载氧体。

炸药的爆炸反应将形成新的稳定产物，并且放出大量的热量，形成的产物主要有 CO_2、H_2O、CO、N_2、O_2、H_2、C、NO、CH_4 等。

炸药中所含的氧量与炸药中的碳、氢完全氧化所需的氧量之差，称为炸药的氧平衡。

炸药的氧平衡有 3 种情况：①正氧平衡，即含氧量多于炸药反应所需氧量；②零氧平衡，即含氧量与炸药反应所需氧量持平；③负氧平衡，即含氧量少于炸药反应所需氧量。

正氧平衡炸药因未能充分利用炸药中的氧量，而且剩余的氧和游离状态的氮化合时，产生氮氧化物有毒气体，并吸收热量。

负氧平衡炸药因炸药中的氧量不足，未能充分利用可燃元素，并且生成可燃性 CO 有毒气体，但在生成产物中含双原子气体较多，能够增加生成气体的数量。

零氧平衡炸药因炸药中的氧和可燃元素都得到了充分利用，故在理想反应条件下，放出最大的热量，而且不会生成有毒气体。

氧平衡对炸药的爆炸性能、放出热量、生成气体的组成和体积、有毒气体含量、做功效率等有着多方面的影响。

3. 爆容

每千克炸药爆炸生成的气体产物在标准状态下（1atm、273K）的体积称为炸药的爆容。气体产物是炸药爆炸放出热能借以做功的介质。因此，爆容是与炸药做功能力有关的一个重要参数。

4. 爆热

单位质量炸药爆炸时，所释放出来的热量称为爆热，单位为 J/kg。

爆热是炸药做功的能源，也是决定炸药爆速的重要因素之一，与炸药的其他许多性能有着直接或间接的关系。

5. 爆温

炸药爆炸瞬间所放出的热量将爆炸产物加热到的最高温度称为爆温。

6. 爆压

炸药在一定容积内爆炸后，其气体产物的比容不再变化时的压力称为爆炸气体压力，简称爆压。

7. 炸药的威力

炸药的威力是指其所具有的总能量。在理论上可用炸药的做功能力近似表示炸药的威力，在工程实践中则采用一些标准的实验方法对炸药的威力进行相对比较。

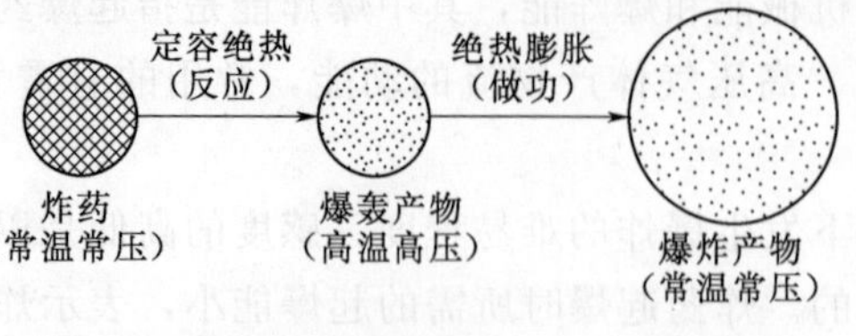

图 1.1　炸药爆炸的理想做功过程示意图

炸药的做功能力是衡量炸药威力的重要指标之一，通常以爆炸产物绝热膨胀直到其温度降到炸药爆炸前的温度时，对周围介质所做的功来表示。图 1.1 为炸药的理想做功过程示意。

在实际工程中，为了比较不同炸药的威力，通常采用一种规定的实验方法，并以实验获得的结果来衡量不同炸药爆炸做功的相对指标。

炸药的爆力是表示炸药爆炸做功的一个指标，表示炸药爆炸所产生的冲击波和爆轰气体作用于介质内部，对介质产生压缩、破坏和抛移的做功能力。炸药的爆压越大，爆温越高，所成的气体体积越多，爆力就越大。

炸药爆力铅铸扩张法（又称特劳茨法）的测定方法如图 1.2 所示，称取受炸药 10g（精确至 0.01g），装入纸筒中，纸筒内径为 24mm，装药密度为 $1g/cm^3$，将装好的药柱放入铅铸中心孔内，并用石英砂填充（石英砂自由倒入，不要振动或捣固），用 8 号工业雷管起爆。

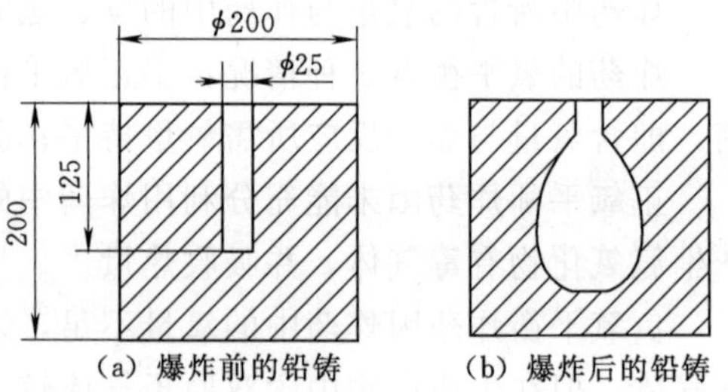

图 1.2　铅铸扩孔法测定炸药焊力示意图（单位：mm）

爆轰气体产物的膨胀作用将孔壁压缩成“梨”形空洞［图 1.2（b）］，分别用水量测爆炸前后炮孔容积的大小，两个数据之差即表示炸药的爆力 Φ(mL)。

$$\Phi = V_2 - V_1 \tag{1.1}$$

式中　V_1——爆炸前铅铸内孔穴容积，mL；

V_2——爆炸后铅铸内孔穴容积，mL。

炸药的猛度是指炸药爆炸瞬间爆轰波和爆炸产物直接对与之接触的固体介质局部产生的破碎能力。猛度的大小主要取决于爆速，爆速越高，猛度越大，岩石被粉碎得越厉害。

炸药猛度的实测方法一般采用铅柱压缩法。

测定炸药猛度的方法如图 1.3 所示，称取受试炸药 50g（精确到 0.1g）装入内径 40mm 的纸筒内（纸厚 0.15～0.20mm），然后将炸药压制成中心有孔（孔径 7.5mm，孔深 15mm）、装药密度为 $1g/cm^3$ 的药柱。药柱上面放一中心穿孔的圆形纸板，以便插入和固定起爆雷管。铅柱高（60±0.5）mm，直径（40±0.2）mm。铅柱置于厚度不小于 20mm、最短边长不小于 200mm 的钢板上。药包与铅柱之间用厚度为（10±0.2）mm、直径（40±0.2）mm 的钢片隔开。药包、钢片和铅柱的中心在同一轴线上，用钢板上的细绳固定这个相对位置，分别测量药包爆炸前、后铅柱的平均高度，其高并差即为这种炸药的猛度值（以 mm 计），按规定，每种试样平行做两次测定，然后取其平均值，精确到 0.1mm，平均误差不应超过 1.0mm。

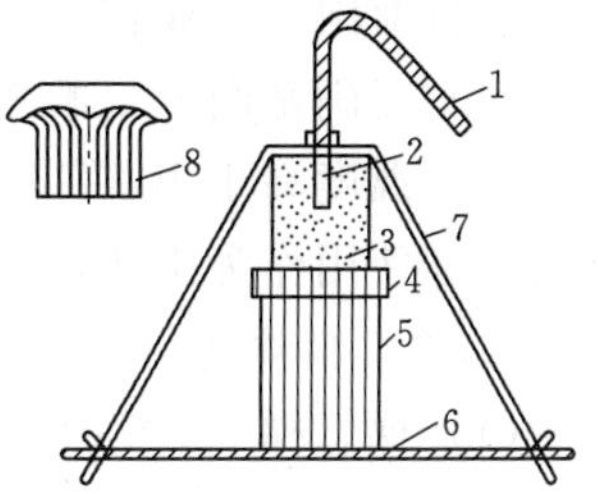

图 1.3　炸药猛度测定方法
1—导火索；2—雷管；3—炸药；4—钢片；5—铅柱；6—钢板；7—细绳；8—爆破后的铅柱

8. 炸药的殉爆

一个药包（卷）爆炸后，引起与它不接触的邻近药包（卷）爆炸的现象称为殉爆。殉爆在一定程度上反映了炸药对冲击波的敏感度。通常将先爆炸的药包称为主动药包，而将被主动药包引爆的药包称为被动药包。前者引爆后者的最大距离叫作殉爆距离，一般以厘米计，表示一种炸药的殉爆能力，在工程爆破中，殉爆距离对于确定分段装药、盲炮处理和合理的孔网参数等都具有指导意义。在炸药厂和危险品库房的设计中，殉爆距离又是确定安全距离的重要依据。

炸药的殉爆距离受多种因素的影响，首先是被动药包本身的性质，它决定了该种炸药对冲击波的感度。在炸药品种确定后，炸药的殉爆距离就取决于药包的密度、药量、药径、外壳特征以及中间介质等因素。

9. 安定性

炸药在长期储存中保持自身性质稳定不变的能力，包括物理安定性和化学安定性。

10. 聚能效应

利用爆炸产物运动方向与装药表面垂直或近似垂直的规律，做成特殊形状的装药，就能使爆炸产物聚集起来，提高能流密度，增强爆炸作用，这种现象称为聚能效应。聚集起来朝着一定方向运动的爆炸产物，称为聚能流。

如果药柱的一端带有锥状穴，那么爆轰后当锥孔部分的爆轰产物飞散时，先向轴线集中，聚集成一股高压、高速的聚能流。这种聚能流作用在钢板上，就会形成较大的深孔，这是因为锥形穴提高了聚能破坏作用。

1.1.1.4　单质炸药

单质炸药是制造工业炸药和起爆器材的原料，按其起爆的难易程度可分为起爆药、单质猛炸药。

1. 起爆药

起爆药一般用来制作工业雷管。常用的起爆药有雷汞、氮化铅、二硝基重氮酚（DDNP）和三硝基间苯二酚铅（THPC）。

（1）雷汞。雷汞是一种白色或灰白色的微细晶体，50℃以上时会自行分解，160～165℃时发生爆炸。用于制作工业铜壳或纸壳雷管。

（2）氮化铅。氮化铅是一种白色或淡黄色的针状晶体。与雷汞相比，氮化铅的热感度较低，但爆炸威力较大。氮化铅不会因潮湿而失去爆炸能力，可用于水下爆破。用于制作铝壳或纸壳雷管。

（3）二硝基重氮酚（DDNP）。二硝基重氮酚是一种黄色或黄褐色的晶体，安定性好，常温下在水中仍不降低爆炸性能。干燥的二硝基重氮酚在 75℃时开始分解，170～175℃时发生爆炸。二硝基重氮酚对撞击、摩擦的感度均比雷汞和氮化铅低，其热感度介于两者之间。目前国产工业雷管主要采用二硝基重氮酚作起爆药。

(4) 三硝基间苯二酚铅 (THPC)。三硝基间苯二酚铅是一种金黄色微细晶体，热安定性好，温度高于100℃时仍不分解，200℃时才开始爆炸。三硝基间苯二酚铅通常与氮化铅一起使用作为工业雷管的起爆药。

2. 单质猛炸药

(1) 梯恩梯 (TNT)。TNT在化学上叫作三硝基甲苯，分子式为 $C_6H_2(NO_2)_3CH_3$。自然状态的TNT是一种黄色或淡黄色晶体，TNT的化学稳定性好，常温下不分解，180℃时才显著分解，遇火燃烧，并冒出黑烟，在密闭或堆积量很大的情况下，燃烧可以转变成爆炸。TNT的机械感度低，但掺入硬质掺合物时则易被引爆。TNT有毒性，它的粉末、蒸汽主要通过皮肤和呼吸道侵入人体，TNT吸湿性很小，难溶于水，易溶于甲苯、丙酮和乙醇等有机溶剂。TNT具有良好的爆炸性能，爆力为300mL，爆速为7000m/s，爆热为4222kJ/kg，有着广泛的军事用途。常用精制的TNT做工业炸药中的加强药或硝铵类炸药中的敏化剂。

(2) 黑索金 (RDX)。RDX在化学上叫作环三次甲基三硝胺。自然状态的RDX是一种白色晶体，熔点为204.5℃，爆发点为230℃，不吸湿，几乎不溶于水，机械感度比TNT高。RDX的爆力为500mL，爆速为8300m/s，爆热为5350kJ/kg，猛度为16mm (25g药量)。除了作工业雷管中的加强药外，黑索金 (RDX) 还可有作导爆索的药芯以及同TNT混合后制作起爆药包。

(3) 特屈儿。特屈儿在化学上叫作三硝基苯甲硝胺。自然状态的特屈儿是一种淡黄色晶体，难溶于水，热感度和机械感度高。特屈儿的爆炸性能好，爆力为475mL，猛度可达22mm，易与硝酸铵作用而释放热量导致自燃。除了军事用途之外，特屈儿还可用作工业雷管中的加强药。

(4) 泰安 (PETN)。PETN化学上叫作季戊四醇四硝酸酯。自然状态的PETN是一种白色晶体，几乎不溶于水。PETN的爆炸威力大，爆力为500mL，爆速为8400m/s，猛度为15mm (25g药量)。PETN的用途同RDX。

(5) 硝化甘油 (NG)。硝化甘油在化学上叫作三硝酸酯丙三醇。自然状态下的硝化甘油是一种无色或微黄色的油状液体，20℃时的比重为1.59g/cm³，不溶于水，在水中不丧失爆炸性能，50℃时开始挥发，爆发点为200℃。硝化甘油有毒，应避免与皮肤接触，其机械感度很高，不能单独使用，通常用多孔物质 (如硅藻土或硝化棉) 吸收，以降低其感度。硝化甘油爆炸威力高，爆力为500mL，猛度为23mm。

1.1.1.5　粉状硝铵类炸药

以硝酸铵为主要成分的炸药叫作硝铵类炸药，简称硝铵炸药。由于硝酸铵为常用的化工产品，来源广泛，易于制造，成本低廉，所以国内外广泛制作各种类型的混合炸药。硝铵炸药主要由氧化剂、可燃剂和敏化剂组成。

(1) 氧化剂。氧化剂为硝酸铵，在炸药中的作用是提供爆炸反应时所需的氧元素。

(2) 可燃剂。可燃剂又叫还原剂，常用木粉、木炭、柴油、铝粉等作为可燃剂。它与氧化合，发生剧烈的燃烧 (氧化) 反应。

(3) 敏化剂。常用的敏化剂有TNT、二硝基萘、铝粉和一些发泡剂或发泡物质，作用是增加敏感度、改善爆炸性能。

（4）其他成分。为适应各种不同的使用要求，经常在炸药中添加一些附加成分，如消焰剂、防潮剂、黏结剂等。

以上诸成分中，氧化剂和还原剂为必要成分，其他成分视需要而定。

1. 铵梯炸药

铵梯炸药是我国应用最广泛的工业炸药品种。它是一种以硝酸铵、TNT 和木粉为主要原料的粉状混合炸药。根据用途可分为岩石炸药，露天炸药和煤矿许用炸药。

几种铵梯炸药的成分和性能列于表 1.2 中。

表 1.2　　铵梯炸药的成分和性能

成分与性能		岩石铵梯炸药		露天铵梯炸药		
		1 号	2 号	1 号	2 号	3 号
成分/%	NH_4NO_3	82±1.5	85±1.5	82±2.0	86±2.0	88±2.0
	TNT	14±1.0	11±1.0	10±1.0	5±1.0	3±1.0
	木粉	4±0.5	4±0.5	8±1.0	9±1.0	9±1.0
性能	水分/%	≤0.3	≤0.3	≤0.5	≤0.5	≤0.5
	爆力/mL	350	320	300	250	230
	猛度/mm	13	12	11	8	5
	殉爆距离/cm	6	5	4	3	2

铵锑炸药有效储存期一般为 6 个月，临界直径为 18～20mm，直径为 32～35mm 处于最佳密度时的药炸速为 3600m/s。

工业用铵梯炸药品种还有很多，一般多用 2 号岩石炸药。

2. 铵油炸药

铵油炸药的主要成分是硝酸铵和柴油，是我国冶金业、有色矿石开采应用最多的一种钝感猛性炸药。

几种粉状铵油炸药的成分与性能见表 1.3。

表 1.3　　几种粉状铵油炸药的成分与性能

成分与性能		92-4-4 细粉状铵油炸药	100-2-7 粗粉状铵油炸药	露天细粉状铵油炸药	露天粗粉状铵油炸药
成分/%	硝酸铵	92	91.7	89.5±1.5	94.2
	柴油	4	1.9	2.0±0.2	5.8
	木粉	4	6.4	8.5±1.0	
性能	水分/%	≤0.3	≤0.3	≤0.5	≤0.5
	爆力/mL	280～310	—	240～280	—
	猛度/mm	9～13	8～11	8～10	≥7
	殉爆距离/cm	4～7	3～6	≥3	≥2

铵油炸药的原料来源广，价格低廉，加工制作简单，爆炸性能良好，但容易吸湿和结块，不能用于水中爆破。有效储存期仅为 7～15 天，一般在施工现场拌制。

3. 铵松蜡炸药

为了克服铵梯炸药和铵油炸药吸湿性能、保存期短的缺点，结合我国的资源特点，20世纪70年代以来，我国研制成功了铵松蜡炸药。铵松蜡炸药是由硝酸铵、木粉、松香、石蜡和柴油混制而成。铵松蜡炸药除了保持铵油炸药的优点外，还具有抗水性能良好、保存期长、性能指标达到2号岩石铵梯炸药的标准等优点；但它的毒气生成量较大，由于石蜡和松香的燃点低，不能用于有瓦斯和粉尘爆炸危险的地下矿山。

铵松蜡炸药、铵沥蜡炸药的配方和性能列于表1.4。

表1.4　铵松蜡炸药、铵沥蜡炸药的配方和性能

配方			爆炸性能		
组成	铵松蜡	铵沥蜡	指标	铵松蜡	铵沥蜡
硝酸铵/%	91±1.5	90±1.5	殉爆/cm	5～7	3～4
柴油/%	1±0.1		猛度/mm	13～14	11～12
木粉/%	5	8	爆力/mL	200	230
松香/%	1.8±0.3		爆速/(m/s)	3200	3100
石蜡/%	1.2±0.1		加工方法	热覆法	热碾法
(沥青+石蜡)/%		2±0.3			

注　浸水30min后，铵松蜡的殉爆距离下降为4～5cm，铵沥蜡的殉爆距离下降为2～3cm。

1.1.1.6　含水硝铵类炸药

含水硝铵炸药包括浆状炸药、水胶炸药、乳化炸药等。它们的共同特点是将硝铵或硝酸钾、硝酸钠溶解于水成为硝酸盐的水溶液，当其饱和后便不再吸收水分，这样能起到“以水抗水”的作用。

1. 浆状炸药

浆状炸药是1956年由美国的库克和加拿大的法曼合作发明，由美国埃列克化学公司正式投产的一种新型抗水炸药，在世界炸药史上被称为“第三代炸药”。

浆状炸药是由氧化剂、敏化剂和胶凝剂3种基本成分混合而成的悬浮状的饱和水胶混合物，其外观呈半流动胶浆体，故称为浆状炸药。

浆状炸药具有密度高、可塑性好、抗水性强、适于水孔爆破和使用安全等优点。但其感度低，不能用普通雷管起爆，需用专门起爆体加强起爆，安定性较差，储存期短。

2. 水胶炸药

水胶炸药是浆状炸药改进后的新品种，它与浆状炸药的不同之处主要是采用了水溶液敏化剂，这样就使得氧化剂的偶合状况大为改善，从而获得更好的爆炸性能。

水胶炸药具有抗水性强、感度高、可塑性好、使用安全、可用8号雷管直接起爆和爆炸性能良好等优点，其主要缺点是生产成本较高。

3. 乳化炸药

乳化炸药是20世纪70年代在美国发展起来的一种新型炸药，20世纪70年代末期我国也已经可以制造。乳化炸药具有威力高、感度高、抗水性好的特点，被誉为“第四代”炸药，它不同于水包油型的浆状炸药和水胶炸药，而是以油为连续相的油包水型的乳化胶体，既不含爆炸性的敏化剂，也不含胶凝剂。此种炸药中的乳化剂使氧化剂水溶液（水相或内相）微细的液均匀地分散在含有气泡的近似油状物质的连续介质中，使炸药形成一种灰白我或浅黄色的油包水型的特殊内部结构的乳胶体，故称乳化炸药。

（1）乳化炸药的分类与品种：

1）岩石型乳化炸药。该类药具有较好的爆轰性能，使用于无沼气、无粉尘爆炸危险、有水的坚硬或中硬岩石的爆破工程。一般具有雷管感度，有较好的储存性能，以小药卷的形式包装出厂。国内的定型产品很多，如 EL 系列、RJ 系列等。

2）露天型乳化炸药。该类炸药以加工简便和成本较低为显著特点，适用于露天爆破工程。一般具有雷管感度，抗水性能好，主要以散装的形式使用，因而，不要求其具有长期的储存稳定性。定型产品有 LK－2 型、露天－111 和露天－112 型等。此外，随着装药机械化程度的提高，通过混装车或泵送车在爆破作业现场可以直接进行混制，然后装入炮孔。

3）煤矿许用型乳化炸药。该类炸药适用于有沼气或煤尘爆炸的危险的矿井爆破工程。由于要求这类炸药的爆热小，爆温低，不产生二次火焰、爆炸后生的灼热固体残渣少，因此在炸药的组分中添加了一定的消焰剂（如氧化钠）。定型产品有 RMJ－1 型、RNJ－2 型和 LR 型。

（2）乳化炸药的性能。乳化炸药的性能不仅与共组成配比有关，而且也与它的生产工艺特别是乳化技术有关。

1）抗水性好：常温下浸泡在水中 7 天后，炸药的爆炸性能无明显变化，仍然可用 8 号雷管起爆，可替代硝化甘油炸药在水中的使用。

2）爆速高：爆速可达 4000～5000m/s，故猛度高。

3）感度高：由于加入了发泡剂，使氧化剂水溶液成为微滴，敏化剂气泡均匀地分散在其中，故爆轰敏感度高，且具有雷管感度。

4）密度范围可调：炸药的密度可在 0.8～1.45g/cm^3 之间调节。

5）安全性能好：乳化炸药对于冲击、摩擦、撞击的感高都较低，而且爆炸后的有毒气体生成量少，使用安全，储存期长，在常温下可储存半年以上。部分国产乳化炸药的成分与性能见表 1.5。

1.1.2　起爆器材及其选用

起爆器材是指用于起爆工业炸药的一切点火和起爆工具，按其作用可分为起爆材料和传爆材料，各种雷管属于起爆材料，导爆索、导爆管属于传爆材料，继爆管、导爆索既可起爆，也可用于传爆。

起爆器材的基本要求是安全可靠，使用简单，方便、具体要求是：①具有足够的起爆力和传爆能力；②能适应多种作业环境；③延时精确；④便于储存和运输。

1.1.2.1　雷管

工程爆破中常用的工业雷管有火雷管、电雷管和非电毫秒雷管等。

1. 火雷管

在工业雷管中，火雷管是最简单的一种品种，但又是其他各种雷管的基本部分。火雷管的结构如图 1.4 所示，它由以下几个部分组成。

表1.5　　部分国产乳化炸药的成分与性能

成分与性能		炸药型号				
		RL-2	EL-103	RJ-1	MRY-3	CLH
成分	硝酸铵	65	53～63	50～70	60～65	50～70
	硝酸钠	15	10～15	5～15	10～15	15～30
	尿素	2.5	1.0～2.5	—	—	—
	水	10	9～11	8～15	10～15	4～12
	乳化剂	0.5～1.3	0.5～1.5	1.0～2.3	0.5～2.5	—
	石蜡	2	0.8～3.5	2～4	(蜡-油)2～6	(蜡-油)2～6
	燃料油	2.5	1～2	1～3	—	—
	铝粉	—	3～6	—	3～5	—
	亚硝酸钠	—	0.1～0.3	0.1～0.7	0.1～0.5	—
	甲基胺硝酸盐	—	—	5～20	—	—
	添加剂	—	—	0.1～0.3	0.4～1.0	—
性能	猛度/mm	12～20	16～19	16～19	16～19	16～17
	爆力/mL	302～304	—	301	—	295～330
	爆速/(m/s)	3000～4200	4300～4600	4500～5400	4500～5200	4500～5500
	殉爆距离/cm	5～23	12	9	8	—

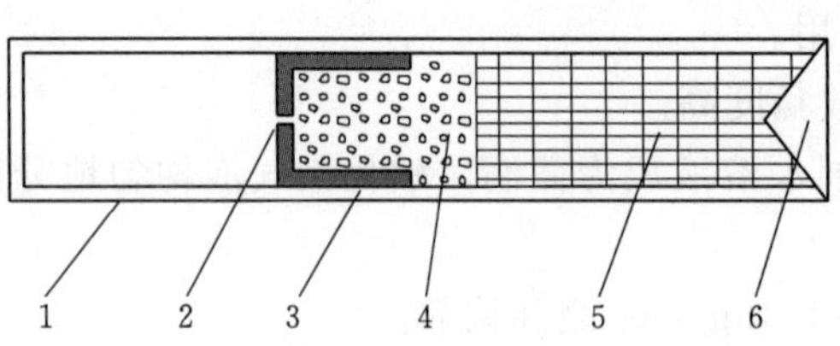

图1.4　火雷管结构示意图
1—管壳；2—传火孔；3—加强帽；4—DDNP正起爆药；5—加强药（副起爆药）；6—聚能穴

(1) 管壳。火雷管的管壳通常采用金属（铝和铜）、纸或硬塑制成，呈圆管状。管壳一端为开口端，以供插入导火索之用；另一端密闭，做成圆锥形或半球面形聚能穴，以提高该方向的起爆能力。

(2) 正起爆药。火雷管中的正起爆药在导火索火焰的作用下，首先起爆，所以其主要特点是灵敏度高。它通常由雷汞、二硝基重氮或叠氮化铅制成，目前，国产雷管的正起爆药大多用二硝基重氮酚（DDNP）制成。

(3) 副起爆药。副起爆药也称为加强药。它在正起爆药的爆炸作用下起爆，进一步加强了正起爆药的爆炸威力。通常由黑索金、特屈儿或黑索金+梯恩梯药柱制成。

(4) 加强帽。加强帽是一个中心带小孔的小金属罩。它通常用铜皮冲压而成。加强帽的作用是减少正起爆药的暴露面积、增加雷管的安全、在雷管内部形成一个密闭的小室，促使正起爆药爆炸压力的增长，提高雷管的起爆力，还可以防潮。加强帽中心孔的作用是让导火索产生的火焰穿过此孔，直接喷射到正起爆药上。

工业雷管按其起爆药量的多少，可以分为10个等级，号数愈大，其起爆药量愈多，雷管的起爆能力愈强。目前，工程爆破中常用的是8号和6号雷管。

火雷管的结构简单，使用方便，不受杂散电流和雷电引爆的威胁，可用于直接起爆和间接起爆各种炸药和导爆索，多用在地面采石场、隧道爆破、水利建设工程中。随着起爆器材的发展，这种雷管应用范围变小，在有瓦斯、煤尘和矿尘爆炸危险的场合禁止采用。

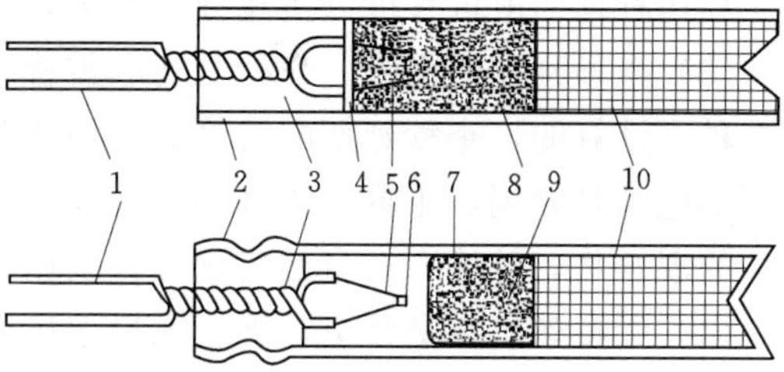

图1.5 瞬发电雷管结构示意图

1—脚线；2—管壳；3—密封塞；4—纸垫；5—线芯；6—桥丝（引火药）；7—加强帽；8—散装DDNP；9—正起爆药；10—副起爆药

2. 电雷管

（1）瞬发电雷管。瞬发电雷管也称即发电雷管，它是一种通电即爆炸的电雷管。瞬发电雷管的结构如图1.5所示。它的装药部分与火雷管相同，不同之处在于其管内装有电点火装置。电点火装置由脚线、桥丝和引火药组成。通电后桥丝发热引发引火药燃烧爆炸，进而引发雷管爆炸，引发电雷管爆炸必须给输入一定电流，保证在1min内必定使任何一发电雷管都能起爆的最小恒定的直流电流称为准爆电流，一般为0.7A。工程爆破中最常见的是8号瞬发电雷管，其起爆药量与8号火雷管的起爆药量相同。

（2）秒延期电雷管。秒延期电雷管就是通电后隔一段以秒为计量单位的时间才爆炸的电雷管，秒延期电雷管的结构如图1.6所示。

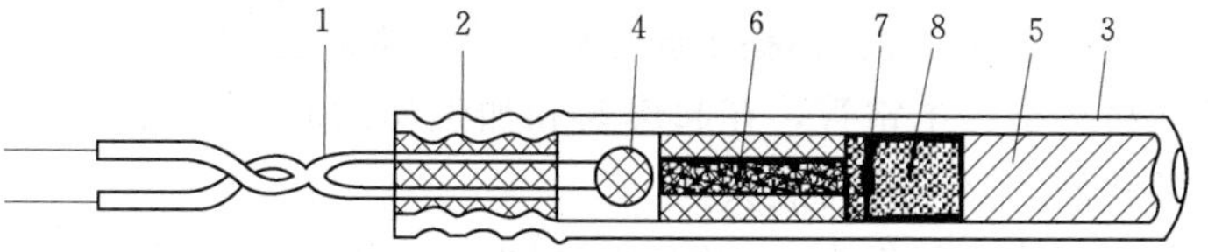

图1.6 秒延期电雷管结构示意图

1—脚线；2—密封塞；3—管壳；4—引火头；5—副起爆药；6—导火索；7—加强帽；8—正起爆药

它的组成与瞬发电雷管基本相同。不同的是引火头与加强帽之间多安置了一个延期装置。秒延期电雷管的延期装置一般是用精致导火索制成的，雷管的延期时间的多少由导火索的长短来控制。根据通电后延期时间的长短，将秒延期电雷管划分为各种不同的段别。延期时间长的秒延期电雷管段别高。表1.6列出了国产秒延期电雷管的段别和延期时间。

表1.6 秒延期电雷管的段别和延期时间

段　别	延期时间/s	标志（脚线颜色）
1	≤1.0	灰-蓝
2	1.0±0.5	灰-白
3	2.0±0.6	灰-红
4	3.0±0.7	灰-绿
5	4.0±0.8	灰-黄
6	5.0±0.9	黑-蓝
7	6.0±1.0	黑-白

利用秒延期电雷管可以实现分段起爆，但它的延期时间过长，而且精度太低。

(3) 毫秒延期电雷管。毫秒延期电雷管简称毫秒电雷管，它通电后爆炸的延期时间是以毫秒来计算的，毫秒延期电雷管的结构如图1.7所示。毫秒延期电雷管的组成基本上与秒延期电雷管相同，不同点在于延期装置是延期药，常用硅铁（还原剂）和铅丹（氧化剂）的混合物，并掺入适量的硫化锑，以调节氧化剂的反应速度。

(4) 无桥丝抗杂毫秒电雷管。无桥丝抗杂毫秒电雷管简称为无桥丝抗杂管，它与普通毫秒电雷管的主要区别是取消了电桥丝，而在引火药中加入适量的导电物质：乙炔、炭黑和石墨，做成具有导电性的引火头。无桥丝抗杂毫秒电雷管的结构如图1.8所示。

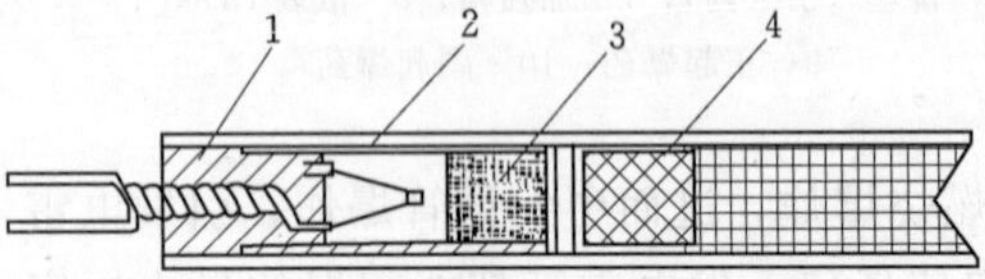

图1.7 毫秒延期电雷管结构示意图

1—塑料塞；2—延期管壳；3—延期药；4—加强帽

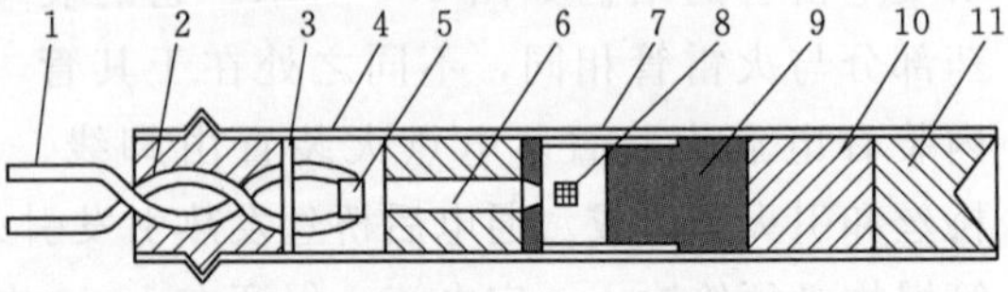

图1.8 无桥丝抗杂毫秒电雷管结构示意图

1—脚线；2—封口；3—纸垫；4—管壳；5—引火头；6—延期装置；7—加强帽；8—点火药；9—正起爆药；10—副起爆药（黑索金）；11—钝化黑索金

抗杂雷管延期装置采用一段特殊的导火索。导火索芯是铅丹、硅铁、硫化锑的混合物。六段以上的无桥丝毫秒电雷管，在起爆药和加强帽之间还装入0.07～0.1g的低段延期药，既起延期的作用，又可作为点火药。

动力电源和起爆器均不能作为抗杂管的起爆电源，因此，为无桥丝抗杂电雷管专门设计了起爆器，如GM-2000型高能脉冲起爆器。

(5) BJ-1型安全电雷管。这种新型电雷管是国内研制成功的一种能防止外业电流干扰的安全电雷管，这种电雷管的结构几乎和普通电雷管一样，所不同的只是在点火桥丝和脚线之间加入一个微型安全电路，它的结构如图1.9所示。

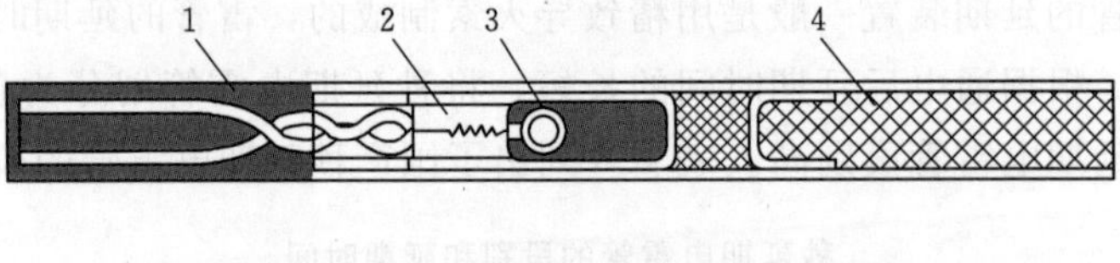

图1.9 BJ-1型安全电雷管结构示意图

1—引出脚线；2—微型电路；3—电点火头；4—雷管装药

这一微型安全电路只接收通过与设计信号相符的信号流入电路，让它顺利通过电路到达点火桥丝，将电雷管起爆。这种电雷管的结构简单，成本低，对外来电安全可靠，具有普通电雷管的一切性能，适用性广，是一种非常有发展前途的新产品。

(6) 无起爆药雷管。它的结构与原理和普通工业雷管一样，只是用一种对冲击和摩擦感度比常用正起爆药低的猛炸药来代替常用的正起爆药，大大提高了雷管在制造、存储、装运和使用过程中的安全性，而起爆性能并不低于普通工业雷管。

3. 非电毫秒雷管

非电毫秒雷管是用塑料导爆管引爆，延期时间以毫秒数量计量的雷管，它的结构如图 1.10 所示。它与毫秒延期电雷管的主要区别在于：不用毫秒电雷管中的电点火装置，而用一个与塑料导爆相连接的塑料连接套，由塑料导爆管的爆轰波来点燃延期药。非电毫秒雷管的段别及其延期时间列于表 1.7 中。除了非电毫秒雷管外，与塑料导爆管配合使用的雷管还有非电即发雷管。

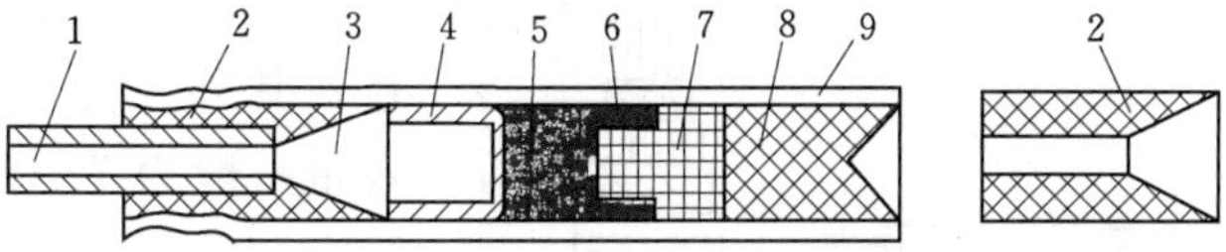

图 1.10 非电毫秒雷管结构示意图

1—塑料导爆管；2—塑料连接套；3—消爆空腔；4—信号帽；5—延期药；6—加强帽；7—正起爆药 DDNP；8—副起爆药 RDX；9—金属管壳

表 1.7 非电雷管段别和延期时间

非电毫秒延期雷管		非电半秒延期雷管		非电秒延期雷管	
段别	延期时间/ms	段别	延期时间/s	段别	延期时间/s
1	≥13	1	≤0.013	1	≤1.0
2	25±10	2	0.5±0.15	2	2.0±0.5
3	50±10	3	1.0±0.15	3	4.0±0.6
4	75±15	4	1.5±0.2	4	6.0±0.8
5	110±15	5	2.0±0.2	5	8.0±0.9
6	150±20	6	2.5±0.2	6	10.0±1.0
7	200±25	7	3.0±0.2	7	14.0±2.0
8	250±25	8	3.5±0.2	8	19.0±2.0
9	310±30	9	3.8～4.5	9	25.0±2.5
10	380±35	10	4.6～5.3	10	32.0±3.0
11	460±40				
12	550±45				
13	650±50				
14	760±55				
15	880±60				
16	1020±70				
17	1200±90				
18	1400±100				
19	1700±130				
20	2000±150				

1.1.2.2 索状起爆材料

1. 导火索

导火索是以具有一定密度的粉状或粒状黑火药为索芯，外面用棉纱线、塑料或纸条、沥青等材料包缠而成的圆形索状起爆材料。导火索的用途是产生并传递火焰以起爆火雷管或点燃黑火药。

导火索由索芯和索壳组成（图 1.11），索芯是用轻微压缩的粉状或粒状黑火药做成。

工业导火索在外观上一般呈白色，其外径为 5.2～5.8mm，索芯药量一般为 7～8g/m，燃烧速度为 100～125m/s，为了保证可靠地引爆雷管，导火索的喷火强度（喷火长度）不小于 40mm。导火索在燃烧过程中不应有断火、透火、外壳燃烧、速燃和爆燃等现象。导火索的燃烧速度和燃烧性能是导火索质量的重要标志。导火索还应具有一定的防潮耐火能力：在 1m 深的常温静水中浸泡 2h 后，其燃速和燃烧性能不变。

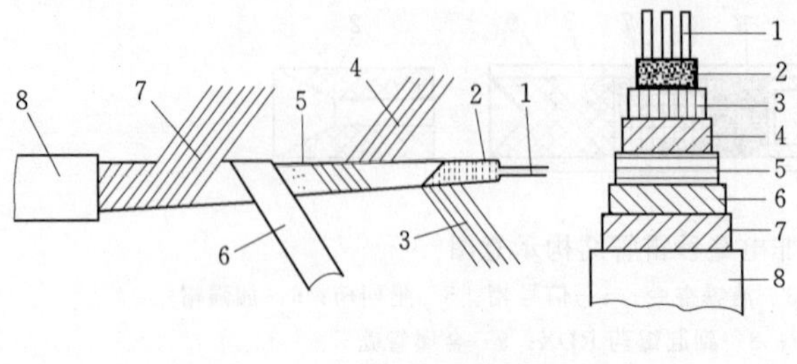

图 1.11 工业导火索结构示意图

1—芯线；2—索芯；3—内层线；4—中层线；5—防潮层；6—纸条层；7—外线层；8—涂料层

普通导火索不能在有瓦斯或矿尘爆炸危险的地场所使用。

2. 导爆索与继爆管

(1) 导爆索。导爆索是用单质猛炸药黑金或泰安作为索芯，用棉、麻、纤维及防潮材料包缠成索状的起爆材料。导爆索能够传递爆轰波，经雷管起爆后，导爆索可直接引爆炸药，也可作为独立的爆破能源。

普通导火索能直接起爆炸药，但是这种导爆索在爆炸过程中产生强烈的火焰，所以只能用于露天爆破和没有瓦斯或矿尘爆炸危险的井下作业。

导爆索的爆速与芯药黑索金的密度有关。目前国产普通导爆索的索芯（黑索金）密度为 1.2g/cm^3 左右，药量为 12～14g/m，爆速不低于 6500m/s。

普通导爆索具有一定的防水性能和耐热性能，在 0.5m 深的水中浸泡 24h 后，其感度和爆炸性能仍能符合要求，在 (50±3)℃的条件下保温 6h，其外观和传爆性能不变。

普通导爆索的外径为 5.7～6.2mm。每（50±0.5）m 为 1 卷，有效期一般为 2 年。

安全导爆索一般专供有瓦斯或矿尘爆炸危险的井下爆破作业使用。

(2) 继爆管。继爆管是一种专门与导爆索配合使用、具有毫秒延期作用的起爆器材。单纯的导爆索起爆网络中各炮孔几乎是齐发起爆。导爆索与继爆管的组合起爆网路，可以借助于继爆管的毫秒延期作用，实施毫秒微差爆破。继爆管的结构如图 1.12 所示，由一个装有毫秒延期元件的火雷管与一根消爆管组合而成。

单向继爆管只能单向传播，如果连接颠倒，则不能传爆。图 1.12 为双向继爆管，在两个方向均能可靠地传播。继爆管的起爆威力不小于 8 号电雷管，在 (40±2)℃的高温和 (−40±2)℃的低温条件下，其性能不应有明显的变化。

继爆管采用浸蜡等防水措施后，可用于水下爆破，它具有抗杂散电流、静电和雷电危

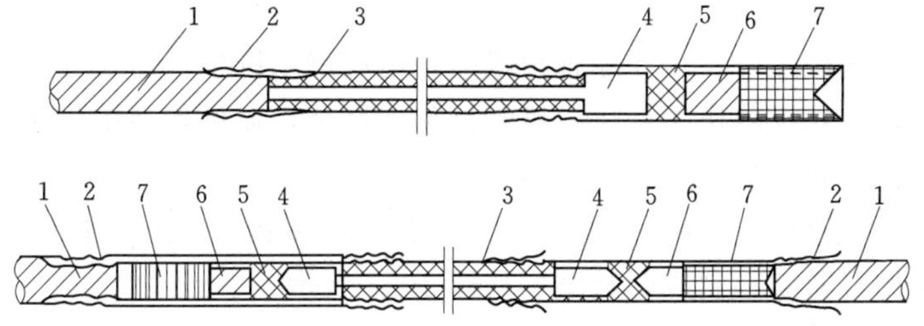

图1.12　继爆管结构示意图
1—导爆索；2—连接套；3—消爆管；4—减压室；
5—延期药；6—起爆药；7—猛炸药

害的能力，装药时可以不停电，和导爆索配合常用于矿山爆破工程；但不能用于有瓦斯煤尘爆炸危险的矿井爆破。

国产继爆管的延期时间参见表1.8。

表1.8　　继爆管的延期时间

段别	延期时间/ms		段别	延期时间/ms	
	单向继爆管	双向继爆管		单向继爆管	双向继爆管
1	15±6	10±2	6	125±10	60±4
2	30±10	20±3	7	155±15	70±4
3	50±10	30±3	8		80±4
4	75±15	40±4	9		90±4
5	100±10	50±4	10		100±4

3. 导爆管及导爆管连接元件

导爆管是20世纪70年代出现的一种全新的非电起爆系统的主体。

(1) 导爆管。是一种内壁涂有混合炸药粉末的塑料软管，管壁材料是高压聚乙烯，外径为3mm，内径为1.5mm。混合炸药含量为91%的奥克托金或黑索金，9%的铝粉。药量为14～16mg/m。

导爆管需用工业雷管、普通导爆索、击发枪、火冒或专用击发笔等击发元件起爆。由于导爆管内壁的炸药量很少，形成的爆轰波能量不大，不能直接起爆工业炸药，而只能起爆雷管或非电延期雷管，然后再由雷管起爆工业炸药。

工业雷管、普通导爆索、火帽、专用电子型点火器等能够产生冲击波的起爆器材都可以激发导爆管的爆轰，一发8号工业雷管可激发50根以上的导爆管，最适宜可靠的激发根数为20根，但是一般的机械冲击不能激发导爆管。导爆管的传爆速度一般为(1950±50)m/s，也有的为(1580±30)m/s。导爆管的传爆性能良好，导爆管管内的断药长度不超过15cm时，都可以正常传爆。导爆管具有良好的抗水性能，将导爆管与金属雷管组合后，具有很好的抗水性能，在水下80m深处放置48h后仍能正常起爆。若对雷管加以适当的保护措施，还可以在水下135m深处起爆炸药。

导爆管具有传爆可靠性高、使用方便、安全性能好、成本低等优点，而且可以作为非危险品运输。

（2）导爆管的连接元件。在导爆管组成的非电起爆系统中，需要一定数量的连接元件与之配套使用。连接元件的作用是将导爆管连接成网路，以便传递爆轰波。目前常用的连接元件为带传爆雷管和不带传爆雷管的两大类。

1）连接块。连接块是一种用于固定击发雷管（或传爆雷管）和被爆导爆管的连通元件。连接块通常用普通塑料制成，其结构如图1.13所示。

连接块有方形和圆形两种，不同的连接块，一次可传爆的导爆管数目不同，一般可一次传爆4～20根被爆导爆管。

主爆导爆管先引爆传爆雷管，传爆雷管爆炸冲击作用于被爆导爆管，使被爆导爆管激发而继续传爆。如果传爆雷管采用延期雷管，那么主爆导爆管的爆轰要经过一定的延期才会激发被爆导爆管。因此，采用连接块组成导爆管起爆系统，也可以实现毫秒微差爆破。

2）连通管。连通管是一处不带传爆雷管的、直接把主爆导爆管和被爆导爆管连通导爆的装置。连通管一般采用高压聚乙烯压铸而成。集束式连通管有三通、四通和五通3种，其结构如图1.14所示。

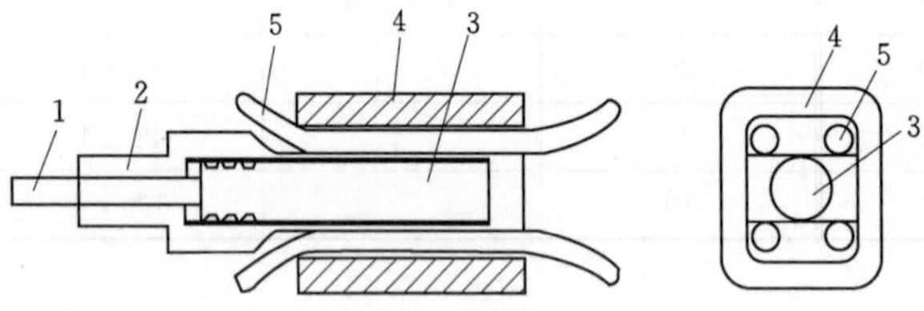

图1.13 连接块结构示意图

1—主动导爆管；2—塑料连接块；3—传爆雷管；4—塑料卡子；5—从动导爆管

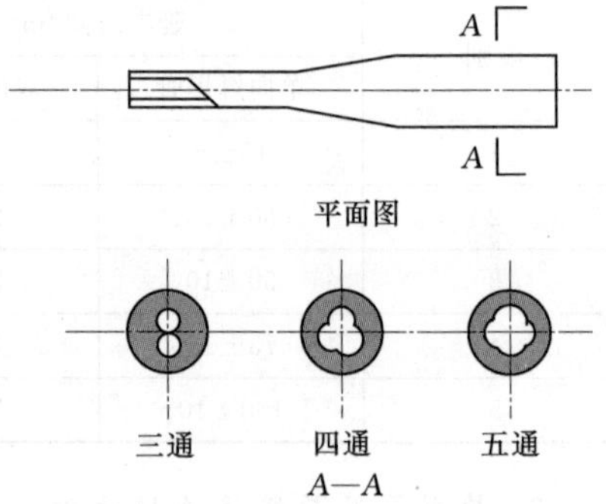

图1.14 集束式连通管示意图

集束式连通管的长度均为（46±2）mm，管壁厚度不小于0.7mm，内径（3.1±0.15）mm，与国产塑料导爆管相匹配。

连通管取消了传爆雷管，降低了成本，提高作业的安全性；但是由连通管组成的导爆管起爆网路，其抗拉能力小，防水性能较差。

1.1.3 爆破材料安全储存与保管运输

1.1.3.1 爆破材料的储存与保管

（1）爆破材料应储存在干燥、通风良好，相对湿度不大于65%的仓库内，库内湿度应保持在18～30℃；爆破材料周围5m内的范围，需清除一切树木和草皮。仓库应远离民房、工厂、铁路、公路等，应有一定的安全距离。库房应有避雷装置，接地电阻不大于10Ω，库内应有消防设施。

（2）炸药与雷管须分开贮存，两个库房的安全距离不应小于有关规定。同一库房内不同性质、不同批号的炸药应分开存放，库房应严防虫鼠。

(3) 炸药与雷管成箱（盒）堆放要平稳、整齐，成箱炸药宜放在木板上，堆放高度不得超过 1.7m，宽不超过 2m，堆与堆之间应留有不小于 1.3m 的通道，药堆与墙壁间的距离不应小于 0.3m。

(4) 施工现场临时仓库内爆破材料应严格控制储存数量，炸药不得超过 3t，雷管不得超过 1 万个和相应数量的导火索。雷管应放在专用的木箱内，离炸药不少于 2m 距离。

1.1.3.2　装卸、运输与管理

(1) 爆破材料的装卸均应轻拿轻放，不得受到摩擦、震动、撞击、抛掷和转倒，堆放时要摆放平稳，不得散装、改装和倒放。

(2) 爆破材料应使用专车运输，炸药与起爆材料，硝铵炸药与黑火药不得在同一车辆、车厢装运，用汽车运输时，装载不得超过允许载量的 2/3，行驶速度不应超过 40km/h，车顶应遮盖。

任务 1.2　爆破的基本原理和设计

请思考：

1. 爆破的原理是什么？
2. 爆破漏斗各要素的作用是什么？
3. 如何确定爆破作用指数？其作用如何？
4. 装药量如何计算？
5. 单位炸药消耗量如何确定？
6. 如何选择爆破方法？
7. 各种爆破设计的内容和方法有哪些？
8. 爆破公害的产生原因和防范措施有哪些？

1.2.1　爆破基本原理

1.2.1.1　单个药包的爆破作用

炸药在岩体中爆炸后释放的能量是以冲击波的冲击力和爆轰气体的膨胀压力的方式作用在岩体上造成岩体破坏的。

1. 装药爆破的内部作用

炸药在固体介质中爆炸时，冲击波和爆生气体将对介质产生机械破坏作用。如装药中心距离自由面很远时，装药爆炸时后，在自由面看不出爆破迹象，即装药的爆破作用只发生在岩体的内部。装药的这种作用称为内部作用，发生这种作用的装药称为药壶装药，或称为药壶爆破作用。

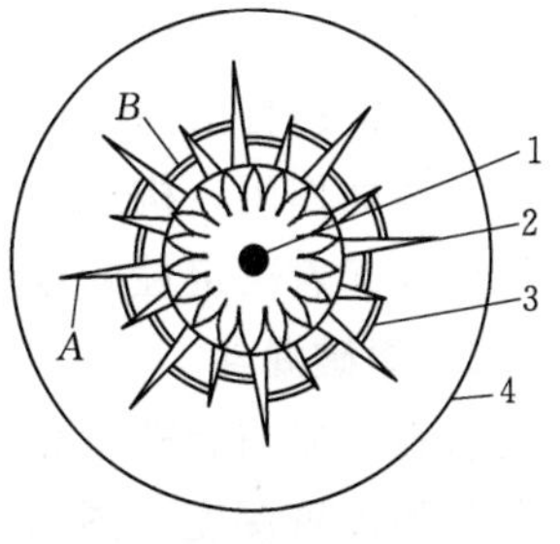

图 1.15　装药的内部爆破作用

1—药包；2—压碎圈；3—裂隙圈；4—震动圈；A—径向裂缝；B—环向裂缝

当装药爆炸后，除装药处形成扩大的空腔外，随着与爆源距离的增大，大致分为压碎圈、裂隙圈和震动圈（图 1.15）。

（1）压碎圈。装药爆炸后，爆炸能量以冲击波的形式通过炮孔壁扩散到岩体中，与此同时，爆生气体压力也急剧增高到数万兆帕作用到岩壁上，这一压力远远超过岩石的极限抗压强度。在冲击波和爆生气共同作用下，岩石受到粉碎性破坏，同时伴随着数千摄氏度的高温，可使紧靠炮孔壁的岩石呈现近似流体的塑性流动区，或强烈压碎区。这一区域范围一般不超过（2～3）γ_0（自爆炸中心算起，γ_0 为装药半径），这一区域内能量消耗大，冲击波在岩体内衰减很快，为了充分利用爆炸能量，应尽量避免形成压碎圈。

（2）裂隙圈。压碎圈是由塑性变形或剪切破坏形成的，而裂隙圈则是由拉伸破坏形成的，在压碎圈的外界面上，由于能量得不到补充，而且又随传播距离的扩大而衰减，此时最大径向应力小于岩石的动载抗压强度，故不能引起岩石的压碎破坏，但在应力波传播过程中，可以引起岩石质点向外的径向位移，在径向压应力 σ_γ 作用下产生切向拉应力 σ_θ，当 σ_θ 大于岩石的抗拉强度时，该处岩石将被拉断，形成与压碎圈相贯通的径向裂隙。同时，在高压爆生气体的挤入作用下，使径向裂隙继续延伸和扩展。径向裂隙的数目随着与爆源距离的增大而减小，呈现内密外疏的分布状况。

（3）震动圈。由于爆生气体和爆炸应力波经过破碎区时做功，波头压力衰减变得比较平缓，不足以对岩石造成破坏，应力波能量只能引起岩石质点发生弹性振动。在震动圈内，建筑物、结构物可能被破坏，震动圈之外，岩石就不再受爆破作用的影响。

2. 装药爆破的外部作用

当装药接近自由面时，装药爆炸后，除在装药下方岩体内形成压碎圈、裂隙圈和震动圈外，装药上方一部分岩石将被破碎，脱离岩体，形成爆破漏斗，如图 1.16 所示，表现出装药爆破的外部作用。

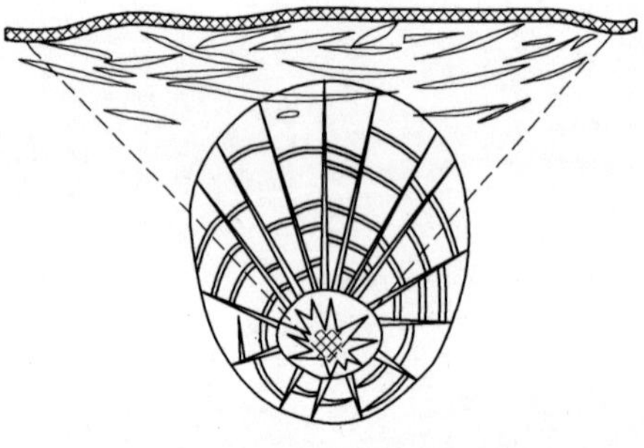

图 1.16　装药上方形成的爆破漏斗

当装药爆炸产生的应力波在岩体内部自装药中心向周围传播时，会强烈压缩周围的岩石质点沿径向运动，但波前方的外层岩石必然阻止这种运动，当应力波到达自由面时，自由面上的岩石质点由于没有外层的阻力而可以向自由面外自由地运动。当这种运动相当强烈时，自由面附近的质点就会相继从自由面上飞离脱落，形成爆破的外部作用破坏区。岩体的自由面实际上是两种不同介质的分界面。入射的压缩应力波抵达自由面后，将变为反射的拉伸应力波从自由面向岩体内部反射。入射波和反射波的叠加作用，构成了自由面附近的岩体中非常复杂的动态应力场，该应力场对爆破漏斗的形成起着决定性的作用。

1.2.1.2　爆破漏斗

在岩石性质与装药量相同的条件下，区别岩体中装药爆破的内部作用和外部作用主要是看药包的埋置深度（图 1.17）。药包中心距自由面的垂直距离称为最小抵抗线（简称最小抵抗），通常以 W 来表示。

1. 爆破漏斗的构成要素

（1）自由面。自由面又叫临空面，是指同空气接触的岩体表面。自由面在爆破过程中

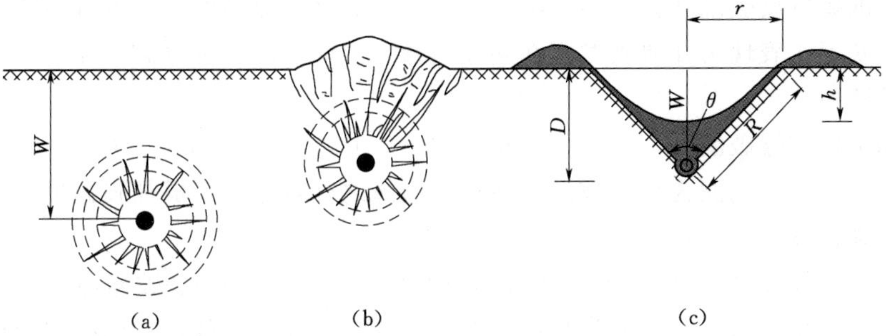

图 1.17　药包埋置深度变化时的爆破作用

起重要作用，有了自由面，爆破时岩体才能向自由面方向发生破裂、破碎和移动。在爆破工程中，为了控制爆破作用，常常在药包附近人为地创造自由面。自由面越多越大，爆破效果越好。如果岩体是均质的，其他条件也都相同，随着自由面的增多，炸药单耗将明显降低（表 1.9）。

表 1.9　　　　自由面数量与单耗药量的关系

自由面个数	1	2	3	4	5	6
炸药单耗系数	1	0.7～0.8	0.5～0.6	0.4～0.5	0.3～0.4	0.2～0.3

（2）最小抵抗线。最小抵抗线是指药包中心距临空面的最小距离，图 1.17（a）中 W 即为最小抵抗线。爆破时，最小抵抗线方向的岩石最容易破坏，是爆破作用和岩石移动的主导方向。

（3）爆破漏斗底圆半径。靠近自由面的药包爆破时通常在自由面处形成一个圆形缺口，叫作爆破漏斗底圆，它的半径在图 1.17（c）中以 r 来表示。

（4）爆破作用半径。爆破作用半径又叫破裂半径，是指从药包中心到爆破漏斗底圆圆周上任一点的距离，图 1.17（c）中的 R 表示爆破作用半径。

（5）爆破漏斗深度。爆破漏斗顶点至自由面的最短距离叫爆破漏斗深度，图 1.17（c）中的 D 表示爆破漏斗的深度。

（6）爆破漏斗可见深度。爆破漏斗岩渣堆表面最低点到自由面的最短距离叫爆破漏斗可见深度，图 1.17（c）中的 h 表示爆破漏斗可见深度。

（7）爆破漏斗张开角。爆破漏斗的顶角叫爆破漏斗张开角，图 1.17（c）中的 θ 表示爆破漏斗的张开角。

2. 爆破作用指数

在爆破工程中经常使用一个极为重要的指数，称作爆破作用指数 n，它是爆破漏斗底圆半径与最小抵抗线的比值，即

$$n=\frac{r}{W}$$

在最小抵抗线相等的条件下，爆破作用越强，爆破形成的漏斗底圆半径越大，相应地，爆破漏斗内岩石的破碎和抛掷作用也随之增大。在爆破工程中，常根据爆破作用指数 n 值的不同将爆破漏斗分为下述几类。

(1) 标准抛掷爆破漏斗。当 $r=W$ 时，即 $n=1$ 时，爆破漏斗为标准抛掷爆破漏斗，漏斗张开角 $\theta=90°$表现为介质被抛离在漏斗边缘。形成标准抛掷爆破漏斗的药包，叫做标准抛掷爆破药包。

(2) 加强抛掷爆破漏斗。当 $r>W$ 时，即 $n>1$ 时，爆破漏斗为加强抛掷爆破漏斗，漏斗张开角 $\theta>90°$，表面为介质被抛离在漏斗边缘之外较远，形成加强抛掷爆破漏斗的药包，叫做加强抛掷爆破药包。

(3) 减弱抛掷爆破漏斗。当 $r<W$ 时，即 $0.75<n<1$ 时，爆破漏斗为减弱抛掷爆破漏斗，漏斗张开角 $\theta<90°$，表面为介质被抛离在漏斗边缘较近处，形成减弱抛掷爆破漏斗的药包，叫做减弱抛掷爆破药包。

(4) 松动爆破漏斗。当 $0.33<n<0.75$ 时，爆破漏斗为松动爆破漏斗，这只有岩石破裂，破碎而没有向外抛掷的作用，从外表看没有明显的可见漏斗出现。

1.2.1.3 成组药包的爆破作用

在爆破工程中，大都采用多炮孔成组药包爆破。成组药包若采用逐个延期起爆，爆破作用和单个药包爆破时相同。如成组药包同时起爆，由于相邻两药包爆炸后应力波相互叠加，岩体中的应力状态和岩体的破坏情况比单药包爆破要复杂得多。根据药包间距大小和作用强弱会表现出不同的作用效果，图 1.18 中阴影部分为未被炸除的残留介质。

多药包爆破时，为使相邻装药间的岩体得到充分破碎，必须合理地选择炮孔间距与最小抵抗线的比值，即炮孔密集系数 $m(m=s/w_0)$；a 为孔距，$a=S$。图 1.18 表现了不同炮孔密集系数时岩体的破碎情况。

密集系数的正确选择，对提高爆破效果有重要作用，如选择不当，可能形成超挖或欠挖，增大大块率或岩石抛掷过远等现象。一般密集系数 m 在 $0.8\sim2.0$ 之间。从经济上考虑，在保证达到所要求的爆破效果的前提下，应尽量扩大炮孔间距。

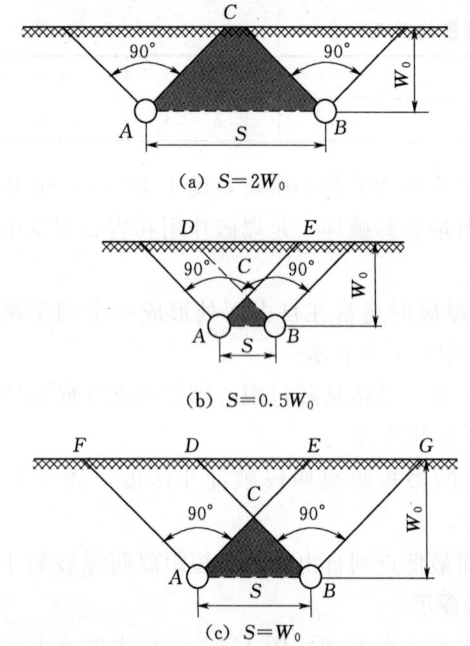

图 1.18 不同炮孔密集系数时岩体的破碎情况

1.2.1.4 装药量计算

在隧道和露天开挖等工程爆破时，正确地确定装药量，不仅直接影响爆破效果的好坏和成本的高低，而且影响凿岩爆破甚至铲、装、运等工作的综合经济技术效果。然而由于岩体构造复杂性和各向异性，精确计算装药量的问题至今尚未获得完满的解决，在工程实际中，通常采用体积法的原理来计算装药量。

体积法是指在一定炸药和岩石条件下，爆落的土石方体积同所用的装药量成正比，即

$$Q=qV \tag{1.2}$$

式中　Q——装药量，kg；

q——所爆破岩石的单位炸药消耗量，kg/m^3；

V——爆破漏斗体积，m^3。

如果药包是集中药包（药包形状接近于球状或立方体的药包叫集中药包，而药包长度大于其最短边的 4 倍时则叫延长药包或长条药包），按照前面的定义，标准抛掷爆破时爆破作用指数 n 的值为 1，即 $r=W$，所以，爆破漏斗的体积大小：

$$V=\frac{1}{3}\pi r^2 W\approx W^3 \tag{1.3}$$

标准抛掷爆破装药量：

$$Q_{抛}=qW^3 \tag{1.4}$$

式中　W——最小抵抗线。

适用于各种类型的抛掷爆破装药量计算公式：

$$Q_{抛}=f(n)qW^3 \tag{1.5}$$

式中　$f(n)$——爆破作用指数函数。

标准抛掷爆破：
$$f(n)=1 \tag{1.6}$$

加强抛掷爆破：
$$f(n)=0.4+0.6n^3 \tag{1.7}$$

减弱抛掷爆破：
$$f(n)=\frac{4+3n^3}{7} \tag{1.8}$$

松动爆破：
$$f(n)=n^3 \tag{1.9}$$

计算松动爆破（包括减弱抛掷爆破）的装药量，还可以采用下列公式：

$$Q_{松}=(0.4\sim0.6)qW^3 \tag{1.10}$$

计算式中的单位炸药消耗量 q，可根据岩石的可爆性、岩石的坚固性系数、工程性质等多种因素，按下述方法选择确定：

(1) 查表参考定额或有关资料的数据。

(2) 参照条件相似的工程或本工程的实际单位炸药消耗量 q 值的统计数据。

(3) 在需要进行爆破的岩体中做标准抛掷爆破漏斗试验。

(4) 松动爆破时的单位炸药消耗量一般为标准抛掷爆破单位炸药消耗量的 0.4～0.6 倍。

(5) 式中单位耗药量 q 以标准炸药为准的，如果采用其他炸药，用药量应再乘以炸药换算系数 $e=B_0/B$，其中，B_0 为标准炸药的暴力，B 为所用炸药的爆力。

1.2.2　爆破方法的选择

采用爆破的方法破碎介质，根据不同工程任务的需要，一般有裸露爆破法、炮眼爆破法、药壶爆破法和洞室爆破法等基本方法，其中以炮眼爆破方法最为常用，基岩开挖、洞室开挖、石料开采等工程都是采用炮眼爆破的方法进行。

炮眼爆破根据炮眼深度大小（或台阶高度大小）区分为浅孔爆破和深孔爆破。对开挖起爆存在时差的爆破称为梯段爆破。在水电工程建设施工中，当基岩开挖厚度较大时，常以深孔梯段爆破作为主要的开挖方法，对开挖深度不大的基岩可采用浅孔爆破的方法。

为达到某种质量目标，按炮眼起爆的时间顺序和作用方式又表现出不同的形式，常见的有齐发爆破、微差爆破、微差顺序爆破、小抵抗线宽孔距爆破和微差挤压爆破等，对周边起控制作用的还有预裂爆破和光面爆破。

1. 齐发爆破

齐发爆破是一种同排孔由导爆索串联，排间用不同段毫秒雷管引爆的爆破方法。这种爆破方法施工简单不易发生错误，但炮孔内的导爆索自上而下传播，易成泄气通道，减少气体在孔内作用时间，不利于破岩作用，近几年使用逐渐减少。

2. 微差爆破

微差爆破是不同排用不同段毫秒雷管调节排间微差时间，同排同段雷管以其自身误差达到微差时间的爆破方法，常用于孔、排数较少情况下的爆破。

3. 微差顺序爆破

微差顺序爆破是采用塑料导爆管雷管组成接力起爆（即按一定时间顺序传递）网络，进行逐孔按规定顺序起爆的爆破方法，如果每个炮孔内再分段，可组成孔间、孔内微差顺序爆破。这是目前世界上最先进的起爆方法，该方法在每一孔爆破时均有三个自由面，故能使岩石得到充分破碎，在坝基开挖以及许多重要建筑物附近或炮孔很多的情况下，这一方法有很大的优越性，它将取代前面两种爆破方法，成为水电工程主要采用的起爆方法。

4. 小抵抗线宽孔距爆破

在一个钻孔担负一定面积的条件下，间距、排距乘积等于该面积的情况有多种组合，其中小抵抗线与宽孔距的组合比孔距是抵抗线的1～2倍的任何组合的效果都要好。该爆破方法孔距是抵抗线的2～8倍时称为小抵抗线宽孔距爆破；我国采用2～4倍者居多，因其爆破岩块均匀、大块率低而受欢迎，并在坝基开挖中逐渐被采用。对于块度要求在某一小范围的采石爆破，此法更为有效。

5. 微差挤压爆破

在台阶正面未清完爆渣条件下进行的爆破称为挤压爆破。挤压爆破对加快施工进度和增加块石破碎度有利，但也存在台阶前部留底坎、后部严重拉裂以及单耗高、振动大、爆堆高的问题。

1.2.3 爆破设计

1.2.3.1 露天小台阶炮眼（浅孔）爆破设计

露天小台阶炮眼（浅孔）爆破在露天多以台阶形式进行爆破开挖，每个台阶至少有水平的和倾斜的两处自由面。可能由于地形条件或者出于开挖的需要，小台阶炮眼开挖方法也经常用到。在水平面上进行钻眼、装药、堵塞及起爆作业，爆破时岩石朝着倾斜自由面的方向崩落，然后形成新的倾斜自由面，如图1.19所示，图中符号意义见图注说明，其中$W_{底}$表示炮孔中心至台阶底部表面的距离，是爆破阻力最大的地方；h为炮眼超深（也叫超钻）长度，超深的目的是为了降低装药高度，以利于克服底部的阻力，使爆后能形成平整的台阶面。

1. 炮眼排列方式

炮眼排列形式可分为单排眼和多排眼两种。一次爆破量较小时用单排眼，一次爆破量较大时，则要布置多排眼，一般不宜超过3～4排，多排眼的排列可以是平行的，也可以是交错的。图 1.20 为常用的炮眼布置形式。

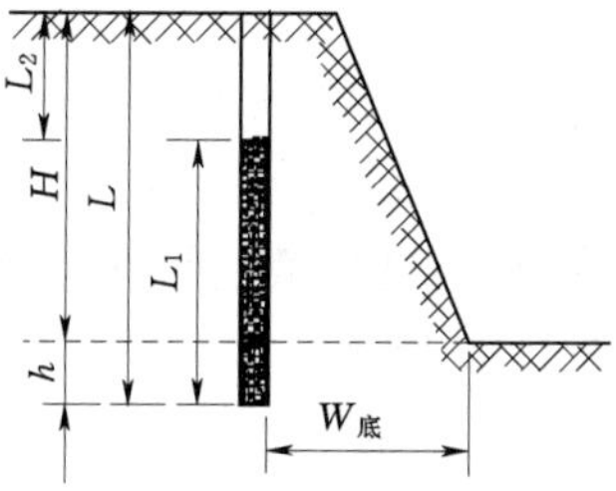

图 1.19　露天小台阶炮眼爆破的炮眼

H—台阶高度；L—眼深；h—超深；L_1—装药长度；L_2—堵塞药长度；$W_底$—底盘抵抗线

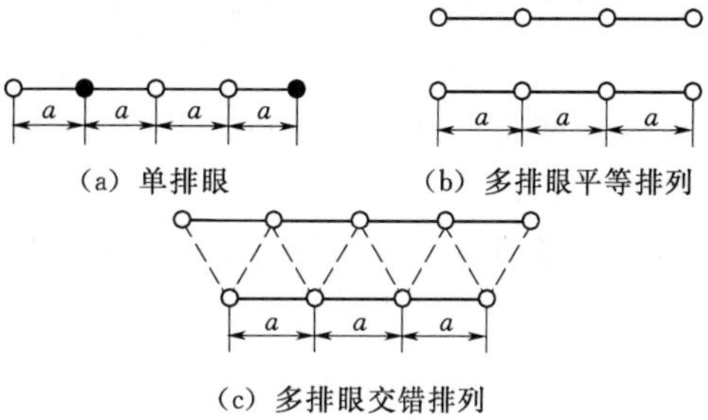

图 1.20　露天小台阶炮眼爆破的炮眼布置形式

2. 爆破参数

爆破参数应根据施工现场的具体条件和类似矿山的经验选取，并通过实验检验修正，以取得最佳参数值。

（1）单位炸药消耗量 q。q 值与岩石性质、台阶自由面数目、炸药种类、炮眼直径等多种因素有关。在大孔径深孔台阶爆破中，q 值取 0.2～0.6kg/m^3，浅眼小台阶爆破可参照此数值或稍高一些选取。

（2）炮眼直径 d 和炮眼深度 L。露天小台阶炮眼爆破的炮眼直径和炮眼深度都比较小，炮眼直径多在 50mm 内，眼深多在 5m 之内，此时台阶高度 H 也在 5m 以内，若台阶底部辅以倾斜炮眼，台阶高度可适当增加，如图 1.21 所示。

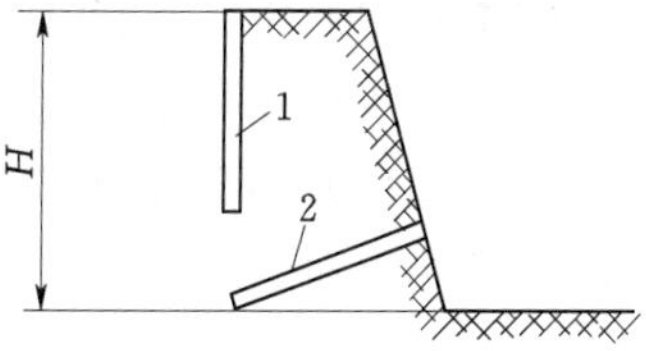

图 1.21　小台阶炮眼示意

1—垂直眼；2—倾斜眼

（3）底盘抵抗线 $W_底$。在台阶爆破中，一般都用这一参数代替最小抵抗线进行有关计算，以便保证台阶底部能获得预期的爆破效果，$W_底$ 与台阶高度 H 有如下关系：

$$\left.\begin{aligned} W_底 &= (0.4 \sim 1.0)H \\ W_底 &= K_w d \end{aligned}\right\} \tag{1.11}$$

式中　K_w——岩质系数，一般取 15～30，坚硬岩石取小值，松软岩石取大值。在坚硬难爆的岩体中，若台阶高度 H 较大时，计算时应取较小的系数；

d——钻孔直径，mm。

（4）炮眼超深 h。如前所述，为了克服台阶底部岩石对爆破的阻力，炮眼深度要适当超出台阶高度 H，其超出部分 h 为超深，h 一般取台阶高度的 10%～15%，即

$$h = (0.1 \sim 0.15)H \tag{1.12}$$

（5）炮眼孔距 a 与排距 b。同一排炮眼间的距离叫炮眼间距，常用 a 表示，$a \leqslant L$ 且 $a \geqslant W_底$，并有以下关系：

$$a = (1.0 \sim 2.0)\ W_底 \tag{1.13}$$

$$a = (0.5 \sim 1.0)L \tag{1.14}$$

$$b=(0.8\sim1.0)W \tag{1.15}$$

(6) 装药量计算。浅孔爆破药量按延长药包计算，单孔药量为

$$Q=qaWH \tag{1.16}$$

装药长度通常为孔深的1/3～1/2，雷管置于自上部算起装药全长的1/3～1/2处。孔口用炮泥堵塞。

(7) 起爆网路。浅孔台阶爆破现多采用导爆管起爆网路，进行微差间隔起爆。常用的微差间隔起爆方法包括排间微差和V型微差起爆，如图1.22所示。

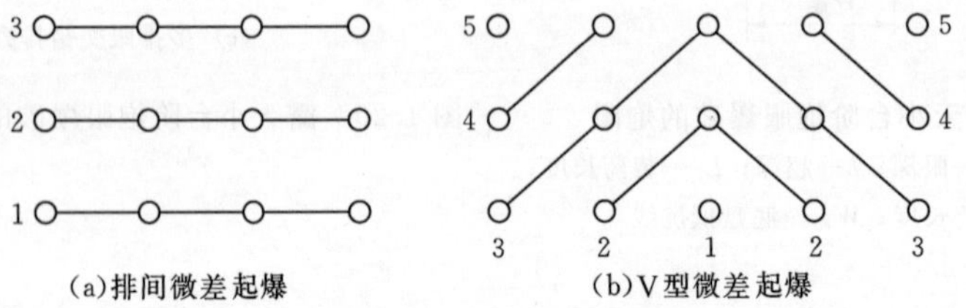

图1.22　台阶爆破的微差间隔起爆方式

1、2、3、4、5—雷管段别

1.2.3.2　露天深孔爆破设计

爆破工程中通常将孔径在50mm以上及深度在5m以上的钻孔称为深孔。深孔爆破一般是在台阶上或事先平整的场地上进行钻孔作业，并在深孔中装入延长药包进行爆破。

为了达到良好的深孔爆破效果，必须合理地确定布孔方式、孔网参数、装药结构、装填长度、起爆方法、起爆顺序和单位炸药消耗量等参数。

1. 露天深孔的布置

(1) 台阶要素。深孔爆破的台阶要素如图1.23所示。图中H为台阶高度；$W_{底}$为前排钻孔的底盘抵抗线；L为钻孔深度；l_1为装药长度；l_2为堵塞长度；h为超深；α为台阶坡面角；b为排距；B为台阶上边线至前排孔口的距离；W为炮孔的最小抵抗线。为达到良好的爆破效果，必须正确确定上述各项台阶要素。

(2) 钻孔形式。深孔爆破钻孔形式一般分为垂直钻孔和倾斜钻孔，如图1.24所示，也有个别情况采用水平钻孔。

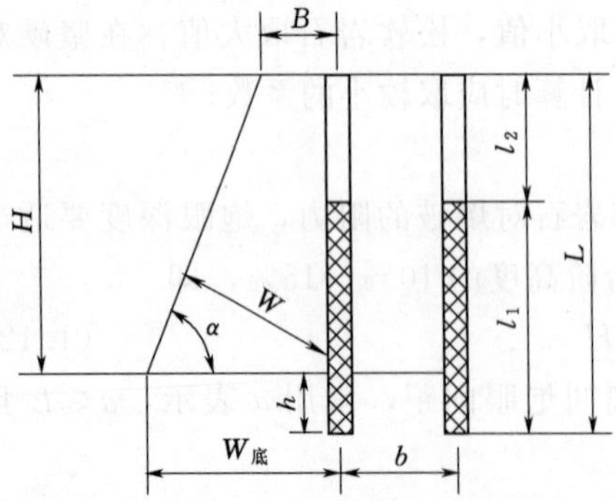

图1.23　台阶要素示意图

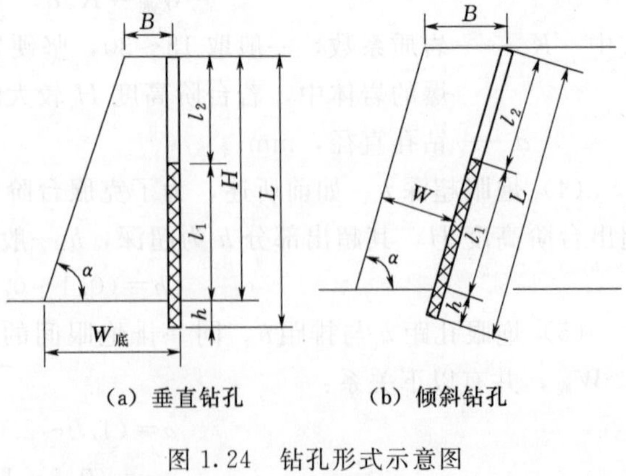

图1.24　钻孔形式示意图

垂直深孔和倾斜深孔的使用条件和优缺点列于表 1.10 中。

表 1.10　　垂直深孔和倾斜深孔的比较

钻孔形式	适用情况	优　点	缺　点
垂直深孔	在开采工程中大量采用	(1) 适用于各种地质条件的深孔爆破。 (2) 钻垂直深孔的操作技术比倾斜孔容易。 (3) 钻孔速率比较快	(1) 爆破后大块率比较高，常留有根底。 (2) 台阶顶部经常发生裂缝，台阶面稳固性比较差
倾斜深孔	在软质岩石开采工程中应用比较多，随着新型钻孔机的发展，应用范围将增加	(1) 抵抗线分布比较均匀，爆后不易产生大块和残留根底。 (2) 台阶比较稳固，台阶坡面容易保持，对下一台阶面破坏小。 (3) 爆破软质岩石时，能取得很高效率。 (4) 爆破后岩堆的形状比较好	(1) 钻孔技术操作比较复杂，容易发生夹钻事故。 (2) 在坚硬岩石中不宜采用。 (3) 钻孔速度比垂直孔慢

从表中可以看出，斜孔比垂直孔具有更多优点，但由于钻凿斜孔的技术复杂，孔的长度相应比垂直孔长，而且装药过程中易发生堵孔，所以垂直孔仍然用得比较广泛。

(3) 布孔方式。布孔方式有单排孔和多排孔两种，多排孔又分为方形、矩形及三角形（又称梅花形），如图 1.25 所示。从能量分布的观点看，以等边三角形布孔最为理想，所以许多开挖多采用三角形布孔，而方形或矩形布孔多用于挖沟爆破。目前，为了增加一次爆破量，广泛推广大区多排孔微差爆破技术，不仅可以改善爆破质量，而且可以增大爆破规模以满足大规模开挖的需要。

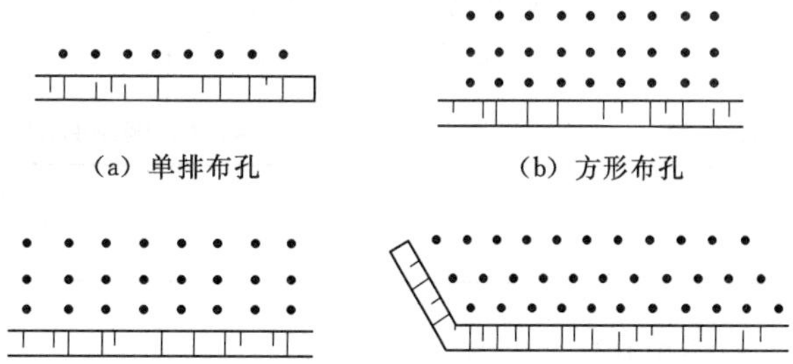

(a) 单排布孔　(b) 方形布孔　(c) 矩形布孔　(d) 三角形布孔

图 1.25　深孔布置方式

2. 露天深孔爆破参数

露天深孔爆破参数包括孔径、孔深、超深、底盘抵抗线、孔距、排距、堵塞长度和单位炸药消耗量等。

(1) 孔径和孔深。露天深孔爆破的孔径主要取决于钻机类型、台阶高度和岩石性质。采用潜孔钻机时，孔径通常为 100～200mm，采用牙轮钻机或钢绳冲击式钻进时，孔径为 250～300mm，也有达 500mm 的直径钻孔。一般来说，钻机选型确定后，其钻孔直径已固定下来，国内采用的深孔孔径有 80mm、100mm、150mm、170mm、200mm、250mm、310mm 几种。孔深由台阶高度和超深确定。

(2) 台阶高度和超深。台阶高度主要是为钻孔、爆破和铲装创造安全和高效率的作业条件，一般按铲装设备选型和开挖技术条件来确定，多采用 10～12m 的台阶高度，也有采用 15～20m 的高台阶。超深是指钻孔超出台阶底盘标高的那一段孔深，其作用是用来克服台阶底盘岩石的夹制作用，使爆破后不残留根底，而形成平整的底部平盘。超深选取过大，将造成钻孔和炸药的浪费，增大对下一个台阶顶盘的破坏，给下次钻孔造成困难，而且还会增加爆破地震波的强度；超深不足将产生根底或抬高底部平盘的标高，从而影响装运工作。

根据实践经验，超深 h 可按式（1.17）确定：

$$h=(0.15\sim0.35)W_{底} \tag{1.17}$$

式中 $W_{底}$——底盘抵抗线，m。

岩石松软时取小值，岩石坚硬时取大值，如果采用组合装药，底部使用高威力炸药时可适当降低超深。有时可按孔径的倍数来确定超深值，超深一般取 8～12 倍的孔径。国内工程的超深值一般在 0.5～3.6m 之间。在某些情况下，如底盘有天然分离面或底盘岩石需要保护时，则可不留超深或留下一定厚度的保护层。

（3）底盘抵抗线。底盘抵抗线是影响露天爆破效果的一个重要参数。过大的底盘抵抗线会造成根底多、大块率高、后冲作用大；过小则不仅浪费炸药，增大钻孔工作量，而且岩块易抛散和产生飞石危害。底盘抵抗线的大小同炸药的威力、岩石的爆破性、岩石的破碎要求以及钻孔直径、台阶高度和坡面角等因素有关，这些因素及其影响程度的复杂性，很难用一个数学公式表示。

1）经验公式法。用经验公式（1.18）来计算：

$$W_{底}=HD\eta\frac{d}{150} \tag{1.18}$$

式中 D——岩石硬度系数，一般取 0.46～0.56 硬岩取小值，软岩取大值；

η——台阶高度系数，参见表 1.11。

表 1.11　　高度影响系数的确定

H/m	10	12	15	17	20	22	25	27	30
η	1.0	0.85	0.74	0.67	0.6	0.55	0.22	0.49	0.42

考虑钻孔作业的安全条件

$$W_{底}\geqslant H\cot\alpha+B \tag{1.19}$$

式中 $W_{底}$——底盘抵抗线，m；

H——台阶高度，m；

α——台阶坡面角，一般为 60°～70°；

B——从钻孔中心至坡顶的安全距离，m，$B\geqslant2.5\sim3.0$m。

2）按炮孔孔径倍数确定底盘抵抗线。根据调查，我国露天深孔爆破的底盘抵抗线一般为孔径 d 的 20～50 倍，清渣和压渣爆破的 $W_{底}/d$ 的比值见表 1.12。

表 1.12　　清渣/压渣爆破的 $W_{底}/d$ 比值

孔径/mm	清渣爆破 $W_{底}/d$	压渣爆破 $W_{底}/d$
200	30～50	22.5～37.5
250	24～48	20～48
310	33.5～42	19.5～30.5

以上说明，底盘抵抗线受许多因素的影响，变动范围较大，除了要考虑前述的一些条件外，控制坡面角是减小底盘抵抗线的有效途径。

（4）孔距与排距。孔距 a 是指同一排深孔中相邻两钻孔中心线间的距离。孔距按下式计算：

$$a=mW_{底} \tag{1.20}$$

式中　m——炮孔密集系数（或邻近系数），其值通常大于 1.0，在宽孔距爆破中则为 3～4 或更大；但是每一排孔往往由于底盘抵抗线过大，应选用较小的密集系数，以克服底盘的阻力。

排距 b 是指多排孔爆破时，相邻两排钻孔间的距离，也就是第一排孔以后各排孔的底盘抵抗线。因此，确定排距应按确定最小抵抗线的原则考虑，即

$$b=(0.8\sim1.0)W_{底} \tag{1.21}$$

采用三角形布孔时，排距与孔距的关系为：

$$b=a\sin60°=0.86a \tag{1.22}$$

（5）堵塞长度。合理的堵塞长度和堵塞质量，对改善爆破效果和提高炸药能量利用率具有重要作用。合理的堵塞长度应能降低爆炸气体能量损失和尽可能增加钻孔装药量，堵塞长度过长将会降低延米爆破量，增加钻孔费用，并造成台阶上部岩石破坏不佳；堵塞长度过短，则炸药能量损失大，将产生较强的空气冲击波、噪声和个别飞石的危害，并影响钻孔下部的破碎效果。一般地，堵塞长度不小于底盘抵抗线的 0.75 倍，或取 20～40 倍的孔径，最好不小于 20 倍的孔径。堵塞试验表明，随着堵塞长度的减小，炸药能量损失增大，不堵塞时爆轰产物将以每秒几千米的速度从炮孔口喷出，造成有害效应。因此，安全规程中规定禁止无堵塞爆破。堵塞物料大多就地取材，常以钻孔时排出的岩渣作为堵塞物料。

（6）单位炸药消耗量。影响单位炸药消耗量的因素很多，主要有岩石的爆破性、炸药种类、自由面条件、起爆方式和块度要求等。因此，合理选取单位炸药消耗量 q 往往需要通过试验或长期的生产实践。实际上，对于每一种岩石，在一定的炸药与爆破参数和起爆方式下，有一个合理的炸药单耗。各种爆破工程都是根据生产经验，按不同的岩石的爆破性分类确定单位炸药消耗量或采用工程实践总结的经验公式进行计算。一般地，露天深孔爆破的炸药单耗在 0.1～0.35kg/m³ 之间，在进行露天深孔爆破设计时，可以参照类似岩石条件下的实际单耗，也可以按表 1.13 选取单位炸药消耗量（该表数据以 2 号岩石硝铵炸药为标准）。

表 1.13　　单位炸药消耗量 q 值表

岩石坚固性系数 f	0.8～2	3～4	5	6	8	10	12	14	16	20
$q/(kg/m^3)$	0.40	0.43	0.46	0.50	0.53	0.56	0.60	0.64	0.67	0.70

（7）每孔装药量。单排孔爆破或多排孔爆破的第一排孔的每孔装药量按式（1.23）计算：

$$Q=qaW_{底}H \tag{1.23}$$

式中　q——单位炸药消耗量，kg/m³；

a——孔距，m；

H——台阶高度，m；

$W_{底}$——底盘抵抗线，m。

多排孔爆破时，从第二排起，以后各排的每孔装药量按式（1.24）计算：

$$Q=KqabH \tag{1.24}$$

式中 K——考虑受前面各排的岩石阻力作用的增加系数，一般取 1.1～1.2；

b——排距，m；

其余符号意义同前。

3. 深孔梯段爆破的装药结构

装药时要严格按照炮眼的设计装药量装填，可以按设计要求耦合连续装药、耦合间隔装药、不耦合连续装药、不耦合间隔装药以及混合装药等方式（图 1.26）。间隔装药是在药卷之间留出一定的空隙，使药量分散以使爆力沿孔长均匀分布。不耦合装药时药卷置于炮眼孔的中央，药卷与孔壁间留有空气间隙。总的装药长度不宜超过炮眼深的 2/3，靠炮眼口的剩余长度用炮泥堵塞好。

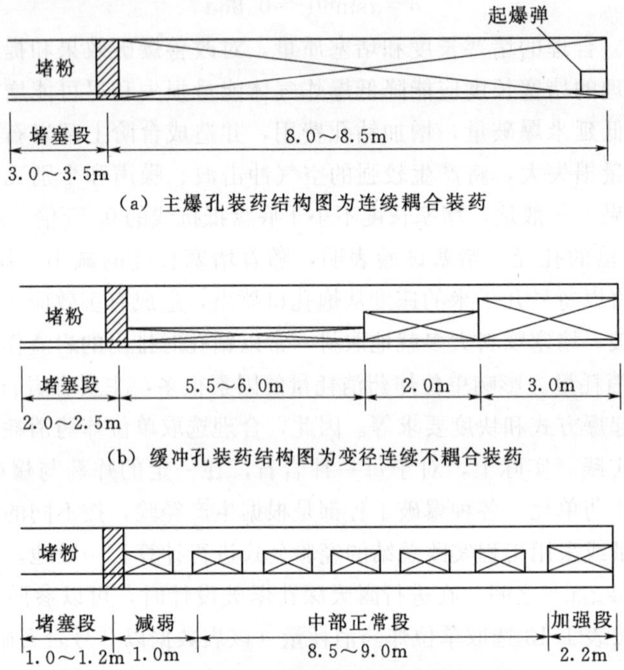

(a) 主爆孔装药结构图为连续耦合装药

(b) 缓冲孔装药结构图为变径连续不耦合装药

(c) 施工光爆孔装药结构图为间断不耦合装药

图 1.26 施工深孔装药结构图

按起爆药卷在炮眼中的位置和雷管的聚能穴方向，装药结构可分为 3 种方式；

（1）正向装药。将起爆药卷放在眼口第二个药卷位置上，雷管聚能穴朝向眼底，并用炮泥堵塞眼口。

（2）反向装药。将起爆药卷放在眼底第二个药卷位置上，雷管聚能朝向眼口。

（3）双向装药。起爆药卷放在炮眼装药中部。

国内外实践证明，反向起爆能提高炮眼利用率，减小岩石破碎块度，增大抛渣距离，降低炸药消耗量，炮眼愈深，反向装药的效果愈好。这是因为，反向起爆时，爆轰波的传播方向和岩石向自由运动的方向一致，这有利于在自由面形成反射拉伸应力波，从而提高自由面附近岩石的破碎效果。同时，眼底起爆时，药包距自由面较远，爆轰气体不会立即从眼口冲出，因而爆炸能量得到了充分的利用，增大了炮眼底部爆炸作用能力和作用时间。应该指出，反向起爆也有不足之处，如雷管脚线长，装药不方便；在有水炮眼中起爆药物易受潮拒爆；机械化装药时易产生静电，引起早爆等。

在接近建基面、开挖边坡部位多用不耦合装药，因为不耦合装药可以缓解炸药对炮孔底及周壁岩石的破坏；其他部位可采用不耦合增加单孔装药量，减少钻孔量耦合装药方式。炮孔底部耦合装药，中部以上或上部采用不耦合装药也是常用的方法。炮孔底部耦合装药，可使底板爆得比较干净且不留根底，这在梯段爆破中至关重要。

是否采用间隔装药，由两种情况决定：①利用它作为调整块度级配的手段；②连续装药在孔口的堵塞长度过长时，必须间隔装药。

1.2.3.3 深孔微差爆破

微差爆破又称毫秒爆破，是指在深孔孔间、深孔排间或深孔内以毫秒级的时间间隔，按一定的顺序起爆的一种爆破方法。通常用不同段毫秒雷管调节排间微差时间，这种方法具有降低爆破地震效应、改善破碎质量、降低炸药单耗、减小后冲、爆堆比较集中等明显优点。因此，在各种爆破工程中得到广泛应用，特别是大区多排孔微差爆破方法已成为露天爆破开挖工程的一种主要方法。

1. 微差爆破作用原理

相邻深孔起爆间隔时间很短，爆破过程中存在着复杂的相互作用。微差爆破的主要作用原理是，先爆孔为相邻的后爆孔增加新的自由面，应力波的相互叠加作用和岩块之间的碰撞作用使被爆岩体获得良好的破碎，并相应提高了炸药能量的利用率。

以单孔顺序起爆方法为例，其破岩过程如下：

（1）先行爆破的深孔在爆破作用下形成单孔爆破漏斗，使这部分岩体破碎并与原岩分离，同时在漏斗体外相邻孔的岩体中产生应力场与微裂隙。

（2）后爆破的相邻深孔，因先爆孔已为其增加了新的自由面，改善了爆破作用条件，从而得良好的破碎。

（3）后爆孔是在先爆孔产生的预应力尚未消失之前起爆，形成应力波的相互叠加，从而增强了爆破效果。

（4）相邻孔之间的岩体在破碎过程中存在着岩块间的互相碰撞，得到了进一步的破碎。

2. 微差爆破间隔时间的确定

合理的微差爆破间隔时间，对改善爆破效果与降低爆破地震效应具有重要作用。在确定微差间隔时间时主要考虑岩石性质、布孔参数、岩体破碎和运动特征等因素。微差间隔时间过长则可能造成先爆孔破坏后爆孔的起爆网络，过短则后爆孔可能因先爆孔未形成新的自由面而影响爆破质量。微差间隔时间的长短一般根据经验公式来确定：

$$\Delta t = K_p W_{底}(24 - t_d) \tag{1.25}$$

式中 Δt——微差间隔时间，ms；

t_d——从爆破到岩体开始移动的时间，ms；

$W_{底}$——底盘抵抗线，m；

K_p——岩石裂隙系数，对于裂隙少的岩石，$K_p=0.5$；对于中等裂隙岩石，$K_p=0.75$；对于裂隙发育的岩石，$K_p=0.9$。

我国露天深孔爆破采用的微差时间一般为 25～50ms。近年来，由于起爆器材的不断改进，提高了起爆网络的可靠性，对多排微差爆破来说，适当延长微差间隔时间，将会改善爆破质量和降震效果。

3. 大区多排微差爆破起爆方案

随着开挖工程规模的不断扩大，大区多排微差爆破愈加显示出优越性。为保证达到良好的爆破质量，必须正确选择起爆方案。起爆方案是与深孔布置方式和起爆顺序紧密结合的，需要根据岩石性质、裂隙发育程度、构造特点、爆堆要求和破碎程度等因素进行选择。常用的起爆方案见图 1.27。

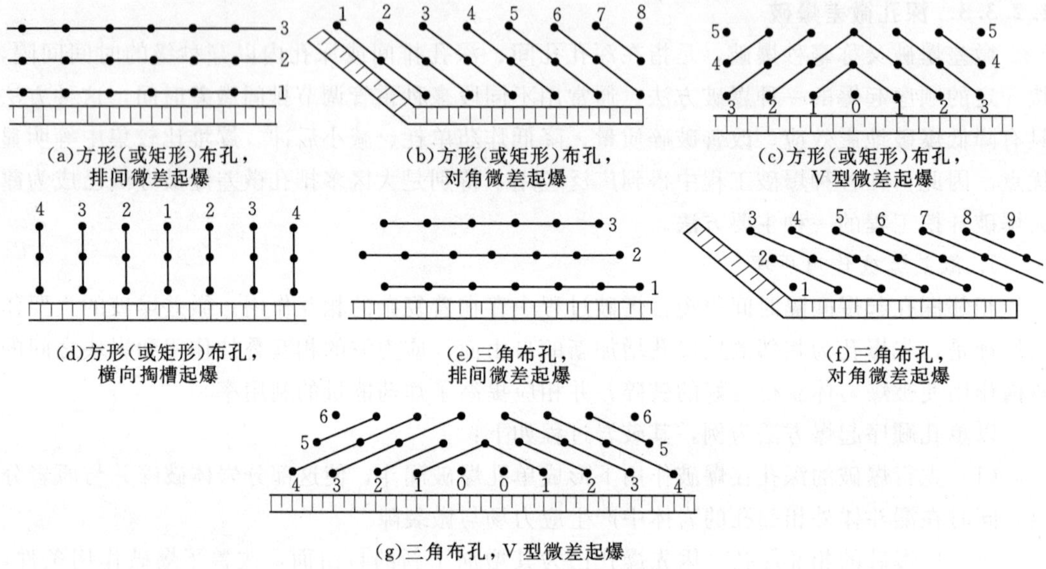

(a)方形（或矩形）布孔，排间微差起爆　(b)方形（或矩形）布孔，对角微差起爆　(c)方形（或矩形）布孔，V 型微差起爆

(d)方形（或矩形）布孔，横向掏槽起爆　(e)三角布孔，排间微差起爆　(f)三角布孔，对角微差起爆

(g)三角布孔，V 型微差起爆

图 1.27　几种常用的起爆方案

此外，在方形或三角形布孔方式中，也可采用单孔顺序微差起爆方案。

目前，多采用三角形布孔对角起爆或 V 型微差起爆方案，以形成小抵抗线宽孔距爆破，使深孔实际的密集系数增大到 3～8，以保证岩石的破碎质量。

1.2.3.4　预裂爆破和光面爆破

为保证保留岩体按设计轮廓面成型并防止围岩破坏，须采用轮廓控制爆破技术。常用的轮廓控制爆破技术包括预裂爆破和光面爆破。预裂爆破，就是首先起爆布置在设计轮廓线上的预裂爆破孔药包，形成一条沿设计轮廓线贯穿的裂缝，再在该人工裂缝的屏蔽下进行主体开挖部位的爆破，保证保留岩体免遭破坏；光面爆破是先爆除主体开挖部位的岩体，然后再起爆布置在设计轮廓线上的周边孔药包，将光爆层炸除，形成一个平整的开挖面。

预裂爆破和光面爆破在坝基、边坡和地下洞室岩体开挖中获得了广泛应用。

1. 成缝机理

预裂爆破和光面爆破都要求沿设计轮廓产生规整的爆生裂缝面，两者成缝机理基本一致。现以预裂缝为例论述其成缝机理。

预裂爆破采用不耦合装药结构，其特征是药包和孔壁间有环状空气间隔层，该空气间隔层的存在削减了作用在孔壁上的爆炸压力峰值。因为岩石动抗压强度远大于抗拉强度，因此可以控制削减后的爆压不致使孔壁产生明显的压缩破坏，但切向拉应力能使炮孔四周产生径向裂纹。加之孔与孔间彼此的聚能作用，使孔间连线产生应力集中，孔壁连线上的初始裂纹进一步发展，而滞后的高压气体的准静态作用使沿缝产生气刃劈裂作用，使周边孔间连线上的裂纹全部贯通成缝。

2. 质量控制标准

（1）开挖壁面岩石的完整性用岩壁上炮孔痕迹率来衡量，炮孔痕迹率也称半孔率，为开挖壁面上的炮孔痕迹总长与炮孔总长的百分比。在水电部门，对节理裂隙极发育的岩体，一般要求炮孔痕迹率达到10%～50%；节理裂隙中等发育者应达50%～80%；节理裂隙不发育者应达80%以上。围岩壁面不应有明显的爆生裂隙。

（2）围岩壁面不平整度（又称起伏差）的允许值为±15cm。

（3）在临空面上，预裂缝宽度一般不宜小于1cm。实践表明，对于软岩（如葛洲坝工程），软岩裂缝宽度可达2cm以上；而对于坚硬岩石，预裂缝宽度难以达到1cm。

3. 预裂爆破与光面爆破参数选择及装药量计算

（1）经验数据法。预裂爆破装药量建议按表1.14选用。光面爆破装药量不仅与钻孔直径、孔距有关，还与最小抵抗线有关，建议参照表1.15选用。

表1.14　预裂爆破装药量经验数据

岩石性质	岩石抗压强度/MPa	钻孔直径/mm	钻孔间距/m	线装药量/(g/m)
软弱岩石	<60	80、100	0.6～0.8、0.8～1.0	100～180、150～250
中硬岩石	60～80	80、100	0.6～0.8、0.8～1.0	180～300、250～350
次坚石	80～120	90、100	0.8～0.9、0.8～1.0	250～400、300～450
坚石	>120	90～100	0.8～1.0	300～700

注　表中未列入地质状况，其影响体现在线装药量的变化中。

表1.15　光面爆破装药量经验数据

钻孔直径/mm	钻孔间距/m	最小抵抗线/m	线装药量/(g/m)
37	0.6	0.9	120
44	0.6	0.9	170
50	0.8	1.1	250
62	1.0	1.3	350

（2）装药量计算的经验公式。我国于20世纪70年代末期提出许多依据不同岩石抗压强度与孔径和孔距等有关的预裂爆破装药量计算公式，现推荐下式：

$$\Delta=0.034{\sigma_p}^{0.63}a^{0.67} \tag{1.26}$$

式中　Δ——线装药量，g/m；

σ_p——岩石极限抗压强度，MPa；

a——钻孔间距，m。

在岩体内进行预裂爆破，用岩石极限抗压强度显然是不合理的，应当用岩体抗压强度，因岩体内存在节理裂隙，影响预裂的效果。因此，若用岩体抗压强度代替岩石极限抗压强度，可将岩石极限抗压强度减低10%～30%计算。

光面爆破药量计算在国内尚没有较为成熟的经验公式，按水电工程的应用经验，一般用式（1.26）计算，然后再减少10%～30%进行施工。

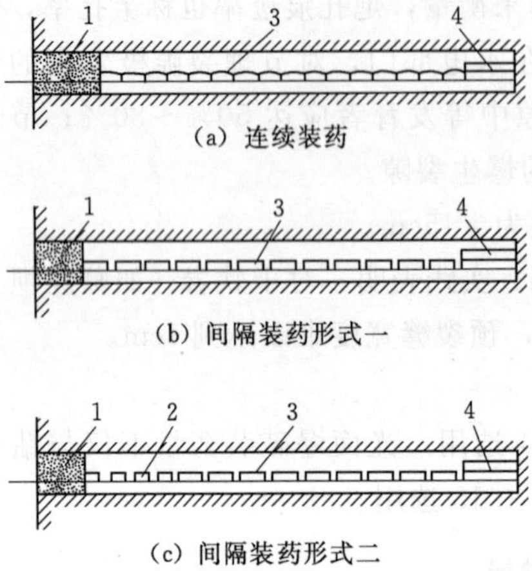

图1.28 预裂孔结构示意图
1—堵塞段；2—顶部减弱装药段；3—正常药段；4—底部增强装药段

4. 装药结构设计

合理的装药结构应满足下列要求：从孔口到孔底线装药密度的变化应与岩性的变化相适应；导爆索上的药卷应均匀分布，药卷间的中心距离不大于50cm。设计的线装药密度 q，可作为中段装药密度 $q_{中}$。在岩性均匀部位，装药结构分成三段，如图1.28所示。

（1）孔口段。根据地面岩石风化程度确定线装药密度。一般 $q_{孔口}=(1/2\sim1/3)q_{中}$，装药长度1～2m。在地面岩石坚硬完整部位，$q_{孔口}=q_{中}$。

（2）中间段。是预裂爆破的主要装药段，对预裂缝的形成和预裂缝的宽度起控制作用，$q_{中}=q$。

（3）孔底段。底部装药量随着孔深增加而加大，集中分布在孔底1～2m范围内，以克服岩体底部对预裂缝面的夹制力。底部线装药密度 $q_{底}$ 可参照下列数据：$L<10m, q_{底}=10(1\sim2)q_{中}$；$10m\leqslant L<15m, q_{底}=(2\sim3)q_{中}$；$15m\leqslant L<20m, L=15\sim20m, q_{底}=(3\sim4)q_{中}$。

当孔深超过20m时，可根据地质等条件酌情处理。

全孔为不耦合装药，不耦合系数 m（孔径与药卷直径之比）一般取2～3。

预裂爆破中还须注意：

（1）为了保证预裂缝面能延伸至建基面，又不伸入基础，均钻至建基面终孔。药卷底部与建基面间预留0.2m的空隙。

（2）紧邻预裂缝面的梯段爆破最后一排炮孔称为缓冲孔。缓冲孔与预裂缝的距离应考虑岩石性质、药包直径大小、梯段爆破起爆方式及炮孔排数等因素综合确定。岩性软弱、节理裂隙发育的岩石，在爆炸力作用下，岩体稍松动即可挖除，缓冲孔与预裂缝间距可控制在2m以内；中等强度、整体性较好的岩石，如砂岩、砾岩等，间距应控制在1.0m以内。

缓冲孔的药包直径应小于梯段爆破主爆孔的药包直径，一般为主爆孔药径的1/2～2/3。为了根除炮根和防止爆破对后冲方向岩体的破坏，底部1～2m药包直径应同主爆孔；上部1～2m视炮孔至预裂缝面的距离而定，距离近应布置小直径药包。缓冲孔单位耗药量同主爆孔，单孔药量应为主爆孔的1/2～2/3，因此其抵抗线和孔距均小于主爆孔。缓冲孔距应不小于抵抗线。

(3) 有临空面条件的预裂爆破。在有临空面的情况下，进行预裂爆破时，爆炸应力有可能使缝面前的岩体向临空面方向移动或坍塌，这主要取决于岩石的性质与台阶宽度。台阶宽度小于 5m 时，不论何种岩石，预裂爆破应和松动爆破同一次进行，预裂炮孔提前 75～100ms 起爆，若不同次进行，会给后期造成困难；台阶宽度为 5～10m 时预裂爆破与梯段爆破也可同次进行；若台阶宽度大于 10m，岩体内无软弱水平层时，可按一般施工程序进行。

(4) 预裂爆破振动大于光面爆破，某些条件下，采用预裂爆破减振微弱而不适宜，采用光面爆破可有效控制边坡坡面平整和稳定。

1.2.3.5　洞室爆破

洞室爆破又称大爆破，其药室是专门开挖的洞室。药室用平洞或竖井相连装药后按要求将平洞或竖井堵塞。

1. 洞室爆破的特点及适用范围

(1) 特点：

1) 洞室爆破一次爆落方量大，有利于加快施工进度。

2) 需要的凿岩机械设备简单。

3) 节省劳力，爆破效率高。

4) 导洞、药室的开挖受气候影响小，但开挖条件差。

5) 爆破后块度不均，大块率高，爆破震动、空气冲击波等爆破公害严重。

(2) 适用范围：

1) 挖方量大而集中并需在短期内发挥效益的工程。

2) 山势陡峻，不利于钻孔爆破安全施工的场合。

3) 定向爆破筑坝。

4) 当地质、地形条件满足要求时，洞室爆破可用于定向爆破筑坝、面板堆石坝次堆料区料场开挖以及定向爆破截流。

2. 药包布置与爆破参数确定

(1) 药包布置为达到良好的爆破效果，需要根据地形地质条件和工程要求，一般按照“排、列、层”的立体格局布置群药包。

(2) 爆破参数。洞室爆破中，最小抵抗线 W 和爆破作用指数 n 值共同决定了爆落方量与抛掷率、抛掷距离和爆堆分布状况。W 和 n 是决定爆破规模的两个最基本参数。

1) 最小抵抗线 W。W 的方向决定了主抛方向，它和 n 值一道决定了爆落与抛掷方量以及抛掷距离，W 越小，可能产生的公害越大。W 值的选定应和药包布置一并考虑，要反复调整力争最优。我国已建的定向爆破堆石坝的 W 多在 5～40m 之间。

2) 爆破作用指数 n。n 的选择主要根据爆破类型是松动爆破还是抛掷爆破，以及地形条件、多面临空、斜坡地形或平地等综合确定。n 值一般采用 0.7～1.75。若采用双排或双层布药，上层和前排药包应适当增大 n 值，同时后排和下层的 n 值应比前排和上层的 n 值大 0.15～0.25。

3) 药包间距有水平间距 a 和层间距 b，与爆破性质、地形地质条件有关，药包间距直接影响爆破质量和成本。

1.2.3.6 平地掏槽爆破

水工建筑物基础轮廓形状各异，都需要进行平地掏槽爆破。大量基坑岩石需要采用梯段爆破方式开挖，为了形成梯段爆破临空面，也必须先进行平地掏槽爆破。基坑开挖施工道路，也需通过层层平地掏槽爆破，才能进入基坑最低工作面。

平地掏槽爆破的一次爆破深度与掏槽形状、轮廓尺寸密切相关，一般来说平面尺寸大，可爆深度也大。由于平地掏槽爆破的震动影响和破坏范围较大，一次掏槽深度3～4m较合适，最大不宜超过5m，深度较大的槽宜分层进行掏槽爆破。为了保证壁面平整，掏槽开挖轮廓面应采用预裂爆破或光面爆破。

1. 群孔平地起爆

在槽挖深度不大时（一般小于2m），可采用此方式进行爆破，炮孔内布置即发雷管同时起爆。此掏槽方式的优点是施工工艺简单，缺点是爆破震动影响大，抛掷方向无法控制，对基础破坏也大。

2. 由浅至深掏槽爆破

基坑施工道路一般采用由浅至深的掏槽爆破，掏槽深度达到设计高度后，采用梯段爆破开挖此高程以上其他部位，同时按施工布置继续进行掏槽爆破下降施工道路至下一层。

此掏槽方式有两种形式，图1.29（a）所示为变角度、变孔深掏槽方式，掏槽效果较好，但改变钻孔角度施工较麻烦；图1.29（b）所示为仅改变孔深、角度不变的方式，钻孔工艺简单，但掏槽效果稍差。

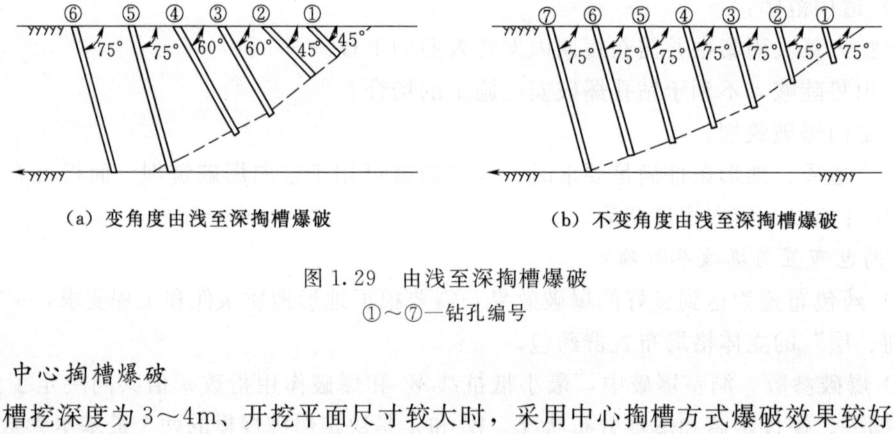

(a) 变角度由浅至深掏槽爆破　　(b) 不变角度由浅至深掏槽爆破

图1.29 由浅至深掏槽爆破
①～⑦—钻孔编号

3. 中心掏槽爆破

在槽挖深度为3～4m、开挖平面尺寸较大时，采用中心掏槽方式爆破效果较好。中心掏槽布孔和起爆顺序有多种形式，根据工程实践经验，图1.30（a）所示掏槽方式可以获得满意效果。

图1.30中，中心布置垂直孔，孔内布置高威力炸药，或加密中心孔，在满足堵塞长度的条件下，保证以药包中心为顶点的爆破漏斗（图1.30中①部位）单位耗药量略大于1.3kg/m³，孔内布置①段雷管。中心孔两侧第一排炮孔布置②段雷管，炮孔装药集中在下部，两侧炮孔间破碎岩石的单位耗药量必须达到1.3kg/m³以上（图1.30中②部位）。两侧第二、第三排炮孔依次装③、④段雷管，按梯段爆破计算炮孔药量，单位耗药量控制在0.65kg/m³左右。

另一种中心掏槽方式见图1.30（b）。例如，葛洲坝二江汇水闸地质条件复杂，多为

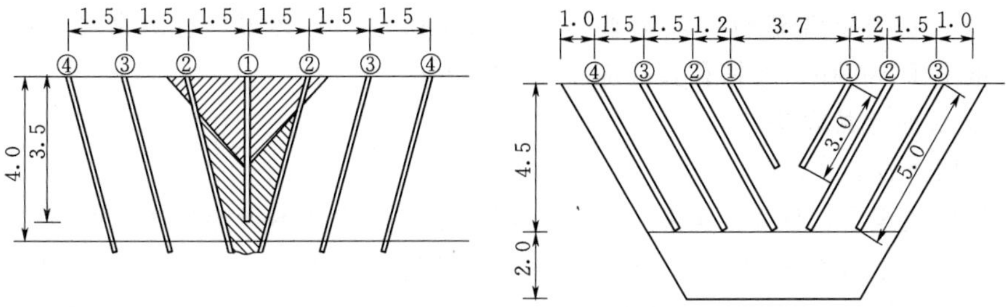

(a) 方式一　　(b) 方式二

图 1.30　中心掏槽爆破（单位：m）

①～⑤—雷管段别

黏土质粉砂岩、砂岩、粉岩互层，考虑到建筑物的稳定，抗冲刷、基础防渗、排水和观测的需要，在整个建筑物基础中设置了嵌固廊道的大小齿槽 21 条，槽深 6～17m，总长 4300m。较长齿槽一般先进行掏槽爆破，创造临空面，再采用梯段爆破方式开挖。槽深大于 5m 时，分层进行掏槽爆破。图 1.30（b）两侧先进行预裂爆破，再在中心掏槽，其主要爆破参数见表 1.16。

表 1.16　　葛洲坝二江泄水闸掏槽爆破参数表

爆孔类型	起爆顺序	孔数/个	孔径/mm	钻孔倾角/(°)	孔深/m	孔距/m	排距/m	单孔药量/kg	装药长度/m	堵塞长度/m	单起爆量/kg	爆破方量/m^3
一次掏槽孔	1	26	170	60	3.0	1.5	3.7	10.0	1.6	1.4	260	103.5
二次掏槽孔	2	26	170	60	5.0	1.5	1.2	11.2	3.2	1.8	291.2	164.5
松动爆破孔	3	13	170	60	5.0	1.5	1.5	8.4	3.2	1.8	109.4	113.5
上游边排孔	4	13	170	60	5.0	1.5	1.5	8.4	3.2	1.8	109.4	189.0
下游边排孔	5	13	170	60	5.0	1.5	1.5	8.4	3.2	1.8	109.4	189.0

1.2.3.7　保护层开挖

多数水工建筑物必须建造在完整坚硬的岩体上。为此，在接近建基面的部位留出一定厚度的岩层，再用特殊的办法加以处理，是我国规范上规定的方法。

预留的保护层厚度，与上部深孔梯段爆破所采用的钻孔直径、药卷直径以及爆破参数和方法有关。它一般根据测定梯段炮孔底以下破坏深度的试验结果确定。

1. 保护层厚度的确定

最可靠的方法是通过现场试验确定。或者，可以根据 SL 47—94《水工建筑物岩石基础开挖工程施工技术规范》所推荐的办法确定，见表 1.17。

表 1.17　　保护层厚度与装药直径关系

岩体特性	节理裂隙不发育和坚硬的岩体	节理裂隙较发育、发育和中等坚硬的岩体	节理裂隙极发育和软弱的岩体
$\frac{H}{D}$	25	30	40

注　表中 H 为保护层厚度，D 为梯段炮孔底部的装药直径。

使用表1.17中数据进行梯段爆破应遵循几个条件：①必须具有两个良好的临空面；②单响药量小于300kg；③钻孔直径应小于110mm。

2. 保护层的开挖方法

(1) 分层开挖：

按现行规范规定，保护层开挖一般分三层：第一层炮孔不得穿入建基面以上1.5m的范围，装药直径不得大于40mm，控制单响药量不超过300kg；第二层，对节理裂隙极发育和软弱岩体，炮孔不得穿入建基面以上0.7m的范围，其余岩体不得超过0.5m范围，且炮孔与水平建基面的夹角不应大于60°，装药直径不应大于32mm，须采用单孔起爆方法；第三层，对节理裂隙极发育和软弱岩体，须留0.2m厚岩体进行撬挖，其余岩体炮孔不得穿过建基面。保护层分层开挖限制了工程岩石基础开挖的速度，成为控制施工进度的关键。

(2) 保护层一次挖除爆破方法：

1) 孔间微差小梯段爆破。微差小梯段爆破是保护层一次爆除最基本的方法：

a. 用小梯段爆破取代平地爆破。规范SL 47—94规定，保护层开挖方式为一个自由面的平地爆破，虽是一种单孔爆破，但较杂乱，耗药量大，效果差，采用小梯段爆破可以改善效果。

b. 采用毫秒雷管取代火雷管，实现排间微差梯段爆破。

c. 用小直径乳化药卷代替硝铵药卷，可使装药分散、不耦合系数加大，降低单耗，减少震动影响。

d. 底部设缓冲层的装药结构。即在炮孔底部设置一种排水型的体积可变的柔性垫层，使药卷不与炮孔底部直接接触。

e. 控制钻孔精度，加大密集系数，可以改善爆破效果，减少超欠挖工程量。

某工程保护层钻爆开挖，孔网参数装药结构起爆方式设计：①单位耗药量控制在0.35～0.47kg/m³，岩性软弱或断层构造发育时取低值，岩性坚硬时取高值；②炮孔斜度采用垂直钻孔，以利于控制孔底高程和孔排距钻孔误差，提高试验资料的精确性；③抵抗线（排距）取梯段高度（1.5m）的0.4～0.5倍，即为0.6～0.75m；④炮孔密度集系数将一般采用的0.8～1.2加大到1.67～2.5，按梅花形布孔，以利消除炮孔根底；⑤炮孔钻至建基面，不超深；⑥堵塞长度等于或略小于各排抵抗线，一般为0.5～0.7m；⑦柔性垫层层厚18cm；⑧单孔药量根据单位耗药量和孔网参数确定，一般为400～800g/孔；⑨装药结构有全孔装直径25mm药卷、全孔装32mm药卷和底部装32mm药卷上部接25mm药卷三种形式，视地质条件选用，药卷均为厂家生产的乳化炸药定型药卷；⑩起爆方式采用排间微差起爆方式，一般7排布置7段雷管，最多一次分17排布置17段雷管，1～4段为25ms等间隔电雷管，15～17段雷管间隔时间大于50ms。

某工程对保护层孔间微差爆破网路实例如图1.31所示。

2) 浅孔松动爆破配合水平光面爆破或水平预裂爆破。采用水平光面爆破或水平预裂爆破一次爆除保护层是20世纪90年代发展起来的爆破技术。它的主要优点是，建基面平整，超欠挖工程量小。水平预裂或水平光爆采用不耦合间断装药结构对地基的不良影响小。

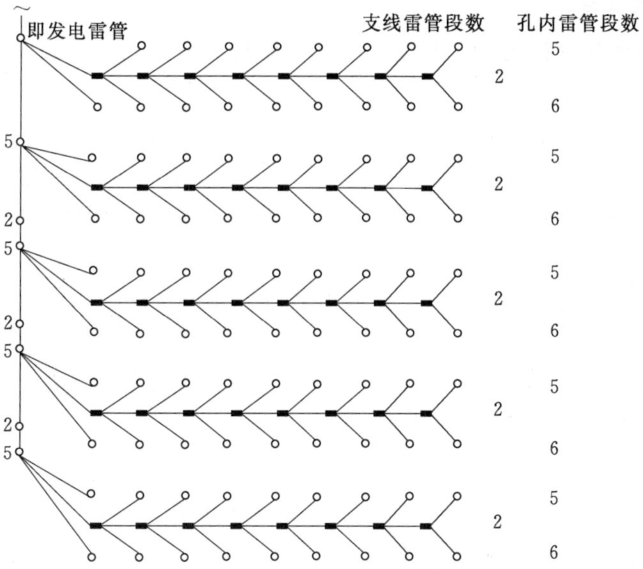

图 1.31　保护层孔间微差

三峡二期工程泄洪与挡水大坝（包括左导墙）工程具有钻爆工作量大、开挖强度高、地质条件复杂、基础质量要求高的特点，采用传统的保护层分层爆破开挖法无法满足施工进度和基础质量的要求。因此，施工单位采用水平预裂爆破辅以垂直浅孔梯段爆破法开挖保护层，保护层厚度为 2.5～3.0m。

水平预裂爆破按钻孔直径大小取不同参数：①钻孔直径 D_1 =100～105mm，D_2 =45～50mm；②药卷直径 d_1 =32mm，d_2 =25mm；③钻孔间距 a_1 =80～100cm，a_2 =40～50cm；④钻孔深度 $L_1 \leqslant$10m，$L_2 \leqslant$3.0m；⑤线装药密度 q 经生产性试验不断调整，最终确定 q=380～450g/m（D=100～105mm）。水平预裂爆破与边坡预裂爆破有着本质区别。边坡预裂爆破是在半无限体中进行的，底部夹制作用较大。水平预裂爆破相当于 2.5～3.0m 的光面层爆破，是在有限体中进行的，底部夹制作用小，因此装药结构较为简单。一般按设计的线装药密度由上至下均匀分布药量，在孔底 40cm 范围内，线装药密度约增加 1 倍。孔口堵塞长度以下 50cm 范围内线装药密度减少约 1/2。堵塞长度一般取 80～100cm。

浅孔梯段爆破参数：①钻孔直径 D_1 =105～89mm，D_2 =45～50mm；②药卷直径 d_1 =50mm，d_2 =32mm；③保护层厚度为 2.5m 时，钻孔深度 L=1.7～1.5m；保护层厚度为 3.0m 时，钻孔深度 L=2.2～2.0m；④孔径 89～105mm 时，孔距 1.5～1.8m，排距 1.0～1.2m；孔径 40～45mm 时，孔距 1.0～1.2m，排距 0.5～0.6m；⑤单位耗药量 q=0.5～0.6kg/m^3。

三峡二期主体工程基础保护层开挖，通过应用水平预裂爆破辅以垂直浅孔梯段爆破的施工方案，达到高质量、快速开挖保护层的目的，经过建基面残留炮孔痕迹进行检查与统计分析，在微风化岩中半孔率一般为 90%～98%，平均半孔率大于 95%，在局部地质缺陷部位半孔率均在 80%以上，满足设计要求。

3. 无保护层爆破法

以东江水电站坝基开挖为例，建基面及上下游坡面采用三面预裂爆破、不留保护层的方式开挖。

左岸自坝顶高程294m，右岸自高程270m（以上为重力坝）开始，向下开挖，垂直高度每10m为一台阶。为方便施工，每一台阶设0.75m宽的平台道。建基面预裂孔按水工建筑物基础开挖图逐孔计算方位和孔深。上、下游边坡钻孔倾斜度分别为3.5∶1和4∶1。

预裂爆破参数包括：①钻孔孔径$D=90\sim110$mm；②钻孔孔距$a=(8\sim10)D$，上、下游边坡取大值，建基面取小值；③钻孔孔深$L=10\sim15$m；④线装药密度$q=600\sim700$g/m。

装药结构按设计线装药密度将直径32mm的药卷绑扎在导爆索上，底部1m范围内药量加倍，堵塞长度为0.8～1.2m。

预裂孔底距设计面20～30cm。

梯段爆破孔，孔径110mm，药径90mm，孔底至预裂面间距1.5m。

河床坝基开挖采用水平预裂爆破和水平抬炮（2～3层），同样取得了良好的爆破效果。

1.2.4 避免公害和安全防护

在完成岩石爆破破碎的同时，爆破作业必然会伴生爆破飞石、地震波、空气冲击波、噪声、粉尘和有毒气体等负面效应，即爆破公害。因此，在爆破作业中，需研究爆破公害的产生原因及公害强度的分布与衰减规律，通过科学的爆破设计，采用有效的施工工艺措施，以确保保护对象（包括人员、设备及邻近的建筑物或构筑物等）的安全。

为防范与控制爆破地震波、飞石和空气冲击波等的危害，一般应根据各种情况对安全控制距离进行计算，以便确定警戒范围和安全保护措施。

1.2.4.1 爆破地震

岩石爆破过程中，除对邻近炮孔的岩石产生破碎、抛掷作用外，爆炸能量的很大一部分将以地震波的形式向四周传播，导致地面振动，这种振动即为爆破地震。爆破地震达到一定强度时可以引起地面建筑物破坏、边坡失稳等现象。通常认为爆破地震居于爆破公害之首。

衡量爆破地震强度的参数包括位移、速度和加速度等。实践表明质点峰值震动速度与建筑物的破坏程度具有较好的相关性，因此国内外普遍采用质点峰值震动速度作为安全判据。我国GB 6722—2003《爆破安全规程》对某些建（构）筑物的允许质点峰值震动速度作了具体规定，见表1.18。

质点峰值震动速度用式（1.27）计算：

$$V=K\left(\frac{Q^n}{R}\right)^{\alpha} \tag{1.27}$$

式中 V——质点峰值震动速度（表1.18），cm/s；

n——药包形状系数，欧美等国家的n值通常取1/2，我国和苏联一般取1/3；

Q——最大单向段药量，kg；

R——爆心距，即测点至爆源中心距离，m；

K、a——与地质条件、爆破类型及爆破参数有关的系数，在没有现场实验资料的情况下，不同岩石的 K、a 值，可参考表 1.19 确定，对于较重要工程，应通过现场试验确定 K、a 值。

表 1.18　　建（构）筑物的允许质点峰值震动速度　　单位：cm/s

保护对象		震动频率		
		<10Hz	10～50Hz	50～100Hz
土窑洞、土坯房、毛石房屋		0.5～1.0	0.7～1.2	1.1～1.5
一般砖房、非抗震性大型砖砌建筑物		2.0～2.5	2.3～2.8	2.7～3.0
钢筋混凝土结构房屋		3.0～4.0	3.5～4.5	4.2～5.0
一般古建筑与古迹		0.1～0.3	0.2～0.4	0.3～0.5
水工隧道		7.0～15.0		
交通隧道		10.0～20.0		
矿山隧道		15.0～30.0		
水电站及发电厂中心控制室设备		0.5		
新浇筑大体积混凝土	初凝～3d	2.0～3.0		
	3～7d	3.0～7.0		
	7～28d	7.0～12.0		

表 1.19　　不同岩性的 K、a 值

岩　性	K	a
坚硬岩石	50～150	1.3～1.5
中等坚硬岩石	150～250	1.5～1.8
软弱岩石	250～350	1.8～2.0

根据给定的建筑物安全质点峰值震动速度判据，就可由式（1.27）反算爆破震动安全距离。若同时给定安全质点峰值震动速度和保护对象爆心距，由式（1.27）也可确定允许的最大爆破规模。

在水利水电工程施工中，在重要或特殊的建（构）筑物如岩石高边坡、电站厂房和新浇筑混凝土等附近进行爆破作业时，必须开展爆破震动效应的监测与专门试验，以确定被保护对象的安全性。

1.2.4.2　爆炸空气冲击波和水中冲击波

炸药爆炸产生的高温高压气体，或直接压缩周围空气，或通过岩体裂缝及药室通道高速冲入大气并对其压缩，形成空气冲击波。空气冲击波超压达到一定量值后，就会导致建筑物破坏和人体器官损伤，因此在爆破作业中，需要根据被保护对象的允许超压确定爆炸空气冲击波安全距离。埋入式药包爆破的爆破作用指数 n 小于 3 时，其空气冲击波的破坏范围比爆破震动和飞石破坏范围小得多，因此，一般工程爆破的安全距离由爆破震动及飞石控制。

对露天裸露爆破，GB 6722—2003《爆破安全规程》规定，为确保作业人员安全，裸露药包每爆炸的总药量不得大于20kg，并由式（1.28）确定爆炸空气冲击波对掩体内避炮作业人员的安全距离：

$$R_F = 25\sqrt[3]{Q} \tag{1.28}$$

式中　R_F——空气冲击波对掩体内人员的最小安全距离，m；

Q——一次爆破装药量，kg，秒延迟爆破时，Q按各延迟段中最大药量计算，当采用毫秒延迟爆破时，Q按一次爆破的总药量计算。

当进行水下爆破时，同样会在水中产生冲击波，因此同样需要针对水中的人员及施工船舶等被保护对象按有关规定确定最小安全距离。

1.2.4.3　爆破飞石

洞室爆破飞石安全距离按下式计算：

$$R_F = 20K_F n^2 W \tag{1.29}$$

式中　R_F——洞室爆破的飞石安全距离，m；

W——最小抵抗线，m；

n——爆破作用指数；

K_F——与地形、风向、风速和爆破类型有关的安全系数，一般取1.0～1.5，最小抵抗线方向取大值，当风大而又顺风时取1.5～2.0或更大的值，山谷或垭口地形应取1.5～2.0。

对钻孔爆破，目前尚无公式计算飞石安全距离。GB 6722—2003《爆破安全规程》对飞石安全距离仅规定了最小值，见表1.20。

表1.20　露天土岩爆破个别飞石对人员最小安全距离

爆破方法	个别飞石最小安全距离/m	爆破方法	个别飞石最小安全距离/m
破碎大块岩体裸露药包爆破法	400	深孔爆破	按设计，且≥300
破碎大块岩体浅孔爆破法	300	深孔药壶爆破	按设计，且≥300
浅孔爆破	300	浅孔孔底扩壶爆破	50
深孔药壶爆破	300	深孔孔底扩壶爆破	100
蛇穴爆破	300	洞室爆破	按设计，且≥300

1.2.4.4　爆破公害的控制与防护

爆破公害的控制与防护是工程爆破设计中的得要内容，为防止爆破公害带来破坏，应调查周围环境，掌握人员、机械设备及重要建（构）物等保护对象的分布状况，并根据各种保护对象的承受能力，按照有关规范规程规定的安全距离确定允许爆破规模。爆破施工过程中，危险区的人员及设备应撤至安全区，无法撤离的建（构）筑物及设施必须予以防护。

爆破公害的控制与防护可以从爆源、公害传播途径以及保护对象三方面采取措施。

（1）在爆源控制公害强度。在爆源控制公害强度是公害防护最为积极有效的措施。合理的爆破参数、炸药单耗和装药结构既可保证预期的爆破效果，又可避免爆炸能量过多的转化为震动、冲击波、飞石和爆破噪声等公害；采用深孔台阶微差爆破技术可有效削弱爆破震动和空气冲击波强度；合理布置岩石爆破中最小抵抗线方向不仅可有效控制飞石方向和距离，而且对降低与控制爆破震动、空气冲击波和爆破噪声强度也有明显的效果。保证炮孔的堵塞长度与质量，针对不良的地质条件采取相应的爆破控制措施，这些都可以消减爆破公害的强度。

（2）在传播途径上削弱公害强度。在爆区的开挖线轮廓进行预裂爆破或开挖减震槽，可有效降低传播至保护区岩体中的爆破地震波强度。对爆区临空面进行覆盖、架设防波屏可以削弱空气冲击波强度，阻挡飞石。

（3）保护对象的防护。当爆破规模已定，但在传播途径上的防护措施尚不能满足要求时，可对危险区内的建筑物及设施进行直接防护。对保护对象的直接防护措施有防震沟、防护屏以及表面覆盖等。

此外，严格执行爆破作业的规章制度，对施工人员进行安全教育，也是保证安全施工的重要环节。

任务 1.3　起爆方法和起爆网路的设计

请思考：

1. 导火索起爆法的优缺点是什么？其应用范围有哪些？
2. 导爆索起爆法的优缺点是什么？其应用范围有哪些？
3. 导爆管起爆法的优缺点是什么？其应用范围有哪些？
4. 电力起爆法的优缺点是什么？其应用范围有哪些？
5. 如何设计起爆网络？

起爆方法有非电起爆和电力起爆，其中非电起爆又包括导火索、导爆索、导爆管起爆等方法。

1.3.1　导火索起爆法（火雷管起爆法）

导火索起爆法是利用点燃导火索产生的火焰，首先引起火雷管爆炸，然后再引起炸药爆炸的起爆方法（也称火雷管起爆法）

导火索起爆法的优点是操作简单、成本低，其缺点是安全性能较差、无法准确控制起爆时差，目前其使用范围逐渐缩小，仅在爆破作业量小而分散的条件下，或不具备其他起爆方法的条件下使用；主要用于引爆导爆管、导爆索。

1.3.2　导爆索起爆法

导爆索起爆法是利用捆绑在导爆索一端的雷管爆炸引爆导爆索，然后由导爆索传爆，将捆在导爆索另一端的起爆药包起爆的一种起爆方法。

导爆索起爆不同于导火索起爆和导爆管起爆，它可直接起爆药包，无需在起爆药包中装入雷管。

1.3.2.1　导爆索起爆网路和连接方法

导爆索的起爆网路包括主干索、支干索和引入每个深孔和药室中的引爆索。导爆索起爆网路的连接方法有开口网路和环形网路两种。

(1) 开口网路（又叫分段并联网路）。开口网路由一根主干索、若干根并联的支干索以及各深孔中的引爆索组成，整个网路是开口的，如图 1.32 所示。各深孔中的引爆索并联在支干索上，各支干索又并联在主干索上。

(2) 环行网路（又叫双向并联）。环行网路是一种闭口网路，连接方法如图 1.33 所示。这种网路的特点是各个深孔或药室中的引爆索可以接受从两个方向传来的爆轰波，起爆的可靠性比开口网路要可靠得多，但导爆索消耗增大。

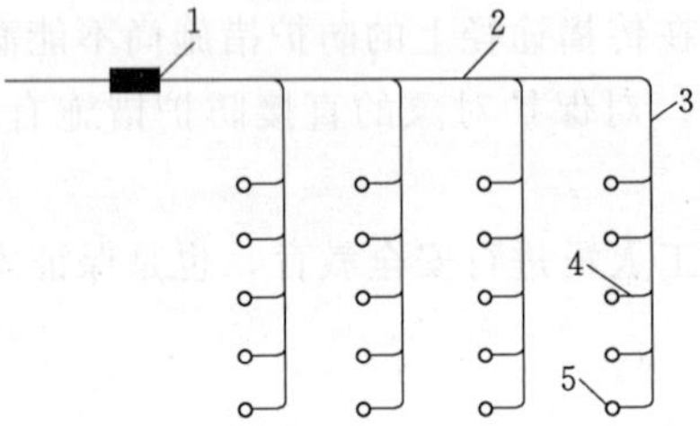

图 1.32　导爆索开口网路示意图

1—引爆雷管；2—主干索；3—支干索；4—引爆索；5—炮孔

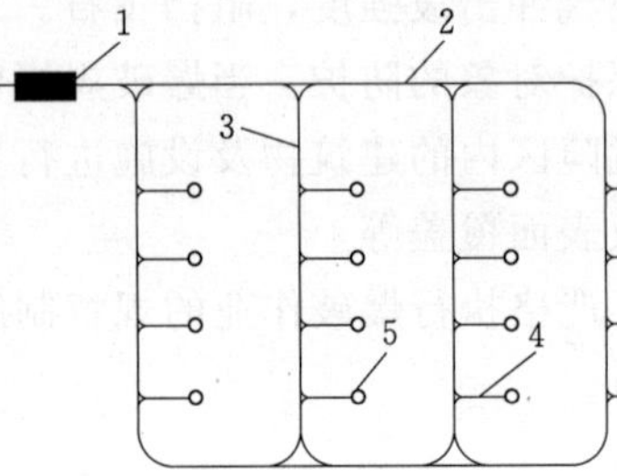

图 1.33　导爆索环形网路示意图

1—引爆雷管；2—主干索；3—支干索；4—引爆索；5—炮孔

在应用导爆索起爆法时，为了实现微差起爆，可在起爆网路中的适当位置连接继爆管，组成微差起爆网路，如图 1.34 所示。在采用单向继爆管时，应避免接错方向。主动导爆索应同继爆管上的导爆索搭接在一起，被动导爆索应同继爆管的尾部雷管搭接在一起，以保证顺利传爆。

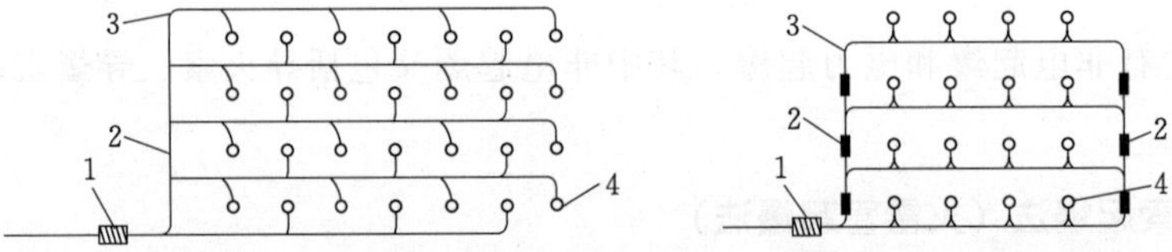

(a) 开口网路的微差起爆　(b) 环形网路的微差起爆

图 1.34　导爆索微差起爆网路

1—起爆雷管；2—继爆管；3—导爆索；4—炮孔

1.3.2.2　应用范围和特点

导爆索起爆法适用于深孔爆破、洞室爆破和光面爆破，其主要优点是操作简单，与用电雷管起爆法相比，准备工作量少，安全性较高，除非雷电直接击中导爆索，一般不受外业电的影响；导爆索的爆速较高，有利于提高被起爆的炸药传爆的稳定性，可以使成组炮孔或药室同时起爆，而且同时起爆的炮孔数不受限制。导爆索起爆法的缺点是成本较高(用这种起爆法的费用几乎比其他起爆法高出 1 倍以上)，在起爆前不能用仪表检查起爆网路的质量，在露天爆破时噪声较大。

1.3.3　导爆管起爆法

导爆管起爆法是利用导爆管传递爆轰波引爆雷管进而引爆工业炸药的一种起爆方式。导爆管传递的爆轰波是一种低爆速的弱爆轰波，它本身不能直接起爆工业炸药，只能起爆炮孔中的雷管，再由雷管的爆炸引爆炮孔内的炸药。

1.3.3.1　导爆管起爆系统的工作原理

导爆管起爆系统如图 1.35 所示，它由三部分组成，即击发元件、传爆元件（或叫连接元件）和末端工作元件。击发元件的作用是击发导爆管，使之产生爆炸。凡一切能产生爆轰波的元件都可作为击发元件，如雷管、击发枪、火帽、电引火头和电击发笔等，一发普通 8 号雷管能激发雷管周围 3～4 层导爆管 40 根以上。传爆元件的作用是使爆轰波连续传递下去，它由导爆管和连接元件组成。末端工作元件由引入炮孔和药室中的导爆管和它末端连接的雷管（即发的或延期的）组成，其作用是直接引爆炮孔或药室中的工业炸药。

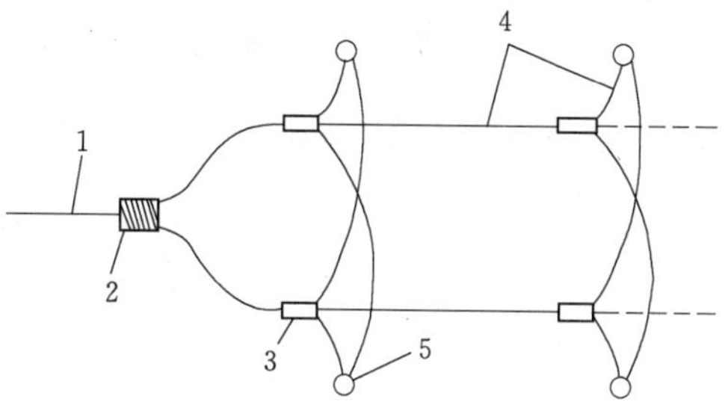

图 1.35　导爆管起爆系统的组成

1—导火索；2—火雷管；3—连通管；4—导爆管；5—炮孔

导爆管起爆系统的工作过程是，击发元件引起传爆元件中的导爆管起爆，传爆到连通管并带动各导爆管起爆和传爆。连通管往下的导爆管有两类：一类是属于末端工作元件的导爆管，由它传爆引爆雷管，使炮孔中的炸药爆炸；另一类是属于传爆元件的导爆管，它的作用是往下继续传爆，就这样接连传爆下去，使所有的炮孔或药室起爆。

1.3.3.2　爆破网路

导爆管爆破网路的连接方法是在串联和并联基础上的混合联，如并并联、并串并联等。实践证明，导爆管起爆系统用于隧道爆破以并并联网路为好，用于露天深孔爆破以并串并联网路为宜，用于楼房拆除爆破，区域内以簇并联为好，区域间（即干线）以并串联较为方便。

1. 并并联

图 1.36 是某隧道开挖爆破采用的并并联导爆管连接网路。38 个炮孔分成 5 组，每组并联（属于簇并联）7～8 根导爆管，5 组再并联于火雷管上。特征是在各支路上为并联，然后各支路再并联。

导爆管起爆系统可以实现微差爆破，其方法有孔内微差和孔外微差两种。孔内微差爆破就是将各段别的毫秒雷管状在炮孔内，以雷管的段别时差实现微差爆破。这种方法对设计、操作要求较严，容易出差错，影响效果。孔外微差爆破，就是装填在各个炮孔中的都是即发雷管，而把不同段别的毫秒雷管作为传爆雷管放在孔外，各个炮孔的响炮时间间隔和前后顺序由这些放在孔外的不同段别的传爆雷管控制，实现微差爆破。这种方法操作简便，不易出差错。

2. 并串并联

露天深孔爆破常用并串并联网路，如图 1.37 所示，其特征是在各分支路上有并联，然后这些并联路再串联，各分支路再并联。

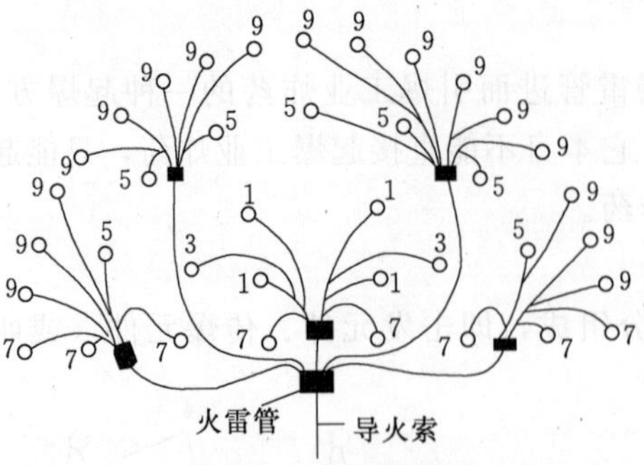

图 1.36　弧形导坑光面爆破并并联网路

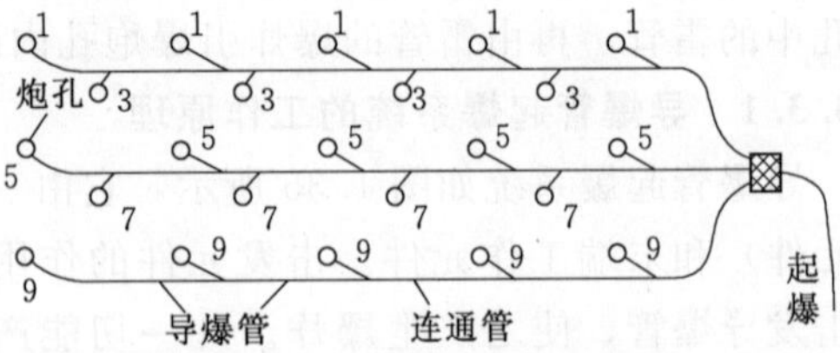

图 1.37　并串并联爆破网路

并串并联网路可以用于孔外微差爆破。每个炮孔中装入即发雷管，根据设计的顺段或隔段方案在每一排孔的一端连接相应的段别雷管。图 1.38 为隔段孔外控制微差爆破网路。孔外微差爆破除了比孔内微差爆破节省起爆器材费用之外，最大的特点是，只用一种段别的毫秒雷管就可实现微差起爆。例如用 2 段毫秒雷管（延期 25ms）：第一排 0 段，第二排 2 段，第三排串联两个 2 段，往下串联三个 2 段、四个 2 段，实现每排间隔 25ms 的等间隔微差爆破。这种网路如图 1.39 所示。

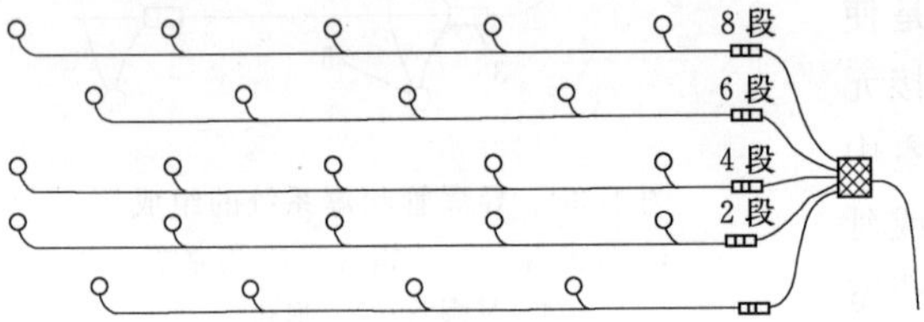

图 1.38　隔段孔外控制微差爆破网路

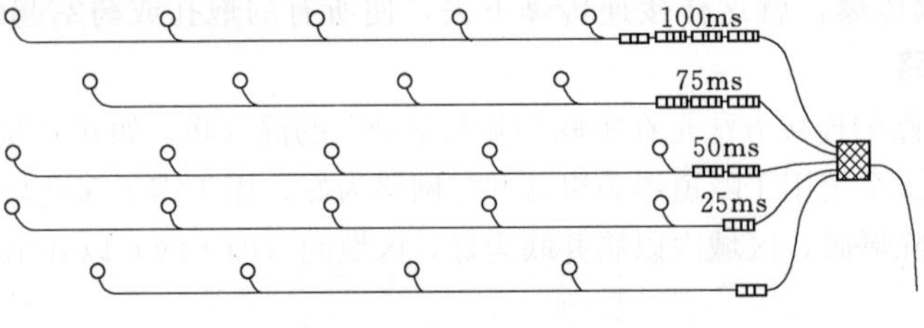

图 1.39　孔外等间隔微差爆破网路

导爆管起爆网路的选择应考虑导爆管长度、药包数量、炮孔间距、雷管段别和延迟方法等诸多因素。如隧洞开挖，采用孔内微差，当药包数量不多或导爆管起爆网路；一次爆破面积不很大时，往往选用簇并联网路；当药包数量很多，或开挖断面积很大时，可采用并并联网路；对狭长爆区，可采用串并联；大面积爆区则宜采用分段并串联。

1.3.3.3　应用范围和特优缺点

导爆管起爆法的应用范围比较广泛，除了在有沼气和矿尘爆炸危险的环境中不能采用以外，几乎在各种条件下都可使用。

导爆管起爆法的优点：①安全性好，不受外来电的影响，使用简单，起爆方便，网路敷设容易；②能使成组炮孔或药室同时起爆，并且能实现各种方式的微差爆破。导爆管起爆法的缺点：①起爆前无法用仪表来检查起爆网路连接质量；②爆区太长或延期段数太多时，空气冲击波或地震波可能会破坏起爆网路；③在高寒地区，塑料管的硬化可能会恶化导爆管的传爆性能。

1.3.4　电力起爆

利用电雷管通电后起爆产生的爆炸能引爆炸药的方法，称为电力起爆法。电力起爆法是通过由电雷管、导线和起爆电源三部分组成的起爆网路来实施的。电力起爆法的使用范围十分广泛，无论是露天或井下，小规模或大规模爆破，还是其他工程爆破中均可使用。电力起爆网路的基本形式为串联法和并联法，包括串联法、并联法、串并联法、并串联法、并-串-并联法，如图1.40所示。

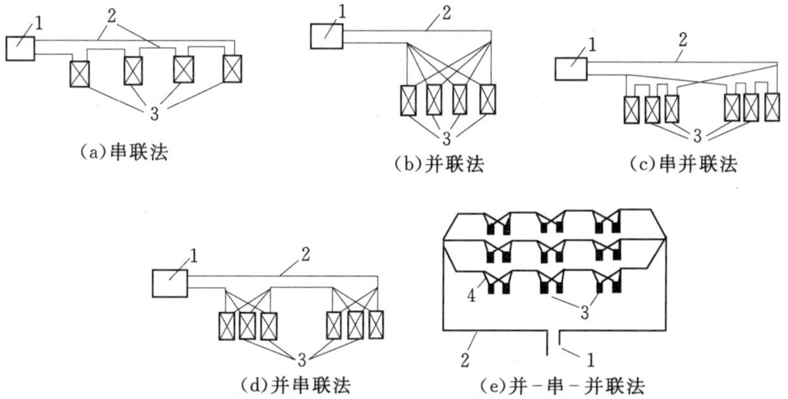

图1.40　电力起爆网路

1—电源；2—网路干线；3—药包；4—网路支线

串联法的优点是施工操作简单，要求的电压大而电流小，导线损耗小，网路检测容易；缺点是只要有一处脚线或雷管断路，整个网路的雷管将都拒爆。

并联法的优点是只要主线不断损，各支路的故障不会影响其他支路；缺点是要求较大的网路总电流，导线损耗大。

在工程爆破中，单纯的串联或并联网路只适用于小规模爆破，为了准爆和减少电流消耗，施工中多采用混合联接网路，如串并联或并串联网路；对于分段起爆的网路，若各段分别采用即发或某一延迟雷管时，则宜采用并-串-并联网路。

施工中为了增强爆破破碎效果和控制爆破震动强度，往往需要采用各种延迟起爆网路。延迟起爆网路一般有三种基本型式，即孔内延迟网路、孔外延迟网路和孔内外延迟网路。

(1) 孔内延迟网路。钻孔内药包按设计的起爆顺序放入相应段别的延迟雷管，孔外传爆则全部采用即发雷管。此种网路的准爆可靠度最高，但要求有足够的雷管段别，延迟雷管耗用量大，网路成本高。

(2) 孔外延迟网路。是将延期雷管装在孔外，在孔内药卷中装入即发雷管实现微差爆破。这便于装药后进行系统检查，但先爆雷管可能会炸断其他管线，造成瞎炮，影响爆破效果。此种网路联接方便，网路成本低，但容易产生网路的超前破坏。

(3) 孔内外延迟网路是在孔内和孔（排）间均采用延迟雷管，适合于大规模爆破网路。

针对围堰、岩坎等大规模的拆除爆破工程，目前一般采用准爆率高的塑料导爆管毫秒雷管双复式交叉接力网路；对于需要严格控制爆破破碎块度或震动损伤影响范围的深孔台阶爆破和水工建筑物基础保护层开挖，孔间微差顺序起爆网路得到了广泛运用。

任务1.4　爆破作业施工

请思考：

1. 爆破作业准备工作有哪些内容？
2. 布孔的原则是什么？
3. 凿岩作业的质量要求是什么？
4. 导爆索起爆网路的联接方式和方法如何？
5. 导爆管起爆网路的联接方式和方法如何
6. 电力起爆网路的联接方式和方法如何
7. 装药、堵塞的要求是什么？
8. 起爆及爆后的安全要求是什么？

1.4.1　爆破作业准备工作

（1）供电线路的架设。在有条件采用外部供电的情况下，要尽量采用电网的线路延伸，引入到作业地区，如果采用工程本身发电，那么就要选择好发电机房的位置，位置选择的原则是：①与工作区段的距离应大于400～500m；②便于架设输电线路的地方；③发电机房要避开爆破工作面的抵抗线方向；④要做好防雷电及接地保护等安全措施。

（2）供风设备及管道的位置。凿岩设备应尽量采用自带压风机供风，这有利于设备的迁移和安装，在大中型露天矿山及开采石方的工地都要采用这种设备。但是小型矿山或小型采石点采用的是集中供风，应设置空压机房来集中供风，空压机房应布置在靠近主要用风地点，使管道敷设量最小，以减少风压损失：①要将空压机房布置在爆破危险区以外；②要注意爆破地震对空压机房的影响；③要考虑空压机房在通风良好的地方，有条件时，要将空压机房布置在常年最小风频的上风方向；④要注意运输条件方便。

（3）供水管网的建设。凿岩设备应保持良好的防尘效果，若采用湿式除尘及洒水降尘，那么供水管网的铺设应注意以下几点：在需要防冻的地区要做好防冻工作，确保不冻坏水管；要保证水流与供水点的距离最小；要避开爆破飞石抛掷的主要方向。

（4）平整工作场地。凿岩设备的工作场地要先按设计要求进行清理和平整，凿岩平台要保证大于安全需要的宽度，以便于移动和支护。平整场地可以用浅眼爆破及推土机整平。

1.4.2　布孔

在接到凿岩作业通知书以后，按照爆破设计或作业通知书上规定的参数实施布孔，布孔由有经验的老工人进行，也可以由技术人员来布孔。布孔的原则如下：

（1）先从安全角度来考虑孔边距的大小，将孔位布放在现场。

（2）孔位要避免布在岩石震松圈内及节理发育或岩性变化大的地方。有这种情况，可以调整孔位，调整时要注意抵抗线、排距和孔距之间的关系。一般说来，应保证调整前后的孔网面积不超过10%，过大或过小都是不恰当的。

（3）要避免在底盘抵抗线过大处布孔，如图 1.41 所示，以防止产生根底和大块。

（4）当地形复杂时，炮孔的全部高度上的抵抗线变化较大时，要注意抵抗线的变化，特别要防止因抵抗线过小而出现飞石事故，如图 1.42 所示。

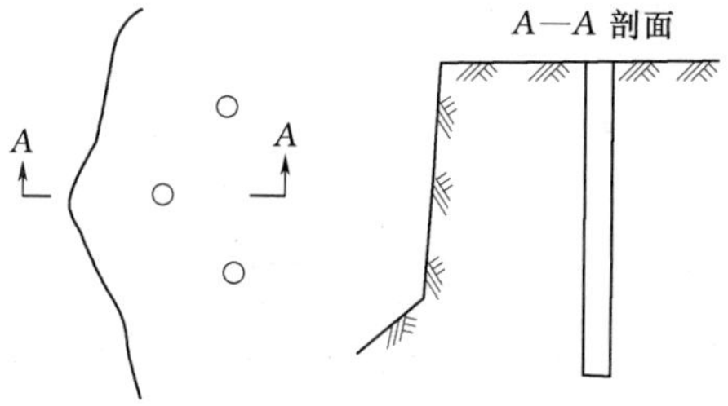

图 1.41 下部凸出情况

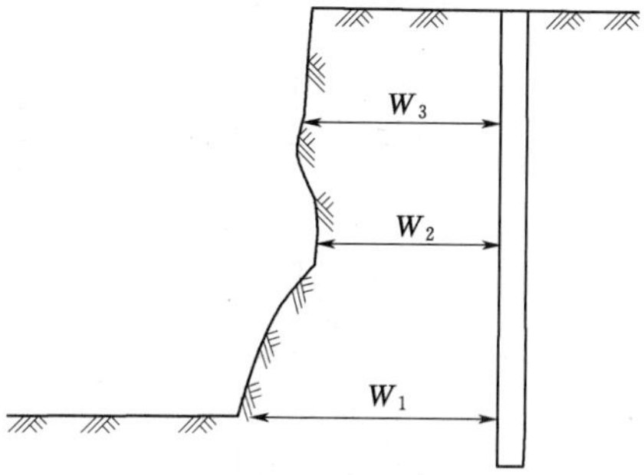

图 1.42 复杂地形下的装药情况

（5）布孔时要注意场地标高的变化，对于有标高变化的炮孔要用调整孔深的办法，保证下部平台的标高基本相同。

1.4.3 凿岩作业

凿岩作业应严格遵守设备维护使用规程，按岗位规程的标准化作业程序进行操作。在进行凿岩作业时，把质量放在首位，凿岩就是为了给放炮提供高质量的炮孔，孔深、角度、方向都应满足设计要求。

1.4.3.1 钻头和钻杆

钻头直接连接在钻杆前端（整体式）或套装在钻杆前端（组合式），钻杆尾则套装在凿岩机的机头上，钻头前端则镶入硬质高强耐磨合金钢凿刃。凿刃起着直接破碎岩石的作用，它的形状、结构、材质、加工工艺是否合理都直接影响凿岩效率和其本身的磨损。

凿刃的种类按其形状可分为片状连续刃及柱齿刃（不连续）两类：片状连续刃有一字形、十字形等形式；柱齿刃有球齿、锥形齿、楔形齿等形状之分。

常用钻头的钻孔直径有 38mm、40mm、42mm、45mm、48mm 等，用于钻中空孔眼的钻头直径可达 102mm，甚至更大。超过 50mm 的钻孔施工时，则需要配备相应型号和钻孔能力的钻机施工。钻头和钻杆均有射水孔，压力水即通过此孔清洗岩粉。

1.4.3.2 风钻钻孔

风钻是风动冲击或凿岩机在水利工程中使用较多，风钻按其应用条件及架持方法，可分为手持式、柱架式和伸缩式，其结构示意图见图 1.43。目前我国水利工地普遍采用的风钻型号与性能见表 1.21。风钻用空心钻钎送入压缩空气将孔底凿碎的岩粉吹出，称为干钻；用压力水将岩粉冲出称为湿钻。国家规定地下作业必须使用湿钻以减少粉尘，保护工人身体健康。风动凿岩机俗称风钻，它以压缩空气的膨胀为驱动力，具有结构简单、使用灵活方便、制造维修简便、操作便利、造价较低及使用安全的优点；但压缩空气的供应设备比较复杂，工人劳动强度大，机械效率低，能耗大，噪声大，凿岩速度比液压凿岩机低。

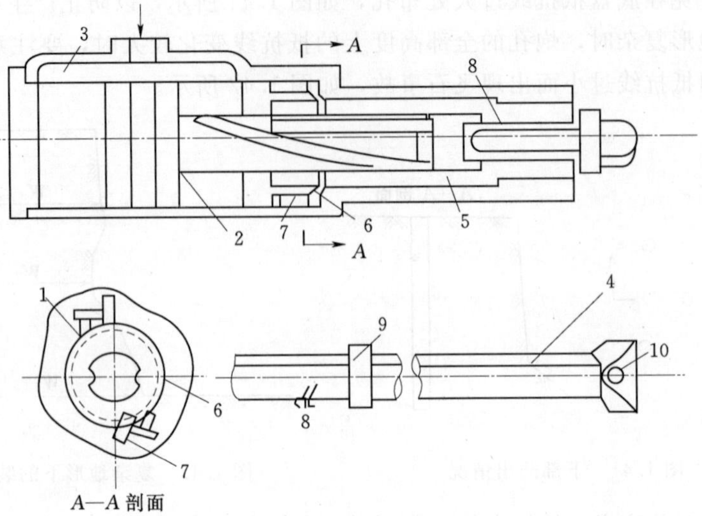

图 1.43 风动冲击凿岩机结构示意图

1—汽缸；2—活塞；3—配气孔道；4—钎杆；5—转动套管；6—棘耗；7—棘爪；8—钎尾；9—凸轮；10—钎头

表 1.21 风钻型号与性能

性能	Y-30(01～03)	YT-25	YT-23(7655)
重量/kg	28	23	23
耗气量/(m^3/min)	2.4	＜2.6	＜3.6
使用风压/kPa	392～588	490～588	490
钻孔直径/m	40～45	34～38	34～38
钻孔深度/m	4	4	5
钻机长度/mm	635	600	628
冲击频率/(次/min)	1600	＞1800	2100

1.4.3.3 潜孔钻钻孔

潜孔钻是一种回转冲击式钻孔设备，其工作机构（冲击器）直接潜入炮孔内进行凿岩，故名潜孔钻（图 1.44）。潜孔钻是先进的钻孔设备，它的工效高，构造简单，在大型水利工程中被广泛采用。

1.4.3.4 炮孔检查

炮孔检查是指检查孔深和孔距。孔距一般都能按参数控制，因此炮孔的检查主要是炮孔深度的检查。孔深的检查分三级检查负责制，即打完孔后个人检查、接班人或班长抽查及专职检查人员验收，检查的方法最简单的是用软绳（或测绳）系上重锤（球）来测量炮孔深度，测量时要做好记录。

根据实践，炮孔深度不能满足设计要求的原因有：炮孔壁掉落片石而堵孔，排出的岩碴因某种原因回填孔底；孔口封盖不严造成下雨时雨水冲垮孔口或孔内片石下落堵塞炮孔；凿岩时，因故岩渣未被吹出，残留岩渣在孔底内沉积造成孔深不够。

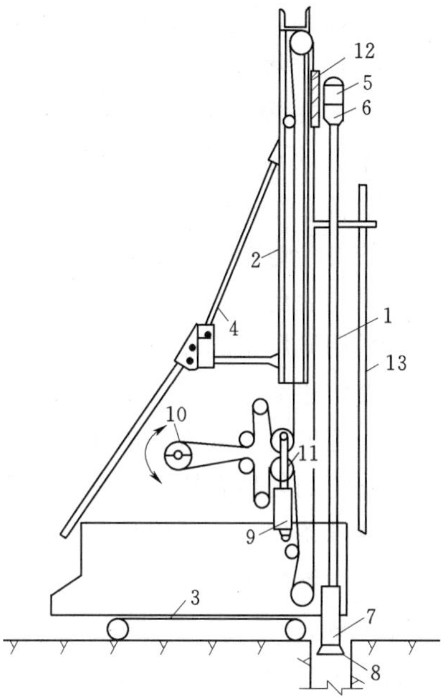

图 1.44　潜孔钻结构示意图

1—钻钎；2—滑架；3—履带；4—拉杆和调斜度板；5—电动机；6—减速箱；7—冲击器；8—钻头；9—推压汽缸；10—卷扬机；11—托架；12—滑板；13—副钻杆

为防止堵孔，应该做到：钻完孔后，要将岩渣吹干净，防止回填，若不能吹净，应摸清规律适当加大钻孔深度；凿岩时将孔口岩石清理干净，防止掉落孔内，防止雨天的雨水流入到孔内，可采用围绕孔口做围堤的办法，在有条件的地方，打完孔后尽快爆破也是防止堵孔的一个重要方法。

对于没有防水炸药的情况，可以将孔内积水排除，排水方法有提水法、爆破法、高压风吹出法等，使用这些方法孔内积水仍无法排干时，应该采用防水炸药进行爆破。

1.4.4　爆区的准备工作

包括爆区的准备工作、炸药的运搬、装药、填塞、网路的联接，爆破警戒，起爆，爆后检查等。

爆区的准备工作是多方面的，从劳动组织、安全工作到技术准备都需要认真进行，主要包括以下内容：

（1）了解爆区岩石性质、结构构造地形条件。

（2）施工机具及道路的准备。

（3）爆区劳动力合理调配及使用。

（4）警戒范围的划定及人员流动情况等。

（5）装药结构及起爆药包加工方法的要求。

（6）爆破网路的联接及点火起爆方式。

（7）炮孔装药的有关技术资料（如每米装药量、堵塞长度、装药长度等）。

（8）按号填写出每孔装药品种、数量、雷管段别、孔深水深。

（9）听取施工负责人关于爆区安全情况及技术要求的介绍。

1.4.5　炸药的搬运

这里只对炸药在爆区外缘向爆区内的运搬作叙述。

炸药的搬运除了要遵照安全规程执行外，还要注意以下几点：

（1）搬运时要做到专人指挥，专人清点不同品种的炸药。

（2）搬运炸药要做到轻拿轻放。

（3）人工搬运炸药时，要有专人指挥车辆的移动，车辆移动前要鸣号示警，然后才能移动。

（4）人工搬运时，道路要平整，防止跌倒或扭伤。

炸药搬运以后，要核对爆区总药量，如有差错，应及时采取措施。

1.4.6　装药

爆区装药量核对无误，应在装药开始前先核对炮眼位置、孔深、水深、再核对每孔的炸药品种、数量、然后清理孔口附近的浮渣、石块和排水，做好装药准备，再核查微差雷管段别，装药时炸药应避免与岩渣接触，装粉状炸药要用无纺布口袋，装防水炸药要用铝铲将炸药切成小块，保持装药顺畅。可用长柄掏勺掏出眼内留有的岩渣，再用布条缠在掏勺上，将眼内的存水吸干，或用压气管通入眼底，利用压气将眼内的岩渣和水分吹出。

待准备工作完毕并确认炮眼合格后，即可进行装药工作。装药时一定要严格按照预先计算好的每个炮眼装药量装填。总的装药长度不宜超过眼深的 2/3。用木制炮棍压紧，以增加炮眼的装药密度。在有水或潮湿的炮眼中，应采取防水措施或改用防水炸药。

当采用导爆索起爆时，应该用胶布将导爆索与每个药卷紧密贴合，才能充分发挥导爆索的引爆作用。

对于感度高、威力大的防水药包，可以采用孔口或孔底起爆；采用感度低的炸药，则应将起爆药均匀地布置在孔内，以保证起爆可靠性。

在特殊条件下，可以使用同一品种、不同密度的炸药来装药，下部由于底盘抵抗线大，应采用密度大的炸药，以保证有较大的体积威力，上部则采用密度较小的炸药，以改善破碎质量。

装药中心是炮孔内炸药在长度方向上的中点，故称装药中心。这个参数是为了评估深孔爆破的根底产生情况而求算的，装药中心过高，则可能出现根底，且容易从台阶中部某一点造成飞石远抛事故，影响爆破安全。装药中心过高的原因，一是装药堵孔，二是装药前未检查出孔深的变化。

装药中心过低现象产生的原因，一是底盘抵抗线过小，炸药量过小；二是下部炮孔出现空洞，每米炮孔装药量过大；三是使用不防水炸药时，孔底有水，炸药溶于水。

装药不慎会造成堵孔，堵孔原因：一是在水孔中炸药在水中下降慢，装药速度超过下降速度而造成堵孔；二是炸药块度过大，在孔内下不去；三是在装药过程中将孔口浮渣带入孔内或将孔内松石碰到孔中间，堵住了炸药造成堵孔；四是由于孔内水面因装药而上升，将孔壁松石冲到孔中间堵孔；五是起爆药包未装到接触炸药处，在孔中部某一处停留又未被发现，继续装药就造成堵孔。

起爆雷管的加工就是将导火索和火雷管按照要求结合在一起，加工好的雷管称为起爆雷管。此项加工工作必须在专门的加工房或洞室内进行。

加工起爆雷管时，首先检查导火索和火雷管的质量，确认合格后方能使用，然后根据导火索燃速、炮眼深度、炮眼数目、躲炮安全距离及点炮时间等确定导火索长度。导火索最短不得小于 1.2m。

加工时应用锋利的小刀按所需长度从导火索卷中截取导火索段，插入火雷管的一端一定要切平，点火的一端可以切成斜面，以便增大点火时的接触面积。导火索插入雷管内，与雷管的加强帽接触为止。如雷管壳是金属的，则需用专门的雷管钳夹紧雷管口，使导火索固接在火雷管中；如果是纸壳雷管，可以采用缠胶布的方法固定导火索。

加工起爆药包就是将起爆雷管装入药包内。加工起爆药包时，首先要将药包的一端用手揉松，然后把此端的包装纸打开，用专用锥子（木质的、竹质的或铜质的）沿药包中央长轴方向扎一个小孔，然后将起爆雷管全部插入，并将药包四周的包装纸收拢紧贴在导火索上，最后用胶布或细绳捆扎好。

起爆药包只许在爆破工点于装药前制作该次所需的数量，不得先做成成品备用。制作好的起爆药包应小心妥善保管，不得震动，亦不得抽出雷管。

制作过程如图 1.45 所示，分以下几个步骤：①解开药筒一端；②用木棍（直径 5mm，长 10～12cm）轻轻插入药筒中央然后抽出，并将雷管插入孔内，对于易燃的硝化甘油炸药，将雷管全部插入即可；对于其他不易燃炸药，雷管应埋在接近药筒的中部；③收拢包皮纸用绳子扎起来，如用于潮湿处则加以防潮处置，防潮时防水剂的温度不超过 60℃。

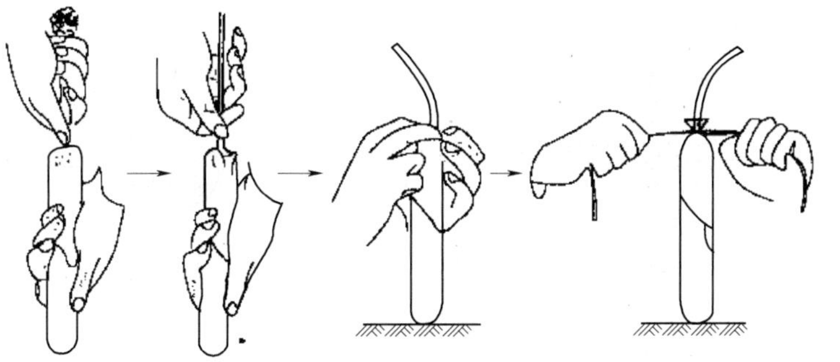

图 1.45　药包制作过程

对于深孔爆破，起爆药包的加工有 3 种方法：一是将导爆索直接绑扎在药包上，如图 1.46（a）所示，然后将它送入孔内；二是散装药时，将导爆索的一端系一块石头或药包，如图 1.46（b）所示，然后将它放到孔内，接着将散装药倒入；三是采用起爆药柱时，将导爆索的一端绑扎在起爆药柱露出的导爆索扣上，如图 1.46（c）所示。

1.4.7　填塞

炮眼装药后，未装药部分应该用堵塞物进行堵塞，对于塑性较好的炸药，应在完成装药后过 10～30min 再进行填塞，以防填塞物渗入炸药内。填塞前要用塑料袋装一小袋岩渣放入孔内，然后再正式充填，填塞物块度小于 30mm，常用的堵塞材料有砂子、黏土、岩粉等。小直径炮眼则常用炮泥堵塞，炮泥是用砂子和黏土混合配制而成的，其质量比为 3∶1，再加上 20%的水。混合均匀后再揉成直径稍小于炮眼直径的炮泥段。堵塞时将炮泥段送入炮眼，用炮棍适当加压捣实。炮眼堵塞长度可以是全部堵塞，也可以是部分堵塞，堵塞以不能被爆轰气体直接冲出眼口为宜，一般不能小于最小低抗线。堵塞应是连续的，中间不能间断。填塞时要防止导线或导爆管被砸断、砸破。填塞的长度应按设计要求，不得用石头、木桩堵塞炮孔或代替充填物，以防飞石远抛事故。

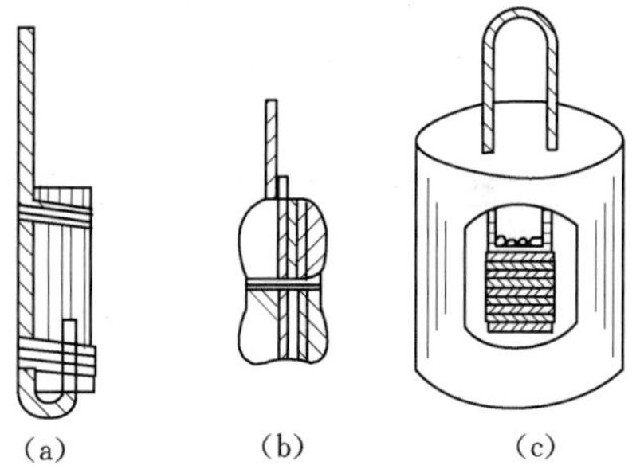

图 1.46　导爆索起爆药包捆扎方法示意图

1.4.8　网路的联接

1.4.8.1　导爆索起爆网路联接

导爆索与雷管的联接方式较为简单，可直接将雷管捆在导爆索上，不过雷管的聚能穴端应与导爆索传爆方向相同。

导爆索网路应按下列规定执行：

(1) 起爆网路应采用搭接、扭接和水手结的联接方法（图 1.47），联接处的两根导爆索之间不得夹有异物；除联接处的水手结外，严禁出现打结或打圈。

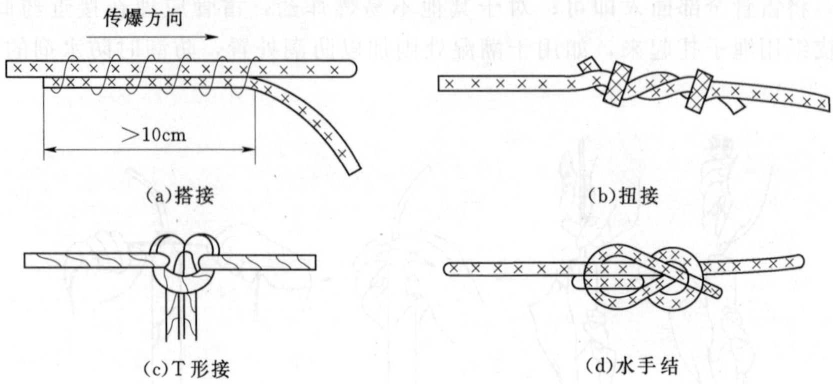

图 1.47　导爆索的联接方式

(2) 导爆索搭接处应用胶布缠紧，缠紧段长度不少于 15cm，导爆索的扭接应接合紧密，扭接处的两端应捆紧，扭接的长度不少于 30cm。

(3) 导爆索敷设的交叉处，两根导爆索之间应设置厚度不小于 10cm 的垫块。

(4) 导爆索网路的主干索、支干索和引爆索相互顺传爆方向的夹角不得大于 90°。

(5) 导爆索的双向环形微差起爆网路，必须使用双向继爆管，其主干索与支干索之间、支干索与引爆索之间必须采用三角连接法。或者，在导爆索接头较多的情况下，为了防止弄错传爆方向，可以采用图 1.48 所示的三角形接法，这种方法不论主导爆索传爆方向如何都能保证起爆。

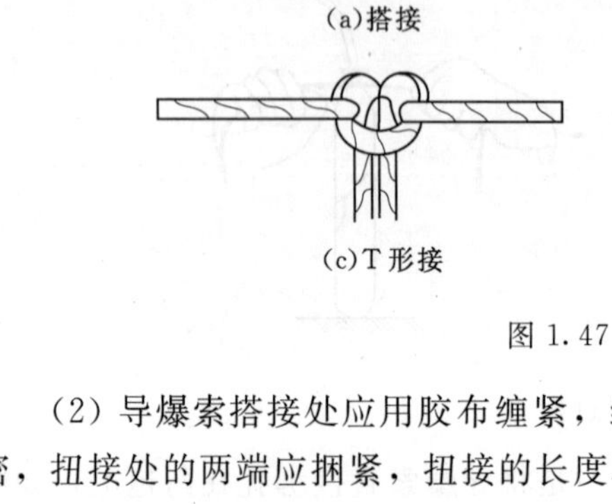

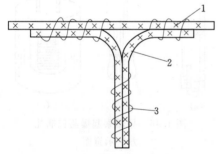

图 1.48　导爆索的三角形联接

1—主导爆索；2—支导爆索；3—捆绳

(6) 当采用铵油炸药时，应采取防油导爆索。

导爆索网路的敷设要严格按设计的方式和要求进行。敷设工作必须从最远地段开始，逐步向起爆源后退，也就是说先进行炮孔导爆索与相应支导爆索的联接，然后逐段进行支导爆索与主导爆索以及继爆管的联接。支导爆索与主导爆索的联接全部完成，经检查无误，所有操作人员全部撤出危险区之后，方可进行起爆雷管与主导爆索的联接。

1.4.8.2　导爆管起爆网路的联接

(1) 同一爆破区起爆的导爆管非电毫秒雷管，应用同厂同批号的产品。

(2) 网路内的导爆管，应无破口，受外力拉伸时不得变细、不得有死结，孔内不得有接头。

(3) 采用非电导爆四通、连接块等连接元件，实现网路内段间时差间隔，应严格按爆破设计要求的延期时间使用段号。

（4）采用连通管实现导爆管网路内的连接，导爆管伸入连通管的深度不得小于10mm，连通管中不准有外露空隙，导爆管与连通管的接头应用胶布缠紧，并搁置于无水处。

导爆管起爆网路的敷设应严格按设计进行，网路敷设应从离起爆点最远处开始，逐步向起爆点后退进行。敷设应避免导爆管打结、对折、管壁破损、管径拉细、异物入管等问题，以保证爆轰正常传播，避免拒爆。

1.4.8.3　电力起爆网路的联接

（1）同一作业区起爆网路内应使用同厂、同批、同型号的电雷管，雷管的电阻差不得超过0.25Ω。

（2）应采用专用电源起爆。

（3）进入作业现场的电线绝缘应良好。

（4）爆破作业前对网路的起爆电源、开关、插座、导线等应进行检查，确认其可靠性。

（5）网路内流经每个雷管的电流值，一般交流电不小于2.5A，直流电不小于2A。

（6）从电源开关至作业面的网路主线、支线，联网之前必须处于短路状态，遇雷电时应处于断开状态。

（7）网路各个接头的连接应保持干净、牢固紧密、绝缘良好，接点处两线错开不得小于10cm。

（8）全网路总电阻实测值与计算值相差不得超过±5%，否则应从工作面起进行检查，直至总电阻符合要求。

（9）网路的连接，必须在无关人员已全部撤离作业面之后，从作业面起依次向起爆开关接通；联好后，要禁止非爆破人员进入爆破区段；网路联接后要有专人警戒，以防意外。

（10）电爆网路的导通和电阻值检查，应使用专用导通器和爆破电桥，专用爆破电桥的工作电流应小于30mA，爆破电桥等电气仪表应每月检查一次。

（11）导爆管要留有一定富余长度，防止因炸药下沉拉断网路。

（12）要有专人核对装药、起爆炮孔数并检查网路。

1.4.9　起爆

按爆破设计采用相关起爆方法进行，非电起爆方法采用火雷管击发引爆时，导火线应按安全撤离距离设置导火索长度。

点火前必须用快刀将导火索点火端切掉5mm，严禁边点火边切割导火索。必须用导火索段或专用点火器材点火，严禁用火柴、烟头点火。应尽量推广采用点火筒、电力点火和其他一次性点火方法。

起爆前，应由专人检查装药，核对起爆炮孔数，检查起爆网路，确认无误后方可实施起爆。

点火起爆的工作一般在生产工人撤离现场或下班以后进行。爆破指挥人员要确认周围的警戒工作完成，并确认发布放炮信号后方可发出起爆命令。警戒人员应在规定警戒点进行警戒，在未确认撤除警戒前不应该擅离职守；爆破实施警戒工作应按规定执行，警戒范围主要依爆破安全距离。爆破警戒主要注意事项如下：

（1）按指定的时间到达警戒地点进行警戒。

（2）按指定的警戒范围，爆破员负责禁止人员、设备、车辆进入警戒范围。

（3）注意自身的避炮位置要安全可靠。

（4）爆破后经检查确认安全，经爆破责任人许可后方可撤除警戒。

1.4.10　爆后检查

爆后必须对爆破现场进行检查，检查的内容包括是否全部炮孔起爆，爆后对周围设备及建筑物的影响情况，爆堆的形状及安全状况。起爆后，确认炮孔全部起爆，经检查后方可发出解除警戒信号，撤除警戒人；如发现盲炮，要采取安全防范措施后，才能发出解除警戒信号。

如果发生盲炮，检查网路未被破坏时，可以采用重新起爆；如果抵抗线有变化，则要验算安全距离，加强警戒，再联线起爆。在距离炮孔口不小于10倍炮孔直径处另打平行孔装药起爆，参数应另行确定；对不抗水炸药可以向孔内灌水，使炸药失效，然后作进一步处理。

项目2　地基处理工程施工

水利水电工程建筑物对地基的承载力与抗渗性都有其特殊的要求，由于自然地基多存在不同程度的缺陷，因此，根据建筑物的类型和特点，对地基应做相应的处理。

任务2.1　防渗墙工程施工

请思考：

1. 防渗墙的作用是什么？
2. 导向槽底部应高出地下水位0.5m的原因是什么？导墙的作用有哪些？
3. 如何确定防渗墙的宽度、厚度和深度？
4. 什么是防渗墙施工的钻劈法？
5. 防渗墙的施工程序是什么？
6. 防渗墙的成墙材料除了素混凝土之外，还可以考虑哪些材料？
7. 泥浆在防渗墙施工中的作用是什么？
8. 导管提升法施工工序如何？
9. 防渗墙施工有哪些造孔机具，特点是什么？

2.1.1　防渗墙施工技术措施

防渗墙是修建在挡水建筑物松散透水地层中的地下连续墙。防渗墙之所以得到如此广泛的应用和迅速的发展，主要是由于较打设板桩、灌浆等方法，防渗墙结构可靠，防渗效果好，能适应各种不同的地层条件，并且施工时几乎不受地下水位的影响；它的修建深度较大，可以在距已有建筑物十分邻近的地方施工，并具有施工速度快、工程造价不高等优点。西藏旁多水利枢纽大坝基础防渗墙最终成槽深度达到155m，是目前世界上最深的防渗墙。

在水利水电工程建设中，防渗墙的应用有以下几个方面：①控制闸坝基础的渗流；②坝体防渗和加固处理；③控制围堰堰体和基础的渗流；④防止泄水建筑物下游基础的冲刷；⑤作一般水工建筑物基础的承重结构等。

总之，它可用来解决防渗、防冲、加固、承重等多方面的工程问题。

防渗墙的施工方法主要有两种：一是排桩成墙，二是开槽筑墙。目前国内外应用最多的是开槽筑墙。

开槽筑墙的施工工艺，是在地面上用一种特殊的挖槽设备，沿着铺设好的导墙工程，在泥浆护壁的情况下，开挖一条窄长的深槽，在槽中浇筑混凝土（有的在浇筑前放置钢筋笼、预制构件）或其他材料，筑成地下连续墙体。防渗墙按其材料可分为土质墙、混凝土墙、钢筋混凝土墙和组合墙。

槽型防渗墙的施工是分段分期进行的：先建造单号槽段的墙壁，称为一期槽段；再建造双号槽段的墙壁，称为二期槽段。一、二期槽段相接而成一道连续墙。

2.1.2 防渗墙钻孔施工作业

混凝土防渗墙的施工程序一般可分为：①成槽前的准备工作；②用泥浆固壁进行成槽；③终槽验收和清槽换浆；④防渗墙浇筑前的准备工作；⑤防渗墙的浇筑；⑥成墙质量验收等。混凝土防渗墙的基本型式是槽孔型，它是由一段段槽孔套接而成的地下连续墙，先施工一期槽孔，后施工二期槽孔。

2.1.2.1 造孔前的准备工作

根据防渗墙的设计要求和槽孔长度的划分做好槽孔的测量定位工作，在此基础上设置导向槽。

1. 槽段的宽度及长度

槽段的宽度即防渗墙的有效厚度，视筑墙材料和造孔方法而定。一般钢板桩水泥砂浆和水泥黏土砂浆灌注的防渗墙，厚度为10～20cm；混凝土及钢筋混凝土防渗墙，厚度为60～80cm。

槽段长度的划分，原则上为减少槽段间的接头，尽可能采用比较长的槽段；但由于墙基地形地质条件的限制，以及施工能力、施工机具等因素的影响，槽段又不能太长。故槽段长度必须满足下述条件：

$$L \leqslant \frac{Q}{kBV} \tag{2.1}$$

式中 L——槽段长度，m；

Q——混凝土生产能力，m^3/h；

B——防渗墙厚度，m；

V——槽段混凝土面的上升速度，一般要求小于2m/h；

k——墙厚扩大系数，可取1.2～1.3。

一般槽段长度为10～20m。

2. 导墙施工

导墙是建造防渗墙不可缺少的构筑物，必须认真设计，最后通过质量验收合格后才能进行施工。

（1）导墙的作用：

1）导墙是控制防渗墙各项指标的基准。导墙和防渗墙的中心线必须一致，导墙宽度一般比防渗墙的宽度多3～5cm，它指示挖槽位置，为挖槽起导向作用。导墙竖向面的垂直度是决定防渗墙垂直度的首要条件。导墙顶部应平整，保证导向钢轨的架设和定位准确。

2）导墙可防止槽壁顶部坍塌，保证地面土体稳定。在导墙之间每隔1～3m加设临时木支撑。

3）导墙经常承受灌注混凝土的导管、钻机等静、动荷载，可以起到重物支承台的作用。

4）维持稳定液面的作用。特别是在地下水位很高的地段，为维持稳定液面，至少要高出地下水位 1m。导墙顶部有时高出地面。

5）导墙内的空间有时可作为稳定液的储藏槽。

(2) 导墙的施工。钢筋混凝土导墙常用现场浇筑法。其施工顺序依次为：平整场地、测量位置、挖槽与处理弃土、绑扎钢筋、支模板、灌注混凝土、拆模板并设横撑、回填导墙外侧空隙并碾压密实。导墙的施工接头位置，应与防渗墙的施工接头位置错开。另外还可设置插铁以保持导墙的连续性。

导向槽沿防渗墙轴线设在槽孔上方，支撑上部孔壁；其净宽一般等于或略大于防渗墙的设计厚度，深度以 1.5～2.0m 为宜。导向槽可用木料、条石、灰拌土或混凝土做成；灰拌土导墙如图 2.1 所示。

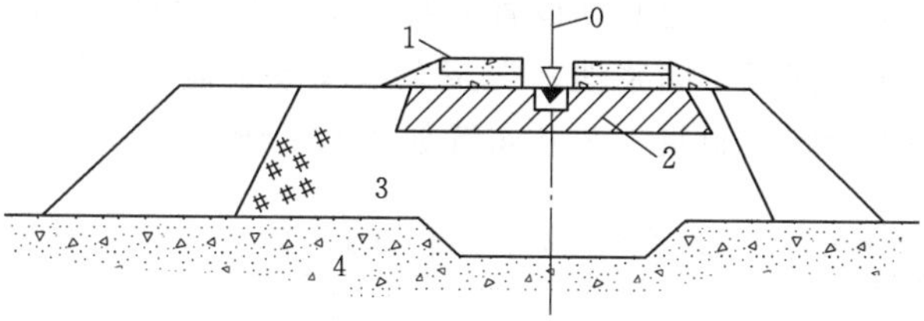

图 2.1 灰拌土导墙

0—防渗墙轴线；1—钻机轨枕；2—灰拌土；
3—黏土心墙；4—透水砂卵石

为了维持槽孔的稳定，要求导向槽底部高程应高出地下水位 0.5m 以上。为防止地表积水倒流和便于自流排浆，其顶部高程要高于两侧地面高程。

导向槽安设好后，在槽侧铺设钻机轨道，安装钻机，修筑运输道路，架设动力和照明线路及供水供浆管路，作好排水排浆系统，并向槽内灌泥浆，保持液面在槽顶以下 30～50cm 即可开始造孔。

3. 泥浆制备

泥浆在造孔中的主要作用：①固壁作用，其具有较大的比重（一般为 1.1～1.2），以静压力作用于槽壁借以抵抗槽壁土压力及地下水压力；②在成槽过程中，泥浆尚有携砂、冷却和润滑钻头的作用；③成墙以后，渗入孔壁的泥浆和胶结在孔壁的泥皮还有防渗作用。泥浆直接影响墙底与基岩及墙间结合质量。一般槽内泥浆面应高出地下水位 0.6～2.0m。由于泥浆的特殊重要性，对于泥浆的制浆土料、配比以及施工过程中的质量控制等方面，都提出了严格的规定。要求固壁泥浆比重小（新浆比重小于 1.05，槽内比重不大于 1.15，槽底比重不大于 1.20），黏度适当（25～30s），掺 CMC（羧甲基纤维素）可改善黏度，且稳定性好，失水量小，国外一般都要求用膨润土制浆。

根据经验，对制浆土料可以用下列指标作为初步鉴定和选择的参考：①黏粒含量大于 50%；②塑性指数大于 20；③含砂量小于 1%；④土料矿物成分中二氧化硅（SiO_2）与三氧化二铝（Al_2O_3）含量的比值以 3～4 为好。

泥浆的技术指标，必须根据地层的地质和水文地质条件、成槽方法和使用部位等因素综合选定。如在松散地层中，浆液漏失严重，应选用黏度较大、静切力较高的泥浆；土坝加固补强时，为了防止坝体在泥浆压力作用下，使原有裂缝扩展或产生新的裂缝，宜选用比重较小的泥浆；在成槽过程中，泥浆因受压失水量大，容易形成厚而不牢的固壁泥皮，故应选用失水量较小的泥浆，黏土在碱性溶液中容易进行离子交换，为提高泥浆的稳定性，故应选用泥浆的pH值大于7为好，但是pH值也不宜过大，否则泥浆的胶凝化倾向增大，反而会降低泥浆的固壁性能，一般pH值以7～9为宜。

在施工过程中，必须加强泥浆生产过程中各个环节的管理和控制：一方面在施工现场要定时测定泥浆的比重、黏度和含砂量，在试验室内还要进行胶体率、失水量（泥皮厚）、静切力等项试验，以全面评价泥浆的质量和控制泥浆的技术指标；另一方面要防止一切违章操作，如严禁砂卵石和其他杂质与制浆土料相混，不允许随便往槽段中倾注清水，未经试验的两种泥浆不许混合使用。槽壁严重漏浆时，要抛投与制浆土料性质一样的泥球等。

为了保质保量供应泥浆，工地必须设置泥浆系统。泥浆系统主要包括土料仓库、供水管路、量水设备、泥浆搅拌机、储浆池、泥浆泵以及废浆池、振动筛、旋流器、沉淀池、排渣槽等泥浆再生净化设施。制浆工艺及布置如图2.2所示。

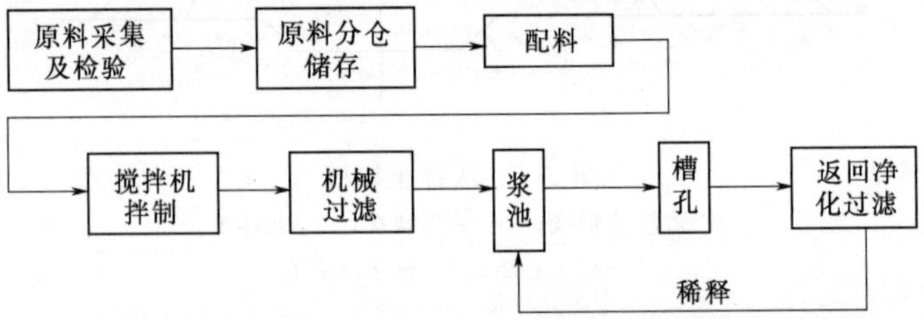

图2.2　制浆工艺流程图

搅拌机通常有$2m^3$或$4m^3$等不同容量的卧式搅拌机和NJ－1500型泥浆搅拌机。

过滤用振动除砂机、除砂过滤机。

槽孔返回的悬渣浆液可采用泥浆净化系统对泥浆进行筛分和旋流处理，除去大于0.075mm的颗粒后又重新回到浆池中重复利用。泥浆的再生净化和回收利用，不仅能够降低成本，而且可以改善环境，防止泥浆污染。

根据统计，如果泥浆不回收利用，则其费用约占防渗墙总造价的15%左右。根据国外经验，在黏土、淤泥中成槽，泥浆可回收利用2～3次，在砂砾石中成槽，可回收利用6～8次，由此可见泥浆回收利用的经济价值。

回收利用泥浆，就必须对准备废弃的泥浆进行再生净化处理。泥浆的再生净化处理有物理处理和化学处理。

物理再生净化处理，主要是将成槽过程中含有土渣的泥浆通过振动筛、旋流器和沉淀池，利用筛分作用、离心分离作用和重力沉淀作用，分别将粗细颗粒的土渣从泥浆中分离出去，以恢复泥浆的物理性能，如图2.3所示。

化学再生净化处理，主要是对发生化学变化的泥浆进行再生净化处理。例如，浇筑混凝土时置换出来泥浆，由于混凝土中水泥乳状液所含大量钙离子的作用，泥浆产生凝化，其结果是使泥浆形成泥皮的能力减弱，固壁性能降低，黏性增高，土渣分离困难。处理的办法是，可掺加适量的分散剂，如碳酸钠，碳酸氢钠等，混和后再作物理再生净化处理，使泥浆恢复应有的性能。

2.1.2.2　造孔

1. 防渗墙施工机具

为适应各工程对防渗墙的不同要求，防渗墙施工机具有抓斗挖槽机，多头钻式挖槽机，回转式正、反循环钻机，冲击式正、反循环钻机，双轮液压铣槽机以及射水法造墙机、锯槽成墙机等等。

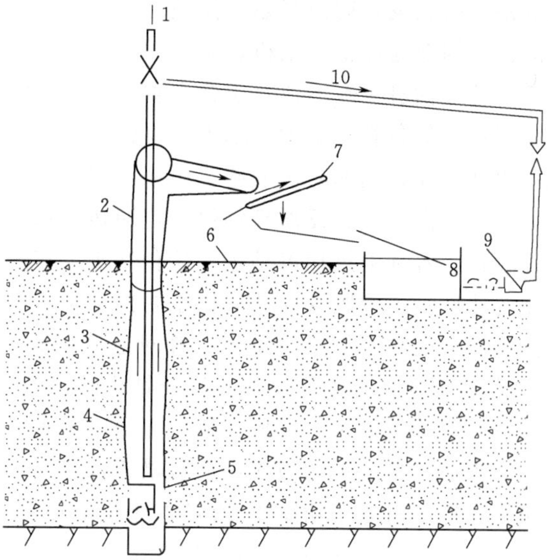

图 2.3　泥浆物理再生净化处理工艺流程图

1—新鲜泥浆；2—孔口管；3—钻杆；4—钻孔；5—钻头；6—弃渣皮带；7—振动筛；8—泥浆池；9—泥浆泵；10—净化泥浆

(1) CZ 型冲击式钻机。我国最早建成的槽孔式混凝土防渗墙——密云水库白河主坝混凝土防渗墙就是用冲击式钻机（图 2.4）成槽的。钻头重 1.5～3.0t，开挖是借偏心工作轮的回转，通过连杆带动活动滑轮，使十字型钻头作上下运动，周而复始不断地冲击地层。在冲击过程中用泥浆固壁，使之在槽壁上形成致密的泥皮，而孔内浆柱的压力又通过泥皮作用在槽壁上，以维持槽壁的稳定。与此同时，泥浆又被击碎的卵砾石悬浮起来，由带底活门的抽筒抽携出孔外。这样循环往复从而获得进尺。用该钻机冲击孤石、漂石和坚硬基岩，一般需配合表面聚能爆破或钻孔爆破等辅助措施，以加快钻孔速度。

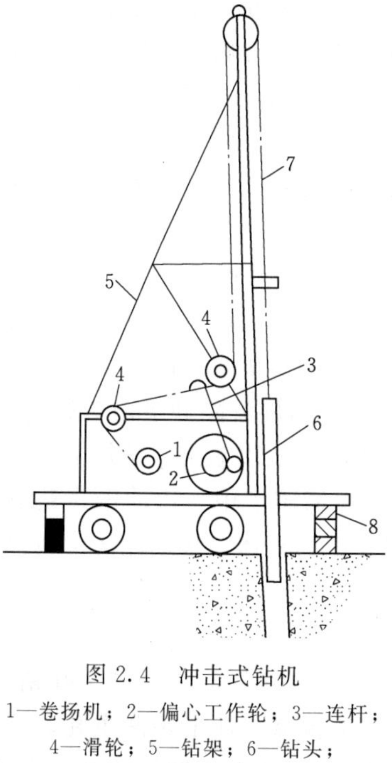

图 2.4　冲击式钻机

1—卷扬机；2—偏心工作轮；3—连杆；4—滑轮；5—钻架；6—钻头；7—钢丝绳；8—垫木

(2) 抓斗挖槽机。我国自行研制了性能相类似的液压导板抓斗和钢丝绳抓斗。用这些抓斗配合冲击钻机，采用“两钻一抓”施工法（即用冲击钻钻主孔，用抓斗抓取副孔中的土体），在水口水电站主围堰防渗墙和小浪底上围堰防渗墙施工中发挥了重要作用。

(3) 多头钻式挖槽机。20 世纪 70 年代末至 80 年代初，我国有些单位开始研制多头钻式挖槽机。该钻机由于下部设有五个旋转钻头又称“多头钻”；但由于该机在遇到大颗粒砂砾石层和孤石、漂石及基岩时无能为力，故在水利水电工程中未能推广应用。

(4) 回转式正、反循环钻机。由于冲击式钻机进度较慢，而且在用抽筒出渣时大量浪费泥浆，生产厂家和施工单位开始研制一种能回收泥浆、能连续作业的正、反循环式钻机。正循环是由一根伸到孔底的泥浆管向孔底注入泥浆，然后泥浆携着钻渣自孔口溢出。反循环是由孔口注入泥浆，从设在孔底的吸浆管吸出携带钻渣的泥浆，周而复始不停地工作。钻进的头若为回转钻进的即是回转式钻机，若为冲击钻进的即为冲击式钻机。

回转式钻机一般不适宜于含大颗粒的地层，仅适用于细颗粒的软土地层钻进。回转式反循环钻机都附有一个大功率大流量的砂石泵，以抽吸孔底的泥浆和石渣。由于该种钻机的局限性，在我国的防渗墙施工中多不选用。

(5) 冲击式正、反循环钻机。与回转式钻机相比，冲击式正、反循环钻机对地层的适应性较强，各种地层均可钻进。这种钻机没有连续冲击机构，冲击次数取决于人工搬动离合器的速度，由橡胶管向孔底供浆，携带钻渣的泥浆由孔口溢出，经沉淀除渣后再用，泥浆流速慢，大块石渣不易排出。针对这些问题，又研制了冲击反循环钻机，GCF1500 型与 CZF 系列冲击反循环钻机是这类钻机的代表。

(6) 双轮铣槽机。液压铣槽机主要由承重吊车、铣钻机、配制储存及处理泥浆的设施三部分组成。吊车上的液压站向铣槽机提供高压动力。铣槽机是一个高 15m、重 16～20t 的箱架，底部有 3 个功率 100kW 的小型液压电动机，其中两个水平轴平行排列，分别带动一个装有挖镐的滚筒，滚筒以 10～20r/min 的速度切削地层，两筒转动方向相反，施加的力偶超过 40kN·m，足以使挖镐破碎地层，而第三个电动机则带动一个泥浆泵，通过软管将钻掘出的碎屑连同泥浆一起送到地面的泥浆处理系统，采用反循环排渣，去除了粗颗粒的泥浆又返回到槽孔中，这样随抽随钻进。

(7) 射水法造墙机。对于有些覆盖层较浅的低坝和大堤上的防渗工程，有时仅需修筑 0.2～0.4m 厚的防渗墙即可，这时采用冲击式钻机造墙显然是不经济的，需要一种能快速修筑薄墙的施工机械。为此研制成功了一种射水法造墙机。该机可以在砂土和壤土地基中建造深度不超过 30m、厚度不超过 0.5m、垂直偏差小于 1/300 的混凝土防渗墙。该机的基本原理是利用水泵及成型器中射水装置形成的高速射流的冲击力破坏土层结构，水土混合回流泥沙溢出地面，同时利用卷扬机操作成型器不断上下冲动，进一步破坏土层并切割修整孔壁，造成有一定规格尺寸的槽孔，施工中用一定密度的泥浆固壁，随后采用常规的水下混凝土直升导管法浇筑混凝土，从而形成单片的混凝土防渗墙板，再利用成型器的特殊侧向装置将单槽板连接成地下混凝土防渗墙。

(8) 锯槽成墙机。我国于 1990 年研制成功于 DY-40 型锯槽成墙机。该机的工作原理是利用电动机带动减速机，再通过往复机构带动摆梁系统作上下摆动。迫使钻孔内的锯管作上下锯动，连续不断切削剥离松散岩层，被切削下来的岩渣沿垂直切削面塌落到槽底后，再用泵吸或气举反循环将岩渣与槽内的护壁泥浆液一起送到旋流除砂器内进行分离，分离后的浆液再送到槽内，岩渣则进入螺旋输送机输出，从而把地层锯出一条长槽。

从我国近 40 年的防渗墙施工实践来看，在水利水电防渗墙施工中，用冲击式钻机或冲击式反循环钻机钻打主孔、基岩和孤石，用抓斗抓取副孔中的土体，是最经济、最快捷的施工方法。

2. 造孔方法

(1) 钻劈法。用冲击式钻机开挖槽孔时，一般采用钻劈法（图 2.5），即“主孔钻进、副孔劈打”，先将一个槽段划分为主孔和副孔，利用钻机钻头自重，冲击钻凿主孔，然后用同样的钻头劈打副孔两侧，用抽砂筒或接渣斗出渣。它是利用冲击式钻机的钻头自重，先将一个槽段划分为主孔和副孔，首先钻凿主孔，当主孔钻到一定深度后，就为劈打副孔创造了临空面。使用冲击钻劈打副孔产生的碎渣，有两种出渣方式：可以利用泵吸设备将泥浆连同碎渣一起吸出槽外，通过再生处理后，泥浆可以循环使用；也可用抽砂筒及接砂斗出渣，钻进与出渣间歇性作业。这种方法一般要求主孔先导 8～12m，适用于砂卵石等地层。

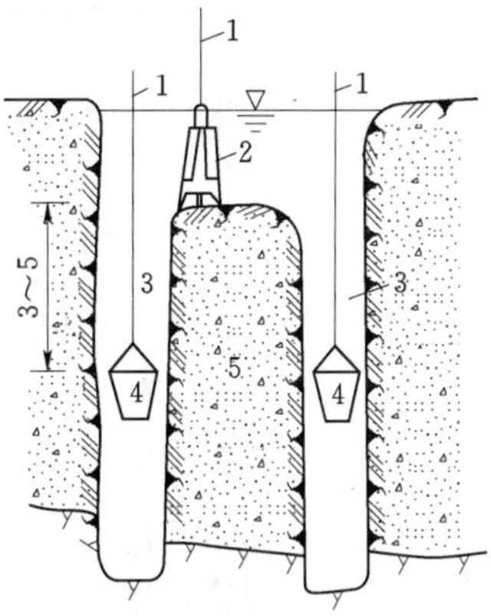

图 2.5　主孔钻进、副孔劈打法（单位：m）

1—钢丝绳；2—钻头；3—主孔；4—接砂斗；5—副孔

(2) 钻抓法。又称为“主孔钻进，副孔抓取”法，如图 2.6 所示。它是先用冲击钻或回转钻钻凿主孔，然后用抓斗抓挖副孔，副孔的宽度要求小于抓斗的有效作用宽度。这种方法可以充分发挥两种机具的优势，抓斗的效率高，而钻机可钻进不同深度地层。具体施工时，可以两钻一抓，也可以三钻两抓、四钻三抓形成不同长度的槽孔。钻抓法主要适合于土层颗粒粒径较小的松散软弱地层。

(3) 分层钻进法。采用回转式钻机造孔（图 2.7），分层成槽时，槽孔两端应领先钻进，它是利用钻具的重量和钻头的回转切削作用，按一定程序分层下挖，用砂石泵经空心钻杆将土渣连同泥浆排出槽外，同时，不断地补充新鲜泥浆，维持泥浆液面的稳定。分层钻进法适用于均质颗粒的地层，使碎渣能从排渣管内顺利通过。

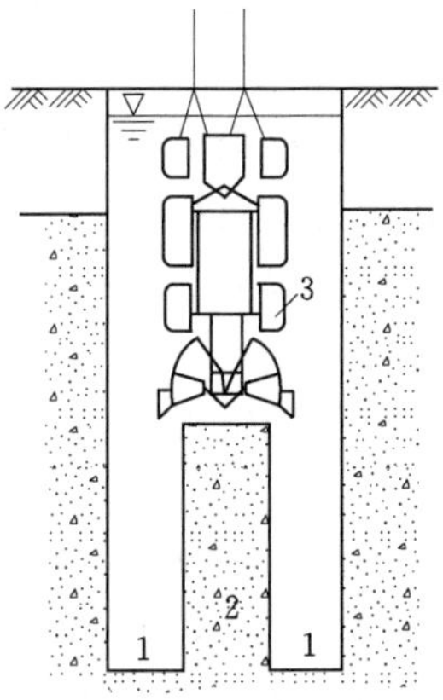

图 2.6　钻抓法成槽施工

1—主孔；2—副孔；3—抓斗

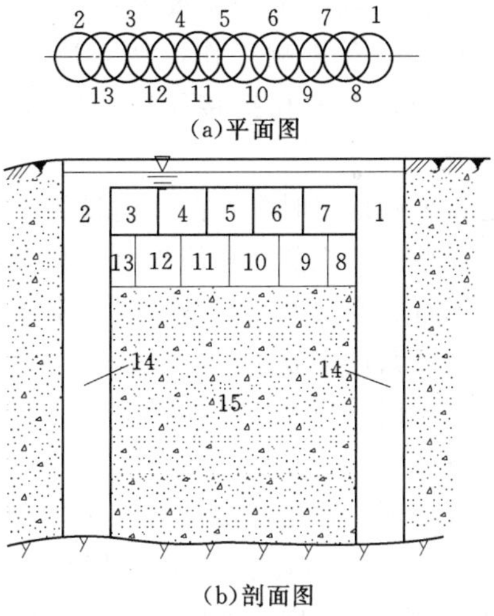

图 2.7　分层钻进成槽法

1～13 分层钻进顺序；14—端孔；15—分层平挖部分

(4) 铣削法。采用液压双轮铣槽机（图 2.8），先从槽段一端开始铣削，然后逐层下挖成槽。液压双轮铣槽机是目前一种比较先进的防渗墙施工机械，它由两组相向旋转的铣切刀轮，对地层进行切削，这样可抵消地层的反作用力，保持设备的稳定。切削下来的碎屑集中在中心，由离心泥浆泵通过管道排出到地面。

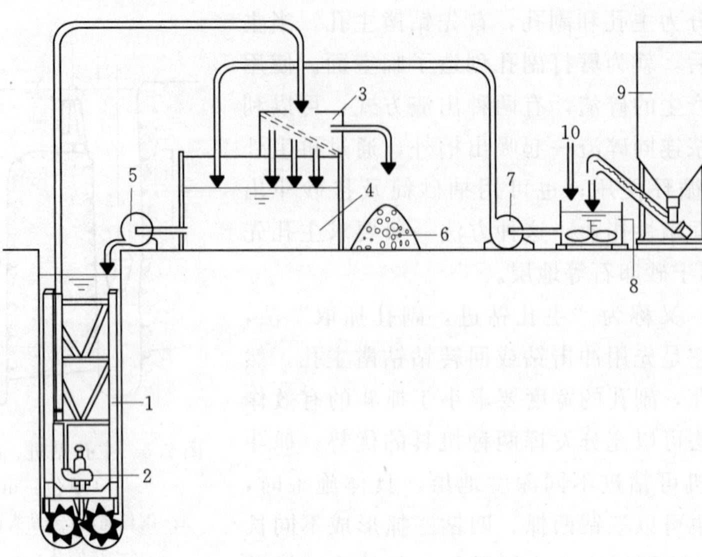

图 2.8 液压铣槽机的工艺流程

1—铣槽机；2—泥浆泵；3—除渣装置；4—泥浆罐；5—供浆泵；6—筛除的钻渣；7—补浆泵；8—泥浆搅拌机；9—膨润土储料罐；10—水源

以上各种造孔挖槽方法，都是采用泥浆固壁，在泥浆液面下钻挖成槽的。在造孔过程中，要严格按操作规程施工，防止掉钻、卡钻、埋钻等事故发生；必须经常注意泥浆液面的稳定，发现严重漏浆要及时补充泥浆，采取有效的止漏措施；要定时测定泥浆的性能指标，以免影响工作，甚至造成孔壁坍塌；要保持槽壁平直，保证孔位、孔斜、孔深、孔宽以及槽孔搭接厚度；嵌入基岩的深度等满足规定的要求，防止漏钻漏挖和欠钻欠挖。

在钻进粉细砂地层时常常向孔内投黏土球，以改善土层的颗粒组成以加快进尺。使用冲击或回转反循环钻机及抓斗施工时，粉细砂层进度很快，无需采用特殊的工艺。在用冲击钻钻进含孤石、漂石地层和基岩时，常用表面聚能爆破或钻孔爆破等方法，先爆破后钻进，往往可提高钻进工效 1～3.5 倍。

上述方法不仅采用冲击钻机时适用，而且在采用抓斗和双轮铣钻机时也适用，其他工艺都是不经济的。

孔底沉渣清理。在用冲击钻施工时，通常抽筒出渣，尽管施工验收时一般都满足孔底泥浆含砂率小于 12%的要求，但当混凝土浇筑进度较慢而槽孔又较深时，泥浆中的砂粒就会沉积到混凝土的表面，而随着混凝土面的上升，这些泥沙就有可能被裹入混凝土中，形成夹泥，或推向两边与相邻槽孔的连接处，形成接缝夹泥，这对防渗墙来说是致命的缺点。近年来，由于冲击循环采用泵吸法并经泥浆处理装置去除了孔内泥浆中大于 0.075mm 的颗粒，这一问题得以解决。不过在单独使用冲击钻和抓斗施工时，也开始采用一种可置于孔底的潜水泵抽吸孔底泥浆以清孔，使防渗墙的质量大大提高。

2.1.3 终孔工作

（1）岩心鉴定。为了使防渗墙达到设计深度，主孔钻进到预定部位前，应放下抽筒，抽取岩样进行鉴定，并编号装袋。

（2）终孔验收。终孔后按规范对孔深、槽宽、孔壁倾斜率、槽孔孔底淤积厚度与平整度进行检查验收。造孔结束后，应进行终孔验收，其验收项目及质量要求可参考表 2.1。

表 2.1　终孔验收项目及质量要求

终孔验收项目	终孔验收要求
孔位允许偏差	±3cm
孔宽	≥设计墙厚
孔斜	<4‰
一、二期槽孔搭接孔位中心偏差	≤设计墙厚的 1/3
槽孔水平断面上	没有梅花孔、小墙
槽孔嵌入基岩深度	满足设计深度

（3）清孔换浆。采用钻头扰动、砂石泵抽吸或其他方法清孔，抽吸出的泥浆经净化后，再回到槽孔，将孔内含有大量砂粒和岩屑的泥浆换成新鲜泥浆。将孔段两段已浇筑混凝土弧面上附着的黏稠泥浆、岩屑冲洗干部。

造孔完毕后的孔内泥浆常含有过量的土石渣，影响混凝土与基岩的连接，因此，必须清孔换浆，以保证混凝土浇筑的质量。清孔换浆的要求为孔底淤积厚度 ≤10cm，泥浆比重 ≤1.3，黏度≤30s（指体积为 500cm^3 的浆液从一标准漏斗中流出来的时间），含砂量≤15%；且清孔换浆后 4h 内应开始浇筑混凝土。

2.1.4　混凝土浇筑

防渗墙的墙体材料，按其抗压强度和弹性模量，一般分为刚性和柔性材料。可根据工程性质及技术经济比较后，选择合适的墙体材料。

刚性材料包括普通混凝土、黏土混凝土和掺粉煤灰混凝土等，其抗压强度大于 5MPa，弹性模量大于 10000MPa。柔性材料的抗压强度则小于 5MPa，弹性模量小于 10000MPa，包括塑性混凝土，自凝灰浆（减少墙身的浇筑工序，简化施工程序，使建造速度加快、成本降低，在水头不大的堤坝基础及围堰工程中使用较多），固化灰浆（可省去导管法混凝土浇筑工序，提高接头造孔工效，减少泥浆废弃，使劳动强度减轻，施工速度加快）等。另外，现在有些工程开始使用强度大于 25MPa 的高强混凝土，以适应高坝深基础对防渗墙的技术要求。

1. 泥浆下浇筑混凝土的主要特点

（1）不允许泥浆和混凝土掺混成泥浆夹层。

（2）确保混凝土与基础以及一、二期混凝土间的结合。

（3）连续浇筑，一气呵成。

2. 泥浆下浇筑混凝土的方法

泥浆下浇筑混凝土常采用导管提升法，导管由若干根直径 20～25cm 的钢管用法兰盘连接成，导管顶部为受料斗；每根钢管长 2m 左右；整个导管悬挂在导向槽上，并通过提升机升降。导管布置如图 2.9 所示。由于防渗墙混凝土坍落度一般为 18～22cm，其扩散

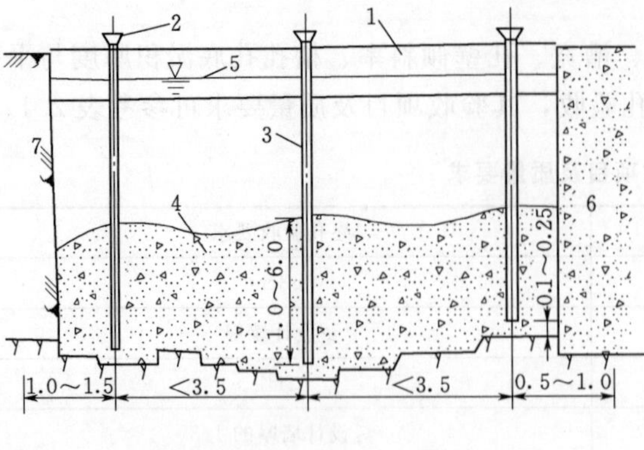

图2.9　导管布置图（单位：m）

1—导向槽；2—受料斗；3—导管；4—混凝土；5—泥浆液面；6—已浇槽孔；7—未挖槽孔

半径为1.5～2.0m，导管间距以小于3～4m为宜。

3. 浇筑前的准备工作

泥浆下混凝土浇筑前的准备工作包括制定浇筑方案，准备好导管及孔口用具并下设导管，检查混凝土搅拌与运输机械及导管提升机械的完好情况，检查运输道路情况，搭设孔口料台，准备好孔内混凝土顶面深度测量用具及混凝土顶面上升指示图，制定好孔内泥浆排放与回收方案等。

浇筑前，应仔细检查导管的形状、接头和焊缝的质量，过度变形和破损的不能使用，并按预定长度在地面进行分段组装和编号，然后安装布置到槽段中。

导管的开浇顺序应严格遵循先深后浅的原则，即从最深的导管开始，由深到浅一个个依次开浇，直到全槽混凝土面浇平以后，再全槽均衡上升。相邻混凝土面高差控制在0.5m以内。

孔口料台的结构应当既稳固又简单，能够方便地均匀分料给每一根导管，并应在清孔验收合格后2h内搭设完毕；一般使用钢管装配式孔口料台。孔内混凝土顶面常用钢丝芯测绳或细钢丝绳起吊测锤测量，测锤绳索上的刻度标记应准确并应经常校核。

4. 泥浆下混凝土的浇筑

每个导管开浇时，将导管下至距槽底10～25cm，管内放一直径略小于导管内径的、能漂浮在浆面上的木球，以便在开浇时把混凝土与泥浆隔开；开浇时，先用坍落度为18～20cm的水泥砂浆，再用体积稍大于整根导管容积，有同样坍落度的混凝土一次把木球压至管底；混凝土满管后，提管20～30cm，使球体跑出管外，混凝土流入槽内，再立即将导管放回原处，使导管底孔插入已浇入的混凝土中；然后迅速检查导管连接处是否漏浆，若不漏浆，立即开始连续浇筑凝土，维持全槽混凝土面均衡上升，其上升速度不小于2m/h，随着混凝土顶面的不断上升，继续拆管，始终使导管底口埋入混凝土内1～6m的深度，直至混凝土顶面浇筑至规定高程，如图2.10所示。混凝土浇筑施工包括压球、满管、提管排球、理管、查管、连续浇筑、终浇等工序。

当混凝土面上升到距槽口4～5m时，由于混凝土柱压力减小，槽内泥浆浓度增加，混凝土扩散能力相对减弱，易发生堵管和夹泥等，可采取加强排浆、稀释泥浆、抬高漏斗、增加起拔次数、经常提动导管及控制混凝土坍落度等措施来解决。

2.1.5　墙段接头的施工工艺

目前我国水利水电工程中的混凝土防渗墙在接头施工时有五种不同的方式。

1. 套打一钻的接头方式

该方式在一期墙段的两面端孔处套打一钻与二期墙段混凝土呈半圆弧相接，主要采用冲击钻机施工。

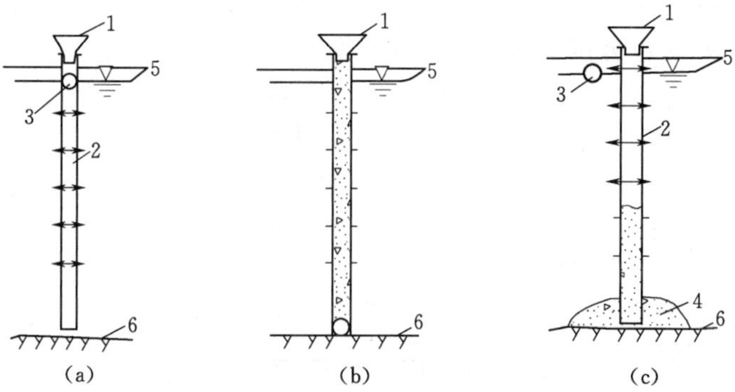

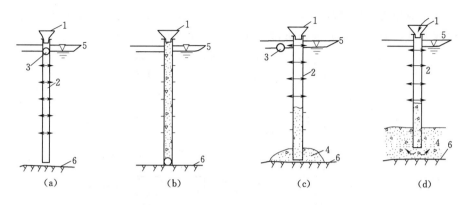

图 2.10　泥浆下混凝土浇筑施工要点

1—浇筑漏斗；2—导管；3—木制或塑料制球体；4—已浇入孔内的混凝土；
5—泥浆液面；6—基岩面

2. 双反弧接头方式

该方式在两个已浇筑混凝土的槽段中间预留一个孔的位置，待两个墙段形成后，再用双反弧钻头钻凿中间的双反弧形的土体，然后浇混凝土将两个墙段连接。这种方法多在墙体混凝土强度等级较高时采用。

3. 预埋接头管的接头方式

这种方式是在一期槽段的两端放置与墙厚尺寸相同的圆钢管，待混凝土凝固后，再将接头管拔出即形成光滑的半圆珠笔形墙段接头。铜街子水电站工程左深槽混凝土防渗墙的部分接头就是采用此种方式，葛洲坝大江围堰防渗墙的部分接头也是用此法连接的。

4. 预埋塑料止水带的接头方式

施工方法（图 2.11）一期槽孔两端放置一个与墙厚尺寸相同的接头板［图 2.11（a）］，板上可以卧入塑料止水带［图 2.11（b）］，待一期混凝土凝固后，露在槽孔内的塑料止水带就被浇筑在一期混凝土中［图 2.11（c）］；二期槽孔造成后，再将接头板拔除，则原卧入此接头板中的另外一半塑料止水带就又留在了二期槽中［图 2.11（d）］；待二期槽孔混凝土浇筑完毕，这两期槽孔混凝土之间的接缝就被塑料止水带封堵［图 2.11（e）］。

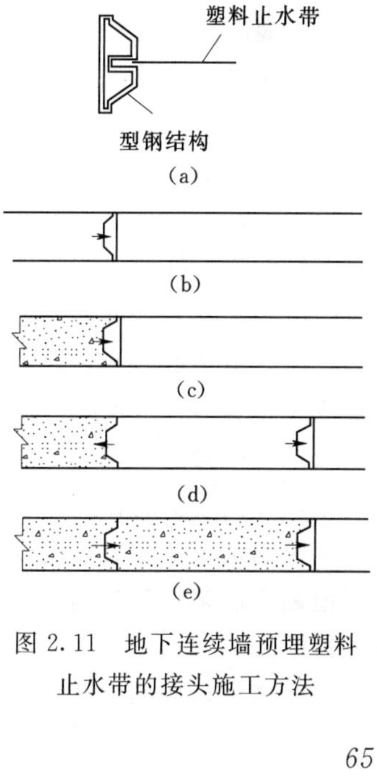

图 2.11　地下连续墙预埋塑料止水带的接头施工方法

5. 低强度等级混凝土包裹接头法

这种接头的施工程序是先用抓斗在设计的墙段接头部位沿垂直于墙轴线方向取一个单个槽孔，该槽的长度和宽度即是抓斗的长度和宽度，成槽后浇筑低标号混凝土，此即为包裹接头槽段。然后在每两个包裹接头中间抓取一期槽孔，并浇筑一期槽孔混凝土，这时每个包裹接头槽段的混凝土均被抓去一部分。此后再在每两个一期槽段之间抓取二期槽段，同时也将包裹接头的另一部分抓出，并用双轮铣槽机铣削一期槽孔混凝土接头端面，待二期槽孔混凝土浇筑完毕后，每个槽段接头就被原已浇筑好的包裹接头槽段包裹住（图 2.12）。

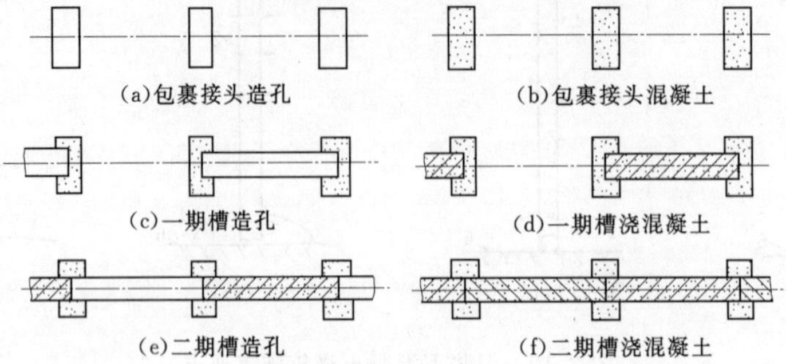

图 2.12　低强度等级混凝土包裹接头法施工工艺过程

此种接头的优点是不易漏水，即使有少量漏水，渗径也比较长。我国的小浪底大坝防渗墙（左岸部分）就是采用此种接头。

从目前来看，预埋接头管的方法和预埋塑料止水带的方法一般只适用于 30～50m 深的槽孔，而双反弧接头方式可适用于较深的槽孔，且此法十分经济。低强度等级混凝土包裹接头法只适用于用抓斗施工的工程。套打一钻的接头方式由于工效低，且浪费混凝土，已逐渐被淘汰。

2.1.6　全墙质量检查验收

1. 检查内容

对混凝土防渗墙的质量检查应按规范及设计要求进行，主要包括以下几个方面：

(1) 槽孔检查，包括几何尺寸和位置、钻孔偏斜、入岩深度等。

(2) 清孔检查，包括槽段接头、孔底淤积厚度、清孔质量等。

(3) 混凝土质量检查，包括原材料、新拌料的性能、浇筑时间、导管位置以及导管埋深、浇筑速度、浇筑工艺，硬化后的物理力学性能等。

(4) 墙体的质量检测。

2. 检查方法

检查方法一般采用钻检查孔来评定浇筑混凝土的质量，也可与开挖法结合检查评定。

(1) 基岩岩性及入岩深度的检查。一般在地质资料比较准确的情况下，由泥浆携出的钻渣即可判断基岩岩性和入岩深度。但当遇有与基岩岩性相同的漂卵砾石时，则常常发生误判，此时需钻取岩心，才能得到可靠的结果。为了减少基岩面判断的失误，在开工前沿墙轴线多布置一些勘探孔（间距 10～12m）是必要的。

(2) 墙段接缝的检查。主要针对墙段接缝间是否有夹泥以及判定夹泥的厚度。如果夹泥过厚，在高水头的作用下接缝中的夹泥可能被冲蚀，形成集中渗漏通道，严重时将在墙后产生管涌甚至危及大坝的安全。我国早期（20 世纪 60 年代初）修建的防渗墙，由于采用当地黏土制浆，清孔的手段比较原始，并且对泥浆絮凝的机理缺乏了解，因此墙段接缝夹泥较厚。

一般来说，如果清孔泥浆的密度不大于 $1.2g/cm^3$（对黏土泥浆），黏度为 25～55s，含砂量不大于3%，墙缝将不会产生夹泥。当泥浆密度较大、含砂量较大、黏度较低而且浇筑槽孔较深、混凝土强度又不高时，在长时间的浇筑过程中的泥浆中的砂粒有可能沉积在混凝土表面，极有可能被裹入混凝土中或被挤向接缝处而形成接缝夹泥层。随着对这一问题的认识的不断深化，1995年修订的新规范规定，清孔泥浆含砂量由原来的12%降低到了8%。过去多用抽筒清孔出渣，泥浆中细颗粒（粉粒）不易被清除。近年来由于技术的进步和工艺的进步，开始采用泵吸法出渣和用振动筛、旋流器对泥浆进行处理。经过这样处理可以把泥浆中粒径大于75μm的颗粒全部清除，保证了清孔泥浆的质量，从而也保证了防渗墙混凝土的质量。

（3）槽孔混凝土的浇筑速度。浇筑速度太低时会大大延长浇筑时间，而时间越长混凝土的坍落度损失也越大，也越容易造成堵管等各种事故。20世纪60年代初，由于缺乏现代化的浇筑施工机械，浇筑速度一般仅为0.35～1.5m/h。如密云水库为1～1.5m/h，崇各庄水库为0.35～1.0m/h。随着施工机械化程度的提高，自动化拌和、大容量混凝土搅拌车的采用已使浇筑速度提高到4～5m/h甚至更快。例如小浪底上游围堰防渗墙的浇筑速度一般为6～7m/h，最高时可达9m/h。无疑这对混凝土浇筑质量是大为有益的。

（4）混凝土和易性的检查。由于防渗墙混凝土是流态的，又是用导管在泥浆下浇筑，如果和易性不好，极易造成堵管。不少工程都曾发生过堵管而影响墙体混凝土质量，甚至使整个槽孔报废。

任务2.2 基岩灌浆施工

请思考：

1. 什么是帷幕灌浆？水工建筑物的岩石基础一般需要进行哪些灌浆？灌浆的目的是什么？
2. 基岩灌浆浆液材料有哪些？有何特点？
3. 如果钻孔方向发生偏斜，钻孔深度达不到要求，会产生什么后果？钻孔的冲洗有哪些方法，各种方法的适用范围是什么？
4. 钻孔冲洗的方法及其操作步骤如何？
5. 各种钻灌方法的适用情况如何？
6. 什么是循环式灌浆？
7. 压水试验什么时候进行？目的是什么？
8. 什么是分级升压法？如何根据灌浆压力或吸浆率的变化情况来调整浆液的稠度？

2.2.1 基岩灌浆的分类

水工建筑物的岩石基础，一般需要分别进行帷幕灌浆、固结灌浆和接触灌浆处理，如图2.13所示。

1. 帷幕灌浆

帷幕灌浆布置在靠近上游迎水面的坝基内，形成一道连续的防渗幕墙。其目的是减少坝基的渗流量，降低坝底渗透压力，保证基础的渗透稳定。帷幕灌浆的深度主要由作用水

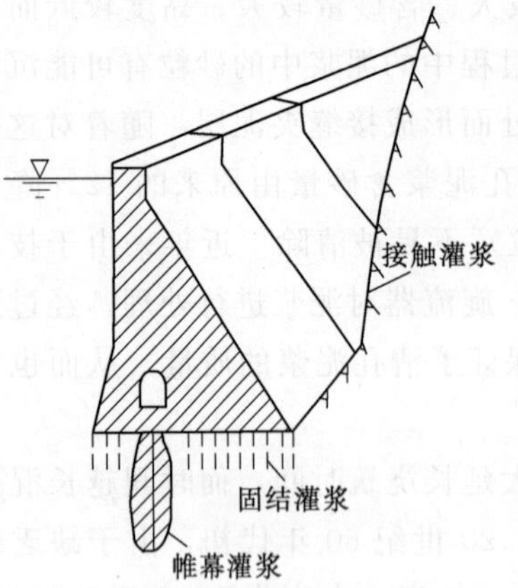

图 2.13 基岩灌浆示意图

头及地质条件等确定，较之固结灌浆要深得多，有些工程的帷幕灌浆深度超过100m。在施工中，通常采用单孔灌浆，所使用的灌浆压力比较大。

帷幕灌浆一般安排在水库蓄水前完成，这样有利于保证灌浆的质量。由于帷幕灌浆的工程量较大，与坝体施工在时间安排上有矛盾，所以通常安排在坝体基础灌浆廊道内进行。这样既可实现坝体上升与基岩灌浆同步进行，也为灌浆施工具备了一定厚度的混凝土压重，有利于提高灌浆压力，保证灌浆质量。对于高坝的灌浆帷幕，常常要深入两岸坝肩较大范围岩体中，一般需要在两岸分层开挖灌浆平洞。许多工程在坝基与两岸山体中所形成的地下灌浆帷幕，其面积较之可见的坝体挡水面要大得多。

2. 固结灌浆

固结灌浆的目的是提高基岩的整体性与强度，并降低基础的透水性。当基岩地质条件较好时，一般可在坝基上下游应力较大的部位布置固结灌浆孔；在地质条件较差而坝体较高的情况下，则需要对坝基进行全面的固结灌浆，甚至在坝基以外上下游一定范围内也要进行固结灌浆。灌浆孔的深度一般为5～8m，也有深达15～40m的，各孔在平面上呈网格交错布置，通常采用群孔冲洗和群孔灌浆。

固结灌浆宜在一定厚度的坝体基层混凝土上进行，这样可以防止基岩表面冒浆，并采用较大的灌浆压力，提高灌浆效果，同时也兼顾坝体与基岩的接触灌浆。如果基岩比较坚硬、完整，为了加快施工进度，也可直接在基岩表面进行无混凝土压重的固结灌浆。在基层混凝土上进行钻孔灌浆，必须在相应部位混凝土的强度达到设计强度的50%后方可开始，或者先在岩基上钻孔，预埋灌浆管，待混凝土浇筑到一定厚度后再灌浆。

同一地段的基岩灌浆必须按先固结灌浆、后帷幕灌浆的顺序进行。

3. 接触灌浆

接触灌浆的目的是加强坝体混凝土与坝基或岸肩之间的结合能力，提高坝体的抗滑稳定性。一般是通过混凝土钻孔压浆或预先在接触面上埋设灌浆盒及相应的管道系统，也可结合固结灌浆进行。接触灌浆应安排在坝体混凝土达到稳定温度以后进行，以利于防止混凝土收缩产生拉裂。

灌浆技术不仅大量运用于大坝的基岩处理，而且也是进行水工隧洞围岩加固、衬砌回填、超前支护及混凝土坝体接缝、建（构）筑物补强、堵漏等方面的主要措施。

2.2.2 灌浆设备和灌浆材料

1. 灌浆设备

（1）钻探机。宜采用回转式钻机，如XY-2型液压立轴式钻机或其他各式适宜的钻机。

（2）搅拌机。常用的搅拌机有ZJ-400L型、GZJ-200型高速搅拌机、NJ-100L型低速搅拌机和200L×2型双层贮浆筒。

（3）灌浆泵。常用的灌浆泵有TBW－100/100型灌浆泵或BW250/50型泥浆泵等。灌注纯水泥浆液应采用多缸柱塞式灌浆泵，容许工作压力应大于最大灌浆压力的1.5倍。

（4）压力表。使用压力宜在压力表最大标准值的1/4～3/4之间。压力表应经常进行检定，不合格的压力表严禁使用。压力表与管路之间应设隔浆装置。

（5）灌浆管路。应保证能承受1.5倍的最大灌浆压力。

（6）水泥湿磨机。常用水泥湿磨机有长江科学院研制的JTM135S－1型湿磨机和JTM胶体磨（转速为3000r/min）。

（7）自动记录仪。可采用GJY－Ⅲ型、GY－Ⅳ型或J－31型等微机自动记录仪，以提高灌浆记录的准确性和工作效率。

（8）灌浆压力大于3MPa时，应采用高压灌浆泵、高压灌浆塞、耐蚀灌浆阀门、钢丝编织胶管、大量程压力表、孔口封闭器或专用高压灌浆塞。

（9）集中制浆站的制浆能力应满足灌浆高峰期所有机组用浆需要。制浆站应配置除尘设备。

（10）所有灌浆设备应做好维护保养，保证正常工作状态，并应有必要的备用量。

2. 灌浆材料

灌浆材料基本上可分为两类：一类是固体颗粒的灌浆材料，例如水泥、黏土、砂等，用固体颗粒浆材制成的浆液，其颗粒处于分散的悬浮状态，是悬浮液；另一类是化学灌浆材料，例如环氧树脂、聚氨酯、甲凝等，由化学浆材制成的浆液是真溶液。

岩石地基固结灌浆和帷幕灌浆均以水泥浆液为主，遇到一些特殊地质条件，例如断层、破碎带、微细裂隙等，当使用水泥浆液难以达到预期效果时，才采用化学灌浆材料作为补充，而且化学灌浆多在水泥灌浆的基础上进行。砂砾石地基帷幕灌浆则多以水泥黏土浆为主。

（1）浆液的选择。在地基处理灌浆工程中，浆液的选择非常重要，在很大程度上直接关系到帷幕的防渗效果、地基岩石在固结灌浆后的力学性能以及工程费用。由于灌浆的目的和地基地质条件不同，组成浆液的基本材料和浆液中各种材料的配合比例也有很大的变化。在选择灌注浆液时，一般应满足如下要求：

1）浆液在受灌的岩层中应具有良好的可灌性，即在一定的压力下，能灌入到受灌岩层的裂隙、孔隙或空洞中，充填密实。这对微细裂隙岩石尤为重要。

2）浆液硬化成结石后，应具有良好的防渗性能、必要的强度和黏结力。帷幕灌浆在长期高水头作用下，应能保持稳定，不受冲蚀，耐久性强；固结灌浆则应能满足地基安全承载和稳定的要求。

3）为便于施工和增大浆液的扩散范围，浆液须具有良好的流动性。

4）浆液应具有较好的稳定性，析水率低。

基岩灌浆以水泥灌浆最普遍。灌入基岩的水泥浆液，由水泥与水按一定配比制成，水泥浆液呈悬浮状态。水泥灌浆具有灌浆效果可靠、灌浆设备与工艺比较简单、材料成本低廉等优点。

水泥浆液所采用的水泥品种，应根据灌浆目的和环境水的侵蚀作用等因素确定。一般情况下，可采用标号不低于C45的普通硅酸盐水泥或硅酸盐大坝水泥，如有耐酸等要求时，选用抗硫酸盐水泥。矿渣水泥与火山灰质硅酸盐水泥由于其析水快、稳定性差、早期强度低等缺点，一般不宜选用。

水泥颗粒的细度对于灌浆的效果有较大影响。水泥颗粒越细，越能够灌入细微的裂隙中，水泥的水化作用也越完全。对于帷幕灌浆，对水泥细度的要求为通过 80μm 方孔筛的筛余量不大于5%。灌浆用的水泥要符合质量标准，不得使用过期、结块或细度不合要求的水泥。

对于岩体裂隙宽度小于 200μm 的地层，普通水泥制成的浆液一般难于灌入。为了提高水泥浆液的可灌性，许多国家陆续研制出各类超细水泥，并在工程中得到广泛采用。超细水泥颗粒平均粒径约 4μm，比表面积 $8000cm^2/g$，它不仅具有良好的可灌性，同时在结石体强度、环保及价格等方面都具有优势，特别适合细微裂隙基岩的灌浆。

由于浆液的类型日益增多，为满足灌浆需要，常需在浆液中掺用一些外加剂，其主要类别如下：

1）速凝剂，例如水玻璃、氯化钙、三乙醇胺等。

2）高效减水剂，例如萘系减水剂，它对浆液的强烈分散和流动性的提高有明显作用，常用的有 NF、UNF 等。

3）稳定剂，例如膨润土和其他高塑性黏土等。

4）其他各种外加剂。

所有外加剂凡能溶于水的均以水溶液状态加入。

在水泥浆液中掺入一些外加剂，可以调节或改善水泥浆液的一些性能，满足工程对浆液的特定要求，提高灌浆效果。外加剂的种类及掺入量应通过试验确定。有时为了灌注大坝基础中的细砂层，也常采用化学灌浆材料。

（2）浆液的类型：

1）水泥浆。水泥浆的优点是胶结情况好，结石强度高，制浆方便。其缺点是水泥价格高；颗粒较粗，细小孔隙不易灌入；浆液稳定性差，易沉淀，常会过早地将某些渗透断面堵塞，因而影响灌浆效果；灌浆时间较长时，易将灌浆器胶结住，难以起拔。灌注水泥浆时，其配比常分为 10∶1、5∶1、3∶1、2∶1、1.5∶1、1∶1、0.8∶1、0.6∶1、0.5∶1九个比级，也可采用稍少一些的比级。灌浆开始时，采用最稀一级的浆液，以后根据砂砾石层单位吸浆量的情况，逐级变浓。

2）水泥黏土浆。水泥黏土浆是一种最常使用的浆液，国内外大坝砂砾石层灌浆绝大多数都是采用这种浆液，其主要优点是稳定性好，能灌注细小孔隙，且天然黏土材料较多，可就地取材，费用比较低廉，防渗效果也好。国内有的学者曾对砂砾石层灌浆帷幕的渗透破坏机理作过研究，认为为了提高砂砾石层灌浆帷幕的稳定性，防止细颗粒流失和产生管涌，关键是要设法降低帷幕本身的透水性，而不是提高浆液结石的强度，因而没有必要在浆液中过多地提高水泥含量。一般认为，浆液结石 28 天的强度如果达到 $40 \sim 50N/cm^2$ 即可满足要求。

水泥黏土浆中水泥和黏土的比例多为 1∶1～1∶4（重量比），浆液浓度范围，干料和水的重量比为 1∶1～1∶3。

对于多排孔构成的帷幕，在边排孔中，宜采用水泥含量较高的浆液；中间排孔中，则可采用水泥含量较低的浆液。

当灌注水泥黏土浆时，为简便起见，从灌浆开始直至结束，多采用一种固定比例的水泥黏土浆，灌浆过程中不再变换。但也有少数工程，灌浆开始时使用稀浆，以后逐级变浓，例如岳城水库大坝基础帷幕灌浆就是采用了这样的方法。

水泥黏土浆浆液浓度若是分级时，比较常使用的方法是，浆液中水泥与黏土的掺量比例固定不变，而用加水量的多少来调制成不同浓度的浆液。

3）黏土浆。黏土浆胶结慢，强度低，多用于砂砾石层较浅、承受水头也不大的临时性小型防渗工程，如白莲河坝围堰砂砾石层基础的防渗帷幕就是采用黏土浆进行灌注的。但也有很少数大坝，其基础防渗帷幕基本上是采用黏土浆进行灌注的。如日本船明坝，坝高 24.5m，砂砾石层厚 60m，防渗帷幕灌的是黏土浆，但其中也掺用了少量水泥，印度可达坝，坝高 37.2m，需要处理段的长度 65m，该部位砂砾石层厚约 8m，防渗帷幕灌浆要求黏土浆的比重为 1.27，每 60L 的黏土浆中加入水泥 2kg、硅酸钠 150mg。

4）水泥黏土砂浆。用于有效地堵塞砂砾石层中的大孔隙。当吸浆量很大、采用上述浆液难于奏效时，有时在水泥黏土浆中掺入细砂，掺量视具体情况而定。这种浆液仅用于处理特殊地层，一般情况下不常采用。例如阿斯旺大坝、马特马克大坝和谢尔庞桑大坝，在灌注了水泥黏土浆后，又用硅酸盐浆液进行了附加灌浆；美国哥伦比亚河上的洛克利奇坝在灌注水泥黏土浆后，又加灌了 AM－9（即丙凝）浆液。

5）硅酸盐浆液、丙凝、聚氨酯及其他灌浆材料。为了进一步降低帷幕的渗透性，有一些大坝的防渗帷幕在使用水泥黏土浆灌注后，再用硅酸盐浆液或丙凝进行附加灌浆。

3. 浆液性能试验

由于纯水泥灌浆工艺比较简单，实践经验丰富，技术成熟，如无特殊要求，纯水泥浆液可不进行室内试验，若有特殊要求时可再补做试验。对于其他类型浆液，则应根据工程需要，有选择地进行下列各项性能试验：

（1）细水泥颗粒或掺合料的细度和颗分曲线。

（2）浆液的流动性和流变参数（塑性屈服强度、塑性黏度）。

（3）浆液的析水率和稳定性。

（4）浆液的初、终凝时间。

（5）结石的密度、强度、弹性模量、渗透性等。

2.2.3　水泥灌浆的施工

任一工程的坝基灌浆处理，在施工前一般需进行现场灌浆试验。通过试验，可以了解坝基的可灌性，确定合理的施工程序与工艺，提供科学的灌浆参数等，为进行灌浆设计与编制施工技术文件提供主要依据，灌浆试验具体有以下主要作用：

（1）论证帷幕灌浆在技术上的可行性、合理性。

（2）通过检查孔做压水试验，检验透水率是否满足设计防渗标准（3Lu）。

（3）提出孔深、孔距、排距、排数、灌浆压力、灌浆配比的技术参数。

（4）提供灌浆段单位注入水泥量（单位为 kg/m）。

灌浆施工程序包括：灌浆孔位放样，钻孔，钻孔及裂隙冲洗，压水试验，浆液配制，灌注浆液，灌浆结束，灌浆质量检查。

2.2.3.1 放样

一般用测量仪器放出建筑物边线或中线后，再根据建筑物中线或边线定灌浆孔的位置，钻孔的开孔位置与设计位置的偏差不得大于10cm，帷幕灌浆还应测出各孔高程。

2.2.3.2 钻孔

帷幕灌浆的钻孔宜采用回转式钻机和金刚石钻头或硬质合金钻头，其钻进效率较高，不受孔深、孔向、孔径和岩石硬度的限制，还可钻取岩芯。钻孔的孔径一般在75～91mm。固结灌浆则可采用各式合适的钻机与钻头。

钻孔的质量对灌浆效果影响很大。钻孔质量包括：①确保孔深、孔向、孔位符合设计要求；②力求孔径上下均一，孔壁平顺；③钻进过程中产生的岩粉细屑较少。孔径均一，孔壁平顺，则灌浆栓塞能够卡紧卡牢，灌浆时不致产生返浆。钻进过程中产生过多的岩粉细屑，容易堵塞孔壁的缝隙，影响灌浆质量。

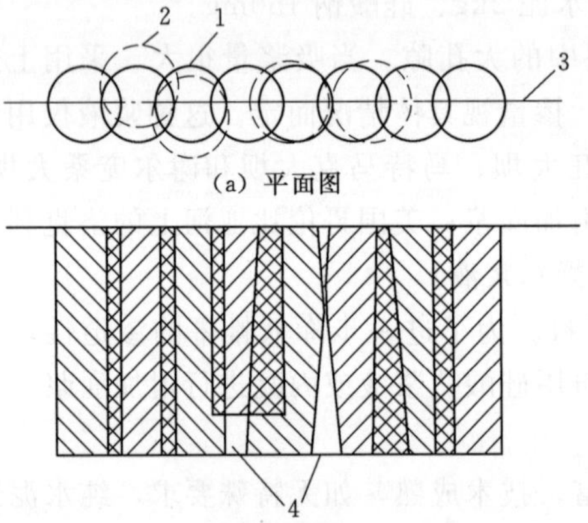

图2.14 孔向孔深不合要求时所形成的帷幕
1—孔顶灌浆范围；2—孔底灌浆范围；
3—帷幕轴线；4—漏水通道

钻孔方向和钻孔深度是保证帷幕灌浆质量的关键。如果钻孔方向发生偏斜，钻孔深度达不到要求，则通过各钻孔所灌注的浆液，不能连成一体，将形成漏水通路，见图2.14。

灌浆孔有铅直孔和斜孔两种，原则是钻孔应尽可能地和岩石裂隙层理互相交叉，倾角较大的裂隙一般打斜孔，裂隙倾角小于40°的可打直孔，打直孔比打斜孔可提高工效30%～50%，因此，最好多打直孔。钻孔应按设计好的顺序进行。

孔深的控制可根据钻杆钻进的长度推测。孔斜的控制相对比较困难，特别是钻设斜孔，掌握钻孔方向更加困难。在工程实践中，按钻孔深度不同规定了对钻孔偏斜的允许值（表2.2），当深度大于60m时，则允许的偏差不应超过钻孔间距。钻孔结束后，应对孔深、孔斜和孔底残留物进行检查，不符合要求的应采取补救处理措施。

表2.2 钻孔孔底最大允许偏差值

钻孔深度/m	20	30	40	50	60
允许偏差/m	0.25	0.50	0.80	1.15	1.50

2.2.3.3 钻孔（裂隙）冲洗

钻孔后，进入冲洗阶段。冲洗工作通常分为：①钻孔冲洗，要将残存在孔底和黏滞在孔壁的岩粉铁屑等冲洗出来；②岩层裂隙冲洗，将岩层裂隙中的充填物冲洗出孔外，以便浆液进入岩层裂隙，使浆液结石与基岩胶结成整体。在断层、破碎带、宽大裂隙和细微裂隙等复杂地层中灌浆，冲洗的质量对灌浆效果影响极大。

一般采用灌浆泵将水压入孔内循环管路进行冲洗（图2.15），将冲洗管插入孔内，用阻塞器将孔口堵紧，用压力水冲洗；也可采用压力水和压缩空气混合冲洗的方法。

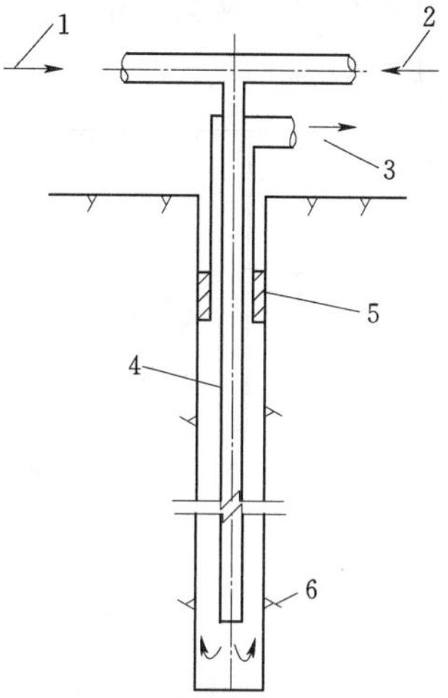

图 2.15　钻孔冲洗孔口装置示意图
1—压力水进口；2—压缩空气进口；3—出口；4—灌浆器；5—阻塞器；6—岩层缝隙

钻孔冲洗时，将钻杆下到孔底，从钻杆通入压力水进行冲洗。冲孔时流量要大，使孔内回水的流速足以将残留在孔内岩粉铁末冲出孔外。冲孔一直要进行到回水澄清 5～10min 才结束。岩层裂隙冲洗有单孔冲洗和群孔冲洗两种。

1. 单孔冲洗

在岩层比较完整，裂隙比较少的地方，可采用单孔冲洗。冲洗方法有高压压水冲洗、高压脉动冲洗和扬水冲洗等。

（1）高压压水冲洗。整个冲洗过程均在高压下进行，以便将裂隙中的充填物沿着加压的方向推移和压实。冲洗压力可以采用同段灌浆压力的 70%～80%，但当计算的冲水压力大于 1MPa 时，采用 1MPa。当回水洁净，流量稳定 20min 就可停止冲洗；有的工程根据冲洗试验中得出的升压降压过程和流量的关系（图 2.16）来判断岩层裂隙冲洗后透水性增值情况。在同一级压力下，降压时的流量和升压时的流量相差越大，则透水性增值越大，说明冲洗效果越好。

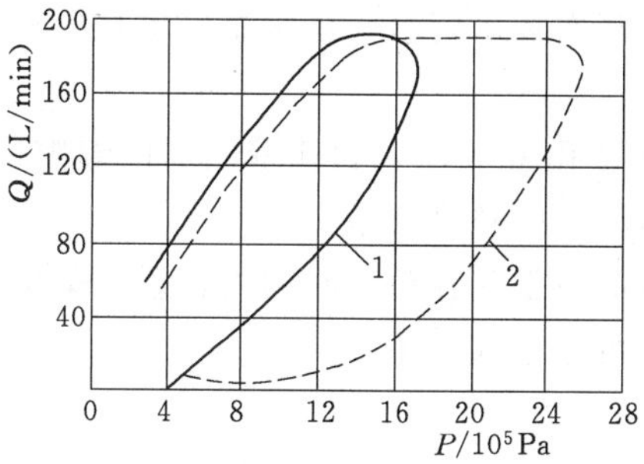

图 2.16　高压压水冲洗压力-流量变化过程
1—孔深小于 50m；2—孔深 50～100m

（2）高压脉动冲洗。高压脉动冲洗就是用高压、低压水反复冲洗。先用高压水冲洗，冲洗压力采用灌浆压力的 80%，经 5～10min 以后，将孔口压力在几秒钟内突然降低到零，形成反向脉冲水流，将裂隙中的碎屑带出。通过不断升降压循环，对裂隙进行反复冲洗，直到回水洁净，最后延续 10～20min 后就可结束冲洗。在新安江田溪（福建省）等工程中，都曾用此法取得了较好的效果。采用高压脉动冲洗，压力差愈大，冲洗效果愈好。

（3）扬水冲洗。对于地下水位较高，地下水补给条件良好的钻孔，可采用扬水冲洗。冲洗时先将管子下到孔底部，上端接风管，通入压缩空气。孔中水气混合以后，由于比重减轻，在地下水压力作用下，再加上压缩空气的释压膨胀与返流作用，挟带着孔内的碎屑杂物喷出孔外，如果孔内水位恢复较慢，则可向孔内补水，间歇地扬水，直到将孔洗净为止。宁夏青铜峡工程曾用此法冲洗断层破碎带，其效果比用高压水冲洗要好。

2. 群孔冲洗

群孔冲洗一般适用于岩层破碎、节理裂隙比较发育且在钻孔之间互相串通的地层中。它是将两个或两个以上的钻孔组成一个孔组，轮换地向一个孔或几个孔压进压力水或压力水混合压缩空气，从另外的孔排出污水，这样反复交替冲洗，直到各个孔出水洁净为止，如图 2.17 所示。

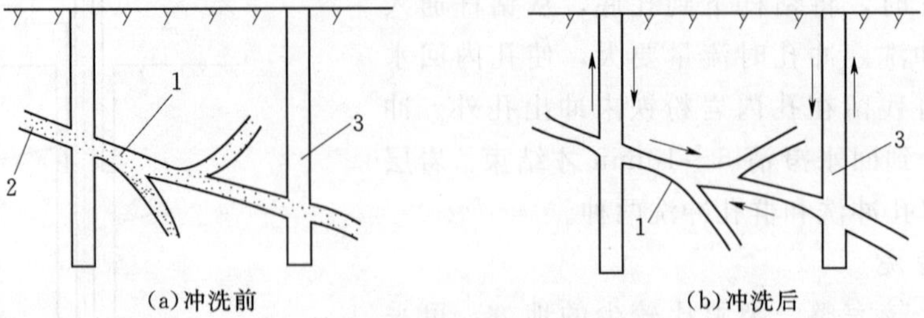

图 2.17 群孔冲洗示意图

1—裂隙；2—充填物；3—钻孔

群孔冲洗时，沿孔深方向冲洗段的划分不宜过长，否则，冲洗段内钻孔通过裂隙条数增多，这样不仅分散冲洗压力和冲洗水量，并且，一旦有部分裂隙冲通以后，水量将相对集中在这几条裂隙中流动，使其他裂隙得不到有效的冲洗。

为了提高冲洗效果，有时可在冲洗液中加入适量的化学剂，如碳酸钠、碳酸氢钠等，以利于促进泥质充填物的溶解，加入化学剂的品种和掺量宜通过试验确定。

采用高压水或高压水气冲洗时，要注意观测，防止冲洗范围内岩层的抬动和变形。

2.2.3.4 压水试验

在冲洗完成并开始灌浆施工前，一般要对灌浆地层进行压水试验。压水试验的主要目的是，测定地层的渗透特性，为岩基的灌浆施工提供基本技术资料。压水试验也是检查地层灌浆实际效果的主要方法。

压水试验的原理是，在一定的水头压力下，通过钻孔将水压入到孔壁四周的缝隙中，根据压入的水量和压水的时间，计算出代表岩层渗透特性的技术参数。

一般可采用透水率 q 来表示岩层的渗透特性。透水率就是在单位时间内，通过单位长度试验孔段，在单位水头压力作用下所压入的水量，可按下式计算：

$$q=Q/PL \tag{2.2}$$

式中 q——地层的透水率，Lu，1Lu=0.01L/(min·m·m)；

Q——单位时间内试验孔段的注水总量，L/min；

P——作用于试验段内的全压力，MPa；

L——压水试验段的长度，m。

灌浆施工时的压水试验，使用的压力通常为同段灌浆压力的 80%，但一般不大于 1MPa。试验时，可在预定压力之下每隔 5min 记录一次流量读数，直到流量稳定 30～60min，取最后的流量作为计算值，再按式（2.2）计算该地层的透水率 q。

对于构造破碎带、裂隙密集带、岩层接触带以及岩溶洞穴等透水性较强的岩层，应根据具体情况确定试验的长度。同一试段不宜跨越透水性相差悬殊的两种岩层，这样所获得的试验资料才具有代表性。如果地层比较单一完整，透水性又较小时，试段长度可适当延长，但不宜超过 10m。

另外，对于有岩溶泥质充填物和遇水性能恶化的地层，在灌浆前可以不进行裂隙冲洗，也不宜做压水试验。

压水试验是为了检查岩石条件，确定灌浆参数及检测灌浆质量。灌浆先导孔和检查孔必须逐个进行正规压水试验，普通灌浆孔应进行简易压水试验。

(1) 正规压水试验。将压力调到规定数值，在注入率保持稳定后，至少进行 4 次注入率的测量，每 10min 测读一次压入流量，当试验结果符合下列标准之一时，压水试验工作即可结束，并以最终流量读数作为计算流量。

1) 当流量大于 5L/min 时，连续四次读数，其最大值与最小值之差小于最终值 10%。

2) 当流量小于 5L/min 时，连续四次读数，其最大值与最小值之差小于最终值 15%。

3) 连续四次读数，流量均小于 0.5L/min 时。

(2) 普通灌浆孔每一灌浆段在灌浆前均要做 30min 的简易压水试验，每 5min 读一次压入流量，共测六次，以最后一个读数计算透水率值。

(3) 试验压力。当灌浆压力大于 1MPa 时，压水试验压力采用 1MPa；当灌浆压力小于或等于 1MPa 时，压水试验压力采用 0.3MPa。

(4) 试验记录。每次压水试验所必需的数据，包括孔号、段长、压力表的高程、地下水位的高程、压水压力、流量、压水时间和单位吸水量、试验日期等。

固结灌浆只是提高岩体整体性或者作为帷幕灌浆的盖重，所以只需要抽取部分孔段进行试验以控制孔深，如果透水率大于设计值，就适当加深，固结灌浆要求的透水率较大。帷幕灌浆每个孔都需要进行试验，帷幕主要是防渗，如果局部出现漏灌，则可能发生渗透破坏，所以每个孔分段进行压水试验。现场试验一般采用单点法，即一个压力段就可以了。

2.2.3.5　灌浆机械

1. 灌浆机（泵）

灌浆机是灌浆的主要设备，灌浆质量在一定程度上取决于灌浆机的工作情况，一般灌浆机有活塞式及液压式两种。目前已有较为轻便的液压式，但活塞式应用较广。一般工地常用双缸立式灌浆机，它由两个缸同时工作，一个缸压浆，一个缸吸浆，然后轮换，均衡地压送浆液，能提高生产力，保证质量。

2. 浆液搅拌机（筒）

浆液搅拌机是灌浆机的一个组成部分，其外形为一个圆筒，其中安设有能转动的机轴和轮叶，用来搅拌水泥浆，拌浆筒有立式和卧式两种，立式的拌浆筒水泥浆量计算较精确，应用较多。

3. 输浆管及灌浆塞

输浆管主要有钢管及胶皮管两种。钢管适应变形能力差，又不易清理，因此一般多用胶皮管，但在高压灌浆时仍须使用钢管。

灌浆塞又称灌浆阻塞器，用以堵塞灌浆段和上部的联系，以免翻浆、冒浆，影响灌浆质量。灌浆塞的形式很多，一般应由富有弹性、耐磨性能较好的橡皮制成。图 2.18 所示为用在岩石灌浆中的一种灌浆塞。

4. 灌浆设备的布置

工程量不大的工程，其布置情况可参考图 2.19 (a)。它是通过机身开关来调节供浆量和压力的，灌浆孔的吸浆量，可根据拌浆筒中水泥浆的水位计算，灌浆压力则由出浆管上的压力表测出。为保证灌浆的连续性，一般是并排设置2台拌浆筒轮换使用。

在工程量较大的情况下，其布置情况可参考图2.19（b）。

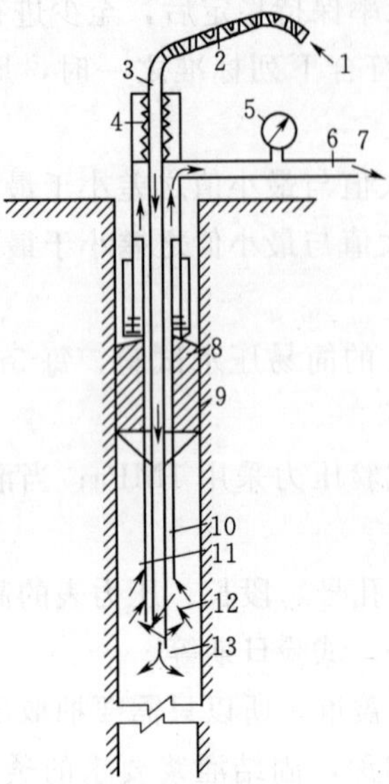

图2.18　用在岩石灌浆中的一种灌浆塞

1、11—进浆管；2—胶皮管；3—钢管；4—丝杆；5—压力表；6—阀门；7、10—回浆管；8—胶皮圈；9—阻塞器；12—花管；13—出浆管

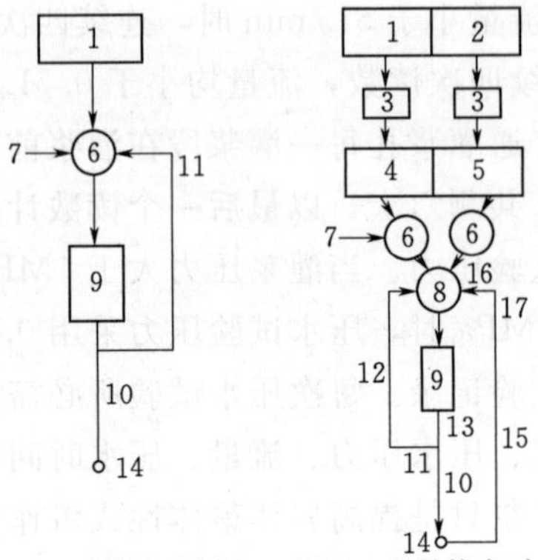

（a）工程量不大时　（b）工程量较大时

图2.19　灌浆布置示意图

1、2—仓库；3—机动或手动式筛；4、5—中间仓；6—拌浆筒；7—水管；8—受浆槽；9—灌浆机；10—输浆管；11、16—开关；12—引出管；13、17—压力表；14—灌浆孔；15—回浆管路

2.2.3.6　灌浆的方法与工艺

1. 钻孔灌浆的次序

基岩的钻孔与灌浆应遵循分序加密的原则，一方面可以提高浆液结石的密实性，另一方面，通过后灌序孔透水率和单位吸浆量的分析，可推断先灌序孔的灌浆效果，同时还有利于减少相邻孔串浆现象。

无混凝土盖重固结灌浆，钻孔的布置有规则布孔和随机布孔两组。规则布孔形式有正方形布孔和梅花形布孔两种，正方形布孔分三序施工。随机布孔形式为梅花形布孔。断层构造岩可采用三角形加密或梅花形加密布置。

有盖重固结灌浆，钻孔布置按正方形和三角形布置。正方形中心布置加密灌浆孔，在试区四周布置物探孔，在正方形孔区设静弹模测试孔。断层地区采用梅花形布孔，并布设弹性波测试孔和静弹模测试孔。

对于岩层比较完整、孔深5m左右的浅孔固结灌浆，可以采用两序孔进行钻灌作业；孔深5m以上的中深孔固结灌浆，则以采用三序孔施工为宜。固结灌浆最后序孔的孔距和排距与基岩地质情况及应力条件等有关，一般在3～6m之间。

对于帷幕灌浆，单排帷幕孔的钻灌次序是先钻灌第Ⅰ序孔，然后依次钻灌第Ⅱ、第Ⅲ

序孔，如有必要再钻灌第Ⅳ序孔（图 2.20）。

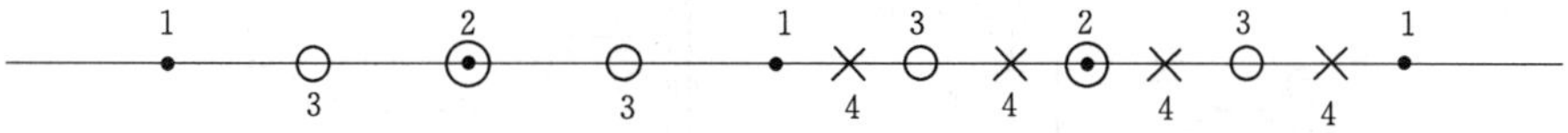

图 2.20　单排帷幕孔的钻罐次序

1—第Ⅰ序孔；2—第Ⅱ序孔；3—第Ⅲ序孔；4—第Ⅳ序孔

双排和多排帷幕孔，在同一排内或排与排之间均应按逐渐加密的次序进行钻灌作业，双排孔帷幕通常是先灌下游排，后灌上游排；多排孔帷幕是先灌下游排，再灌上游排，最后灌中间排。在坝前已经壅水或有地下水活动的情况下，更有必要按照这样的次序进行钻灌作业，以免浆液过多地流失到灌浆区范围外。

帷幕灌浆各个序孔的孔距视岩层完好程度而定，一般多采用第Ⅰ序孔孔距 8～12m，然后内插加密，第Ⅱ序孔孔距 4～6m，第Ⅲ序孔孔距 2～3m，第Ⅳ序孔孔距 1～1.5m。

灌浆帷幕厚度和灌浆孔排数的确定，至今尚未有一个统一的准则，与地质条件、灌浆压力和防渗标准密切相关。

如果地质条件不良而防渗标准又较高，例如要求透水率 q 小于 1Lu，灌浆孔的排数可为三排；采用高压灌浆时，扩散半径增大，也可为双排；如果地质条件又较好，可采用单排。

我国一些高坝在河床地段，防渗标准常定为透水率 q 小于 1Lu，故多布设三排或双排孔，其中一排为主孔，深达相对不透水岩层，其他排孔的深度根据地质条件，有的与主孔相同，成为均厚式帷幕，有的较浅，为主孔深度的 1/2～2/3，成为阶梯式帷幕。

对高坝帷幕灌浆或遇到复杂情况难于确定排数和孔距时，宜进行现场灌浆试验或施工初期的试验性灌浆确定。

2. *注浆方式*

按照灌浆时浆液灌注和流动的特点，灌浆方式有纯压式和循环式两种。帷幕灌浆应优先采用循环式。

（1）纯压式灌浆，就是一次将浆液压入钻孔，并扩散到岩层缝隙里中。灌注过程中，浆液从灌浆机向钻孔流动，不再返回，如图 2.21（a）所示。这种方法设备简单，操作方便，但浆液流动速度较慢，容易沉淀，造成管路与岩层缝隙的堵塞，影响浆液扩散。纯压式灌浆多用于吸浆量大，有大裂隙存在，孔深不超过 12～15m 的情况。

（2）循环式灌浆，就是灌浆机把浆液压入钻孔后，浆液一部分被压入岩层缝隙中，另一部分由回浆管路返回拌浆筒中，如图 2.21（b）所示。这种方法一方面可使浆液保持流动状态，减少浆液沉淀；另一方面可以根据进浆和回浆浆液比重的差别，来了解岩层吸收情况，并作为判定灌浆结束的一个条件。

3. *钻灌方法*

按照同一钻孔内的钻灌的顺序，有全孔一次钻灌和分段钻灌两种方法。

全孔一次钻灌系将灌浆孔一次钻到全深，并沿全部孔深进行灌浆。这种方法施工简便，多用于孔深不超过 6m，地质条件比较良好，基岩比较完整的情况。全孔分段钻灌又分为自上而下法、自下而上法、综合灌浆法及孔口封闭法等。

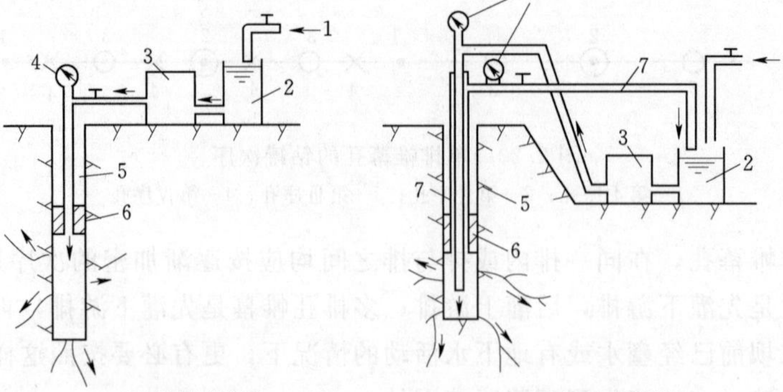

图 2.21 纯压式灌浆和循环灌浆示意图

1—水；2—拌浆筒；3—灌浆泵；4—压力表；5—灌浆管；6—灌浆塞；7—回浆管

(1) 自上而下分段钻灌法。其施工顺序是，钻一段灌一段，待凝一定时间以后，再钻灌下一段，钻孔和灌浆交替进行，直到设计深度，如图 2.22 所示。这种方法的优点是，随着段深的增加，可以逐段增加灌浆压力，借以提高灌浆质量；由于上部岩层经过灌浆，形成结石，当下部岩层灌浆时，不易产生岩层抬动和地面冒浆等现象；分段钻灌，分段进行压水试验，压水试验的成果比较准确，有利于分析灌浆效果，估算灌浆材料的需用量。这种方法的缺点是，钻灌一段以后，要待凝一定时间才能钻灌下一段，钻孔与灌浆交替进行，设备搬移频繁，影响施工进度。

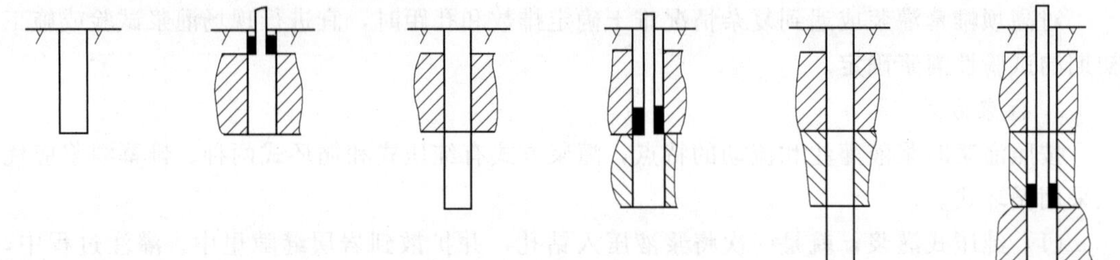

图 2.22 自上而下分段灌浆

(2) 自下而上分段钻灌法。一次将孔钻到全深，然后自下而上逐段灌浆，如图 2.23 所示。这种方法的优缺点和自上而下分段钻灌刚好相反。一般多用在岩层比较完整或基岩上部已有足够压重不致引起地面抬动的情况。采用自下而上分段灌浆法时，先导孔仍应自上而下分段进行压水试验。各次序灌浆孔在灌浆前全孔应进行一次钻孔冲洗和裂隙冲洗。除孔底段外，各灌浆段在灌浆前可不进行裂隙冲洗和简易压水。压水试验应在裂隙冲洗后进行，采用五点法或单点法。

(3) 综合钻灌法。在实际工程中，通常是接近地表的岩层比较破碎，越往下岩层越完整。因此，在进行深孔灌浆时，可以兼取以上两法的优点，上部孔段采用自上而下法钻灌，下部孔段则用自下而上法钻灌。

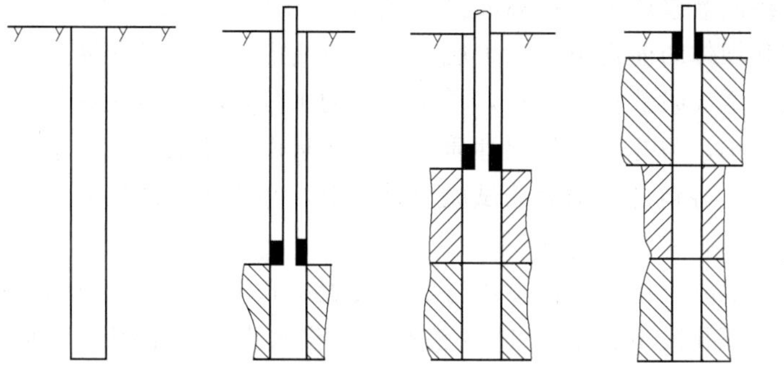

图 2.23　自下而上分段灌浆

(4) 孔口封闭灌浆法。先在孔口镶铸不小于 2m 的孔口管，以便安设孔口封闭器；采用小孔径（直径 55～60mm）的钻孔，自上而下逐段钻孔与灌浆；上段灌后不必待凝，进行下段钻灌，如此循环，直至终孔；可以多次重复灌浆，可以使用较高的灌浆压力。其优点是工艺简便、成本低、效率高，灌浆效果好，其缺点是当灌注时间较长时，容易造成灌浆管被水泥浆凝住的现象。该法对孔口封闭器的质量要求较高，以保证灌浆管灵活转动和上下活动。

孔口封闭灌浆法是近 10 年来逐渐发展成熟的灌浆新技术，在许多工程中相继得到应用。在喀斯特发育的地层，如乌江渡、隔河岩、观音阁等水利水电工程，其帷幕灌浆采用孔口封闭灌浆法，均取得了较好的防渗效果。

需要说明的是，灌浆孔段的划分对灌浆质量有一定的影响。原则上说，灌浆孔段的长度应该根据岩层裂隙分布的情况来确定，每一孔段的裂隙分布应大体均匀，以便施工操作和提高灌浆质量。一般情况下，灌浆孔段的长度多控制在 5～6m。如果地质条件较好，岩层比较完整，段长可适当放长，但也不宜超过 10m；在岩层破碎，裂隙发育的部位，段长应适当缩短，可取 3～4m；而在破碎带、大裂隙等漏水严重的地段以及坝体与基岩的接触面，应单独分段进行处理。

4. 灌浆压力

灌浆压力通常是指作用在灌浆段中部的压力，可由式（2.3）来确定。

$$P = P_1 + P_2 \pm P_f \tag{2.3}$$

式中　P——灌浆压力，MPa；

P_1——灌浆管路中压力表的指示压力，MPa；

P_2——计入地下水水位影响以后的浆液自重压力，浆液密度按最大值进行计算，MPa；

P_f——浆液在管路中流动时的压力损失，MPa。

计算 P_f 时，如压力表安设在孔口进浆管上（纯压式灌浆），则按浆液在孔内进浆管中流动时的压力损失进行计算，在公式中取负号；当压力表安设在孔口回浆管上（循环式灌浆），则按浆液在孔内环形截面回浆管中流动时的压力进行计算，在公式中取正号。

灌浆压力是控制灌浆质量、提高灌浆经济效益的重要因素。确定灌浆压力的原则是，在不致破坏基础和坝体的前提下，尽可能采用比较高的压力。高压灌浆可以使浆液更好地压入细小缝隙内，增大浆液扩散半径，析出多余的水分，提高灌注材料密实度。

灌浆压力的大小，与孔深、岩层性质、有无压重以及灌浆质量要求等有关，可参考类似工程的灌浆资料，特别是现场灌浆试验成果确定，并且在具体的灌浆施工中结合现场条件进行调整。

帷幕灌浆是在混凝土压重条件上进行的，其表层孔段的灌浆压力不宜小于1～1.5倍帷幕工作水头，底部孔段不宜小于2～3倍帷幕工作水头。对于固结灌浆，若为浅孔，且无盖重时，其压力可采用0.2～0.5MPa；有盖重时，可采用0.3～0.7MPa。在地质条件较差或软弱岩层中，应适当降低灌浆压力。

通常，将灌浆压力大于3～4MPa的灌浆称为高压灌浆，如隔河岩工程的帷幕灌浆压力达到5MPa，龙羊峡的固结灌浆试验压力达到6MPa，乌江渡工程的帷幕灌浆压力则达到6～8MPa。但灌浆压力不能过高，压力过高会导致岩体裂隙扩大，引起基础或坝体的抬动变形。

5. 灌浆压力和浆液稠度的控制

在灌浆过程中，合理地控制灌浆压力和浆液稠度，是提高灌浆质量的重要保证。灌浆过程中灌浆压力的控制基本上有两种类型，即一次升压法和分级升压法。

（1）一次升压法。灌浆开始后，一次将压力升高到预定的压力，并在这个压力作用下灌注由稀到浓的浆液，当每一级浓度的浆液注入量和灌注时间达到一定限度以后，就变换浆液配比，逐级加浓；随着浆液浓度的增加，裂隙将被逐渐充填，浆液注入率将逐渐减少，当达到结束标准时，就结束灌浆。这种方法适用于透水性不大，裂隙不甚发育，岩层比较坚硬完整的地方。

（2）分级升压法。是将整个灌浆压力分为几个阶段，逐级升压直到预定的压力。开始时，从最低一级压力起灌，当浆液注入率减少到规定的下限时，将压力升高一级，如此逐级升压，直到预定压力。

分级升压法的压力分级不宜过多，一般以三级为限，例如分为$0.4P$、$0.7P$及P三级（P为该灌浆段预定的灌浆压力）。浆液注入率的上下限，视岩层的透水性和灌浆部位、灌浆次序而定，通常上限可定为80～100L/min，下限为30～40L/min。在遇到岩层破碎透水性很大或有渗透途径与外界连通的孔段时，可采用分级升压法。如果遇到大的孔洞或裂隙，则应按特殊情况处理。处理的原则一般是低压浓浆，间歇停灌，直到达到规定的标准，结束灌浆。待浆液凝固以后再重新钻开，进行复灌，以确保灌浆质量。

灌浆过程中，还必须根据灌浆压力或吸浆率的变化情况，适时地调整浆液的稠度，使岩层的大小缝隙既能灌饱，又不浪费。浆液稠度控制的变换按先稀后浓的原则控制，这是由于稀浆的流动性较好，宽细裂隙都能进浆，使细小裂隙先灌饱，而后随着浆液稠度逐渐变浓，其他较宽的裂隙也能逐步得到良好的充填。对于帷幕灌浆的浆液配比即水灰比，一般可采用5∶1、3∶1、2∶1、1∶1、0.8∶1、0.6∶1、0.5∶1七个比级。变浆时，或增加水泥，或增加水量，一般有表格可参考。

浆液比重r浆与水灰比n的关系为

$$r_{浆}=\frac{r_{灰}(1+n)}{1+r_{灰}\,n} \tag{2.4}$$

式中　$r_{灰}$——水泥比重。

不同的岩层，因其缝隙大小不同，所需要的稀浆量和浓浆量也各不相同，所以在灌浆过程中应根据条件及时变换浆液稠度。

灌浆中，当灌浆压力保持不变、吸浆率均匀减少时，或吸浆率不变、压力均匀升高时，不得改变水灰比。一般，当某一级水灰比浆液的灌入量已超过规定值，而灌浆压力及吸浆率均无改变或改变不明显时，应改浓一级水灰比；当其吸浆率大于6L/(min·m·m）时，可根据具体情况适当越级变浓，但越级变浓后如灌浆压力突增或吸浆率突减，应立即查明原因，并改回到原水灰比进行灌注。

6. 灌浆的结束条件和封孔

灌浆的结束条件，一般用两个指标来控制：一个是残余吸浆量，又称最终吸浆量，即灌到最后的限定吸浆量；另一个是闭浆时间，即在残余吸浆量的情况下保持设计规定压力的延续时间。

帷幕灌浆时，在设计规定的压力之下，灌浆孔段的浆液注入率小于 0.4L/min 时，再延续灌注 60min（自上而下法）或 30min（自下而上法）结束灌浆；浆液注入率不大于 1.0L/min 时，继续灌注 90min 或 60min，就可结束灌浆。

固结灌浆的结束标准是浆液注入率小于 0.4L/min，延续时间 30min，灌浆可以结束。

灌浆结束以后，应随即将灌浆孔清理干净。对于帷幕灌浆孔，宜采用浓浆灌浆法填实，再用水泥砂浆封孔。对于固结灌浆，孔深 10m 时，可采用机械压浆法进行回填封孔，即通过深入孔底的灌浆管压入浓水泥浆或砂浆，顶出孔内积水，随浆面的上升，缓慢提升灌浆管。当孔深大于 10m 时，其封孔与帷幕孔相同。

7. 特殊情况的处理方法

（1）灌浆中断的处理方法：①因机械、管路、仪表等出现故障而造成灌浆中断时，应尽快排除故障，立即恢复灌浆，否则应冲洗钻孔，重新灌浆；②恢复灌浆时，如注入量较中断前减少较多，应使用开灌比级的浆液进行灌注，按依次换比的规定重新灌注；③恢复灌浆后，若停止吸浆，可用高于灌浆压力 0.14MPa 的高压水进行冲洗而后恢复灌浆。

（2）串浆处理方法：①相邻两孔段均具备灌浆条件时，可同时灌浆；②相邻两孔段有一孔段不具备灌浆条件，首先给被串孔段充满清水，以防水泥浆堵塞凝固而影响未灌浆孔段的灌浆质量，并用大于孔口管的实心胶塞放在孔口管上，用钻机立轴钻杆压紧。

（3）冒浆处理方法：①混凝土地板面裂缝处冒浆，可暂停灌浆，用清水冲洗干净冒浆处，再用棉纱堵塞；②冲洗后用快干地勘水泥加氯化钙捣压封堵，再进行低压、限流、限量灌注。

（4）漏浆处理方法：①浆液通过延伸较远的大裂隙通道渗漏在山体周围，可采取长时间间歇（一般在 24h 以上）待凝灌浆方法灌注，如一次不行，再进行二次间歇灌注；②浆液在大裂隙通道渗漏，但不渗漏到山体周围，可采用限压、限流与短时间间歇（数十分钟）灌浆，如达不到要求则可采取长时间间歇待凝，然后限流逐渐升压灌注，一般反复 1～2 次即可达到结束标准。

（5）固管处理方法。灌注水灰比1：1以下的浓浆时，容易发生固管现象，如采用小口径孔口封闭自上而下分段循环灌浆法施工，可解决固管问题。

（6）溶洞和暗河的处理方法：①溶洞内如有黏土填充且稳定性较好，可不必清除，按常规浆液灌注即可，如填充物不密实、不稳定，应冲洗清除，然后投砂、砾石骨料回填再灌注水泥浆液；②溶洞、暗河通道、漏浆量很大，可采用布袋法灌注。将浓浆灌入布袋内封好袋口丢入孔内。边投砂、砾石骨料，边投布袋浓浆，边灌双液浆（加速凝剂的浆液）。待通道基本堵塞，待凝48h后再扫孔，按常规方法灌注水泥浆液。

2.2.3.7 灌浆的质量检查

基岩灌浆属于隐蔽性工程，必须加强灌浆质量的控制与检查，为此，一方面要认真做好灌浆施工的原始记录，严格灌浆施工的工艺控制，防止违规操作；另一方面，要在一个灌浆区灌浆结束以后，进行专门的质量检查，作出科学的灌浆质量评定。基岩灌浆的质量检查结果，是整个工程验收的重要依据。

灌浆质量检查的方法很多，常用的有：①在已灌地区钻设检查孔，通过压水试验和浆液注入率试验进行检查；②通过检查孔，钻取岩芯进行检查，或进行钻孔照相和孔内电视，观察孔壁的灌浆质量；③开挖平洞、竖井或钻设大口径钻孔，检查人员直接进去观察检查，并在其中进行抗剪强度、弹性模量等方面的试验；利用地球物理勘探技术，测定基岩的弹性模量、弹性波速等，对比这些参数在灌浆前后的变化，借以判断灌浆的质量和效果。

（1）质量评定。灌浆质量的评定，以检查孔压水试验成果为主，结合对竣工资料测试成果的分析，进行综合评定。每段压水试验压力值满足规定要求即为合格。

（2）检查孔位置的布设：

1）一般在岩石破碎、断层、裂隙、溶洞等地质条件复杂的部位，注入量较大的孔段附近，灌浆情况不正常以及经分析资料认为对灌浆质量有影响的部位。

2）检查孔在该部位灌浆结束3～7天后就可进行。采用自上而下分段进行压水试验，压水压力为相应段灌浆压力的80%。检查孔数量为灌浆孔总数的10%，每一个单元至少应布设一个检查孔。

（3）压水试验结束。检查孔压水试验结束后，按技术要求进行灌浆和封孔，检查孔常采取岩心，计算获得率，并进行描述。

（4）压水试验检查。压水试验检查，坝体混凝土和基岩接触段及其下一段的合格率应为100%，以下各段的合格率应在90%以上，不合格段透水率值不得超过设计规定值的100%，且不合格段不集中，那么灌浆质量可认为合格。

（5）抽样检查。对封孔质量宜进行抽样检查。

2.2.4 化学灌浆

化学灌浆是在水泥灌浆基础上发展起来的新型灌浆方法。它是将有机高分子材料配制成的浆液灌入地基或建筑物的裂缝中，经胶凝固化以后，达到防渗、堵漏、补强、加固的目的。

化学灌浆在基岩处理中是作为水泥灌浆辅助手段的，它主要用于裂隙与空隙细小（0.1mm以下）、颗粒材料不能灌入，对基础的防渗或强度有较高要求，渗透水流的速度较大、其他灌浆材料不能封堵等情况。

2.2.4.1　化学灌浆的特性

化学灌浆材料有很多品种，每种材料都有其特殊的性能，按灌浆的目的可分为防渗堵漏和补强加固两大类，属于前者的有水玻璃、丙凝类、聚氨酯类等，属于后者的有环氧树脂类、甲凝类等。总体说来，化学浆液有以下特性：

（1）化学浆液的黏度低，有的接近于水，有的比水还小，其流动性好，可灌性高，可以灌入水泥浆液灌不进去的细微裂隙中。

（2）化学浆液的聚合时间（或称胶凝时间、固化时间、硬化时间）可以比较准确地控制，从几秒到几十分钟，有利于机动灵活地进行施工控制。

（3）化学浆液聚合后的聚合体，渗透系数很小，一般为 $10^{-6}\sim10^{-8}$cm/s，几乎是不透水的，防渗效果好。

（4）有些化学浆液聚合体本身的强度及黏结强度比较高，可承受高水头，如用于加固补强的甲凝、环氧树脂等；而聚氨酯对防渗与加固都有作用；只有丙凝、铬木素的抗压强度低，因此只能用于防渗堵漏。

（5）化学灌浆材料聚合体的稳定性和耐久性均较好，能抗酸、碱及微生物的侵蚀，但一般高分子化学材料都存在老化问题。

（6）化学灌浆材料都有一定毒性，在配制、施工过程中要十分注意防护，并切实防止对环境的污染。

2.2.4.2　化学灌浆的施工

由于化学材料配制的浆液是真溶液，不存在粒状灌浆材料所存在的沉淀的问题，故化学灌浆都采用纯压式灌浆。

化学灌浆的钻孔和清洗工艺及技术要求，与水泥灌浆基本相同，也遵循分序加密的原则进行钻孔灌浆。

化学灌浆的方法，按浆液的混合方式区分，有单液法灌浆和双液法灌浆。一次配制成的浆液或两种浆液组分在泵送灌注前先行混合的灌浆方法称为单液法，两种浆液组分在泵送后才混合的灌浆方法称为双液法，前者施工相对简单，在工程上使用较多。

为了保持连续供浆，现在多采用电动式比例泵提供压送浆液的动力。比例泵是专用的化学灌浆设备，由两个出浆量可任意调整从而可实现按设计比例压浆的活塞泵构成；对于小型工程和个别补强加固的部位，也可采用手压泵送浆。

任务 2.3　砂砾石地层灌浆

在砂砾石地层上修建水工建筑物，也可采用灌浆方法来建造防渗帷幕，其主要优点是灌浆帷幕对基础的变形具有较好的适应性，施工的灵活性大，较之其他方法，更适合于在深厚砂砾石地层施工。

砂砾石地层具有结构松散、空隙率大、渗透性强的特点，在地层中成孔较困难，与基岩有很大差别。因此，在砂砾石地层中灌浆有一些特殊的技术要求与施工工艺。

2.3.1　砂砾石地基的可灌性

砂砾石地基的可灌性，是指砂砾石地层能否接受灌浆材料灌入的一种特性，它是决定灌浆效果的先决条件。砂砾石地基的可灌性主要决定于地层的颗粒级配、灌浆材料的细度、灌浆压力、灌浆稠度及灌浆工艺等因素。

在工程实践中，常以可灌比 M 来衡量地层的可灌性。可灌比 M 的计算式为

$$M=D_{15}/d_{85} \tag{2.5}$$

式中　M——可灌比；

D_{15}——砂砾石地层颗粒级配曲线上累计含量为15%的粒径，mm；

d_{85}——灌浆材料颗粒级配曲线上累计含量为85%的粒径，mm。

可灌比愈大，接受颗粒浆材的可灌性愈好。一般认为，当 $M=10\sim15$ 时，可以灌注水泥黏土浆；当 $M\geqslant15$ 时，则可以灌注水泥浆。显然，可灌比是对由颗粒材料组成的浆材而言的，化学浆材不存在可灌比问题。

根据一些工程的灌浆实践经验，当砂砾石地层中粒径小于 0.1mm 的颗粒含量小于5%时，可以实施水泥黏土浆的有效灌注。

对于砂砾石地层可灌性的认识，目前大多还停留在半经验的阶段上。实际工程中，最终确定砂砾层是否可灌，最好通过灌浆试验来决定。

2.3.2　灌浆材料

砂砾石地层的灌浆，一般以采用水泥黏土浆为宜，因为在砂砾石地层中灌浆，多限于修筑防渗帷幕，对浆液结石强度要求不高，28d 强度 0.4～0.5MPa 就可满足要求，而对帷幕体的渗透系数则要求在 $10^{-4}\sim10^{-6}$cm/s 以下。

配制水泥黏土浆所使用的黏土，要求遇水以后能迅速崩解分散，吸水膨胀，具有一定的稳定性和黏结力。

浆液的配比，水泥与黏土的比例为 1∶1～1∶4（重量比），水和干料的比例多在 1∶1～3∶1（重量比）。有时为了改善浆液的性能，可掺加少量膨润土或其他外加剂。

水泥黏土浆的稳定性与可灌性指标均比纯水泥浆优越，费用也低廉；其缺点是析水率低，排水固结时间长，浆液结石强度低，抗渗性及抗冲性较差。

有关灌浆材料的选用，浆液配比的确定以及浆液稠度的分级等问题，应根据地层特性与灌浆设计要求，通过室内外的试验来确定。

2.3.3　灌浆试验

由于砂砾石层的组成复杂多变，为了使帷幕灌浆设计和施工更符合实际，应先期在工地进行灌浆试验。通过灌浆试验解决下列主要问题：

（1）选定适宜的钻进方法。

（2）确定灌浆施工方法，推荐合理的施工程序、施工工艺。

（3）选定适用的浆液。

（4）确定灌浆压力。

（5）提供有关技术参数，如帷幕的排数、排距、孔距，以及相应的孔深等。

（6）提出对钻孔、灌浆以及其他需用的机械设备。

（7）提出帷幕灌浆工程中各项主要定额。

（8）提出对帷幕灌浆的质量检查方法和工作细则。

（9）对灌浆试验工作和试验效果进行总的评价。

2.3.4　钻灌方法

2.3.4.1　施工程序

多排孔时应先灌边孔，后灌中间排孔，同一排的灌浆孔可分两次序施工。

2.3.4.2　钻灌方法

砂砾石地层的钻孔灌浆方法有打管灌浆、套管灌浆、循环钻灌、预埋花管灌浆等。

1. 打管灌浆法

打管灌浆就是将带有灌浆花管的厚壁无缝钢管，直接打入受灌地层中，并利用它进行灌浆，如图 2.24 所示。其施工程序是，先将钢管打入到设计深度，再用压力水将管内冲洗干净，然后用灌浆泵进行压力灌浆，或利用浆液自重进行自流灌浆；灌完一段以后，将钢管拔起一个灌浆段高度，再进行冲洗和灌浆，如此自下而上，拔一段灌一段，直到结束。

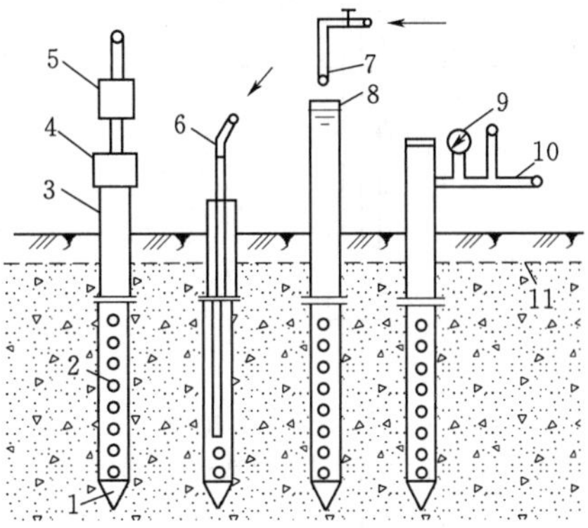

图 2.24　打管灌浆法施工程序

1—管锥；2—花管；3—钢管；4—管帽；5—打管锤；6—冲洗用水管；7—注浆管；8—浆液面；9—压力表；10—进浆管；11—盖重层

这种方法设备简单，操作方便，适用于砂砾石层较浅、结构松散、颗粒不大、容易打管和起拔的场合。用这种方法所灌成的帷幕，防渗性能较差，多用于临时性工程（如围堰）。

2. 套管灌浆法

套管灌浆的施工程序是一边钻孔一边跟着下护壁套管，或者一边打设护壁套管，一边冲掏管内的砂砾石，直到套管下到设计深度；然后将孔内冲洗干净，下入灌浆管，起拔套管到第一灌浆段顶部，安好止浆塞，对第一段进行灌浆；如此自下而上，逐段提升灌浆管和套管，逐段灌浆，直到结束。

采用这种方法灌浆，由于有套管护壁，不会产生坍孔埋钻等事故，但是在灌浆过程中，浆液容易沿着套管外壁向上流动，甚至产生地表冒浆。如果灌浆时间较长，则又会胶结套管，造成起拔的困难。近年来已较少采用套管法进行灌浆。

3. 循环钻灌法

这是我国自创的一种灌浆方法。实质是一种自上而下，钻一段灌一段，无需待凝，钻孔与灌浆循环进行的施工方法。钻孔时用黏土浆或最稀一级水泥黏土浆固壁。钻孔长度，也就是灌浆段的长度，视孔壁稳定和砂砾石层渗漏程度而定，容易坍孔和渗漏严重的地层分段短一些，反之则长一些，一般为 1～2m。灌浆时可利用钻杆作灌浆管。

用这种方法灌浆，应做好孔口封闭，以防止地面抬动和地表冒浆，封闭孔口也有利于提高灌浆质量。图 2.25 介绍了循环钻灌法的原理。在四川冶勒水电站上百米厚的砂砾石

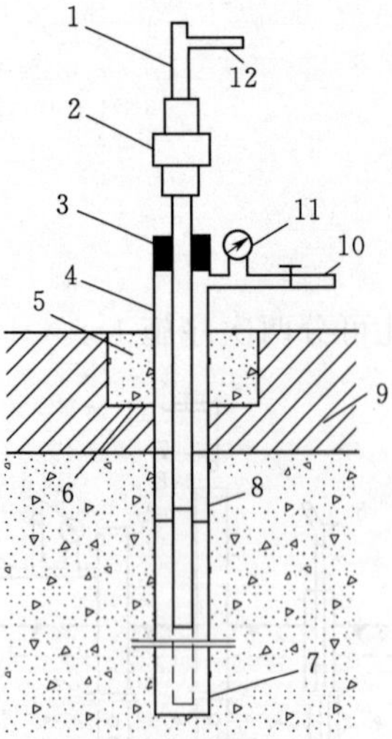

图 2.25 循环钻灌法灌浆

1—灌浆管（钻杆）；2—钻机竖轴；3—封闭器；4—孔口管；5—混凝土封口；6—防浆环（麻绳缠箍）；7—射浆花管；8—孔口管下部花管；9—盖重层；10—回浆管；11—压力计

地层，曾用循环钻灌法进行防渗帷幕施工，取得了较好的效果。

4. 预埋花管灌浆法

这种方法在国际上比较通用。其施工程序是：

(1) 用回转式或冲击式钻机钻孔，跟着下护壁套管，一次直达孔的全深。

(2) 钻孔结束后，立即进行清孔，清除孔底残留的石渣。

(3) 在套管内安设花管。花管的直径一般为73～108mm，沿管长每隔 33～50cm 钻一排 3～4 个射浆孔，孔径 1cm，射浆孔外面用橡皮圈箍紧。花管底部要封闭严密牢固。安设花管要垂直对中，不能偏在套管的一侧。

(4) 在花管与套管之间灌注填料，边下填料，边起拔套管，连续灌注，直到全孔填满套管拔出为止。填料由水泥、黏土和水配制而成，水泥和黏土的配比为 1∶2～1∶3（重量比）；干料和水为 1∶1～1∶3（重量比）。国外工程所用的填料多为水泥亚黏土浆。

(5) 填料要待凝 5～15 天，达到一定强度，紧密地将花管与孔壁之间的环形圈封闭起来。

(6) 在花管中下入双栓灌浆塞，灌浆塞的出浆孔要对准花管上准备灌浆的射浆孔，如图 2.26 所示，然后用清水或稀浆压开花管上的橡皮圈，压穿填料，形成通路，为浆液进入砂砾石层创造条件，称为开环。开环以后，继续用稀浆或清水灌注 5～10min，再开始灌浆。每排射浆孔就是一个灌浆段。灌完一段，移动双栓灌浆塞，使其出浆孔对准另一排射浆孔，进行另一灌浆段的开环与灌浆。

用预埋花管法灌浆，由于有填料阻止浆液沿孔壁和管壁上升，很少发生冒浆、串浆现象，灌浆压力可相对提高。另外，由于双栓灌浆塞的构造特点，灌浆比较机动灵活，可以重复灌浆，对确保灌浆质量是有利的。这种方法的缺点是，花管被填料胶结以后，不能起拔，耗用管材较多。

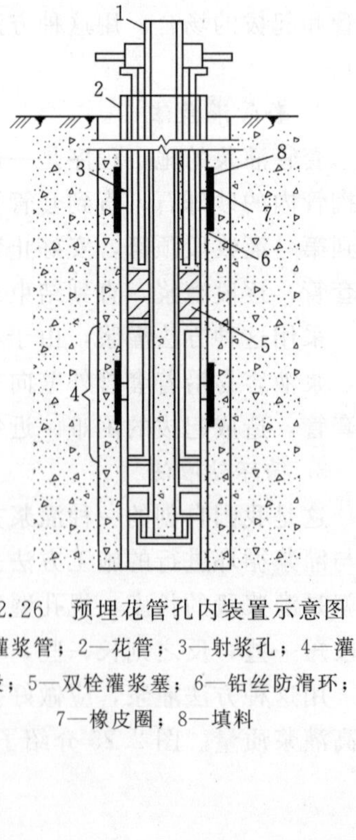

图 2.26 预埋花管孔内装置示意图

1—灌浆管；2—花管；3—射浆孔；4—灌浆段；5—双栓灌浆塞；6—铅丝防滑环；7—橡皮圈；8—填料

2.3.5 灌浆效果检查

砂砾石地基灌浆效果的检查最常用的方法，是在帷幕体内钻较大口径的检查孔，逐段做渗透试验，求

出各层的渗透系数 k，验证其是否满足设计要求。渗透试验可根据实际情况采用抽水试验、压水试验或注水试验。由抽水试验和压水试验两者求得渗透系数常常不同，可考虑采用式（2.6）确定渗透数 k 值

$$k=\sqrt{k_a k_0} \tag{2.6}$$

式中　k_a——抽水试验求得的渗透系数值；

k_0——压水（或注水）试验求得的渗透系数值。

任务 2.4　高压喷射灌浆施工

请思考：

1. 高压喷射灌浆的施工方法有哪些？
2. 高压喷射灌浆施工设备有哪些？
3. 高压喷射灌浆施工工序是什么？

20 世纪 70 年代初，日本将高压水射流技术应用于软弱地层的灌浆处理，成为一种新的地基处理方法——高压喷射灌浆法。它是利用钻机造孔，然后将带有特制合金喷嘴的灌浆管下到地层预定位置，以高压把浆液和水、气高速喷射到周围地层，对地层介质产生冲切、搅拌和挤压等作用，同时被浆液置换、充填和混合，待浆液凝固后，就在地层中形成一定形状的凝结体。

通过各孔凝结体的连接，形成板式或墙式的结构，不仅可以提高基础的承载力，而且成为一种有效的防渗体。由于高压喷射灌浆具有对地层条件适用性好、浆液可控性好、施工简单等优点，在大颗粒地层、动水、淤泥地层和堆石堤（坝）等场合，应用高压喷射灌浆技术具有显著的技术和成本优势。

2.4.1　高压喷射灌浆作用分析

高压喷射灌浆的浆液以水泥浆为主，其压力一般在 10～30MPa，它对地层的作用和机理有如下几个方面：

（1）冲切掺搅作用。高压喷射流通过对原地层介质的冲击、切割和强烈扰动，使浆液扩散充填地层，并与土石颗粒掺混搅和，硬化后形成凝结体，从而改变原地层结构和组分，达到防渗加固的目的。

（2）升扬置换作用。随高压喷射流喷出的压缩空气，不仅对射流的能量有维持作用，而且造成孔内空气扬水效果，使冲击切割下来的地层细颗粒和碎屑升扬至孔口，空出部分由浆液代替，起到了置换作用。

（3）挤压渗透作用。高压喷射流的强度随射流距离的增加而衰减，至末端虽不能冲切地层，但对地层仍能产生挤压作用；同时，喷射后的静压浆液在地层中渗透凝结，有利于进一步提高抗渗性能。

（4）位移握裹作用。对于地层中的小块石，由于喷射能量大，加之上述提升置换作用，浆液可填满块石四周空隙，并将其握裹；对大块石或块石集中区，如降低提升速度，提高喷射能量，可以使块石产生位移，浆液便深入到孔（孔）隙中去。

总之，在高压喷射、挤压、余压渗透以及浆气串升的综合作用下，产生握裹凝结作用，从而形成连续和密实的凝结体。

2.4.2　高压喷射凝结体的型式和结构布置

（1）凝结体的型式。凝结体的型式与高压喷射方式（图2.27）有关，常见有三种：①喷嘴喷射时，边旋转边垂直提升，简称旋喷，可形成圆柱凝结体；②喷嘴的喷射方向固定，则称定喷，可形成板状凝结体；③喷嘴喷射时，边提升边摆动，简称摆喷，形成哑铃状或扇形凝结体。

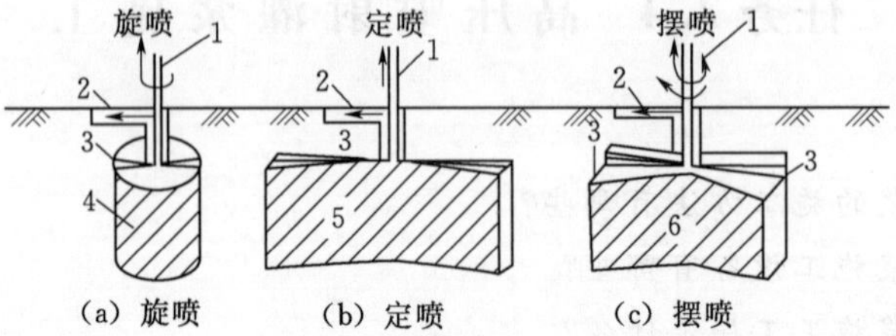

图2.27　高压喷射灌浆的三种方式
1—喷射注浆管；2—冒浆；3—射流；4—旋喷成桩；
5—定喷成板；6—摆喷成墙

（2）结构布置型式。为了保证高压喷射防渗板（墙）的连续性与完整性，必须使各单孔凝结体在其有效范围内相互可靠连接，这与设计的结构布置型式及孔距有很大关系。常用的结构布置型式如图2.28所示，其中柱摆结构和旋喷套接结构的防渗效果较好。孔距的确定关系到凝结体间的可靠连接和工程进度与造价。孔距应根据地层条件、防渗要求、施工方法与工艺、结构布置型式及孔深等因素综合考虑，重要的工程应通过现场试验确定。

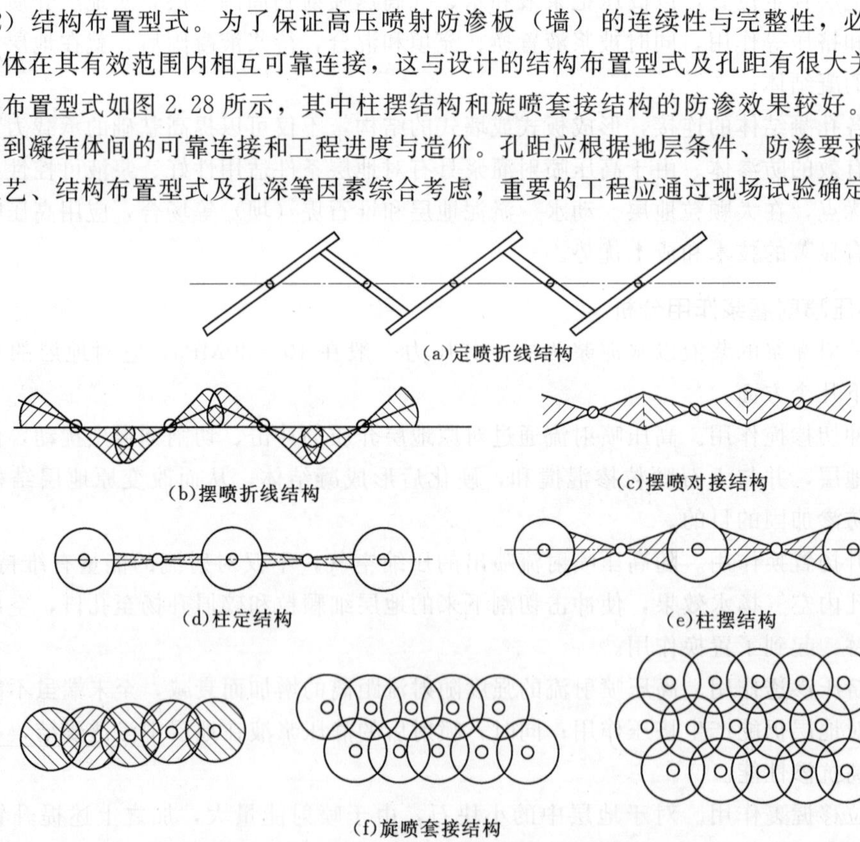

图2.28　高压喷射灌浆凝结体的结构布置型式

高压喷射若用于地基加固时，常采用旋喷桩，布置成连续或不连续的结构型式。

2.4.3　高压喷射灌浆的施工方法

目前，高压喷射灌浆的基本方法有单管法、双管法、三管法及多管法等几种，它们各有特点，应根据工程要求和地层条件选用。

（1）单管法。采用高压灌浆泵以大于 20MPa 的高压将浆液从喷嘴喷出，冲击、切割周围地层，并产生搅和、充填作用，感化后形成凝结体。该方法施工简易，但有效范围小。

（2）双管法。有两个管道，分别将浆液和压缩空气直接射入地层，浆压达 45～50MPa，气压 1～1.5MPa。由于射浆具有足够的射流强度和比能，易于将地层加压密实。这种方法工效高，效果好，尤其适合处理地下水丰富、含大粒径块石及孔隙率大的地层。

（3）三管法。用水管、气管和浆管组成喷射杆，水、气的喷嘴在上，浆液的喷嘴在下。随着喷射杆的旋转和提升，先有高压水和气的射流冲击扰动地层，再以低压注入浓浆进行掺混搅拌。三管法常用参数为：水压 38～40MPa，气压 0.6～0.8MPa，浆压 0.3～0.5MPa。如果将浆液也改为高压（浆压达 20～30MPa）喷射，浆液可对地层进行二次切割、充填，其作用范围就更大，这种方法称为新三管法。

（4）多管法。其喷管包含输送水、气、浆管、泥浆排出管和探头导向管。采用超高压水射流（40MPa）切削地层，所形成的泥浆由管道排出，用探头测出地层中形成的空间，最后由浆液、砂浆、砾石等置换充填。多管法可在地层中形成直径较大的柱状凝结体。

2.4.3.1　高压喷射灌浆材料

选用高喷材料应根据工程特点和高喷目的及要求而定。高喷多采用水泥浆，水泥为 32.5 级或 42.5 级普通硅酸盐水泥。为增加浆液的稳定性，有时在水泥浆液中加入少量的膨润土。对凝结体性能有特殊要求时，有时需在水泥浆液中加入较多的膨润土或其他类掺合料。

地基防渗高喷施工使用三管法，为简便计，多用纯水泥浆，一般规定进浆密度不小于 $1.60g/cm^3$，变化范围为 $1.60 \sim 1.80g/cm^3$（相应水灰比约为 0.8∶1～0.5∶1）。

地基加固的高喷施工一般均采用纯水泥浆。实践表明，浆液水灰比 0.8∶1～1∶1 范围内对凝结体抗压和抗折强度的影响不很大，而影响凝结体抗压强度的主要因素是地层组成的成分和颗粒的强度及级配。

采用新三管法施工，由于先是气、水喷射，而后压灌浆液，灌浆易被先喷入的水稀释，故通常使用水灰比不大于 1∶1 的浓浆。采用双管法施工，因不用水喷射，无稀释作用，所以水泥浆的水灰比值相对来讲可以稍大些。

重要工程高喷材料和配合比应根据设计对防渗体提出要求，通过室内和现场试验确定。

2.4.3.2　高压喷射灌浆施工设备

（1）钻机。高喷施工钻孔深度多不超过 50m，遇一般砂卵（砾）石层，可使用钻孔深度 100m 或 300m 的钻机泥浆固壁钻孔。如果地质条件复杂，或者地层含大粒径块石，使用泥浆固壁无效时，可改用跟管钻进钻机，边钻进边跟入套管的方法，护住孔壁。

（2）高压水泵。仅在三管法和新三管法中采用高压水泵，压力和流量需满足高喷技术要求。

(3) 灌浆泵和空压机。双管法高喷施工的特点就是超高压力和特大流量，所以要求浆泵的压力高（宜达 60～80MPa），流量大（宜大于 $10m^3/min$）。新三管法是 1996 年在长江三峡工地围堰生产性高喷试验首次试用的，由原三管法的低压灌浆改进为 20～30MPa 的高压灌浆，随之也要求适当提高气压，所以需采用相应的高压灌浆泵和气压稍高的空压机。三管法对灌浆泵和空压机无特殊要求。

(4) 搅浆、制浆系统设备。搅浆、制浆系统设备能满足供浆（三管法 100L/min，双管法 150L/min）需要即可。

(5) 测斜仪。要求备用高精度的测斜仪器，满足偏斜率不大于 1%的要求。

(6) 高喷自动检测系统。我国高喷自动检测系统仍处于研制和试用阶段，定型产品尚未问世，今后应继续研制，促其尽快实现。

2.4.3.3 高压喷射灌浆施工工序

高压喷射灌浆的施工程序主要包括造孔、下喷射管、喷射提升（旋转或摆动）、最后成桩或成墙，如图 2.29 所示。

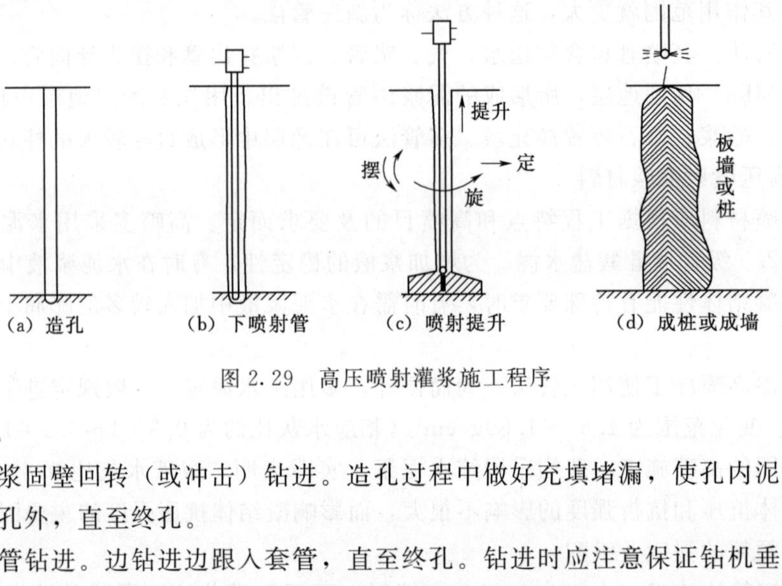

图 2.29 高压喷射灌浆施工程序

1. 钻孔

(1) 泥浆固壁回转（或冲击）钻进。造孔过程中做好充填堵漏，使孔内泥浆保持正常循环，返出孔外，直至终孔。

(2) 跟管钻进。边钻进边跟入套管，直至终孔。钻进时应注意保证钻机垂直，偏斜率不宜大于 1%，对于深度大于 30m 的高喷钻孔，难度较大。例如，小浪底围堰高喷灌浆试验，总计 29 个孔，孔深 32～40m，偏斜率最大 1.12%，最小 0.45%，平均 0.89%，其中大于 1%的 9 个孔，占 31；小于 1%的 20 个孔，占 69%（其中小于 0.5%的 3 个孔）。

2. 下入喷射杆

(1) 泥浆固壁的钻孔，可以将喷射杆直接下入孔内，直到孔底。

(2) 跟管钻进的钻孔有两种情况。第一种，拔管前在套管内注入密度大的塑性泥浆，注满后，起拔套管，边起拔，边注浆，使浆面长期保持与孔口齐平，直至套管全部拔出；而后再将喷射杆下入孔内直至孔底。第二种，先在套管内下入管壁有窄缝的 PVC 塑料管，直至套管底部，起护壁作用，而后将套管全部拔出，再将喷射杆下入到塑料管底部。

3. 高喷施工

施工中所用技术参数因使用主喷的方法不同而异，所用的灌浆压力不同，提升速度也有差异。在同类地层中，双管法超高压灌浆的提升速度比三管法快。对各类地层而言，若使用同一种施工方法，则水压、浆压、气压的变化不大，唯有提升速度变化比较大，是影响高喷质量的主要因素。一般情况下，确定提升速度应注意下列几个问题：

（1）因地层而异，在砂层中提升速度可稍快，砂卵（砾）石层中应放慢些，含有大粒径（40cm 以上）块石或块石比较集中的地层应更慢。

（2）因分序而异，先序孔提升速度可稍慢，后序孔相对来讲可略快。

（3）高喷施工中发现孔内返浆量减少时宜放慢提升速度。

2.4.4　高压喷射灌浆质量检查

2.4.4.1　钻孔检查

当高喷凝结体具有必要强度后再进行钻孔检查。

（1）钻取岩芯，观察浆液注入和胶结情况，测试岩芯密度、抗压和抗折强度、弹性模量等物理力学性能以及渗透系数、渗压比降等防渗性能。

（2）在钻孔内进行注水或压水试验，实测高喷凝结体的渗透系数。

（3）利用钻孔，对高喷凝结体进行贯入试验，测试高喷凝结体的密实程度。

2.4.4.2　对围井进行质量检查

在高喷防渗板墙一侧加喷几个孔，与原板墙形成三角形或四边形围井，底部用高喷或其他方法封闭，还可测高喷孔的偏斜率。

（1）在井中心钻孔，进行注水或压水试验。

（2）在井内进行开挖，直观高喷防渗板墙构筑情况，查看井壁有无较为集中的渗流，还可测试高喷孔的偏斜率。

（3）开挖后，在井内做注水或抽水试验，测试高喷防渗板墙体的渗透系数。

2.4.4.3　整体效果检查

作为坝基防渗墙体，可在其上、下游钻孔进行水位观测，或从下游孔中抽水，观测水位恢复情况。通过高喷前后的水位变化，分析防渗效果。

作为围堰防渗墙体，待基抗开挖后，测试基坑排水量，这是最直接检验防渗质量的方法，以此为依据对高喷防渗墙质量作出整体评价。

2.4.4.4　其他检查方法

必要时还可以利用各种物探手段进行检测。

2.4.4.5　计算渗透系数

（1）根据达西公式计算。围井井内开挖后，在井内做注水（或抽水）试验时经常采用计算公式为

$$k=QB/AH \tag{2.7}$$

式中　k——渗透系数，m/d；

Q——单位时间内注入的水量，m^3/d；

A——围井侧面积，m^2；

B——估计高喷板墙的厚度，m；

H——试验水头，m。

(2) 在钻孔内进行注（压）水试验时，可根据试验实际条件，选用相应的渗透系统计算。

任务2.5 桩基工程施工

请思考：

1. 什么是钻孔灌注桩，桩基础有哪些类型？有什么特点？
2. 什么是岩石桩？有何特点？
3. 桩基工程的施工工序如何？造孔工序如何？如何清孔？
4. 灌注桩正式施工前是否做试验桩？
5. 如何制作钢筋笼？钢筋笼安装过程中需注意哪些问题？
6. 桩基工程如何进行质量控制？

当地基浅层土质不良，采用浅基础不能满足建筑物对地基强度、变形和稳定性的要求时，往往需要采用深基础。桩基础就是一种常用的深基础。桩基础的作用是将承台以上的结构物传来的外力，通过承台，由桩传到较深的地基持力层中。各桩所承受的荷载由桩通过桩侧土的摩擦力与桩端岩土的抵抗力传递到岩土中。

为满足各类建筑物的要求，适应地基的特点，工程实践中逐渐发展形成各种类型的桩基础，如钻孔灌注桩、钢筋混凝土预制桩、振冲碎石桩、振动沉管桩、人工挖孔灌注桩等，并具有各自的特点。

2.5.1 钻孔灌注桩

钻孔灌注桩是用钻（冲或抓）孔机械在岩土中先钻成桩孔，然后在孔内放入钢筋笼，再灌注桩身混凝土而形成的深基础。其特点是施工设备简单、操作方便、适应性强、承载力高、节省钢木、造价低廉，适用于各种砂性土、黏性土、碎石、卵砾石类土层和基岩层。施工前应先做试验，以取得施工经验和相关技术参数。我国已施工的灌注桩，入土深度数米到百米，已积累了丰富的施工经验。

2.5.1.1 钻孔灌注桩类型

钻孔灌注桩按其支承岩土的种类和荷载抵抗力的主要分量进行分类，主要有均质土中的摩擦桩、端承于硬土的硬土桩和端承于岩石的岩石桩三种（图2.30）。

均质土中的摩擦桩，其承载由摩擦阻力和端承阻力两部分组成。一般具有较低到中等的承载力。均质土中的摩擦桩有时常带有扩大的底部，以增加承载力的端承分量。

支承于硬的土层和岩石上的钻孔桩绝大多数作为端承构件使用，此时在软土中沿钻孔桩长度的摩阻力一般忽略不计，端承桩外部荷载由底部阻力支承。这种桩常用扩大底部，形成扩底桩，以增加基础的承载力。钻孔桩也可锚进持力层，承载力是锚座周围的抗剪阻力和端承阻力之和。

2.5.1.2 工程施工准备

1. 灌注桩施工应具备的资料

(1) 建筑物场地工程地质资料和必要的水文地质资料。

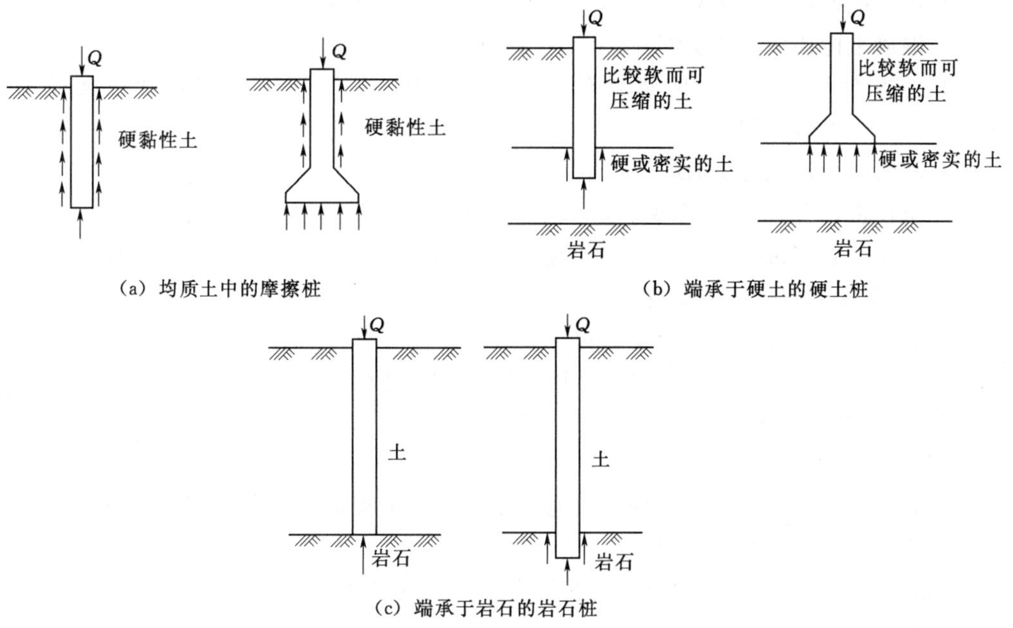

图 2.30　钻孔桩的主要类型

(2) 桩基础施工图与图纸会审纪要。

(3) 建筑场地和邻近区域内的地下管线（管道、电缆）、地下构筑物、危房、精密仪器车间等调查资料。

(4) 主要机械设备的技术性能资料。

(5) 桩基工程的施工组织设计或施工方案

(6) 水泥、砂、石、钢筋等原材料及其制品的质检报告。

(7) 有关荷载、施工工艺的试验参考资料。

2. 施工组织设计

施工组织设计应结合工程特点，有针对性地制定质量管理措施，主要包括下列内容：

(1) 施工平面图。标明桩位、编号、施工顺序、水电线路和临时设施的位置；采用泥浆护壁成孔时，应标明泥浆制备设备及其循环系统、钢筋笼加工系统、混凝土拌和系统。

(2) 确定成孔机械、设备与合理施工工艺的有关资料，泥浆护壁灌注桩必须有泥浆处理措施。

(3) 施工作业计划和劳动力组织计算。

(4) 机械设备、备件、工具（包括质量检查工具）、材料供应计划。

(5) 施工时，对安全、劳动保护、防火、防雨、爆破作业、环境保护等应按有关规定执行。

(6) 保证工程质量、安全生产等技术措施。

3. 成桩机械设备与工具

(1) 钻孔机械。有 C2－22 型冲击钻机、CZF－1200 型冲霹反循环钻机、CZ－1000 型冲抓钻机、GJD－1500 型钻机、SPJ－300 型钻机、QZ－150 型钻机、Q2－3 型钻机等。

（2）泥浆搅拌机。有 JW－180 型、2IT13 卧式双轴型等。

（3）混凝土搅拌机。有 JZC－350 型搅拌机。

（4）泥浆泵与砂石泵。泥浆泵有 4PH 型、3PH 型、3PNL 型等，砂石泵有 4PS、6PSA 型、6BS－220 型等。

（5）泥浆净化机。有 JHB－100 型。

（6）空压机。有 VY－9/7 型、ZV－6/8 型等。

（7）汽车式起重机与汽车。汽车式起重机有 QY－8 型、QY－16 型等型号，汽车有 5t 自卸汽车与 1.5t 双排座汽车等。

（8）灌注导管。有螺纹式灌注导管与卡口式灌注导管，后者连接速度快，使用方便，劳动强度低，能大大提高灌注效率，是目前较为理想的灌注工具。

2.5.1.3　钻孔灌注桩施工

1. 施工前的准备工作

（1）施工现场。施工前应根据施工地点的水文、工程地质条件及机具、设备、动力、材料、运输等情况，布置施工现场。

1）场地为旱地时，应平整场地、清除杂物、换除软土、夯打密实。钻机底座应布置在坚实的填土上。

2）场地为陡坡时，可用木排架或枕木搭设工作平台。平台应牢固可靠，保证施工顺利进行。

3）浅水场地，可采用筑岛法，岛顶平面应高出水面 1～2m。

4）深水场地，根据水深、流速、水位涨落、水底地层等情况，采用固定式平台或浮动式钻探船。

（2）灌注桩的试验（试桩）。灌注桩正式施工前，应先打试桩，内容包括荷载试验和工艺试验。

1）试验目的。选择合理的施工方法、施工工艺和机具设备；验证明桩的设计参数，如桩径和桩长等；鉴定或确定桩的承载能力和成桩质量能否满足设计要求。

2）试桩施工方法。试桩所用的设备与方法，应与实际成孔成桩所用者相同；一般可用基桩做试验或选择有代表性的地层或预计钻进困难的地层进行成孔、成桩等工序的试验，着重查明地质情况，判定成孔、成桩工艺方法是否适宜。试桩的材料与截面、长度必须与设计相同。

3）试桩数目。工艺性试桩的数目根据施工具体情况决定；力学性试桩的数目，一般不少于实际基桩总数的 3%，且不少于 2 根。

4）荷载试验。灌注桩的荷载试验，一般应作垂直静载试验和水平静载试验：

a. 垂直静载试验的目的是测定桩的垂直极限承载力，测定各土层的桩侧及摩擦阻力和桩底反力，并查明桩的沉降情况。试验加载装置一般采用油压千斤顶，千斤顶的加载反力装置可根据现场实际条件而定，一般均采用锚桩横梁反力装置。加载与沉降的测量与试验资料整理，可参照有关规定。

b. 水平静载试验的目的，是确定桩在容许水平荷载作用下的桩头变位（水平位移和转角），一般只有在设计要求时才进行。加载方式、方法、设备、试验资料的观测、记录整理等，参照有关规定。

（3）测量放样。根据建设单位提供的测量基线和水准点，由专业测量人员制作施工平面控制网。采用极坐标法对每根桩孔进行放样。为保证放样准确无误，对每根桩必须进行3次定位，即第一次定位挖、埋设护筒，第二次校正护筒，第三次在护筒上用十字交叉法定出桩位。

（4）埋设护筒。埋设护筒应准确稳定。护筒内径一般应比钻头直径稍大；用冲击或冲抓方法时，约大20cm，用回转法则约大10cm。护筒一般有木质、钢质与钢筋混凝土三种材质。护筒周围用黏土回填并夯实。当地基回填土松散、孔口易坍塌时，应扩大护筒坑的挖埋直径或在护筒周围填砂浆混凝土。护筒埋设深度一般为1～15m；对于坍塌较深的桩孔，应增加护筒埋设深度。

（5）制备泥浆。制浆用黏土的质量要求、泥浆搅拌和泥浆性能指标等，均应符合有关规定。泥浆主要性能指标：比重1.1～1.15，黏度10～25s，含砂率小于6%，胶体率大于95%，失水量小于30mL/min，pH值7～9。

泥浆的循环系统主要包括制浆池、泥浆池、沉淀池和循环槽等。开动钻机较多时，一般采用集中制浆与供浆，用抽浆泵通过主浆管和软管向各孔桩供浆。

泥浆的排浆系统由主排浆沟、支排浆沟和泥浆沉淀池组成。沉淀池内的泥浆采用泥浆净化机净化后，由泥浆泵抽回泥浆池，以便再次利用。废弃的泥浆和渣应按环境保护的有关规定进行处理。

2. 造孔

（1）造孔方法。钻孔灌注桩造孔常用的方法有冲击钻进法、冲抓钻进法、冲击反循环钻进法、泵吸反循环钻进法、正循环回转钻进法等，可根据具体的情况进行选用。

（2）造孔。施工平台应铺设枕木和台板，安装钻机应保持稳固、周正、水平。开钻前提钻具，校正孔位。造孔时，钻具对准测放的中心开孔钻进。施工中应经常检测孔径、孔形和孔斜，严格控制钻孔质量。出渣时，及时补给泥浆，保证钻孔内浆液面的泥浆稳定，防止塌孔。

根据地质勘探资料、钻进速度、钻具磨损程度及抽筒排出的钻渣等情况，判断换层孔深。如钻孔进入基岩，立即用样管取样。经现场地质人员鉴定，确定终孔深度。终孔验收时，桩位孔口偏差不得大于5cm，桩身垂直度偏斜应小于1%。当上述指标达到规定要求时，才能进入下道工序施工。

（3）清孔。

1）清孔的目的。清孔的目的是抽、换孔内泥浆，清除孔内钻渣，尽量减少孔底沉淀层厚度，防止桩底存留过厚沉淀砂土而降低桩的承载力，确保灌注混凝土的质量。

终孔检查后，应立即清孔。清孔时应不断置换泥浆，直至灌注水下混凝土。

2）清孔的质量要求。清孔的质量要求是应清除孔底所有的沉淀砂土。当技术上确有困难时，允许残留少量不成浆状的松土，其数量应按合同文件的规定。清孔后、灌注混凝土前，孔底500mm以内的泥浆性能指标：含砂率为8%。比重应小于1.25，漏斗黏度不大于28s。

3）清孔方法。根据设计要求、钻进方法、钻具和土质条件决定清孔方法。常用的清孔方法有正循环清孔、泵吸反循环清孔、空压机清孔和掏渣清孔等。

a. 正循环清孔。适用于淤泥层、砂土层和基岩施工的桩孔，孔径一般小于800mm。其方注是在终孔后，将钻头提离孔底10～20cm空转，并保持泥浆正常循环。输入比重为1.10～1.25的较纯的新泥浆循环，把钻孔内悬浮钻渣较多的泥浆换出。根据孔内情况，清孔时间一般为4～6h。

b. 泵吸反循环清孔。适用于孔径600～500mm及更大的桩孔。清孔时，在终孔后停止回转，将钻具提离孔底10～15cm，反循环持续到满足清孔要求为止。清孔时间一般为8～15min。

c. 空压机清孔。其原理与空压机抽水洗井的原理相同，适用于各种孔径、深度大于10m各种钻进方法的桩孔。一般是在钢筋笼下入孔内后，将安有进气管的导管吊入孔中。导管下入深度距沉渣面30～40cm。由于桩孔不深，混合器可以下到接近孔底，以增加沉没深度。清孔开始时，应向孔内补水。清孔停止时，应先关风后断水，防止水头损失而造成塌孔。送风量由小到大，风压一般为0.5～0.7MPa。

d. 掏渣清孔。干钻施工的桩孔，不得用循环液清除孔内虚土，应采用掏渣或加碎石夯实的办法。

3. 钢筋笼制作与安装

(1) 一般要求：

1) 钢筋的种类、钢号、直径应符合设计要求。钢筋的材质应进行物理力学性能或化学成分的分析试验。

2) 制作前应除锈、调直（螺旋筋除外）。主筋应尽量用整根钢筋。焊接的钢材应做可焊性和焊接质量的试验。

3) 当钢筋笼全长超过10m时，宜分段制作。分段后的主筋接头应互相错开，同一截面内的接头数目不多于主筋总根数的50%，两个接头的间距应大于50cm。接头可采用搭接、帮条或坡口焊接。加强筋与主筋间采用点焊连接，箍筋与主筋间采用绑扎方法。

(2) 钢筋笼的制作。制作钢筋笼的设备与工具有电焊机、钢筋切割机、钢筋圈制作台和钢筋笼成型支架等，制作程序如下：

1) 根据设计，确定箍筋用料长度。将钢筋成批切割好备用。

2) 钢筋笼主筋保护层厚度一般为6～8cm。绑扎或焊接钢筋混凝土预制块，焊接环筋。环的直径不小于10mm，焊在主筋外侧。

3) 制作好的钢筋笼应在平整的地面上放置，防止变形。

4) 按图纸尺寸和焊接质量要求检查钢筋笼（内径应比导管接头外径大100mm以上）。不合格者不得使用。

(3) 钢筋笼的安装。钢筋笼安装用大型吊车起吊，对准桩孔中心放入孔内。如桩孔较深，钢筋笼应分段加工，在孔口处进行对接。采用单面焊缝焊接，焊缝应饱满，不得咬边夹渣。焊缝长度不小于$10d$。为了保证钢筋笼的垂直度，钢筋笼在孔口按桩位中心定位，使其悬吊在孔内。

下放钢筋笼应防止碰撞孔壁。如下放受阻，应查明原因，不得强行下插。一般采用正反旋转，缓慢逐步下放。安装完毕后，经有关人员对钢筋笼的位置、垂直度、焊缝质量、箍筋点焊质量等全面进行检查验收，合格后才能下导管灌注混凝土。

2.5.1.4 混凝土的配制与灌注

1. 一般规定

（1）桩身混凝土按条件养护28d后应达到下列要求：①抗压强度达到相应标号的标准强度；②凝结密实，胶结良好，不得有蜂窝、空洞、裂缝、稀释、夹层和夹泥渣等不良现象；③水泥砂浆与钢筋黏结良好，不得有脱黏露筋现象；④有特殊要求的混凝土或钢筋混凝土的其他性能指标应达到设计要求。

（2）配制混凝土所用材料和配合比除应符合设计规定外，还应满足下列要求：

1）水泥除应符合国家标准外，其按标准方法规定的初凝时间不宜小于3～4h。

2）桩身混凝土容重一般为2300～2400kg/m^3、水泥强度等级不低于42.5、水泥用量不得少于360kg/m^3。

3）混凝土坍落度一般为18～22cm。

4）粗骨料可选用卵石或碎石，最大粒径应小于40mm，并不得大于导管直径的1/6～1/8和钢筋较小净距的1/3，一般用5～40mm为宜。细骨料宜采用质地坚硬的天然中、粗砂。

5）为使混凝土有较好的和易性，混凝土含砂率宜采用40%～45%，并宜选用中、粗砂，水灰比应小于0.5。

6）混凝土拌和用水，与水泥起化学作用的水达到水泥质量的15%～20%即可，多余的水只起润滑作用，即搅成混凝土具有和易性。混凝土灌注完毕后，多余水逐渐蒸发，在混凝土中留下小气孔，气孔越多，强度越低，因此要控制用水量。洁净的天然水和自来水都可使用。

7）添加剂为改善水下混凝土的工艺性能，加速施工进度和节约水泥，可在混凝土中掺入添加剂，其种类、加入量按设计要求确定。

2. 水下混凝土灌注

灌注混凝土要严格按照GBJ 202—83《地基与基础工程施工及验收规范》中有关规定进行施工。混凝土灌注分干孔灌注和水下灌注，一般均采用导管灌注法。

混凝土灌注是钻孔灌注桩的重要工序，应予特别注意。钻孔应经过质量检验合格后，才能进行灌注工作。

（1）灌注导管。灌注导管用钢管制作，导管壁厚不宜小于3mm，直径宜为200～300mm。每节导管长度，导管下部第一根为4000～6000mm，导管中部为1000～2000mm，导管上部为300～500mm；密封形式采用橡胶圈或橡胶皮垫；适用桩径为600～1500mm。

（2）导管顶部应安装漏斗和储料斗。漏斗安装高度应适应操作的需要，在灌注到最后阶段时，能满足对导管内混凝土柱高度的需要，以保证上部桩身的灌注质量。漏斗与储料斗应有足够的容量来储存混凝土，以保证首批灌入的混凝土量能达到1～1.2m的埋管高度。

（3）灌注顺序。灌注前，应再次测定孔底沉渣厚度。如厚度超过规定，应再次进行清孔。放下导管时，导管底部与孔底的距离以能放出隔水器和混凝土为原则，一般为30～

50cm。桩径小于 600mm 时，可适当加大导管底部至孔底距离。

灌注时还应注意以下方面：

1）首批混凝土连续不断地灌注后，应有专人测量孔内混凝土面度度，并计算导管埋置深度，一般控制在 2～6m，不得小于 1m 或大于 6m。严禁导管提出混凝土面。及时填写水下混凝土灌注记录。如发现导管内大量进水，应立即停止灌注，查明原因，处理后再灌注。

2）水下灌注必须连续进行，严禁中途停灌。灌注中，应注意观察管内混凝土下降和孔内水位变化情况，及时测量管内混凝土面上升高度和分段计算充盈系数（充盈系数应在 1.1～1.2 之间），不得小于 1。

3）导管提升时，不得挂住钢筋笼，可设置防护三角形加筋板或设置锥形法兰护罩。

4）灌注将结束时，由于导管内混凝土柱高度减小，超压力降低，而导管外的泥浆及所含渣土稠度增加，比重增大。出现混凝土顶升困难时，可以小于 300mm 的幅度上下串动导管，但不得横向摆动，以确保灌注顺利进行。

5）终灌时，考虑到泥浆层的影响，实灌桩顶混凝土面应高于设计桩顶 0.5m 以上。

6）施工过程中，要协调混凝土配制、运输和灌注各个工序的合理配合，保证灌注连续作业和灌注质量。

2.5.1.5 灌注桩质量控制

混凝土灌注桩是一种深入地下的隐蔽工程，其质量不能直接进行外观检查。如果在上部工程完成后发现桩的质量问题再要采取必要的补救措施是非常困难的。所以在施工的全过程中，必须采取有效的质量控制措施，以确保灌注桩质量完全满足设计要求。灌注桩质量包括桩位、桩径、桩斜、桩长、桩底沉渣厚度、桩顶浮渣厚度、桩的结构、混凝土强度、钢筋笼，以及有否断桩夹泥、蜂窝、空洞、裂缝等缺陷。

1. 桩位控制

施工现场泥泞较多，桩位定好后，无法长期保存，护筒埋设以后尚需校对。为确保桩位质量，可采取精密测量方法，即用经纬仪定向、钢皮尺测距的办法定位。护筒埋设时，再次进行复测。采用焊制的坐标架校正护筒中心，同桩位中心保持一致。

2. 桩斜控制

埋设护筒采用护筒内径上下两端十字交叉法定心，通过两中心点，能确保护筒垂直。钻机就位后，钻杆中心悬垂线通过护筒上下两中心点，开孔定位即能确保准确、垂直。回转钻进时要匀速给进；当土层变硬时应轻压、慢给进、高转速，钻具跳动时应轻压、低转速；必要时采用加重块配合减压钻进；遇较大块石可用冲抓锥处理，冲抓时提吊钢绳不能过度放松。及时测定孔斜，保证孔斜率小于 1%。发现孔斜偏大立即采取纠斜措施。

3. 桩径控制

根据土质情况合理选择钻头直径，这对桩径控制有重要作用。在黏性土层中钻进，钻孔直径应比钻头直径大 5cm 左右。随着土层中含砂量的增加，孔径可比钻头直径大 10cm。在砂层、砂卵石等松散地层中，为防止坍塌掉块而造成超径现象，应合理使用泥浆。

4. 桩长控制

施工中对护筒口高程与各项设计高程要换算正确。土层中钻进，锥形钻头的起始点要准确无误，根据不同土质情况进行调整。机具长度丈量要准确。冲击钻进或冲击反循环钻进要正确丈量钢绳长度，并考虑负重后的伸长值，发现错误及时更正。

5. 桩底沉渣控制

土层、砂层或砂卵石层钻进，一般用泥浆换浆方法清孔。应合理选择泥浆性能指标，换浆时，返出钻孔的泥浆比重应小于1.25，才能保持孔底清洁无沉渣。清孔确有困难时，孔底残留沉渣厚度应按合同文件规定执行，防止沉渣过多而影响桩长和灌注混凝土质量。

6. 桩顶控制

灌注的混凝土，通过导管从钻孔底部排出，把孔底的沉渣冲起并填补其空间，随着灌注的继续，混凝土柱不断升高，由于沉渣比混凝土轻，始终浮在最上面，形成桩顶浮渣。浮渣的密实性较差，与混凝土有明显区别。当混凝土灌注至最后一斗时，应准确探明浮渣厚度。计算调整末斗混凝土容量。灌注完以后再复查桩顶高度，达到设计要求时将导管拆除，否则应补料。

7. 混凝土强度控制

根据设计配合比，进行混凝土试配和快速保养检测。对混凝土配合比设计进行必要的调整。严格按规范把好水泥、砂、石的质量关，有质量保证书的也要进行核对。

灌注过程中，经常观察分析混凝土配合比，及时测试坍落度。为节约水泥可加入适量的添加剂，减少加水量，提高混凝土强度。

严格按规定制作试块，应在拌和机出料口取样，保证取样质量。

8. 桩身结构控制

制作钢筋笼不能超过规范允许的误差，包括主筋的搭接方式和长度。定型块是控制保护层厚度的主要措施，不能省略。钢筋笼的全部数据都应按隐蔽工程进行验收、记录。钢筋笼底应制成锥形，底面用环筋封端，以便顺利下放。起吊部位可增焊环筋，提高强度。起吊钢绳应放长，以减少两绳夹角，防止钢盘笼起吊进变形。确保导管密封良好，灌注中，串动导管时提高不能过多，防止夹泥、断桩等质量事故发生，如发生这些事故，应将导管全部提出，处理好以后再下入孔内。

9. 原材料控制

(1) 对每批进场的钢筋应严格检查其材质证明文件，抽样复核钢筋的机械性能，各项性能指标均符合设计要求才能使用。

(2) 认真检查每批进场水泥的强度等级、出厂日期和出厂实验报告。使用前，对出厂水泥、砂、石的性能进行复核，并作水下混凝土试验。严禁使用不合格或过期硬化水泥。

2.5.1.6　工程质量检查验收

工程施工结束后，应按GBJ 202—83《地基与基础工程施工及验收规范》有关规定，对桩基工程验收应提交的图纸、资料进行绘制、整理、汇总及施工质量的自检评价工作。同时会同建设、设计和监理单位，根据现场施工情况、施工记录与混凝土试块抗压强度报告表，选定适量的单桩若干根，委托建筑工程质量检测中心进行单桩垂直静载试验和桩基动测试验，评价桩的承载力和混凝土强度是否满足设计要求。

2.5.2 钢筋混凝土预制桩

2.5.2.1 钢筋混凝土预制桩的类型

钢筋混凝土桩坚固耐久，不受地下水和潮湿变化的影响，可做成各种需要的断面和长度，而且能承受较大的荷载，在工程中应用较广。预制钢筋混凝土桩分实心桩和管桩两种。为了便于预制，实心桩大多做成方形断面。断面一般为200mm×200mm至550mm×550mm（图2.31）。单根桩的最大长度，根据打桩架的高度而定，目前一般在27m以内，必要时可做到31m。一般情况下，如需打设30m以上的桩，则将桩预制成几段，在打桩过程中逐段接桩予以接长。管桩系在工厂内采用离心法制成，它与实心桩相比，可大大减轻桩的自重，目前工厂生产的管桩有ϕ400mm、ϕ550mm（外径）等数种。

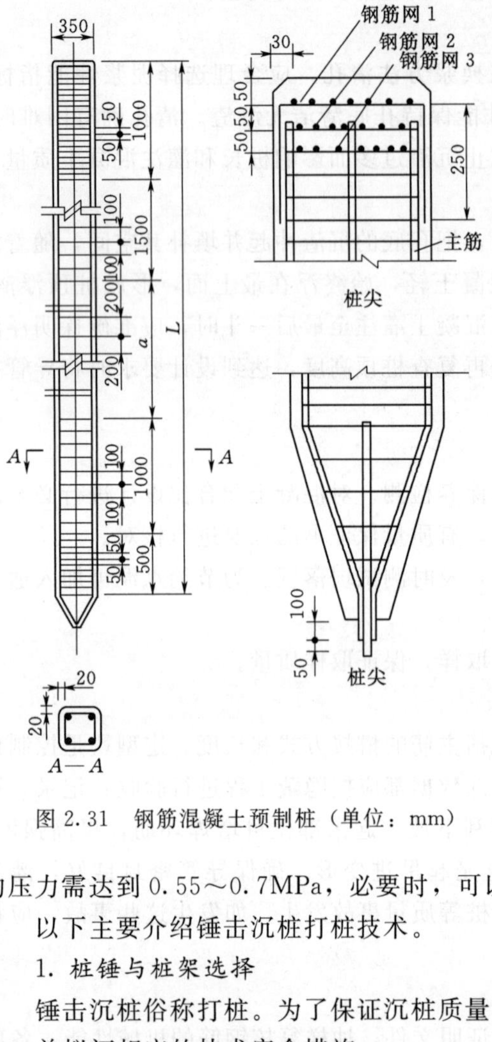

图2.31 钢筋混凝土预制桩（单位：mm）

2.5.2.2 钢筋混凝土预制桩的施工

钢筋混凝土预制桩施工，包括预制、起吊、运输、堆放、沉桩等过程。对于这些不同的过程，应该根据工艺条件、土质情况、荷载特点予以综合考虑、以便拟出合适的施工方案和技术措施。

钢筋混凝土预制桩沉桩方式可分为锤击沉桩、振动沉桩、静力压桩和射水沉桩等数种。其中，射水沉桩仅适用于砂土层中，水的压力需达到0.55～0.7MPa，必要时，可以用压缩空气代替压力水。

以下主要介绍锤击沉桩打桩技术。

1. 桩锤与桩架选择

锤击沉桩俗称打桩。为了保证沉桩质量，需要合理地选择打桩机具，做好现场准备工作，并拟订相应的技术安全措施。

打桩机具主要包括桩锤、桩架和动力装置三部分。桩锤是对桩施加冲击，把桩打入土中的主要机具。桩架的作用是将桩提升就位，并在打桩过程中引导桩的方向，以保证桩锤能沿所要求的方向冲击。动力装置包括驱动桩锤及卷扬机用的动力设备（锅炉、空气压缩机等）和管道、滑轮组和卷扬机等。

（1）桩锤选择。桩锤种类很多，有落锤、单动蒸汽锤、双动蒸汽锤、柴油打桩锤和振动锤等。

1）落锤构造简单，使用方便，能随意调整其落锤高度，适合在黏土和含砾石较多的土中打桩，但打桩速度较慢。落锤质量一般为0.5～1.5t。

2）单动蒸汽锤的冲击力较大，打桩速度较落锤快，一般适用于打木桩及钢筋混凝土桩。单动蒸汽锤重有 3t、7t、10t、15t 等数种。

3）双动蒸汽锤工作效率高，一般打桩工程都可使用，并能用于打钢板及水下打桩。双动蒸汽锤的锤质量一般为 0.62～3.5t。

4）柴油打桩锤设备轻便，打桩迅速，多用于打钢筋混凝土桩。这种桩锤不适合于松软土中打桩，因为当土很松软时，对于桩的下沉没有多大阻力，以致汽缸向上顶起的距离（与桩下沉中所受阻力的大小成正比）很小，当气缸再次降落时，不能保证将燃料室中的气体压缩到发火的程度，柴油打桩锤则将停止工作。柴油打桩锤分杆式和筒式两种：杆式柴油打桩锤有 0.6t、1.2t、1.8t、2.5t、3.5t 数种；筒式柴油打桩锤近年来采用较多，其规格有 1.8t、2.5t、4.0t、6.0t。

5）振动桩锤在砂土中打桩最有效，并适合打设钢筋混凝土管桩。振动沉桩的原理是借助于振动桩锤所产生的激振力，使得桩与土颗粒间的摩阻力大大减少，桩在自重与机械力的作用下逐渐沉入土中。

根据现场情况及机具设备条件选定桩锤类型之后，即可进一步确定桩锤质量的大小。桩锤过大，会过多地耗费能量，造成浪费；桩锤过小，又可能打不下桩，给施工带来困难。因此，选择大小恰当的桩锤，是顺利完成打桩任务的一个重要问题。有些施工单位根据桩的长度来选择桩锤质量。例如对于单动蒸气锤，当桩长不大于 20m 时，锤质量不大于 5t；桩长为 20～30m 时，锤质量用 7t；桩长大于 30m，锤质量用 10t 或 15t。对于柴油打桩锤，桩长在 6m 左右时，用 0.6t 桩锤；桩长为 12m 左右时，用 1.2t 桩锤；如桩更长，则选用质量更大的柴油打桩锤。

（2）桩架选择。桩架的主要作用是在沉桩过程中保持桩的正确位置。桩架的主要部分是导杆。导杆由槽形、箱形、管形截面的刚性构件组成。多功能桩架的导杆可以前后倾斜，其底架可作 360°回转，一般落锤或蒸气锤桩架的移动是利用钢丝绳带动行驶中的钢管来实现的。

2. 打桩顺序

打桩顺序是否合理，直接影响打桩进度和施工质量。图 2.32 是两种不合理的顺序。这样打桩，桩体附近的土朝着一个方向挤压，于是有可能使最后要打入的桩难以打入土中，或者桩的入土深度逐渐减少。这样建成的桩基础，会引起建筑物产生不均匀的沉降，应予避免。

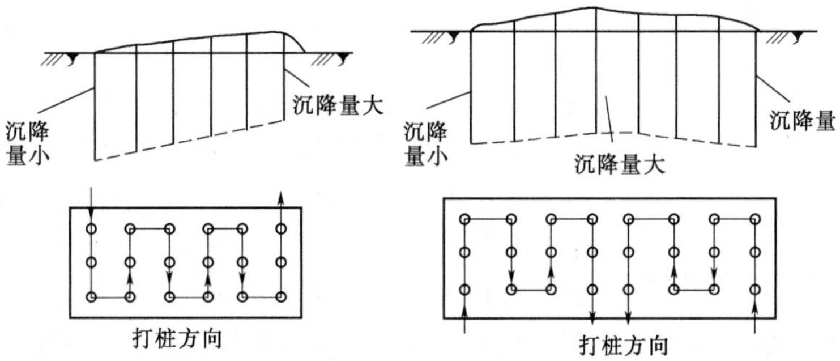

(a) 逐排单向打设　　(b) 分段迎面打设

图 2.32　不合理的打桩顺序

根据上述原因，当相邻桩的中心距小于 4 倍桩的直径时，应拟定合理的打桩顺序，例如可采用逐排打设，自中部向边沿打设，或分段打设等（图 2.33）。

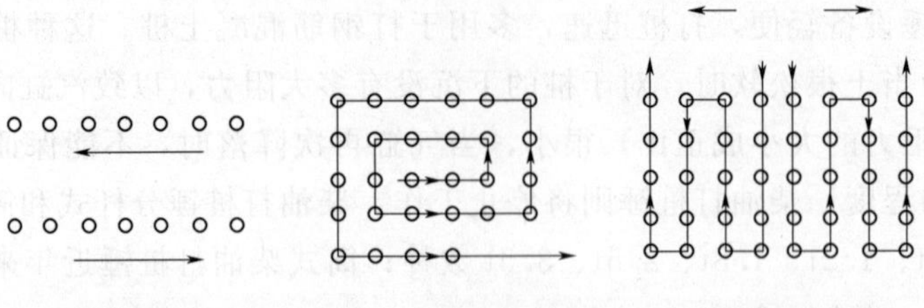

图 2.33　几种合理的打桩顺序

实际施工中，由于移动打桩架的工作繁重，因此，除了考虑上述的因素外，有时还考虑打桩架移动方便与否来确定打桩顺序。

打桩顺序确定后，还需要考虑打桩机是往后“退打”还是往前“顶打”，因为这关系到桩的布置和运输问题。

当打桩地面标高接近桩顶设计标高时，打桩后，实际上每根桩的顶端还会高出地面，这是由于桩尖持力层的标高不可能完全一致，而预制桩又不可能设计成各不相同的长度，因此桩顶高出地面往往是难免的。在这种情况下，打桩机只能采取往后退打的方法。此时，桩不能事先都布置在地面上，只有随打随运。

当打桩后，桩顶的实际标高在地面以下时（摩擦桩一般是这样，端承桩则需采用送桩打入），打桩机则可以采取往前顶打的方法进行施工。这时，只要现场许可，所有的桩都可以事先布置好，这可以避免场内二次搬运。往前顶打时，由于桩顶都已打入地面，所以地面会留有桩孔，移动打桩机和行车时应注意铺平。

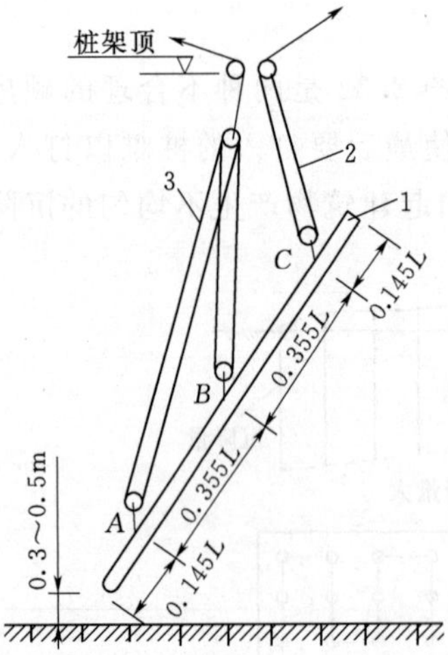

图 2.34　桩的提升示意图

1—桩；2—右滑轮组；3—左滑轮组；L—桩长

3. 桩的提升就位

桩运至桩架下以后，利用桩架上的滑轮组进行提升就位（又称插桩）。首先绑好吊索，将桩水平地提升到一定高度（为桩长的一半加 0.3～0.5m）；然后提升其中的一组滑轮组使桩尖渐渐下降，从而桩身旋转至垂直于地面的位置，此时，桩尖离地面 0.3～0.5m。图 2.34 是三吊点的桩的提升情况，左（面对桩架正面而言）滑轮组连接吊点 A 和 B，右滑轮组连接吊点 C。

桩提升到垂直状态后，即可送入桩架的龙门导杆内，然后把桩准确地安放在桩位上，随即将桩和导杆相联结，以保证打桩时不发生移动和倾斜。在桩顶垫上硬木（通称“替打木”）或粗草纸，安上桩帽后，即可将桩锤缓缓落到桩顶上面，注意不要撞击。在桩的自重和锤重作用下，桩向土中沉入一定深度而达到稳定的位置。这时，再校正一次桩垂直度，即可进行打桩。

4. 打桩

用锤打桩，桩锤动量所转换的功，除去各种损耗外，如还足以克服桩身与土的摩阻力和桩尖阻力时，桩即沉入土中。

打桩时，可以采取两种方式；一为“轻锤高击”，一为“重锤低击”，如图2.35所示。设 $Q_2=2Q_1$，而 $H_2=0.5H_1$，这两种方式即使所做的功相同（$Q_1H_1=Q_2H_2$），但所得到的效果是不同的。这可粗略地以撞击原理来说明这种现象。轻锤高击，所得到的动量较小，而桩锤对桩头的冲击大，因而回弹大，桩头也易损坏。重锤低击，所得的动量较大，而桩锤对桩头的冲击小，因而回弹也小，桩头不易损坏，大部分能量都可以用来克服桩身与土的摩阻力和桩尖阻力，因此桩能较快地打入土中。此外，由于重锤低击的落距小，因而可提高锤击频率。桩锤的频率高，对于较密实的土（砂或黏土），桩能较容易地穿过；但不适用于含有砾石的杂填土。所以，打桩宜用重锤低击法。桩锤的落距，根据实践经验，一般情况下单动汽锤以0.6m左右为宜，柴油打桩锤以不超过1.5m为宜，落锤以不超过1.0m为宜。

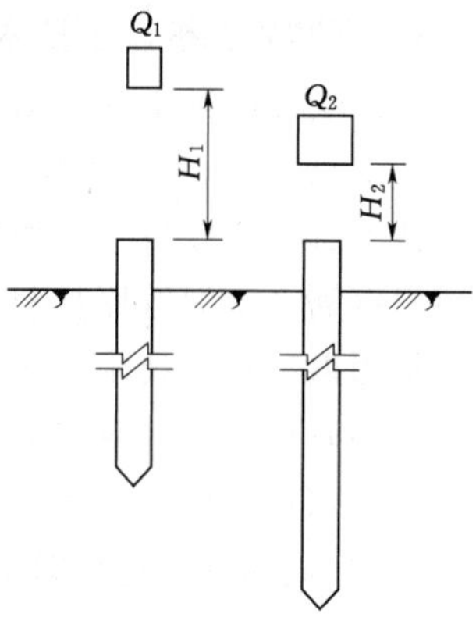

(a) 轻锤高击　(b) 重锤低击

图2.35　两种打桩方式示意图

5. 打桩质量要求

打桩质量包括两个方面的内容：一是能否满足贯入度或标高的设计要求：一是打入后的偏差是否在允许范围以内。打桩的控制原则是：

(1) 桩尖位于坚硬、硬塑的黏性土、碎石土、中密以上的砂土或风化岩等土层时，以贯入度控制为主，桩尖进入持力层的深度或桩尖标高可作参考。

(2) 贯入度已达到，而桩尖标高未达到时，应继续锤击3阵，其每阵10击的平均贯入度不应大于规定的数值。

(3) 桩尖位于其他软土层时，以桩尖设计标高控制为主，贯入度可作参考。

(4) 打桩时，如控制指标已符合要求，而其他的指标与要求相差较大时，应会同有关单位研究处理。

(5) 贯入度应通过试桩确定，或做打桩试验，并与有关单位确定。按标高控制的预制桩，桩顶允许偏差为−50～+100mm。

上述贯入度为最后贯入度，即最后一击时桩的入土深度。实际施工中，一般是采用最后10击桩的平均入土深度作为其最后贯入度。

最后贯入度是打桩质量标准的重要指标，但在实际施工中，也不要孤立地把贯入度作为唯一不变的指标。因为影响贯入度的因素是多方面的，例如，地质情况的变化，有无“送桩”（当桩顶需打入地面以下时，需采用一种一般长2～3m、多用钢材做成的工具式短桩，置于桩顶，承受锤击，这一工具式短桩称为“送桩”，加上送桩后贯入度会显著减少），若用汽锤，蒸汽压力的变化（蒸汽压力要正常，否则贯入是假象）等，都足以使贯入度产生较大的差别。因此，打桩中对于贯入度的异常变化需要具体分析，具体解决。

为了控制桩的垂直偏差（不大于1%）和平面位置偏差（一般不大于100～150mm），桩在提升就位时，必须对准桩位，而且桩身要垂直，插入时的垂直度偏差不得超过0.5%，施打前，桩、帽和桩锤必须在同一垂直线上。施打开始时，先用较小的落距，待桩渐渐入土稳住后，再适当增大落距，正常施打。

2.5.3　振冲碎石桩施工技术

振冲法加固砂土和软黏土地基是目前我国软弱地基处理的重要手段之一。地基振冲加固、技术自1976年引进我国工业及民用建筑地基处理中以来，发展很快，取得明显效果。这种技术具有速度快、质量好、造价低等优点，可以就地取材，广泛运用当地砂石骨料，不使用钢筋、水泥等原材料。多年以来，我国应用和发展振冲技术的领域和范围逐步扩大。利用振冲加固技术处理松散粉砂、中粗砂、淤泥质软弱土、软黏土、粉土及回填土等，都很有成效。其应用范围从建筑领域扩展到水利、水电、冶金、交通等部门，取得明显的经济效益和社会效益。

2.5.3.1　振冲碎石桩加固地基机理

振冲碎石桩是利用振动水冲法施工工艺，在地基中制成很多以石料组成的桩体。桩与原地基土共同构成复合地基，以提高地基承载力。根据所处理的地基土质的不同，可分为振冲挤密法和振冲置换法两种。在砂性土中制桩的过程对桩间土有挤密作用，称为振冲挤密。在黏土中制成的碎石桩主要起置换作用，故称为振冲置换。

1. 振冲挤密加固机理

振冲挤密加固砂性土地基的主要目的是提高地基土承载力、减少变形和增强抗液化性。振孔中填入的大量石料被强大的水平振动力挤入周围土中，这种强制挤密使砂土的相对密度增加，孔隙降低，干土重度与内摩擦角增大，土的物理性能改善，使地基承载力大幅度提高。同时形成桩的碎石具有良好的反滤性，在地基中形成渗透性良好的人工竖向排水减压渠道，可有效地消散和防止超静孔隙水压力的增高，防止砂土产生液化，加快地基的排水固结。振冲挤密法如图2.36所示。

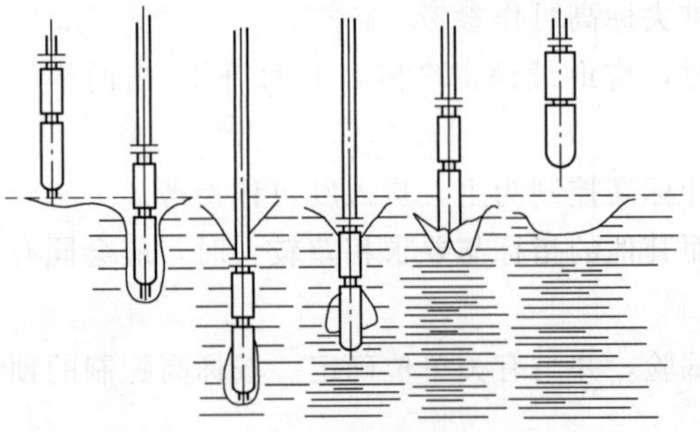

图2.36　振冲挤密法

2. 振冲置换加固机理

黏性土地基，特别是饱和软土，土的黏粒含量多，粒间结合力强，渗透性低。在振动力作用下，土中水不易排走。碎石桩的作用不是使地基挤密，而是置换。施工时通过振冲器借助其自身质量、水平振动力和高压水将黏性土变成泥浆排出孔外，形成略大于振冲器直径的孔；再向孔中灌入碎石料，并在振冲器的侧向力作用下将碎石挤入孔中，形成具有密实度高和直径大的桩体。它与黏性土构成复合地基。所制成的碎石桩是黏土地基中一个良好的排水通道，它能起到排水井的效能，并且大大提高孔隙水的渗透路径，加速软土的排水固结，使地基承载力提高，沉降稳定加快。振冲碎石桩还可提高土体抗剪强度，增大土体的抗滑稳定性。振冲置换法示意见

图 2.37。

2.5.3.2　振冲加固机械设备

（1）振冲器。一般采用 ZCQ－30 型振冲器和 ZCQ－75 塑振冲器。

（2）吊车。常用的有 QY－16t 和 QY－20t 两种。

（3）装载设备。有 ZL20A、ZL30A 等型号。

（4）碎石桩机。采用移动旋转式单臂碎石机，吊臂总长 14m，横断面 35cm×35cm，吊臂倾角可调范围 55°～85°。采用 ZS－J 型卷扬机，单绳牵引能力 20kN，卷扬速度 18m/min。

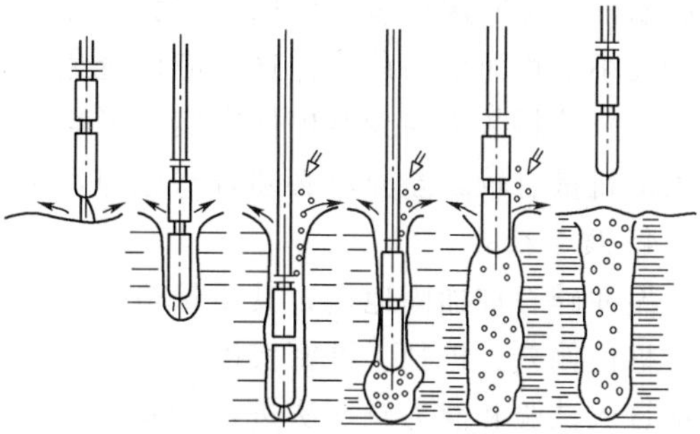

图 2.37　振冲置换法

（5）供水设备。采用多级离心式清水泵。

2.5.3.3　施工方法

1. 施工方案

根据现场实际情况，合理布置施工机具，安排施工工序。利用工程降水井或河流清水供水，集中供电，集中排污，往复式移动作业方案，保证工程顺利进行。

2. 施工步骤

（1）清除障碍物，平整场地，通水通电，合理布置排污槽、集污池、泥浆处理场地。

（2）按设计要求供应石料，要求粒径 20～50mm，最大不超过 80mm。

（3）布置桩位，中心偏差不大于 3cm。

（4）结合试验桩 2～3 根，了解地层情况。通过试验确定主要技术参数，如加密电流、留振时间、加密段长度、填料数量、水压、水量等。

（5）振冲器头尖部对准桩位，中心偏差不大于 5cm。启动水泵和振冲器，调整水压到 0.4～0.7MPa，水量 200～400L/min。将振冲器以 1～2m/min 的速度沉入地基中，并观察振冲器电流变化。

（6）当振冲器到达设计深度后，在孔口填料，用振冲器挤密；当电流达到 50～60A 时，上提振冲器 0.2～0.5m，再加填料振密；如此反复进行，逐段成桩。对每段桩的电流及填料数量、留振时间均要做好记录。

（7）通过排污槽将振冲过程中返出的泥浆排到集污池，再用排污泵将泥浆排到沉淀池。

3. 质量控制措施

（1）造孔技术参数。电流、水压、水量的大小，直接影响成桩孔径的大小。应根据岩质软硬情况不断调整好造孔速度。松散中粗砂层、密实状粗砂和砾石与淤泥质土层造孔速度各不相同。

（2）成桩技术参数。加密电流、水压、水量与留振时间的选定，对成桩质量影响很大。加固淤泥质土层采用大水量、高水压成桩，含泥量少，成桩强度高；在低水压、小水量条件下成桩，孔内泥土与碎石混合，桩质量会大大降低。

（3）加密段长度控制。成桩加密段长度直接影响到碎石桩的质量：加密段过长，容易引起断桩；加密段过短，留振时间长，会扩大桩径。加密速度不均、段长不等将导致成桩孔径大小不均而呈葫芦状，这是应该避免的。

（4）填料数量多少对桩体密实性影响很大。相同岩性的钻孔，每延米填料应该相同。如果填料量有较大差异，必须查清原因，防止产生断桩或坍孔等质量事故。

4. 质量检验

振冲碎石桩加固地基，其质量检验要到完工后一段时间待其稳定后进行，主要检验项目有桩位偏差、桩径、桩密实度、复合地基承载力等。复合地基承载力，采用静载试验或标准贯入试验和静力触探法进行检验。

2.5.4　振动沉管灌注桩

沉管灌注桩与打入式预制桩相比，具能适应地质条件变化、成桩可长可短、工效高、造价低、质量能得到保证等优点；与钻孔灌注桩相比，有施工现场无泥浆污染、效率高、造价低、施工周期短等优点，在建筑业中具有广泛的发展前景。

沉管灌注桩适用于黏性土、粉土、淤泥质土、砂土与填土；在厚度较大、灵敏度较高的淤泥和流塑状态的黏性土等软弱地层中采用时，应制定质量保证措施，并经工艺试验成功后才可正式施工。

实践证明，振动沉管灌注桩在施工过程中，因受地质条件变化、沉桩工艺、技术操作等因素影响，如在某工序中出现漏洞，就会导致不同程度的隐患，尤其是断桩、缩径、夹泥、吊脚等质量问题会严重危及工程结构的安全，应引起高度重视，分析原因，采取有效措施，把质量事故减少到最低限度，努力提高工程质量，

振动沉管工作原理，是将振动器与沉管刚性连接，形成一个振动体系。振动器内有两组对称而又偏心的锤体同步而又反向旋转运动，转动时所产生的离心力与水平分力相互抵消，垂直分力大小相等、方向相同，相互叠加，形成周期性的激振力，形成强迫振动体系，从而使沉管击入地层。

2.5.4.1　施工流程

施工前，应对工程地质条件、设计方案和技术要求进行认真研究，制定有效措施，确保工程质量满足设计要求。

1. 桩头种类的选择

采用桩尖活瓣施工时，会给下钢筋笼带来困难，故应采用预制头代替桩尖活瓣。预制头混凝土标号不大于C30。钢筋布置应视地基土和持力层的强度而定，保障桩头不被打碎，周边不被剪切。

（1）一般预制头直径大于桩管直径，使桩管外径与桩孔之间有一定环状间隙，在沉管和拔管过程中减少摩阻力和桩管上下刮泥等不利因素。

（2）采用预制头有利于地下水和被扰动的土体中孔隙水压力升高，形成超静孔隙水压力沿着桩管外径和桩孔环状面积之间聚集。地下水和孔隙水由于混凝土的灌注而排出地表，灌注质量得以保证。

2. 预制头和桩管的配套选用

一次单打成桩，选用预制头直径（d_2）、桩管外径（d_0）、成柱直径（d_1）的相关式为

$(d_2+d_0)/d_1 \approx d_1$。当一次单打成桩不能满足设计桩径和承载力要求时，可采取复打（即二次单打）成桩，使桩径扩大、桩侧摩阻力增加，从而提高单桩承载力。单打时不宜采用大桩头配小桩管，因为这样会使桩身成形较差，桩侧摩阻力较小。切忌采用摩擦桩。一次复打效果较好，多次复打效果不明显。还应注意地面垂直隆起，对先打的桩会产生竖向拉应力的危害。

3. 打桩试验

施工前应作打桩试验，检验电源、机械设备运行情况、锤头激振力对土层穿透能力、沉桩标高和贯入度控制、工艺流程、技术措施和工效等是否满足施工要求，如发现地质条件与提供的数据不符，应与有关单位及时研究解决，确保施工质量。

2.5.4.2　施工程序

应根据土质情况和荷载要求，分别选用单打法、复打法和反插法。单打法适用于含水量较小的土层，且宜采用预制桩尖；复打法与反插法适用于饱和土层。

1. 桩机就位

桩机就位后应调平底盘、调直立柱，使桩管垂直对正预制头，并使桩管和预制头轴线一致，防止桩身偏斜和桩顶水平位移。施工场地地下水较高时，应在沉管前预灌适量混凝土封底止水，确保灌注质量。

2. 沉管

（1）沉管终孔深度以设计桩底标高或沉管最高贯入度进行分别控制。摩擦桩必须保证设计桩长：当采用沉管法成孔时，桩管入土深度的控制以设计标高为主，以贯入度（或贯入速度）为辅；端承桩采用沉管法成孔时，桩管入土深度的控制以贯入度（或贯入速度）为主，与设计持力层标高相对照为辅。

（2）施工过程中必须保持正常供电（额定电压不小于380V），保证振动锤的激振力，使桩尖顺利沉入硬岩层或持力层。单打法必须严格控制最后30s的电流、电压值。终孔前贯入速度不大于1～2cm/min，并加压抬机1次，即可停机。

（3）较硬地基打桩时，沉管和桩尖贯入难以穿透硬土层，可根据具体情况采取预钻导孔和桩管底部安装取土器分层取土等方法，穿透硬土层后再继续沉管造柱。

（4）在地下水丰富的地层施工，为防止水进入桩管导致混凝土离析，可先灌注混凝土封桩尖，平衡地下水压力，再沉管至桩底标高、灌注混凝土拔管成桩。

（5）在地下水非常丰富的地层，取土后提管时水即充满孔内，混凝土预封桩尖后振动沉管时，水不能及时排入地层，桩尖和桩管像活塞一样下去。可在取土器外焊两根ϕ30mm螺杆，取土后在孔壁上形成两道水槽，沉管便可下沉。

（6）沉管遇到淤泥层，淤泥和水易进入桩管，导致混凝土夹泥事故。可采取沉管到淤泥层顶部停止振动，依靠锤和桩管自身质量沉管到淤泥层底部再振动沉管。

（7）当沉管遇到硬塑地层，不易沉到桩底标高时，可将桩尖提离孔底0.3～0.5m，停振15～20min，该层黏土经地下水浸润后结合力松弛，即能振动沉管到达桩底标高。

（8）在硬黏土夹层或砂层上部，应增大该处桩的横截面积，提高桩的整体端承力。桩底应进行2～3次反插，扩大桩底端承载面积。

（9）在较软地层应采用全孔一次（或两次）复打，在局部较软地层采用局部一次复打或局部两次复打，以提高单桩承载力。

(10) 如持力层较软，贯入度难以达到设计要求，应增加桩长，或向较软的持力层投入碎石和砂，增大其密实度，提高端承力。

(11) 为加快施工进度，应采取钢丝绳加压、加长活瓣桩尖、减小桩尖阻力、采用大的振动锤等措施，提高穿透能力。

(12) 一个工地同时有深桩与浅桩时，应考虑沉管存在挤密和压实效应，应先打深桩、后打浅桩，以加快施工进度。

(13) 选用耐震电机装配的振动锤，符合规格的电缆，坚固的桩机以及中空式振动箱，以减少机械事故，加快下钢筋笼的速度。

3. 安放钢筋笼

待沉管结束后，用钢绳吊起钢筋笼下放到桩管内，按设计标高要求定位，而后灌注混凝土。此时钢筋笼吊装定位，周围有混凝土保护着。此工艺为“压力吊装钢筋笼”，其优点是定位准确、保证护层、减少振动变形和松脱，但因混凝土在初凝前处于流塑状态，临时沉桩时桩间距有限，地基土易扰动，会使钢筋笼在自身重力作用下发生位移，低于设计标高，应采取措施保证定位。

4. 混凝土灌注

(1) 当桩身较短时应一次灌注，使桩管内混凝土柱高度适当高出地面标高，一次灌足到位。当桩身较长时，应多次灌注，每次续灌前应保持桩管内不少于 2m 高度的混凝土，即保持一定的自身重力，保证灌注质量。

(2) 复打法灌注混凝土：

1) 混凝土的充盈系数不得小于 1.0；对于混凝土充盈系数不小于 1.0 的桩，宜全长复打。对可能有断桩和缩径的桩，应采用局部复打。成桩后的桩身混凝土顶面标高应不低于设计标高 500mm。全长复打桩的入土深度宜接近原桩长，局部复打应超过断桩或缩径区 1m 以上。

2) 全长复打桩第一次灌注混凝土应达到自然地面；前后两次沉管的轴线应重合；复打施工必须在第一次灌注的混凝土初凝前完成。

5. 拔管

(1) 单管法施工，桩管内混凝土灌满后，先振动 5～10s 再开始拔管，边振边拔，每拔 0.5～1.0m，停拔振动 5～10s；如此反复，直至桩管全部拔出。在一般土层中，拔管速度宜为 1.2～1.5mm/min，用活瓣桩尖时宜慢，用预制桩尖时可适当加快。在软弱土层中，拔管速度宜控制在 0.6～0.8mm/min。

(2) 反插法施工，桩管内混凝土灌满后，先振动再拔管。每次拔管高度 0.5～1.0m，反插深度 0.3～0.6m。在拔管过程中，应分段添加混凝土，保持管内混凝土面始终不低于地表面或高于地下水位 1.0～1.5m 以上。拔管速度应小于 0.5mm/min；在桩尖处 1.5m 范围内，宜多次反插以扩大桩的端部断面；穿过淤泥夹层时，应放慢拔管速度，减少拔管高度和反插深度。在流动性淤泥中不宜使用反插法。

(3) 复打法施工，在拔管时应随时清除黏附在管壁上和散落在地面上的泥土。拔管速度要均匀，对一般地层以 1m/min 为宜，在软的土层宜控制在 0.3～0.8m/min。

（4）在拔管过程中，当桩管底端接近地面标高 2～3m 段关键部位，应精心操作，严格控制拔管速度和高度。必要时应采取短停拔（0.3～0.5m）、长留振（15～20s）的技术措施。严防断桩和缩颈隐患发生，确保灌注质量。

（5）当桩管拔出地表后，检查桩顶混凝土，如未达到设计标高时，必须把桩顶浮浆和泥土清除干净，然后补灌混凝土，并穿插振捣密实，防止断柱。

（6）混凝土灌注充盈系数小于 1.0 的桩，说明成桩已出现吊脚、涌砂、缩颈和断桩现象，应及时进行复打加以补救。

6. 养护

从沉桩开始到桩身成形，混凝土进入养护期，28 天达到设计强度。在养护期应注意以下事项：

（1）混凝土在初凝前处于流塑状态，邻桩施工时，由于桩距有限、土层软硬不均，桩周土易被挤密扰动，已打的桩被挤成畸形，桩顶混凝土被挤出地表、或桩位偏移、桩身倾斜，使桩径变小，影响桩基工程质量。

（2）在沉桩过程中，桩机移动时应避开已打的桩位，防止桩顶破损和断桩事故发生。

（3）基坑开挖和裁桩时，桩身混凝土养护应不少于 14d，没有达到一定强度不得裁桩。严禁从桩顶重锤横向猛击，确保桩顶与承台有效连接。

2.5.5　人工挖（扩）孔灌注桩施工

挖（扩）孔灌注桩是利用人工挖掘方法成孔（或桩端扩大），然后安放钢筋笼、灌注混凝土而成为桩基。

优点：这种桩基施工作业面小，设备简单，施工方便，作业时无振动、无噪声、无污染，当施工场地狭窄、邻近建筑物密集或桩数较少时尤为适用。施工工期短，可分组同时作业，若干根桩孔齐头并进。由于是人工挖掘，孔底虚土能清除干净，施工质量可靠；便于检查孔壁与孔底，可以核实桩孔地层土质情况。桩径和桩身可随承载力的情况而变化。桩端可用人工扩大，以获得较大承载力。人工挖（扩）孔造价较低，灌注桩身混凝土时，人可下入孔内用振捣棒捣实，混凝土灌注质量较好，它是一种很有发展前途的基础工程处理方法。

缺点：桩孔内劳动条件差，人员在孔内作业，容易发生事故；混凝土用量较大。

2.5.5.1　适用范围

人工挖（扩）孔桩宜在地下水位以上施工，适用于人工填土层、黏土层、粉土层、砂土层、碎石土层，也可在黄土、膨胀土和冻土中使用，适用范围较广泛。因地层或地下水的原因，挖掘比较困难或挖掘无法进行时，不能采用此种方法。当高层建筑采用大直径（0.8～1.2m）钢筋混凝土灌注桩时，人工挖孔往往比机械挖孔具有更大的适应性。

2.5.5.2　人工挖孔桩一般规定

（1）遇孔内有承压水的砂土层、滞水层、厚度较大的压缩性淤泥层和流塑淤泥质土层时，必须有可靠的技术措施和安全措施。

（2）挖孔桩的桩长不宜超过 25m，过长就不易施工。桩径不得小于 0.8m。桩长为8～15m 时，桩径不应小于 1.0m；桩长为 15～20m 时，桩径应小于 1.2m；桩长为 20m 时，桩径应适当加大。

(3) 当挖桩净距小于2倍桩径且小于2.5m时，应采用间隔开挖。排桩跳挖的最小施工净距不得小于4.5m。

(4) 挖孔桩混凝土或砖砌护壁的厚度不宜小于100mm。混凝土上下护壁间搭接长度50～70mm。护壁一般为素混凝土。当桩长、桩径较大时，应在护壁内配筋，其主筋应搭接。

(5) 护壁混凝土强度不得低于桩身混凝土强度等级，一般采用C25或C30，厚度为100～150mm；加配的钢筋可采用6～9mm光圆钢筋。

(6) 挖孔桩施工现场所有设备、设施、安全装置、工具配件以及个人劳保必须经常检查，确保完好和使用安全。

2.5.5.3　挖孔桩施工安全措施

(1) 孔内必须设置应急软梯，供人员上下井之用。电葫芦、吊笼应安全可靠，并备有自动锁紧保险装置，不得使用麻绳和尼龙绳吊挂或脚踏井壁凸缘上下。电葫芦宜用按钮式开关，使用前必须检验其安全起吊能力。

(2) 每日开工前必须检测井下的有毒、有害气体，并应有足够的安全防护措施。挖孔深度超过10m时，应有专门向井下送风的设备，风量不宜小于25L/s。

(3) 孔口周围必须设置防护栏杆，一般采用0.8m高的栏杆围护。

(4) 挖出的土石方应及时运离孔口，不得堆放在孔口周围。机动车辆的通行不得对井壁安全造成影响。

(5) 施工现场电源、电路的安装和拆除必须由持证电工操作，电器必须严格接地、接零和使用漏电保护器。各孔用电必须分闸，严禁一闸多用。孔上电缆必须架空2.0m以上，严禁拖地和埋压在土中。

(6) 孔内电缆、电线必须有防磨损、防潮、防断等保护措施。照明应采用安全矿灯或12V以下的安全灯，并遵守JGJ 46—2012《施工现场临时用电安全技术规范》的规定。

2.5.5.4　挖孔桩设计原则

根据工程用途，挖孔桩可分为永久性挖孔桩和临时性挖孔桩，前者如厂基桩、楼基桩、桥墩基桩等，后者如基坑护坡桩和护壁桩等。永久性挖孔桩深度，应根据设计荷载要求的持力层深度而定；临时性护坡、护壁桩，应按照设计要求的基坑深度而定，但挖孔桩深度要比开挖基坑深0.7～1.2m，以确保边坡稳定，避免桩坡同时顺坑底滑动。

挖孔桩孔径一般以0.8m、1.2m和1.5m为宜，应根据地层情况与设计荷载而定。

(1) 挖孔桩钢筋笼设计。钢筋笼应符合设计要求，并符合下列规定：

1) 钢筋笼制作允许偏差，主筋间距±10mm，箍筋间距±20mm，钢筋笼直径±10mm，钢筋笼长度±50mm。

2) 分段制作的钢筋笼，其接头宜采用焊接并应遵守GB 50204—2015《混凝土结构工程施工验收规范》的规定。

3) 主筋净距必须大于混凝土粗骨料粒径的3倍以上。

4) 加劲筋宜设在主筋外侧，主筋一般不设弯钩。根据施工工艺要求所设弯钩不得向内圆伸露，以免妨碍导管工作。

5) 钢筋笼的内径应比导管接头处外径大100mm以上。

6）钢筋笼主筋的保护层允许偏差：非水下灌注混凝土桩为 ±10mm。

（2）挖孔桩混凝土设计。按设计荷载要求可采用二级配 C25、C20、C15 等级别的混凝土，对于桥墩的混凝土强度等级还可提高级别。临时性工程采用 C15、C20 等级别的混凝土。

（3）挖孔桩的间距。厂基、楼基可按设计结构要求确定。桥墩纵向间距按设计要求与工程地质条件确定，横向间距较短，有时是环向互绕连接的。桥墩挖孔桩多在河滩、阶地的干孔松软土层中进行。

临时性的基坑护坡桩间距，根据工程地质条件、坡高、使用时间长短和工程位置的重要性而定，一般孔间距（孔的中心距）可定为 3～5m。雷雨季节，护坡可采用挖孔桩和锚喷联合式，其效果更好。

（4）挖孔桩护壁。挖孔桩护壁是为了施工安全，确保开挖灌注过程中孔壁稳定和下钢筋笼、灌注混凝土时孔内干净，无砂土石块混入，它是保证混凝土质量的关键。

2.5.5.5　挖孔桩施工

挖孔桩施工可分为机械施工和人工开挖两种。人工开挖设备简单，便于全面铺开，可加快施工进度、缩短工期，能够充分利用社会上的闲散劳动力。

（1）机械设备与工具：

1）人工清渣需要有三脚架、滑轮、钢绳、装渣料的筐、筒、铁锹、铁镐、大锤等。

2）机械清渣应备卷扬机（可用钻机的升降机代替）、动力设备、潜水泵、鼓风机、送风管、振捣工具等。

3）台形双瓣模板，上口外径要大于挖孔桩径 5mm，下口外径是上口外径的 1.1 倍左右。两瓣对接呈圆台型，上窄下宽，高 500～600mm。模板直径必须与挖孔桩设计孔径相适应，成孔孔径不能小于设计孔径。

（2）放线、定桩位。开孔前，定桩位应放样准确，在桩位外设置定位龙门桩，安装护壁模板必须用桩心点校正模板位置，并由专人负责。

（3）修筑第一节井圈护壁的规定：

1）井圈中心线与设计轴线的偏差不得大于 20mm。

2）井圈顶面应比场地高出 200mm 左右，壁厚比以下护壁厚度增加 100～150mm。

（4）修筑第一节井圈护壁应遵守下列规定：

1）护壁的厚度、拉结钢筋、配筋、混凝土强度均应符合设计要求。

2）上下节护壁的搭接长度不得小于 50mm。

3）每节护壁均应连续施工完毕。

4）护壁混凝土必须保证密实，根据土层渗水情况使用速凝剂。

5）护壁模板的拆除宜在护壁混凝土灌注 24h 之后进行。

6）发现护壁有蜂窝、漏水现象时，应及时补强，以防造成事故。

7）同一水平面上的井圈任意直径的误差不得大于 50mm。

（5）涌水漏砂时处理措施。遇有厚度不大于 1.5m 的流动性淤泥和可能出现涌水涌砂时，护壁施工宜按下列方法处理：每节护壁的高度可减小到 300～500mm，并随挖、随验、随灌注混凝土。

(6) 灌注护壁混凝土。分段开挖，按设计模板高度，每开挖到一层模板高度之后，应及时清孔支模，并灌注护壁混凝土或钢筋混凝土。待混凝土强度达到设计强度的60%～70%以上时可拆模，再继续开挖下层孔段。按此步骤直至挖到设计孔深。

(7) 排除地下水。孔底有地下水的施工地段，应及时排水，观察孔壁稳定性，发现问题及时采取有效措施加以处理。

(8) 终孔时清除孔内淤泥与杂物。终孔时，应清除护壁污泥、孔底残渣、浮土、杂物、积水。检验合格后，应迅速封底、安装钢筋笼、灌注混凝土。孔底岩样应妥善保存备查。

(9) 安装钢筋笼。安装钢筋笼要精心施工，防止扭曲、弯折。钢筋笼要垂直下入，确保与孔同轴。钢筋笼在孔内放正后，应从孔底往上每隔1～1.5m间距与孔壁固定，确保其垂直度。

(10) 灌注桩身混凝土。混凝土配料应准确，拌和均匀。灌注时，混凝土必须通过溜槽和导管向孔内输送，防止混凝土离析。导管底端距孔底高度不宜大于0.5m。混凝土应连续分层灌注，每层灌注高度不得大于1.5m。混凝土应用插入式振捣器进行分层捣实，直至桩顶，严防出现蜂窝、狗洞或粗骨料集中的现象。

2.5.5.6 常见质量问题与处理方法

(1) 涌砂、涌泥。如地下水位高，可人工降低地下水位，尽可能降到设计桩底标高以下。设沉没钢套管，阻挡流砂、涌泥。

(2) 沉渣过厚。沉渣厚度如大于100mm，地下水位降低不够，可降低地下水位到足够深度。混凝土浇筑前，再次清孔，及时浇筑混凝土。孔口土渣要及时运走。

(3) 桩端基岩有夹层。将终孔时，用直径20～30mm的钻头向下钻进4～5m。如发现软弱夹层，应再下挖至完好岩层，并用钻孔监测，直至符合设计要求。

(4) 灌注桩身混凝土。灌注桩身混凝土时必须用串筒，筒下口距浇筑面不大于2m。应连续快速浇筑混凝土。孔底积水抽排干净，或孔外降水使孔疏干。混凝土配合比要符合设计要求，振捣应密实。

(5) 桩孔歪斜。成孔时，严格控制桩位与垂直度。发现歪斜及时纠正，成孔后应及时浇筑混凝土。

2.5.5.7 质量控制措施

(1) 挖孔桩有护壁混凝土，可避免孔壁砂土碎石脱落，在混凝土灌注过程中不会出现孔壁坍塌与混凝土混杂现象，可防止断桩事故发生。

(2) 挖孔桩应彻底清孔，使孔内无岩渣、泥浆，以保证混凝土灌注均匀、密实、便于振捣。钢筋笼安放应与孔同轴，保持垂直，提高桩基质量。

(3) 挖孔桩应加强检查。挖孔桩在成桩后、基础开挖过程中，可对前期挖孔桩进行全面检查。

2.5.5.8 质量检查与验收

(1) 成桩质量检查。包括成孔、钢筋笼制作与安放、混凝土搅制与灌注等工序过程的质量检查。

1) 对原材料质量与计量，混凝土配合比、坍落度、混凝土强度等进行检查。

2）钢筋笼制作应对钢筋规格、焊条规格、品种、焊口规格、焊缝长度、焊缝外观与质量、主筋和箍筋的制作偏差等进行检查。

3）在灌注混凝土前，严格按照有关施工质量要求，对已成孔的中心位置、孔深、孔径、垂直度、钢筋笼安放实际位置进行认真检查，并填写相应质量检查记录。

（2）单桩承载力检测。应进行单桩静荷载试验，检测桩数不少于基桩施工规范规定的要求。

（3）基桩工程验收资料：

1）工程地质勘察报告、基桩施工图、图纸会审纪要与设计变更单等。

2）施工组织设计与施工方案等。

3）桩位测量放线图，包括桩位线复核签证单。

4）桩质量检查报告与单桩承载力检测报告。

5）基桩竣工平面图与桩顶标高图。

挖孔灌注桩施工作业面小、设备简单，施工方便、速度快、质量好，用途广泛，可充分利用我国人口众多的社会闲散劳动力，争取时间缩短工期，确保工程提前完成任务。同时可采用扩底桩，以增加端部承载力。但在比较复杂的风化砂（包括岩块）回填地层，挖孔灌注桩施工难度较大，成本较高，应选择合理的基础处理方案。

挖孔桩质量便于检查，在挖孔施工过程中可以及时发现问题加以解决，确保工程质量。应在推广应用过程中进一步强化质量管理，发展与完善挖孔桩施工工艺，把质量提高到新水平。

项目3　混凝土工程施工

混凝土工程在水利水电建设中占有重要的地位，特别是以混凝土坝为主体的枢纽工程，其施工速度直接影响整个工程的建设工期，其施工质量直接关系到工程的安危，关系着国家、人民生命财产安全。在混凝土坝（闸）枢纽工程中，用于混凝土工程施工的各种费用占工程总投资比例较大，为60%～70%，明显影响工程投资规模。

由于水利水电建设中的混凝土工程量大，消耗水泥、木材、钢材多，施工各个环节质量要求高，投资消耗大。因此，认真研究混凝土工程施工，对加快施工进度，节约“三材”，提高质量，降低成本具有重要意义。

在混凝土施工中，大量砂石骨料的开采、加工以及水泥和各种掺合料、外加剂的供应是基础，混凝土制备、运输和浇筑是施工的主体，模板、钢筋作业是必要的辅助。混凝土工程的施工工艺流程如图3.1所示。

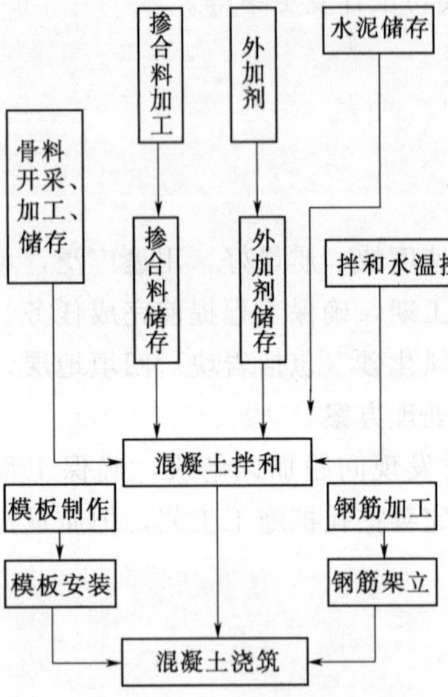

图3.1　混凝土施工工艺流程图

任务3.1　砂石骨料生产

请思考：

1. 骨料料场规划要考虑哪些因素？
2. 河流中开采天然砂石料有哪些要点？
3. 开采人工骨料有哪些优缺点？

3.1.1　砂石骨料生产系统的规划

砂石骨料是混凝土最基本的组成成分。通常每1m³的混凝土需要1.3～1.5m³的松散砂石骨料。混凝土用量很大的混凝土坝工程，砂石骨料的需要量也相当大。骨料质量的好坏直接影响混凝土强度、水泥用量和温控的要求，从而影响混凝土工程的质量和造价。为此，在混凝土的设计施工中应统筹规划，认真研究砂石骨料的储量、物理力学指标、杂质含量以及开采、运输、堆存和加工等各个环节。

3.1.1.1 骨料的料场规划

骨料的料场规划是骨料生产系统设计的基础。伴随着设计阶段的深入，料场勘探精度的提高，要提出相应的最佳用料方案。最佳用料方案取决于料场的分布、高程，骨料的质量、储量、天然级配、开采条件、加工要求、弃料多少、运输方式、运距远近、生产成本等因素。骨料料场的规划、优选，应通过全面的技术经济论证。

砂石骨料的质量是料场选择的首要前提。骨料的质量要求包括强度、抗冻性、化学成分、颗粒形状、级配和杂质含量等。水工现浇混凝土粗骨料多用四级配，即5～20mm、20～40mm、40～80mm、80～120（或150）mm。砂子为细骨料，通常分为粗砂和细砂两级，其大小级配由细度模数控制，合理取值为2.4～3.2。增大骨料颗粒尺寸、改善级配，对于减少水泥用量，提高混凝土质量，特别是对大体积混凝土的控温防裂具有积极意义。然而，骨料的天然级配和设计级配要求总有差异，各种级配的储量往往不能同时满足要求。这就需要多采或通过加工来调整级配及其相应的产量。

骨料来源有三个：①天然骨料，采集天然砂砾料经筛分分级，将富裕级配的多余部分作为弃料；天然混合料中含砂不足时，可用山砂即风化砂补足；②人工骨料，用爆破开采块石，通过人工破碎筛分成碎石，磨细成砂；③组合骨料，以天然骨料为主，人工骨料为辅；人工骨料可以由天然骨料筛出的超径料加工而得，也可以由爆破开采的块石加工而成。

做好砂石料场规划应遵循以下原则：

（1）要了解砂石料的需求、流域（或地区）的近期规划、料源的状况，以确定是建立流域或地区的砂石生产基地还是工程专用的砂石系统。

（2）应充分考虑自然景观、珍稀动植物、文物古迹保护方面的要求，将料场开采后的景观、植被恢复（或美化改造）列入规划之中，应重视料源剥离和弃渣的堆存，应避免水土流失，还应采取恢复环境的措施。在进行经济比较时应计入这方面的投资。当在河滩开采时，还应对河道冲淤、航道影响方面进行论证。

（3）应满足水工混凝土对骨料的各项质量要求，其储量力求满足各设计级配的需要，并有必要的富裕量。初查精度的勘探储量，一般不少于设计需要量的3倍，详细精度的勘探储量，一般不少于设计需要量的2倍。

（4）工程所选用的料场，特别是主要料场，应场地开阔，高程适宜，储量大，质量好，开采季节长，主辅料场应能兼顾洪枯季节互为备用的要求。

（5）选择可采率高，天然级配与设计级配较为接近，用人工骨料调整级配数量少的料场。任何工程应充分考虑利用工程弃渣的可能性和合理性。

（6）料场附近有足够的回车和堆料场地，且占用农田少，不拆迁或少拆迁现有生活、生产设施。

（7）选择开采准备工作量小、施工简便的料场。

如以上要求难以同时满足，应满足主要要求，即以满足质量、数量为基础，寻求开采、运输、加工成本费用低的方案，确定采用天然骨料、人工骨料还是组合骨料用料方案。若是组合骨料，则需确定天然和人工骨料的最佳搭配方案。通常对天然料场中的超径料，通过加工补充短缺级配，形成生产系统的闭路循环，这是减少弃料、降低成本的好办法。若采用天然骨料方案，为减少弃料应考虑各料场级配的搭配，满足料场的最佳组合。显然，质好、量大、运距短的天然料场应优先采用。只有在天然料运距太远，成本太高时，才考虑采用人工骨料方案。

人工骨料通过机械加工，级配比较容易调整，以满足设计要求。人工破碎的碎石表面粗糙，与水泥砂浆胶结强度高，可以提高混凝土的抗拉强度，对防止混凝土开裂有利。但在相同水灰比情况下，同等水泥用量的碎石混凝土较卵石混凝土的和易性要差一些。

有碱活性的骨料会引起混凝土的过量膨胀，一般应避免使用。当采用低碱水泥或掺粉煤灰时，碱骨料反应受到抑制，经试验证明对混凝土不致产生有害影响时，也可选用。当主体工程开挖渣料数量较多，且质量符合要求时，应尽量予以利用，这样不仅可以降低人工骨料成本，还可节省运渣费用，减少堆渣用地和环境污染。

3.1.1.2 天然砂石料开采

按照砂石料开采条件，天然砂砾料有陆地和水下两种开采方式，陆地开采与土料开采类似。水下开采，水深较大时，可采用采砂船或铲扬船，在浅水或河漫滩区多用索铲或液压反铲采挖。索铲较反铲开采定位准确性差，装车不便，故常卸料至岸边，集成料堆，再由反铲或正铲装车，无疑多耗费了人力和机械。为了提高反铲采挖效率，在挖斗下部加钻排水孔，并将挖出的砂石料就地暂存脱水，再用装载机装自卸汽车运至砂石筛分系统。采砂船和铲扬船在江心采料，可用砂驳装料，由机动船拖至岸边专用码头卸料。液压反铲采运水下砂石料，与链斗式采砂船相比，同等生产能力的设备投资可节省2/3，单位生产成本约降低一半；前者是通用设备，而采砂船专用性太强，转场困难，易造成设备积压闲置。

天然料场受施工和自然因素影响较大，在料源规划时，必须充分考虑工程特点、采运设备技术性能、运输线季节性中断及料场的储量与质量间的相互关系。一般坝上游料场在截流或蓄水后往往淹没在水下，开采运输困难，应安排在截流或蓄水前使用，有的料场则因航深及开采设备自身条件限制，只能在丰水或枯水季节使用。

较大的天然砂砾料场，砂石的天然级配在深度和广度上往往有所变化，因此常需分层分区进行开采，一般应遵循以下原则：

(1) 分层分区应保证开采和运输线路的连续性。

(2) 应将覆盖层薄、料层厚、易开采、运距近、交通方便的料区安排在工程的高峰施工时段（或年度）开采，以便提高生产效率，减少采运设备。

(3) 对于陆基水下开采的河滩料场，应尽可能将洪水位（或汛期开采水位）以上的料层或料区留待汛期开采，枯水期则集中开采洪水位以下部位的料层或料区。

(4) 河滩和河床料场的分区开采应注意避免汛期冲走有用料层，对某些料场，还可以创造条件，使开采后形成的料坑被洪水挟带的砂砾石重新淤积起来，枯水期重新加以利用。

(5) 料区的开采计划应尽可能照顾各个时期的级配平衡。

3.1.1.3 人工骨料开采

人工骨料开采宜采用深孔微差挤压爆破，控制其块度大小。破碎加工块石，不仅应满足设计级配要求，还应以整个砂石系统的运输、加工以及原料和半成品的总费用最低为目标，确定最佳方案。

工程实践证明，由于新鲜灰岩具有较好的强度和变形性能，且便于开采和加工，被公认为最佳的骨料料源；其次为正长岩、玄武岩、花岗岩和砂岩；流纹岩、石英砂岩和石英岩由于硬度较高，虽也可作料源，但加工困难，加大了生产成本。有些工程还利用主体工程开挖料作为骨料料源。

随着大型、高效、耐用的骨料加工机械的发展以及管理水平的提高，人工骨料的成本接近甚至低于天然骨料。采用人工骨料还有许多天然骨料生产不具备的优点，如级配可按需调整，质量稳定，管理相对集中，受自然因素影响小，有利于均衡生产，减少设备用量，减少堆料场地，同时还可利用有效开挖料。因此，采用人工骨料或用机械加工骨料搭配的工程越来越多，在实践中取得了明显的技术经济效果。

3.1.2　砂石骨料生产系统开采量的确定

3.1.2.1　骨料的加工过程

天然骨料需要通过筛分分级，人工骨料需要通过破碎、筛分加工，其生产流程如图 3.2 所示。

骨料生产工艺流程的设计，主要根据骨料来源、级配要求、生产强度、堆料场地以及有无商品用料要求等全面分析比较确定。同时还应根据开采加工条件及机械设备供应情况，确定各生产环节所需要的机械设备种类、数量和型号，按流程组成自动化或半自动化的生产流水线。

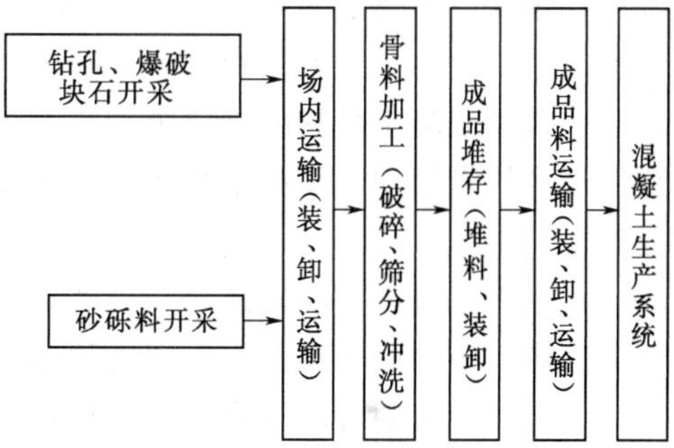

图 3.2　骨料加工的生产工艺流程

骨料运输多用大吨位自卸汽车。在骨料用量大且修筑道路投资高的情况下，采用皮带机运料较为理想，不仅效率高，运费低，且管理也比较简便。

骨料加工厂的位置应尽可能接近料源，且附近有足够的毛料和净料堆放场地。破碎和筛分设备的基础应稳固，高程设置应根据地形和运输要求通盘考虑确定，尽量减少垂直提升运料，并应避免受到洪水威胁。

3.1.2.2　骨料开采量的确定

骨料开采量取决于混凝土中各种粒径料的需要量。若第 i 组骨料所需的净料量为 q_i，则要求开采天然骨料的总量 Q_i 可按下式计算。

$$Q_i=(1+k)\frac{q_i}{p_i} \tag{3.1}$$

式中　k——骨料生产过程的损失系数，为各生产环节损失系数的总和，即 $k=k_1+k_2+k_3+k_4$，k_1、k_2、k_3、k_4 参见表 3.1；

p_i——天然骨料中第 i 种骨料粒径含量的百分数。

表 3.1 生产过程骨料损失系数表

损失系数	骨料损失的生产环节		损失系数值		
			砂	小石	大、中石
k_1	开挖作业	水上	0.03	0.02	0.02
		水下	0.07	0.05	0.03
k_2	加工过程		0.07	0.02	0.01
k_2	运输堆存		0.05	0.03	0.02
k_4	混凝土生产		0.03	0.02	0.02

第 i 种骨料净料需要量 q_i 与第 j 种强度等级混凝土的工程量 V_j 有关，也与该强度等级混凝土中 i 种粒径骨料的单位用量 e_{ij} 有关。于是，第 i 组骨料的净料需要量 q_i 可表达为：

$$q_i = (1 + k_c) \sum_j e_{ij} V_j \tag{3.2}$$

式中 k_c——混凝土出机后运输、浇筑中的损失系数，约为 1%～2%。

由于天然级配与混凝土的设计级配难以吻合，其中总有一些粒径的骨料含量较多，另一些粒径短缺。若为了满足短缺粒径的需要而增大开采量，将导致其余各粒径的弃料增加，造成浪费。为了避免浪费，减少开采总量，可采取如下措施。

(1) 调整混凝土骨料的设计级配，在允许的情况下，减少短缺骨料的用量，但随之可能会使水泥用量增加，引起水化热温升增高、温度控制困难等一系列问题，故需通过比较才能确定。

(2) 用人工骨料搭配短缺料，天然骨料中大石多于中小石比较常见，故可将大石破碎一部分去满足短缺的中小石。采用这种措施，应利用破碎机的排矿特性，调整破碎机的出料口，使出料中短缺骨料达到最多，尽量减少二次破碎和新的弃料，以降低加工费用。总之，骨料设计优化方案，应以生产总费用最小为目标，经系统分析确定。

如需要利用开采石料作为人工骨料料源，则石料开采量 V_r 可按下式计算：

$$V_r = \frac{(1+k)eV_0}{\beta\gamma} \tag{3.3}$$

式中 k——人工骨料损失系数，碎石加工损失为 2%～4%，人工砂加工损失为 8%～20%，运输储存损失为 2%～6%；

e——每方混凝土的骨料用量，t/m^3；

V_0——混凝土的总需用量，m^3；

β——块石开采成品获得率，取 80%～95%；

γ——块石容重，t/m^3。

在采用或部分采用人工骨料方案时，若有有效开挖石料可供利用时，应将利用部分扣除，确定实际开采石料量。

3.1.2.3 骨料生产能力的确定

严格说来，骨料生产能力由其需求量来确定，实际需求量与各阶段混凝土浇筑强度有关，也与上一阶段结束时的储存量有关。通常，此储量应满足 10～15d 的用料要求。另外，尚应使产量累计过程线的起点提前10～15天，而终点也应相应提前。

骨料产量累计过程线的斜率就是加工厂的生产强度，斜率最大的时段就是骨料的高峰生产时段。据此可确定骨料加工的生产能力$P(m^3/h)$：

$$P=\frac{K_1V_0}{K_2mnT} \tag{3.4}$$

式中　V_0——骨料生产高峰期的总产量，m^3；

T——骨料生产高峰时段的月数；

K_1——高峰时段骨料生产的不均匀系数，可取1.0～1.4；

K_2——时间利用系数，可取0.8～0.9；

m——每日有效工作时数，可取20h；

n——每月有效工作日数，可取25～28d。

3.1.3　骨料加工、筛分、储存

请思考：

1. 骨料加工主要需要哪些设备，这些设备的特点有哪些？
2. 骨料的堆存型式有哪些？
3. 骨料进出料场的注意要点有哪些？

将采集的毛料加工，一般需通过破碎、筛分和冲洗，制成符合级配，除去杂质的碎石和人工砂。根据骨料加工工艺流程组成骨料加工厂。

3.1.3.1　骨料的破碎

使用破碎机械碎石，常用的设备有颚式、反击式和锥式三种碎石机。

（1）颚式碎石机由机架、传动装置和破碎槽组成。这种碎石机用进料口尺寸（宽×长）表示其规格。

（2）反击式碎石机适用于中细碎，其结构简单，安装方便，运行可靠安全。

（3）锥式碎石机由活动的内锥体与固定的锥形机壳构成破碎室，内锥体装在偏心轴上，此轴顶端为可动的球形铰，通过伞齿传动，使偏心轴带动内锥体作偏心转动，从而使内锥体与外机壳间的距离忽大忽小：大时石料经出料口下落，小时将骨料挤压破碎。这种破碎机破碎的石料扁平状较小，单位产品能耗低，生产率高；但其结构较前两种复杂，体形和自重大，安装和维修也较复杂。

3.1.3.2　骨料的筛分

为了分级，需将采集的天然毛料或破碎后的混合料筛分，目前主要采用机械筛分。机械筛分的筛网多用高碳钢条焊接成方筛孔，筛孔边长分别为112mm、75mm、38mm、19mm、5mm，用以筛分120mm、80mm、40mm、20mm、5mm的各级粗骨料。当筛网倾斜安装时，为保证筛分粒径，尚须将筛分孔尺寸适当加大。

1. 骨料的筛分

大规模筛分多用机械振动筛，有偏心振动筛和惯性振动筛两种。

（1）偏心振动筛（图3.3）。固定筛网的筛架装在偏心主轴上，马达驱动偏心轴回转，带动筛架作环行运动而产生振动。由于偏心距不变，筛网的振幅也固定不变，不受筛网面

上料石多少的影响，其振幅一般为 3～6mm，振动频率为 840～1200 次/min。这种筛适宜于筛分大、中骨料，常用来完成第一道筛分任务。

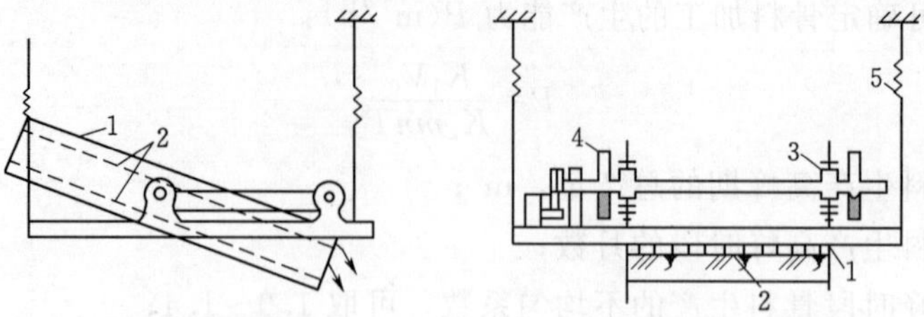

(a) 侧视图　　(b) 横剖面图

图 3.3　偏心振动筛示意图

1—筛架；2—筛网；3—偏心部位；4—平衡重；5—消振弹簧

(2) 惯性振动筛（图 3.4）。这种机械振动筛是利用马达，带动旋转主轴上飞轮的偏心重，产生离心力而引起筛网振动。由于筛网上的物料对飞轮偏心重离心力有平衡抵消作用，故其振幅大小随消振弹簧的振幅锐减。容易引起筛孔堵塞，使骨料得不到充分筛分。故这种筛应进料适度、均匀。其振幅变化在 1.6～6mm 之间，频率在 1200～2000 次/min，适用于中、细颗粒骨料的筛分。

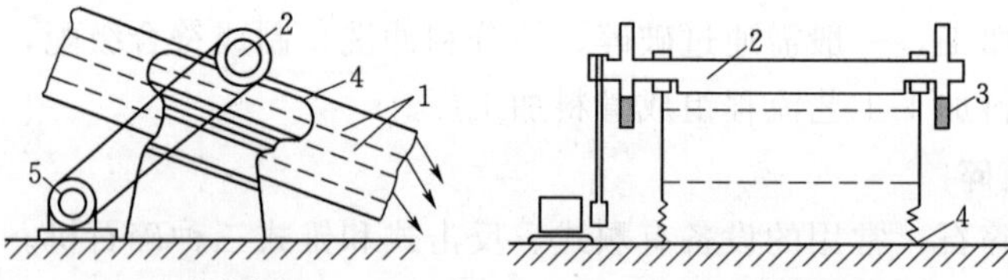

(a) 侧视图　　(b) 横剖面图

图 3.4　惯性振动筛示意图

1—筛网；2—单轴振动器；3—配盘重；4—消振弹簧；5—电动机

筛分的主要质量问题是超径和逊径。当骨料受筛时间太短，筛网网孔偏小，使应过筛的下一级骨料由筛面分入大一级颗粒中称为逊径；反之，若筛网孔眼变形偏大，大一级骨料漏入小一级骨料中称为超径。筛分作业中，常以超、逊径的重量百分率——筛分精度作为质量控制标准。超径多因筛网磨损、变动、破裂所致；而逊径则多因筛网面上喂料过多，网孔堵塞或网孔偏小，筛网面倾角过大所致。规范要求超径不大于 5%、逊径不大于 10%才满足质量控制标准。

整个筛分过程也是骨料清洗去污的过程。清洗是在筛网面上方正对骨料下滑方向安装具有孔眼的管道，对骨料进行喷水冲洗。

2. 洗砂机

无论天然砂还是人工砂，通常采用水力分级，这时分级和冲洗同时进行。也有用沉砂箱承纳筛分后流出的污水砂浆，经初洗和排污后再送入洗砂机清洗。洗砂机多用螺旋式，机身是一倾斜的洗砂槽，由驱动机构带动一个或两个具有固定螺旋叶片的螺旋轴旋转。运行中，螺旋叶片推动砂料在相对流动的水中淘洗，清水由注入口注入，未清洗的砂由加料口加入，由下而上清洗后的砂由出料口卸入运料皮带机上，洗砂后的浑水由下方溢出口排出。

3. 骨料加工厂

大规模的骨料加工，常将加工机械设备按工艺流程布置组成骨料加工工厂。其布置原则是，应充分利用地形，减少基建工程量；有利于及时供料，减少弃料；成品获得率高，通常要求达到 85%～90%。当成品获得率低时，应考虑利用弃料二次破碎加工，构成闭路生产循环。在粗碎时多为开路，在中、细碎时采用闭路循环。骨料加工厂振动声响特别大，减少噪声是改善劳动条件的关键。

图 3.5 是人工骨料制砂的三级破碎和棒磨制砂的工艺流程图，它是由颚式破碎机或锥式破碎机粗碎，由反击式或锥式碎石机中碎，经筛分后再细碎，用棒磨机制砂，最后送至成品料堆。

筛分天然骨料和破碎超径石的加工系统，是在砂砾料筛分楼的基础上，增加破碎超径石的颚式破碎机或反击式破碎机即可，利用的仍然是筛分天然料的设备筛分破碎后的混合料。

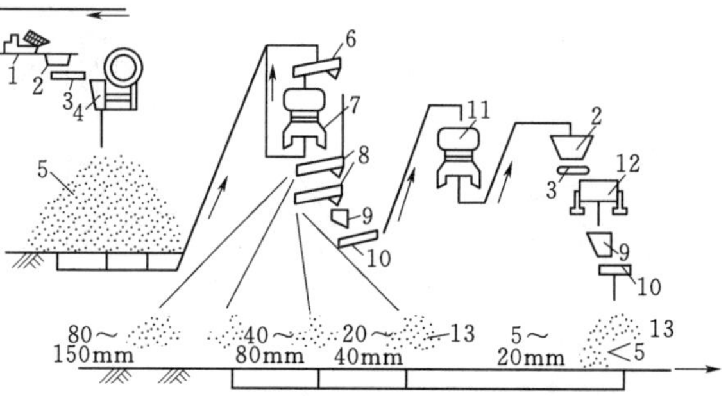

图 3.5　人工骨料制砂的加工工艺流程

1—进料汽车；2—受料斗；3—喂料机；4—颚式碎石机粗碎；5—半成品料堆；6—预筛分；7—锥式碎石机中碎；8—振动筛筛分；9—沉砂箱；10—螺旋洗砂机；11—锥式碎石机细碎；12—棒磨机制砂；13—成品料堆

3.1.3.3　骨料的堆存

为了适应混凝土生产的不均衡性，可利用堆场储备一定数量的骨料，以解决骨料的供求矛盾。骨料储量多少，主要取决于生产强度和管理水平，通常可按高峰时段月平均值的 50%～80%考虑，汛期、冰冻期停采时，须按停采期骨料需用量外加 20%的裕度考虑。

1. 骨料堆存的质量要求

防止跌碎和分离是骨料堆存质量控制的首要任务。为此应控制卸料的跌落高度，避免转运过多，堆料过高。堆料时应分层堆料，逐层上升，或采用动臂堆料机，使卸料跌差保持在 3m 以内。跌差过大，应辅以梯式或螺旋式缓降器卸料。

在进入拌和机前，砂料的含水量应控制在±5%内，但又保持一定的湿度。含水量过高对混凝土质量有一定的影响。

堆存中骨料的混级是引起骨料超逊径的重要原因之一，应予以防止。堆料场内还应设排污和排水系统，以保持骨料的洁净。砂料堆场的排水尤应良好，应有 3 天以上的堆存时间，以利骨料脱水。

2. 骨料堆场型式

堆料料仓通常用隔墙划分，隔墙高度可按骨料动摩擦角 34°～37°加超高值 0.5m 确定。大中型堆料场一般采用地弄取料。地弄进口高出堆料地面，地弄地板设大于 5‰的纵坡，以利排水。各级成品料取料口不宜小于 3 个，且宜采用事故停电时能自动关闭的弧门。骨料堆场的布置主要取决于地形条件、堆料设备及运输进出料方式，其典型布置有以下 3 种：

（1）台阶式堆料。如图 3.6 所示，堆料和进料地面有一定高差，由汽车或机车卸料至台阶下，由地弄廊道顶部的弧门控制给料，再由廊道内的皮带机送料。廊道顶部的料仓常用推土机集料或散料以扩大堆存容积。

（2）栈桥式堆料。如图 3.7 所示，在平地上堆料可架设栈桥，在栈桥桥面上安装皮带机，经卸料小车向两侧卸料，料堆呈棱柱体，由廊道内的皮带机出料。这种堆料方式堆料跌落高度大，在自然休止角外的骨料自卸容积小，必须借助推土机扩大堆料和卸料容积。

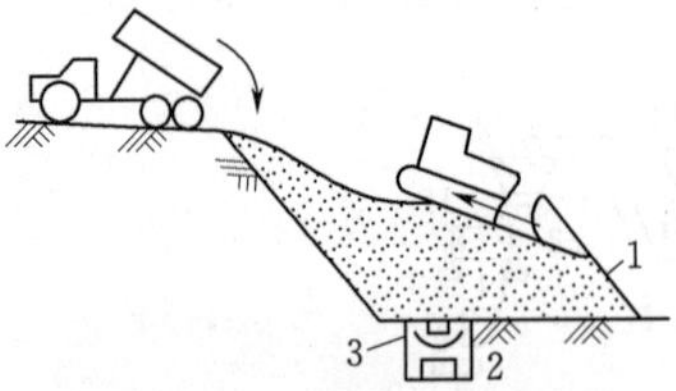

图 3.6 台阶式骨料堆

1—料堆；2—廊道；3—出料皮带机

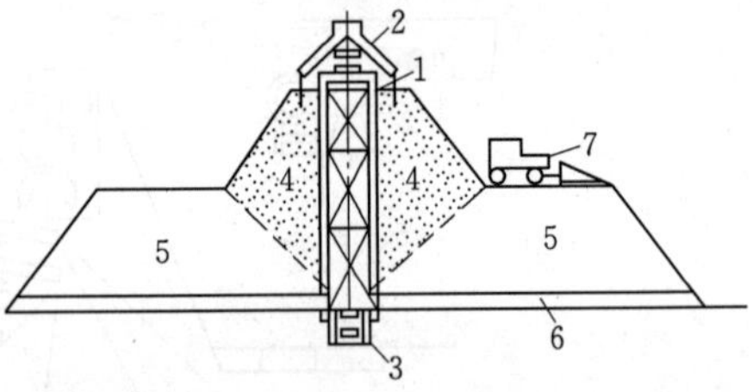

图 3.7 栈桥式骨料堆

1—进料皮带机栈桥；2—卸料小车；3—出料皮带机；4—自卸容积；5—死容积；6—垫层损失容积；7—推土机

（3）堆料机堆料（图 3.8），堆料机是机身可以沿轨道移动，有悬臂皮带机送料扩大堆料范围的装置。该装置又分双悬臂和动臂式。动臂式堆料机的卸料皮带机可随动臂旋转仰俯，随堆料的高度和位置而变化，使卸料高度始终保持在允许跌落高度的范围内，避免跌碎骨料产生逊径。为了增大堆料容积，可在堆料机轨道下修筑路堤。

通常，充分利用地形，采用台阶式堆料最经济（三门峡、新安江等工程采用）。堆料场布置的重要原则是，应尽量增大自卸容积，减少死容积，从而尽量减少辅助集料措施，

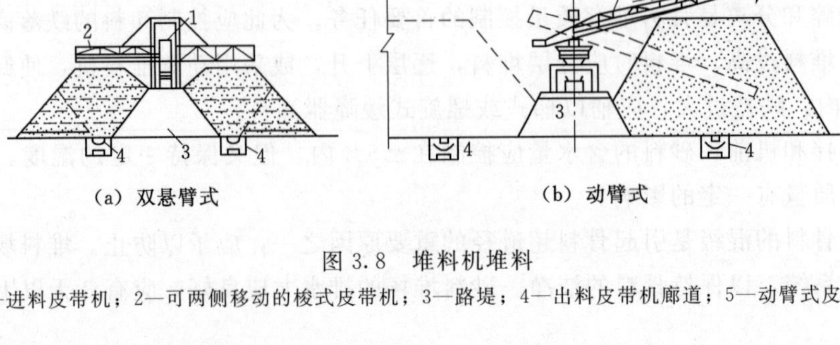

(a) 双悬臂式　　(b) 动臂式

图 3.8 堆料机堆料

1—进料皮带机；2—可两侧移动的梭式皮带机；3—路堤；4—出料皮带机廊道；5—动臂式皮带机

不仅可节省费用，而且也有利于保证出料的级配和避免污染。

任务3.2　混凝土生产与运输

请思考：

1. 某工程某工地所用混凝土的实验室配合比（骨料以饱和面干状态为标准）为：水泥 280kg，水 150kg，砂 704kg，碎石 1512kg。已知工地砂的表面含水率为 4%，碎石的表面含水率为 1.5%，试求该混凝土的施工配合比。若施工现场采用的搅拌机型号为 JZ2250，其出料体积为 0.25m^3，试求每搅拌一次的拌和用量。

2. 混凝土坝的高峰月浇筑强度为 4 万 m^3。用进料容量为 2.4m^3 的拌和机。进料时间为 15s，拌和时间为 150s，出料时间为 15s，技术间歇时间为 5s。求所需拌和机台数。

3. 混凝土坝施工，高峰月浇筑强度为 4 万 m^3/月。用 20t 缆机吊运 6m^3 吊罐运送混凝土，吊运循环时间为 6min，时间利用系数取 0.75，吊罐有效容积利用系数取 0.98，综合作业影响系数取 0.85，求缆机台数。

3.2.1　混凝土生产

混凝土制备是按照混凝土配合比设计要求，将其各组成材料拌和成均匀的混凝土料，以满足浇筑的需要。混凝土的制备主要包括配料和拌和两个生产环节。混凝土的制备除满足混凝土浇筑强度要求外，还应确保混凝土强度等级无误、配料准确、拌和充分、出机温度适当。

3.2.1.1　混凝土的配料

配料是按设计要求，称量每次拌和混凝土的材料用量。配料有体积配料法和重量配料法两种。体积配料法难以满足配料精度的要求，所以水利工程广泛采用重量配料法，即混凝土组成材料的配料量均以重量计。称量的允许偏差（按重量百分比），水泥、掺合料、水、外加剂为±1%，骨料为±2%。

1. 混凝土的施工配合比换算

设计配合比中的加水量根据水灰比计算确定，并以饱和面干状态的砂子为标准。在配料时采用的加水量，应扣除砂子表面含水量及外加剂溶液中的水量。所以，施工时应及时测定现场砂、石骨料的含水量，并将混凝土的实验室配合比换算成在实际含水量情况下的施工配合比。

2. 常用称量设备

混凝土配料称量的设备，有台秤、地磅、专门的配料器。

3.2.1.2　混凝土拌和设备及其生产能力的确定

混凝土制备是保证混凝土工程质量的关键作业，而拌和设备又是保证混凝土拌制质量的主要手段。

拌和机是制备混凝土的主要设备。拌和机拌制混凝土有两种方式：一种是利用可旋转的拌和筒上的固定叶片将混凝土带至筒顶自由跌落拌制；另一种是装料鼓筒不旋转，固定在轴上的叶片旋转带动混凝土料进行强制拌和。前者应用较广泛，多用来拌制具有一定坍落度的混凝土；后者用来拌制干硬性混凝土。

自由跌落式拌和机有鼓筒式和双锥式两种。

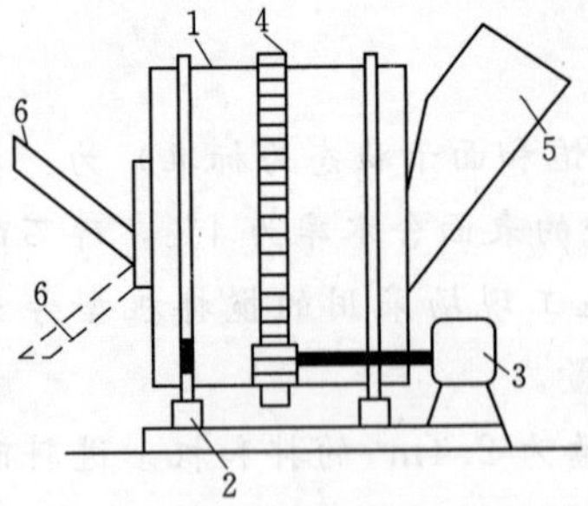

图3.9　鼓筒式拌和机

1—鼓筒；2—托辊；3—电动机；4—齿环；5—进料斗；6—出料槽

鼓筒式拌和机为圆柱形鼓筒，两端开口，一端进料，一端出料，由主动齿轮带动在托辊上的鼓筒旋转；筒内壁装有固定叶片，随筒旋转将混凝土料带上，而后自由跌落，如此循环拌和，最后由可倾出料槽出料，如图3.9所示。

双锥式拌和机鼓筒为双锥形。筒内壁固定叶片，拌和混凝土的原理与鼓筒式相同。由于叶片固定在两个锥形体内壁，能使拌和料交叉翻动，增强了拌和效果。出料时由汽缸活塞推动拌和筒倾斜出料。

拌和机的主要性能指标是其工作容量，以L或m^3计。如800L的拌和机，每一个工作循环出料$0.8m^3$，相应要求进料约$1.2m^3$，为了有足够的拌制空间，鼓筒容积应为进料体积的2.5～3倍。有些国家拌和机的铭牌容量是指进料体积，在计算出料体积时应乘以出料系数，即乘以出料和进料的比值，通常介于0.6～0.7之间。

拌和机容量越大，拌和机内叶片耐撞击力越强，故拌和混凝土最大粒径的允许值随拌和机容量加大而加大。

每台拌和机的小时生产率P可按式（3.5）计算。

$$P=NV=K_t\frac{3600V}{t_1+t_2+t_3+t_4} \tag{3.5}$$

式中　N——每台拌和机每小时平均拌和次数；

V——拌和机出料容量，m^3；

t_1——进料时间，自动化配料为10～15s，半自动化配料为15～30s；

t_2——拌和时间，随拌和机容量、坍落度、气温而异（参见表3.2），表列数值是常温下取值，在冬季应增大50%；

t_3——出料时间，一般倾翻式为15s，非倾翻式为25～30s；

t_4——必要的技术间歇时间，对双锥式为3～5s；

K_t——时间利用系数。

3.2.1.3　拌和站、拌和楼及其设备容量

混凝土生产系统应根据浇筑强度确定生产规模，按用料分散或集中情况设拌和站或拌和楼。

1. 拌和站、拌和楼的布置

中小工程、分散工程或大型工程的零星部位，通常设置拌和站，而对于用料集中的大、中型工程，则多设置拌和楼。混凝土系统中，拌和站或拌和楼应尽量靠近浇筑地点，并满足防爆安全距离的要求；站、楼应充分利用地形，减少工程量；其主要建筑物的基础

表 3.2 拌和机容量与骨料最大粒径和拌和时间关系

拌和机的进料容量/m^3	最大骨料粒径/mm	拌和时间/min		
		坍落度为 2～5cm	坍落度为 5～8cm	坍落度>8cm
1	80		2.5	2
1.6	150 或 120	2.5	2	2
2.4	150	2.5	2	2
5	150	3.5	3	2.5

应稳固，承载力满足要求；在使用期内应避免中途搬迁，不与永久性建筑物相互干扰，并与变电、输电设施保持足够的安全距离。

混凝土系统应尽可能集中布置，只有在建筑物分散、高程相差太大、集中布置运距过远、两岸交通联系不便，或因砂石料场分散、混凝土系统集中、导致骨料运距太远或不方便的情况，才采用分散布置拌和楼、站。

混凝土系统内部布置应利用地形高差呈台阶形布置，减少物料提升能量消耗。水泥、粉煤灰和掺合料储料设施应尽量靠近拌和楼以缩短运距。制冷、供热也应尽量缩短管线以减少能量损失。进出料应分设在不同高程，并使进料和出料方向错开。出料高程应与混凝土运输线路相适应，同时应使运输车辆或所载料罐上方有足够的净空。出料能力应能满足多品种、多强度等级混凝土的发运，保证连续供料。出料线路应顺直、畅通，设置必要的避车线，避免进出车辆相互干扰。

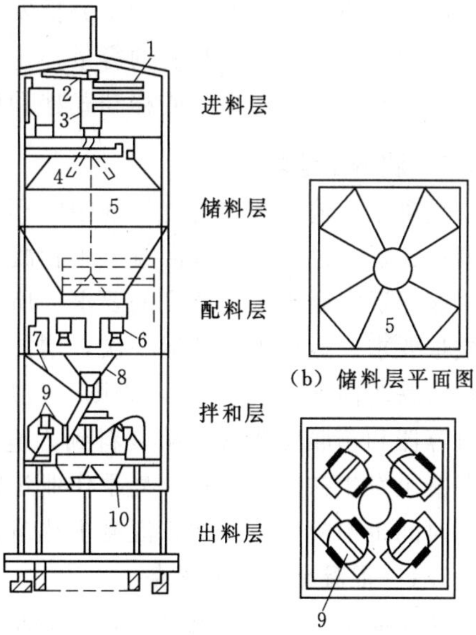

(a) 立面图　(b) 储料层平面图　(c) 拌和楼平面图

图 3.10 混凝土拌和楼

1—进料皮带机；2—水泥螺旋运输机；3—受料斗；4—分料器；5—储料仓；6—配料斗；7—量水器；8—集料斗；9—拌和机；10—混凝土出料

拌和楼（图 3.10）是集中布置的混凝土工厂，常按工艺流程分层布置，分为进料、储料、配料、拌和及出料共五层，其中配料层是全楼的控制中心，设有主操纵台。

由于拌和楼的生产效率高，设备配套，管理方便，运行可靠，占地少，故在大中型混凝土工程中应用较普遍。

2. 拌和设备容量的确定

拌和设备的生产能力应能满足混凝土质量品种和浇筑强度的要求。规范规定，其小时生产能力 P_0 可按混凝土月高峰浇筑强度计算：

$$P_0 = K\frac{Q_{\max}}{nm} \tag{3.6}$$

式中 n——高峰月每日平均工作时数，一般取 20h；

m——高峰月有效工作日数，一般取25d；

K——小时生产不均匀系数，可按1.5考虑；

Q_{max}——混凝土月高峰浇筑强度。

确定混凝土拌和设备容量和台数，还应满足以下要求：

(1) 能满足同时拌制不同强度等级的混凝土。

(2) 拌和机的容量与骨料最大粒径相适应。

(3) 考虑拌和、加冰和掺合料以及生产干硬性或低坍落度混凝土对生产能力的影响。

(4) 拌和机的容量与运载重量和装料容器的大小相匹配。

(5) 适应施工进度，有利于分批安装、分批投产和分批拆除转移。

大中型工程确定拌和机的容量，主要考虑满足主体工程浇筑的需要，其他分散零星的混凝土用料，可另选小型或移动式拌和机来生产。

3.2.2　混凝土运输

混凝土运输是拌和与浇筑的中间环节。运输过程包括水平和垂直运输，其设备应配合协调；在运输过程中要求混凝土不初凝、不分离、不漏浆、无严重泌水、无过大的温度变化，能保证混凝土入仓温度的要求。所以，装、运、卸应合理安排，满足生产流程各环节的质量要求。运输中每转运一次，增加一次分离的机会，故应尽量减少转运次数，并使转运自由跌落高度不大于2m，否则，应加设缓降器以防止骨料分离。水平运输道路要平顺，盛料容器和车厢应严密，从装料到入仓卸料过程宜控制在30～60min以内，以防止浇筑时混凝土发生初凝。显然，夏季作业运输时间应更短，以控制混凝土温度回升；冬季作业运输时间也不应太长，防止混凝土热量损失过多。

3.2.2.1　混凝土的运输设备

从混凝土出机到浇筑仓前，主要应完成水平运输，从浇筑仓前至仓内主要完成垂直运输。

1. 混凝土的水平运输设备

汽车运输混凝土机动灵活，应用广泛，前期准备工作（与有轨运输相比）较简单。采用汽车水平运送混凝土、运输距离1.5km为宜，且坍落度在4～5cm左右。否则混凝土易产生分离。当运距大于1.5km，路面又不平整，混凝土可能因振动而密实，造成卸料困难。

混凝土搅拌输送车是一种用于长距离输送混凝土的高效能机械，它是将运送混凝土的搅拌筒安装在汽车底盘上，而以混凝土搅拌站生产的混凝土拌和物灌装入搅拌筒内，直接运至施工现场，供浇筑作业需要。在运输途中，混凝土搅拌筒始终在不停地慢速转动，从而使筒内的混凝土拌和物可连续得到搅动，以保证混凝土通过长途运输后，仍不致产生离析现象。在运输距离很长时，也可将混凝土干料装入筒内，在运输途中加水搅拌，这样能减少由于长途运输而引起的混凝土坍落度损失。

2. 混凝土的垂直运输设备

(1) 门式起重机（图3.11）。门式起重机又称门机，它的机身下部有一门架，可供运输车辆通行，这样便可使起重机和运输车辆在同一高程上行驶。它运行灵活，操纵方便，可起吊物料作径向和环向移动，定位准确，工作效率较高。门机的起重臂可上扬收拢，便于在较拥挤狭窄的工作面上与相邻门机共浇一仓，有利于提高浇筑速度。国内常用的

10t/20t 门机，最大起重幅度 40m/20m，轨上起重高度 30m，轨下下放深度 35m。为了增大起重机的工作空间，国内新产 20t/60t 和 10t/30t 的高架门机，其轨上高度可达 70m，既有利于高坝施工，减少栈桥层次和高度，也适宜于中低坝降低或取消起重机行驶的工作栈桥。图 3.12 是 10t/30t 高架门机外形图。

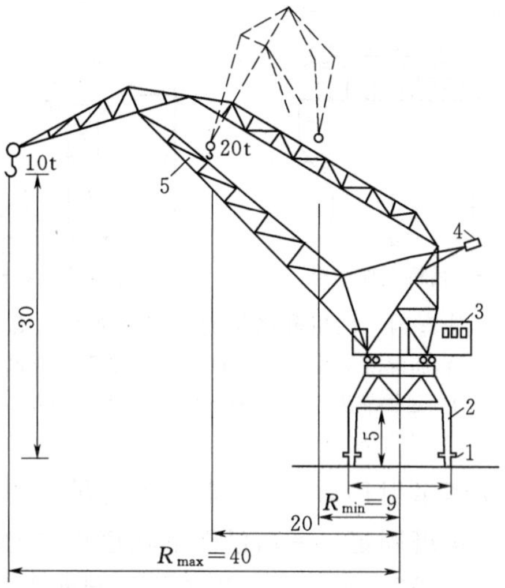

图 3.11 10t/20t 门式起重机（单位：m）
1—行驶装置；2—门架；3—机房；
4—活动平衡重；5—起重臂

（2）塔式起重机。塔式起重机又称塔机或塔吊。为了增加起吊高度，可在移动的门架上加设高达数十米的钢塔。其起重臂可铰接于钢塔顶，能仰俯，也有臂固定，由起重小车在臂的轨道上行驶，完成水平运动，以改变其起重幅度，如图 3.13 所示。塔机的工作空间比门机大，由于机身高，其稳定灵活性较门机差。在行驶轮旁设有夹具，工作时夹具夹住钢轨保持稳定。六级以上大风天气，必须停止行驶工作。若分高程布置塔机，则可使相近塔机在近距离同时运行。由于塔机运行的灵活性较门机差，其起重能力、生产率都较门机低。

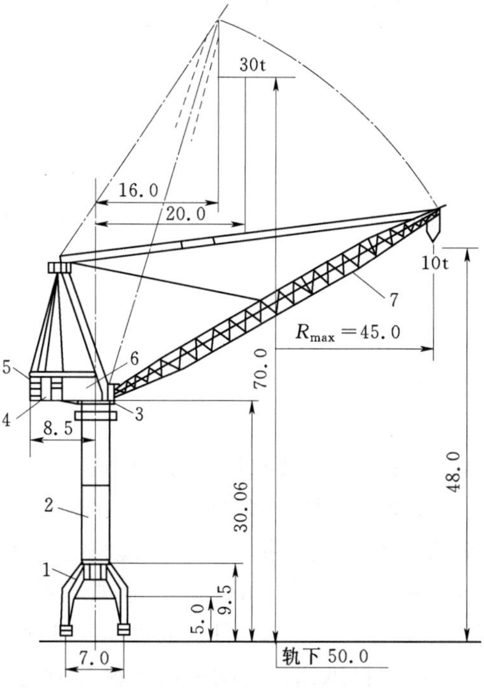

图 3.12 10t/30t 高架门机（单位：m）
1—门架；2—高架塔身；3—回转盘；4—机房；
5—平衡重；6—操纵台；7—起重臂

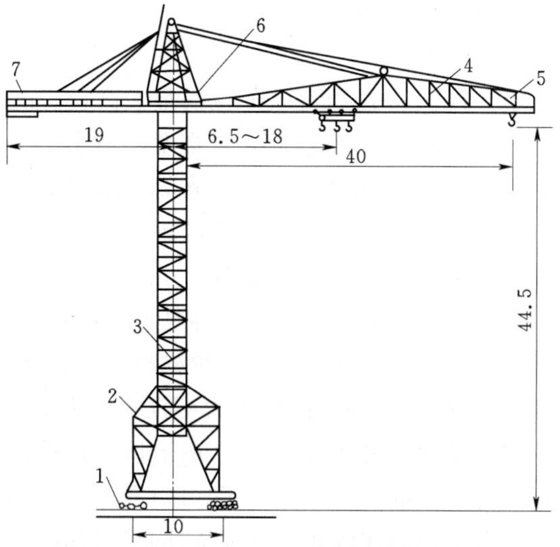

图 3.13 10t/25t 塔式起重机（单位：m）
1—行驶装置；2—门架；3—塔身；4—起重臂；
5—起重小车；6—回转塔架；7—平衡重

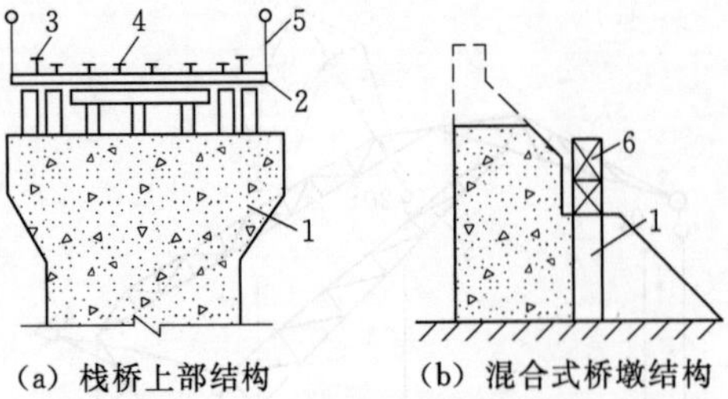

图 3.14 门机和塔机的工作栈桥示意图

1—钢筋混凝土桥墩；2—桥面；3—起重机轨道；4—运输轨道；5—栏杆；6—可拆除的钢架

为了扩大工作范围，门机和塔机多安设在栈桥上。栈桥桥墩可以是与坝体结合的钢筋混凝土结构，也可以是下部为与坝体结合的钢筋混凝土、上部为可拆除回收的钢架结构。桥面结构多用工具式钢架，跨度20～40m。上铺枕木、轨道和桥面板。桥面中部为运输轨道，两侧为起重机轨道，如图3.14所示。

(3) 缆式起重机。平移式缆索起重机有首尾两个可移动的钢塔架。在首尾塔架顶部凌空架设承重缆索。行驶于承重索上的起重小车靠牵引索牵引移动，另用起重索起吊重物。机房和操纵室均设在首塔内，用工业电视监控操纵。尾塔固定、首塔沿弧形轨道移动的称为辐射式缆机，两端固定的称为固定式缆机，俗称“走线”。平移式缆机工作控制面积为一矩形，辐射式缆机控制面积为一扇形，前者运行灵活，控制面积大，但设备投资、基建工程量、能源消耗和运行费用都大于后者；辐射式缆机的优缺点恰好与之相反。

缆机的起重量通常为10～20t，最高达50t。其跨度和塔架高度视建筑物的外形尺寸和缆机所在位置的地形情况经专门设计而定。确定了塔架高度 H_t，就确定了塔顶控制高程 H，其关系如图3.15所示。

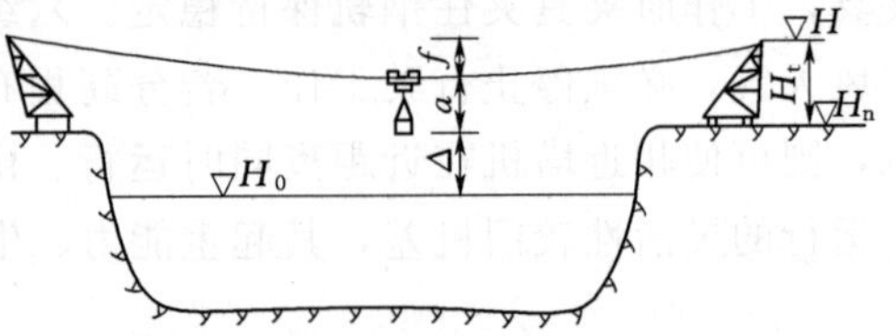

图 3.15 缆机控制高程计算图

塔架高度 H_t：

$$H_t = H - H_n \tag{3.7}$$

塔顶控制高程 H：

$$H = H_0 + \Delta + a + f \tag{3.8}$$

式中 H_0——缆机浇筑部位的最大高程，m；

Δ——吊物最低安全裕度，不小于1m；

a——吊罐底至承重索的最小距离，可取6～10m；

f——满载时承重索的垂度，一般取跨度 L 的5%；

H_n——轨道顶面高程，m。

缆机质量要求最高的部件是承受载重小车移动的承重索，它要求用光滑、耐磨、抗拉强度很高的高强钢丝制成，价格高昂，其制造工艺仅为世界少数国家掌握。缆机的跨度一般为600～1000m，跨度太大不仅垂度大，且承重索和塔架承受的拉力过大。缆机起重小车的行驶速度可达360～670m/min，起重提升速度一般为100～290m/min。通常，缆机每小时吊运混凝土8～12罐。20t缆机月浇筑强度可达5万～8万 m^3/月。为提高生产率，当今多采用高速缆机，仓面无线控制操作，定位准确，卸料迅速。为缩短吊运循环时间，尽可能将混凝土拌和楼布置靠近缆机，以便料罐不脱钩，直接从拌和楼接料；如拌和楼不在缆机控制范围内，可采用特制的运料小车，向不脱钩的料罐供料。运料小车从拌和楼接混凝土拌和料后，由机车拖运至缆机控制范围内，对准不脱钩的料罐，将混凝土经倾斜滑槽卸入料罐，这样就省去了装料的脱钩和挂钩时间。

(4) 履带式起重机。将履带式挖掘机的工作机构改装，即成为履带式起重机。若将 $3m^3$ 挖掘机改装，当起重 20t、起重幅度 18m 时，相应起吊高度为 23m；当要求起重幅度达 28m 时，起重高度为 13m，相应起重量为 12t。这种起重机起吊高度不大，但机动灵活，常与自卸汽车配合浇筑混凝土墩、墙或基础、护坦、护坡等。

(5) 塔带机。早在 20 世纪 20 年代，带式运输机就曾用于混凝土运输，由于用带式运输机输送混凝土易产生分离和砂浆损失，因而影响了它的推广应用。

近些年来，国外一些厂商研制开发了各种专用的混凝土带式运输机，从以下三方面来满足运输混凝土的要求：

1) 提高整机和零部件的可靠性。

2) 力求设备轻型化，整套设备组装方便、移动灵活、适应性强。

3) 配置保证混凝土质量的专用设备。

墨西哥惠特斯（Huites）大坝第一次成功地用 3 台罗泰克（ROTEC）塔带机为主要设备浇筑混凝土，用 2 年多时间浇筑了 280 万 m^3 混凝土，高峰年浇筑混凝土达 210 万 m^3，高峰月浇筑强度达 24.8 万 m^3，创造了混凝土筑坝技术的新纪录。长江三峡工程用 6 台塔（顶）带机，1999—2000 年共浇筑了 330 万 m^3 混凝土，单台最高月产量 5.1 万 m^3，最高日产量 $3270m^3$。

塔带机是集水平运输和垂直运输于一体，将塔机和皮带运输机有机结合的专用皮带机，要求混凝土拌和、水平供料、垂直运输及仓面作业一条龙配套，以提高效率。塔带机布置在坝内，要求大坝坝基开挖完成后快速进行塔带机系统的安装、调试和运行，使其尽早投入正常生产。输送系统直接从拌和厂受料，拌和机兼作给料机，全线自动连续作业。塔带机机身可沿立柱自升，施工中无需搬迁，不必修建多层、多条上坝公路，汽车可不出仓面，在简化施工设施、节省运输费用、提高浇筑速度、保证仓面清洁等方面，这种机械充分显示了其优越性。

塔带机一般为固定式，专用皮带机也有移动式的，移动式又有轮胎式和履带式两种，以轮胎式应用较广，最大皮带长度为 32～61m，以 CC200 型胎带机为目前最大规格，布料幅度达 61m，浇筑范围 50～60m，一般较大的浇筑块可用一台胎带机控制整个浇筑仓面。

塔带机是一种新型混凝土浇筑运输设备，它具有连续浇筑、生产率高、运行灵活等明显优势，随着其运输浇筑系统的不断完善，在未来大坝混凝土施工中将会获得更加广泛的应用。

(6) 混凝土泵。混凝土泵可进行水平和垂直运输，能将混凝土输送到难以浇筑的部位，运输过程中混凝土拌和物受周围环境因素的影响较小，运输浇筑的辅助设施及劳力消耗较少，是具有相当优越性的运输浇筑设备。然而，由于它对于混凝土坍落度和最大骨料粒径有比较严格的要求，它在大坝施工中的应用受到限制。

3.2.2.2 混凝土运输浇筑方案

1. 门、塔机运输浇筑方案

采用门、塔机浇筑混凝土可分为有栈桥和无栈桥方案。栈桥就是行驶起重运输机械的临时桥梁。

（1）门、塔机栈桥运输浇筑方案。设栈桥的目的在于扩大起重机的工作范围，增加浇筑高度，为起重、运输机械提供行驶线路，避免干扰，以利安全高效施工。根据建筑物的外形、断面尺寸，栈桥可以平行坝轴线布置一条、两条或三条，可设于同一高程，也可分设于不同高程；栈桥墩可设于坝内，也可设在坝外；可以是贯通两岸的全线栈桥，也可以是只通一岸的局部栈桥。

栈桥和起重机的布置方案，实质上就是如何使起重机在平面和高程上控制整个建筑物的浇筑部位，使起重机械不仅完成更多混凝土浇筑任务，而且也完成模板、钢筋以及金属结构吊装等辅助工作，最大限度地提高整个工程的施工机械化程度。对于兼有运输任务的栈桥，尚应与拌和楼的出料高程协调一致，实现重车下坡。

栈桥布置有以下几种方式：

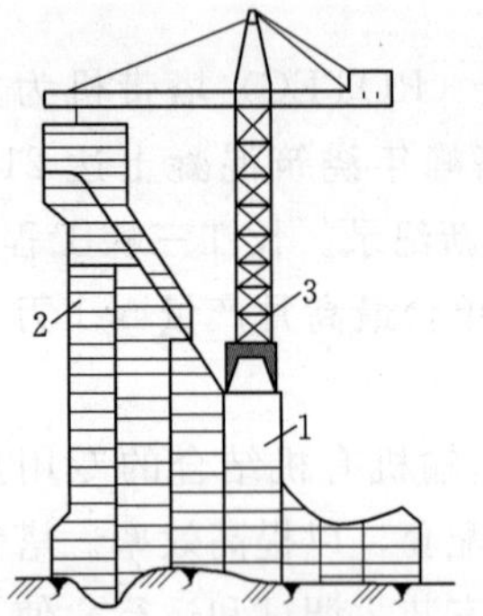

图 3.16　单线栈桥布置图

1—栈桥墩；2—浇筑坝体；3—塔机

1）单线栈桥。对宽度不太大的建筑物，将栈桥布置在建筑物轮廓中部，控制大部分浇筑部位，边角部位由辅助浇筑机械完成。单线栈桥可一次到顶，也可分层加高，后者有利于简化栈桥墩结构，使栈桥及早投入运行，避免料罐下放过深，有利于提高起重机的生产率，但分层加高时要移动运输路线，对施工进度有一定影响（图 3.16）。

2）双线栈桥。通常是一主一辅，主栈桥承担主要的浇筑任务，辅助栈桥主要承担水平运输任务，故应与拌和楼的出料高程协调一致。辅助栈桥也可布置少量起重机，配合主栈桥全面控制较宽的浇筑部位。图 3.17 是重力坝坝后式厂房双线栈桥布置情况。

3）多线多高程栈桥。对于高坝和轮廓尺寸特大的建筑物，采用门、塔机浇筑方案时，常需设多线多高程栈桥才能完成任务，其布置如图 3.18 所示。显然，这样布置栈桥工作量很大，必然会对运输浇筑造成一定影响，利用高架门机和巨型塔机可减少栈桥的层次和条数。

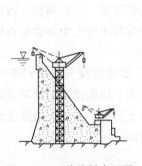

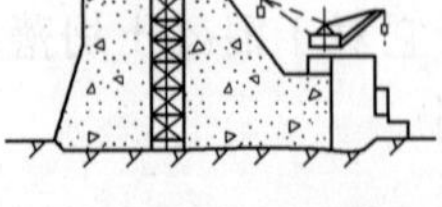
图 3.17　双线栈桥布置图

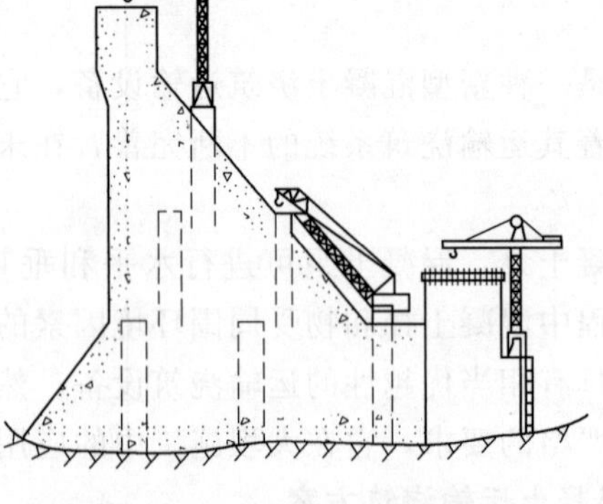
图 3.18　多线多高程栈桥布置图

（2）门、塔机无栈桥方案。这种方案不仅可以节约栈桥，而且可使门、塔机及早投产，及早浇筑混凝土。对于中低水头工程，其布置情况有：①放在围堰顶上［图 3.19（a)］；②放在基坑内的地面上［图 3.19（b)］；③放在已浇好部分建筑物上［图 3.19（c)、(d)］；④放在已浇好的浇筑块上［图 3.19（e）和图 3.20］。这种布置的特点是省去了栈桥，机械随浇筑块的上升而上升，故增多了设备搬迁次数，机械的拆迁可借正在运行的机械吊装。门机拆迁一次至少要花 3 天时间，塔机则更长。下层起重机所压浇筑块，可由上层起重机浇筑。

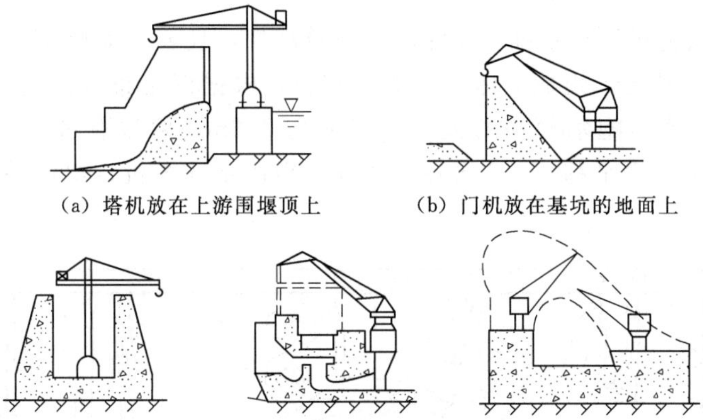

(a）塔机放在上游围堰顶上　(b）门机放在基坑的地面上

(c）塔机放在已浇好的船闸底板上　(d）门机放在已浇好的厂房尾水平台上　(e）门机放在待加高的坝块上

图 3.19　无栈桥门、塔机布置图

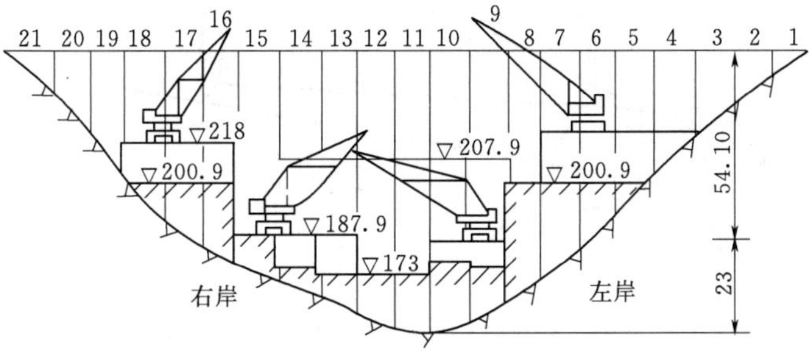

图 3.20　门机压块浇筑下游立视图（单位：m）

1～21—坝块编号

2. 缆机运输浇筑方案

缆机的塔架常安设于河谷两岸，通常布置在所浇建筑物外，还可提前安装，一次架设，在整个施工期发挥作用。有时为缩小跨度，可将坝肩岸边块提前浇好，然后敷设缆机轨道。在施工中无须架设栈桥，与主体工程各个部位的施工均不发生干扰。缆机运输浇筑布置有以下几种情况：

(1）缆机同其他起重机组合的浇筑系统。当河谷较宽、河岸较平缓，可让缆机控制建筑物的主要部位，用辅助机械浇筑坝顶和边角地带。例如巴西和巴拉圭联合修建的伊泰普水电站，坝高 180m，采用 7 台跨度 1300 余 m，起重量 20t 的快速缆机，完成坝体 2/3 高度以下的浇筑任务，上部则用 12 台 20t 的塔机浇筑，其布置如图 3.21 所示。

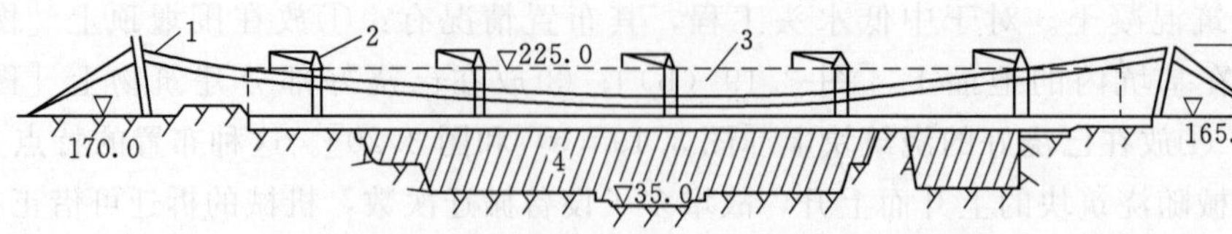

图 3.21 伊泰普大坝缆机和塔机组合浇筑方案示意图（单位：m）

1—快速缆机；2—塔机；3—塔机浇筑部位；4—缆机浇筑部位

（2）立体交叉缆机浇筑系统。在深山峡谷筑高坝，且要求兼顾枢纽的其他工程，则可分高程设置缆机轨道，组成立体交叉浇筑系统，根据枢纽布置设置不同类型的缆机。如图 3.22 所示为美国鲍尔德坝的施工，该坝高 226m，两岸有进水塔、岸边式厂房，在不同高程分设了 4 台平移式、2 台辐射式和 1 台固定式缆机，组成一个立体交叉缆机浇筑系统。

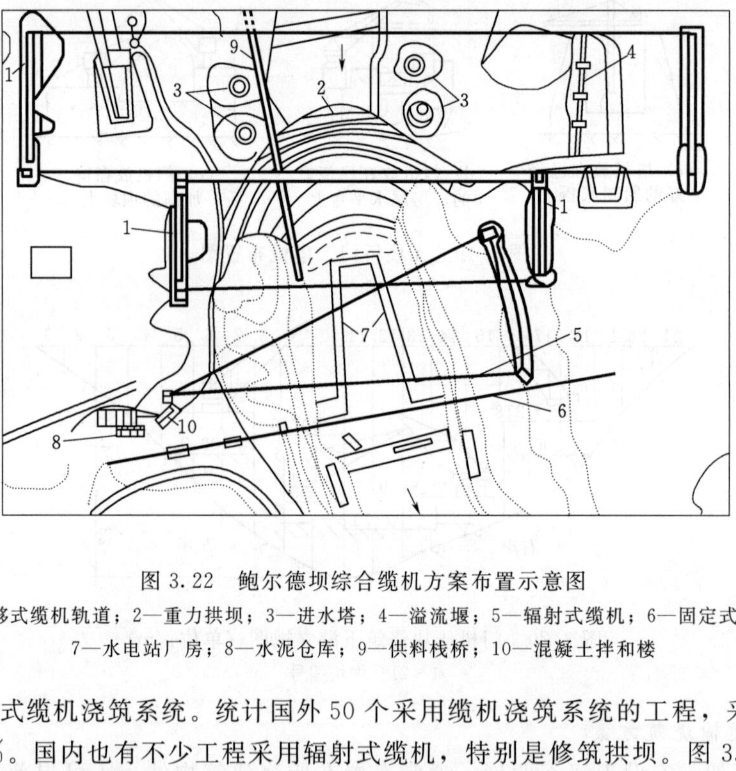

图 3.22 鲍尔德坝综合缆机方案布置示意图

1—平移式缆机轨道；2—重力拱坝；3—进水塔；4—溢流堰；5—辐射式缆机；6—固定式缆机；7—水电站厂房；8—水泥仓库；9—供料栈桥；10—混凝土拌和楼

（3）辐射式缆机浇筑系统。统计国外 50 个采用缆机浇筑系统的工程，采用辐射式缆机的约占 60%。国内也有不少工程采用辐射式缆机，特别是修筑拱坝。图 3.23 是乌江东风水电站拱坝的辐射式缆机布置图，它的固定端锚固在岩壁上，供料系统布置在尾塔一侧。在地形合适的情况下，也有采用辐射式缆机进行重力坝的浇筑（图 3.24），它的固定端是首塔，供料系统则布置在首塔一侧。

也有共用一固定首塔，尾塔则布置在不同高程的轨道上，如图 3.25 所示，国内贵州省乌江渡浇筑拱型重力坝有两台辐射缆机也采用了类似的布置。

3. 辅助运输浇筑方案

通常一个混凝土坝枢纽工程，很难用单一的运输浇筑方案完成，总要辅以其他运输浇筑方案配合施工，有主有辅，相互协调，更为理想。常用的辅助浇筑方案有如下几种。

（1）履带式起重机浇筑方案。用自卸汽车装料运至仓前，卸入由履带起重机起吊的不脱钩的卧罐里，再吊运入仓；一般用于浇筑较低的建筑物，如水闸、厂房、船闸、护坦和消能工等。图 3.26 表示履带起重机浇筑主体工程的基础，这样，可以使主体工程在主要运输浇筑系统形成以前及早进行浇筑。这种浇筑方案准备工作量少，方便灵活。

（2）汽车运输浇筑方案。装料后的自卸汽车直接入仓卸料，避免了中途转运。为使自卸

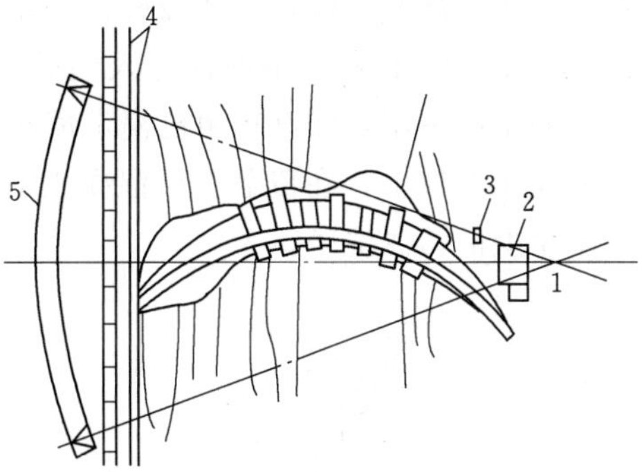

图 3.23　东风水电站拱坝辐射式缆机布置图

1—岩壁锚固；2—机房；3—操作房；4—供料轨道；5—缆机轨道

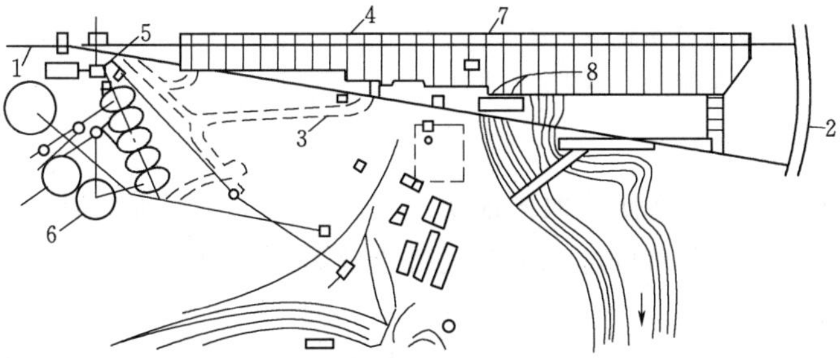

图 3.24　辐射式缆机浇筑重力坝的布置图

1—固定首塔式起重机架；2—尾塔轨道；3—运输线路；4—重力坝；5—拌和楼；6—料堆；7—移动料斗；8—分料装置

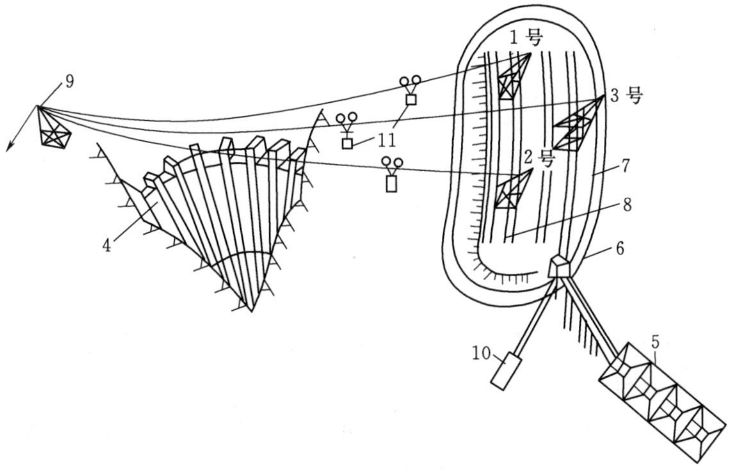

图 3.25　共用一塔架的多台辐射式缆机布置图

1～3 号—辐射式缆机及其编号；4—拱坝；5—骨料堆；6—拌和楼；7—混凝土运输环形线路；8—缆机轨道；9—共用一固定端塔架；10—水泥料仓；11—移动起重小车和料罐

汽车直接进入浇筑部位，常架设轻便栈桥，汽车倒退上桥卸料，必要时经溜筒入仓，如图3.27所示；支承桥面的钢筋柱埋入混凝土中不再拆除，桥面可拆除再次利用。为节省栈桥，有的工程采用自卸汽车由已浇混凝土面上倒退入仓卸料，此时，要求行驶汽车的混凝土龄期在12h以上，在覆盖上层混凝土前需冲毛，每层厚0.7m。汽车入仓前应用冲洗设备将车轮上的污泥洗净。

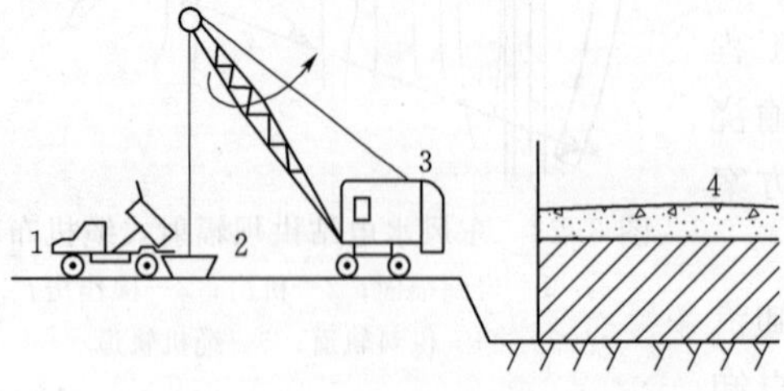

图3.26　履带式起重机浇筑主体工程基础部分布置图

1—自卸汽车；2—卧罐；3—履带式起重机；4—浇筑仓位

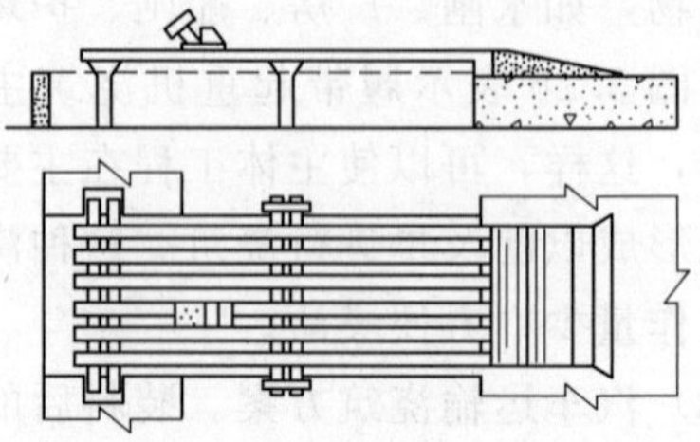

图3.27　汽车栈桥浇筑混凝土

汽车入仓浇筑方式施工简便，取样证明：车轮的碾压并不影响混凝土质量。因为薄层铺筑有利于散热，但应注意卸料过高引起混凝土分离及对模板、钢筋的冲击，故不宜用于结构复杂多筋的部位。

（3）皮带运输机浇筑方案。当浇筑部位距拌和楼（站）不远，且地形平缓时，可用皮带机运输混凝土直接入仓。皮带机架设在轻便栈桥上。散料的横向皮带机可设在栈桥上，也可以置于分料小车两侧，形成双悬臂式，如图3.28所示。为避免卸料时混凝土产生分离，皮带机的卸料口应悬挂缓降筒或溜管。溜管由铁皮制成锥台状的管节套串悬挂，其出口距浇筑面应不大于1.5m。卸料时可用绳牵拉溜管使之均匀卸料，且始终让溜管出口段与浇筑面保持正交，尽量减少分离。溜管的卸料高度一般不大于10m，当卸料高度过大，可在溜管内设缓降装置，外部加振动器，成为振动溜管。

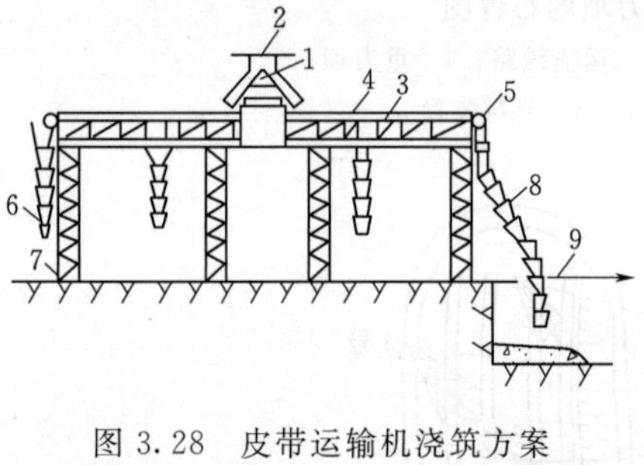

图3.28　皮带运输机浇筑方案

1—进料皮带；2—分料小车；3—横向分料皮带机；4—卸料刮板；5—挡板；6—卸料溜筒；7—钢筋骨架柱；8—溜管；9—拉绳

皮带机运输浇筑混凝土，设备简单，管理方便，能耗较小，浇筑强度高，但运输中容易漏浆、分离，且受气温影响大。为此，应控制皮带机倾角，向上不大于20°，向下不大于10°，运行速度不大于1.2m/s。机架上应加盖，防雨、防晒、防风、保温。皮带行驶途中设弧形卸料刮刀，并与皮带运行方向呈45°的夹角。机头卸料处加橡皮挡板刮浆，防止黏结皮带表面。

3.2.2.3　混凝土运输浇筑方案的选择及起重机械数量的确定

1. 混凝土运输浇筑方案的选择

混凝土运输浇筑方案的选择通常应考虑以下原则：

(1) 运输效率高，成本低，转运次数少，不易分离，质量容易保证。

(2) 起重设备能够控制整个建筑物的浇筑部位。

(3) 主要设备型号单一，性能良好，配套设备能使主要设备的生产能力充分发挥。

(4) 在保证工程质量前提下能满足高峰浇筑强度的要求。

(5) 除满足混凝土浇筑要求外，同时能最大限度地承担模板、钢筋、金属结构及仓面小型机具的吊运工作。

(6) 在工作范围内能连续工作，设备利用率高，不压浇筑块，或不因压块而延误浇筑工期。

还应指出，在整个施工过程中，运输浇筑方案不是一成不变的，而是随工程形象进度的变化而变化。导流方案及施工的分期均对浇筑运输方案有影响，但建筑物尺寸、工程规模往往起主导作用。

对于高大建筑物，垂直运输应以门、塔机栈桥方案和缆机方案作为主要的比较方案，以履带式起重机、汽车、皮带机运输为辅助方案。门、塔机方案适合河谷较宽的坝址；中偏低或低坝可不设栈桥，高坝则设栈桥。狭窄河谷首先考虑缆机方案；当顺流向建筑物尺寸大或有多个建筑物时，则应考虑平移式缆机或平移、辐射式缆机的组合方案；如果结构物尺寸单薄，例如拱坝，则多采用以辐射缆机为主的方案；浇筑强度较大时，可采用一固定塔架、多台辐射式缆机方案；对中等高度、结构单薄的坝，如薄拱坝、支墩坝，在缺乏大型起重机械时，可采用固定式缆机（走线）或固定钢塔配合小车转运的方案，起重钢塔可竖直架立，也可沿支墩斜面倾斜布置。对高度较低的建筑物，例如低坝、厂房、水闸、船闸、护坦及各种墩、墙等零星分散的小型建筑物，则常以履带式起重机、汽车、皮带机为主要浇筑手段。

对于大中型建筑物，应根据不同的部位，不同的施工时段，采用不同的运输浇筑方案。一座建筑物沿高度方向可分为底部、中部和顶部，沿轴线方向可分为河槽部位和岸边部位，从施工阶段划分又有初期、中期和后期，不同时期工程的形象也在发生变化。现以分期导流为例，研究不同时期的浇筑方案选择。

图 3.29 将坝体浇筑划分为Ⅰ、Ⅱ、Ⅲ、Ⅳ四个阶段，Ⅰ、Ⅱ阶段为浇筑前期，Ⅲ阶段为浇筑中期，Ⅳ阶段为浇筑后期。

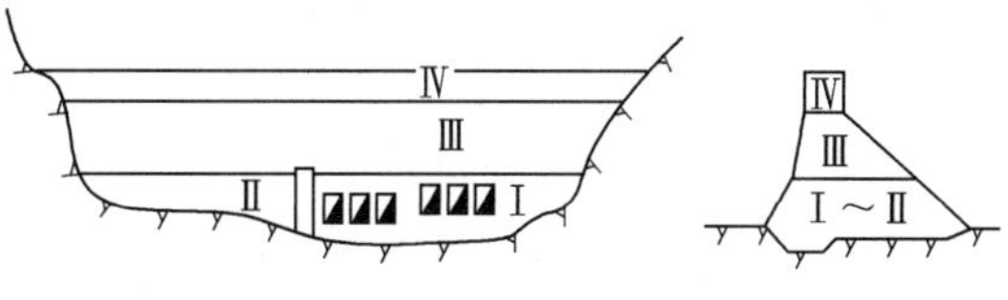

图 3.29 分期导流混凝土坝浇筑时段划分

(1) 前期施工高程较低，主要浇筑系统一般尚未形成或未完全形成，工作面比较狭窄。此时，尽管浇筑总量不是很大，但由于度汛要求，浇筑强度仍然较高，但多以水平运输为主，故可采用皮带机运输、履带起重机配合汽车运输或汽车直接入仓浇筑，并与部分形成或刚刚形成的门塔机浇筑系统组成综合运输浇筑方案。

(2) 中期浇筑的主要特点是施工高度较高、工程量大，工作面已全面铺开，可以充分布置机械，浇筑强度较高，高峰强度多出现在这个时期，垂直运输占主导地位。这时，多以门、塔机栈桥或缆机浇筑方案为主，辅以其他运输浇筑方式，或采用门、塔机栈桥与缆机的组合方案。

(3) 后期浇筑的特点是工作前沿长，提升高度大，但施工工作量和强度均较小。通常只需部分利用中期的设备，并辅以少量轻便灵活的设备便能完成，后期常要考虑部分大型设备的搬迁和撤退。

2. 起重机数量的确定

(1) 月实用生产率。任何一台起重机的月实用生产率 P_m：

$$P_m = P_t mnK_1K_2K_3 \tag{3.9}$$

式中 P_t——起重机的技术生产率，$P_t = N_0 q$，其中 N_0 为每小时吊运罐数，q 为每罐的有效容积，m^3；

m——每月有效工作天数，可取 $m=25d$；

n——每天有效工作时数，可取 $n=20h$；

K_1——吊罐有效容积利用系数，考虑混凝土损耗，取0.98；

K_2——时间利用系数，与起重机台数、供料方式、班内时间利用情况有关，在0.62～0.80范围内；

K_3——综合利用系数，视完成吊运钢筋构架、大型模板、金属结构等辅助工作量而定，可取0.60～0.85，缆机若只浇混凝土则取1。

(2) 小时浇筑强度 Q_h (m^3/h)：

$$Q_h = \frac{\overline{Q}_m}{nm} K_m K_d K_h \tag{3.10}$$

式中 $\overline{Q}_m$——浇筑高峰年或高峰时段的月平均强度，m^3/月；

K_m——月不均匀系数，按高峰时段计算时则一般取1.1～1.2；

K_d——浇筑的日不均匀系数；

K_h——浇筑的小时不均匀系数，视工程规模、施工组织、机械配套等情况而定，一般取1.2～1.6。

(3) 起重机需用数量。起重机需用数量 N 按式(3.11)计算后取整：

$$N = \frac{Q_m}{P_m} K_0 \tag{3.11}$$

式中 Q_m——施工进度要求的月浇筑强度，可据式(3.10)的 $\overline{Q}_m$ 并考虑相应不均衡系数而定，m^3/月；

P_m——起重机实际台月生产率，m^3/(台·月)，见式(3.9)；

K_0——备用系数，对大型专用机械，因时间利用系数或年工作台班定额中已考虑了多种影响因素，故取 $K_0=1.0$。

由式(3.9)可见，应改善供料条件，加强起重机械的管理和维修，尽量提高时间利用系数；另一方面宜搭配必要的辅助机械，用以完成辅助作业，最大限度地提高综合利用系数，让主导起重机械充分用来浇筑混凝土。

任务3.3 混凝土的浇筑

请思考：

1. 为防止混凝土坝出现裂缝，可采取哪些温控措施？

2. 混凝土浇筑的工艺流程包括哪些？
3. 每个坝段的纵缝分块形式可以分为几种？
4. 大坝混凝土浇筑的水平运输包括哪些方式？垂直运输设备主要有哪些？
5. 大坝混凝土浇筑的运输方案有哪些？本工程采用哪种运输方案？
6. 混凝土拌和设备生产能力主要取决于哪些因素？
7. 混凝土的正常养护时间至少约为多长？
8. 坝体接缝灌浆的作用是什么？
9. 接缝灌浆的程序和主法步骤如何？
10. 接缝灌浆的次序是什么？

3.3.1 混凝土的浇筑

混凝土坝施工，由于受到温度应力与混凝土浇筑能力的限制，不可能使整个坝段连续不断地一次浇筑完毕。因此，需要用垂直于坝轴线的横缝和平行于坝轴线的纵缝以及水平缝，将坝体划分为许多浇筑块进行浇筑（图 3.30）。混凝土坝分缝分块原则：

（1）根据结构特点、形状及应力情况进行分层分块，避免在应力集中、结构薄弱部位分缝。

（2）采用错缝分块时，必须采取措施防止竖直施工缝张开后向上向下继续延伸。

（3）分层厚度应根据结构特点和温度控制要求确定，基础约束区一般为 1～2m，约束区以上可适当加厚；墩墙侧面可散热，分层也可厚些。

（4）应根据混凝土的浇筑能力和温度控制要求确定分块面积的大小。块体的长宽比不宜过大，一般以小于 2.5∶1 为宜。

（5）分层分块均应考虑施工方便。

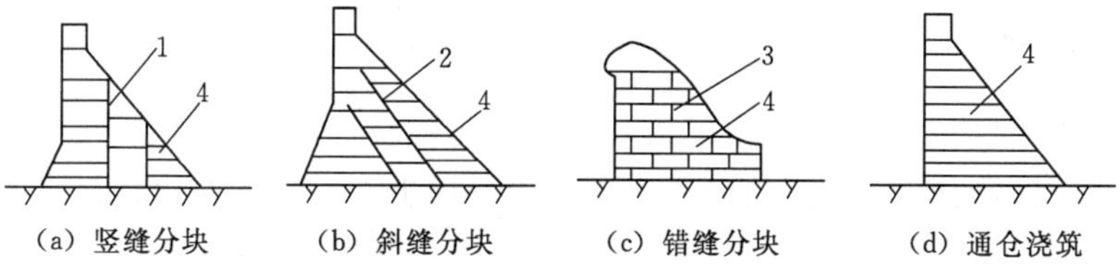

图 3.30 分缝分块型式

1—竖缝；2—斜缝；3—错缝；4—水平施工缝

3.3.1.1 混凝土坝的浇筑方式

由于多种条件的限制，不可能将整个坝体连续不断地一次浇筑完毕，需要采取分缝分块的方式，将坝体划分成许多浇筑块进行混凝土浇筑。

首先，沿坝轴线方向，将混凝土划分为 15～20m 左右的若干坝段，坝段之间的缝统称为横缝。重力坝的横缝一般与伸缩沉降缝结合，是不需要接缝灌浆处理的结构缝，又称为永久缝；拱坝的横缝由于有传递应力的要求，需要进行接缝灌浆处理，又称为临时缝。其次，每个坝段又常用纵缝划分成若干坝块，也有整个坝段不再设缝而进行通仓浇筑的。在坝体高度方向，常因不可能一次从基础浇筑到坝顶，需要分块上升，上下块之间就形成了水平施工缝。非结构性的横缝、坝段纵缝、浇筑块之间的垂直缝和水平缝都是临时缝，又称施工缝，都需要进行处理，否则会影响坝的整体性。

1. 竖缝分块

竖缝分块是用平行于坝轴线的铅直缝把坝段分成若干柱状体，所以又称为柱状分块。在施工中习惯于将一个坝段的几个柱状体从上游到下游依次编号为1仓、2仓、……这种分缝分块型式始于20世纪30年代末美国胡佛坝的施工，因而被称为传统的分缝分块型式，也是我国使用最广泛的一种。

为了恢复因竖缝而破坏的坝体整体性，需进行接缝灌浆处理，或用膨胀混凝土回填宽缝。预留的宽缝又称预留宽槽，槽宽一般1m左右。宽槽两侧的柱状体可各自单独上升而不必限制相邻块高差。宽槽的缝面处理及混凝土回填的劳动条件差，从而限制了这种分缝方式的应用。普遍应用的是灌浆竖缝。

沿竖缝方向存在着剪应力，而灌浆形成的接缝面的抗剪强度较低，需设置键槽以增强缝面抗剪能力。键槽的两个斜面应尽可能分别与坝体的两组主应力相垂直，从而使两个斜面上的剪应力接近于零，如图3.31所示。键槽的形式有两种：不等边直角三角形和不等边梯形。为了施工方便，各条竖缝的键槽往往做成统一的形式。

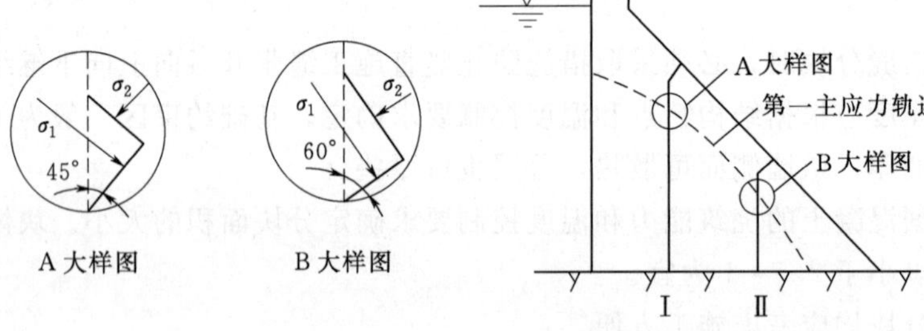

图3.31　坝体主应力与竖缝键槽

σ_1、σ_2—第一、第二主应力；Ⅰ、Ⅱ—竖缝编号

如图3.32所示，为了便于键槽模板安装并使先浇块拆模后不形成易受损的突出尖角，三角形键槽模板总是安装在先浇块的铅直模板内侧面上，直角的对边是铅直的。为了使键槽面与主应力垂直，若上游块先浇，则应使键槽直角的短边在上、长边在下。反之，下游块先浇，则应长边在上、短边在下。施工中应注意这种键槽长短边随浇筑顺序而变的关系。

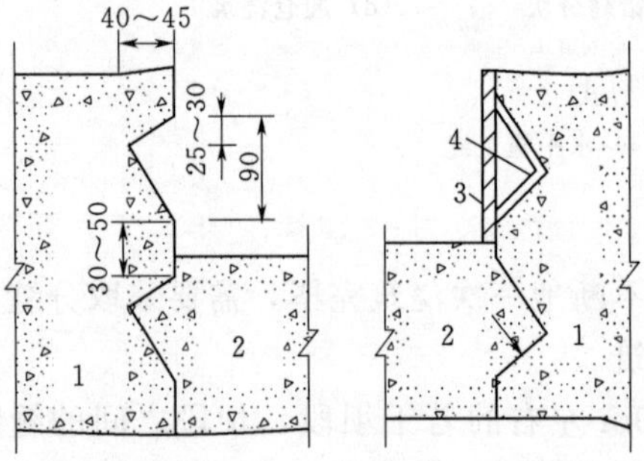

(a) 上游块先浇　　(b) 下游块先浇

图3.32　键槽模板（单位：cm）

1—先浇块；2—后浇块；3—铅直模板；4—键槽模板

在施工中由于各种原因常出现相邻块高差。混凝土浇筑后会发生因冷却收缩和压缩沉降而导致的变形。如果相邻块高差过大，当后浇块浇筑后，因为先浇块的变形已大部分完成而后浇块的变形才刚刚开始发生，于是在相邻块之间出现了较大的变形差，使得键槽的突缘及上斜边拉开，下斜边挤压，如图3.33所示。

键槽面挤压可能引起两种后果：一是接缝灌

浆时管路不通，影响灌浆质量；二是键槽被剪断。所以，相邻块高差要作适当控制。我国相关规范规定，相邻坝块的高差一般不超过 10～12m。高差除了与坝块温度及分缝间距等有关以外，还与先浇块键槽下斜边的坡度密切相关。长边在下，坡度较陡，对避免挤压有利；短边在下，坡度较缓，容易形成挤压。所以，有些工程施工时，把相邻块高差区分为正高差和反高差两种。上游块先浇（键槽长边在下）形成的高差称为正高差，一般按 10～12m 控制；下游块先浇（键槽短边在下）形成的高差称为反高差，从严控制为 5～6m。

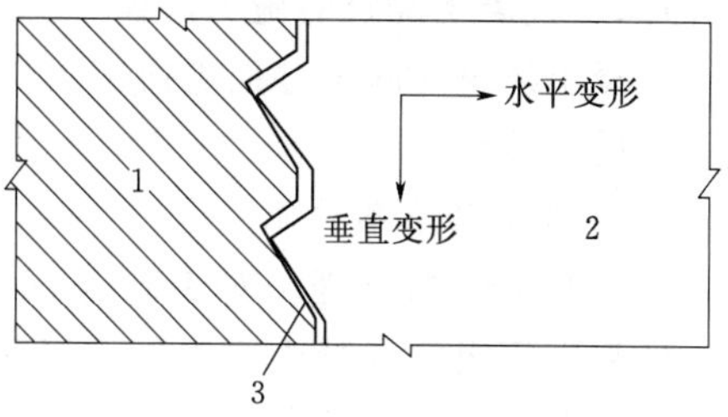

图 3.33　键槽面的挤压

1—先浇块；2—后浇块；3—键槽挤压面

采用竖缝分块时，分缝间距越大，块体水平面断面积越大，竖缝数目和缝的总面积越小，接缝灌浆及模板作业工作量越少；但温度控制要求也越严。如何处理它们之间的关系，要视具体条件而定。从混凝土坝施工发展趋势看，明显地朝着尽量减少竖缝数目，直至取消纵缝进行通仓浇筑的方向发展。

关于浇筑块的高度，我国和加拿大曾经采用过高块浇筑，块高达到 10m 甚至 20m 以上。高块浇筑的优点是减少了水平施工缝及其处理工作量，但立模困难，对温控不利，所以没有推广应用。目前浇筑块高度多在 3m 以下。

2. 斜缝分块

斜缝分块是大致沿两组主应力之一的轨迹面设置斜缝，缝是向上游或下游倾斜的。斜缝分块的主要优点是缝面上的剪应力很小，使坝体能保持较好的整体性。理论上，斜缝可以不进行接缝灌浆，但也有灌浆的。

斜缝不能直接通到坝的上游面，以避免库水渗入缝内。在斜缝终止处应采取并缝措施，布置骑缝钢筋或设置并缝廊道，以免因应力集中导致斜缝沿缝端向上发展。

斜缝分块同样要注意均匀上升和控制相邻块高差，高差过大则两块温差过大，容易在后浇块上出现温度裂缝。

斜缝分块的主要缺点是坝块浇筑的先后顺序受到限制，如倾向上游的斜缝就必须是上游块先浇、下游块后浇，不如竖缝分块那样灵活。

3. 错缝分块

错缝分块，是用沿高度错开的竖缝进行分块，又叫砌砖法。浇筑块不大（通常块长 20m 左右，块高 1.5～4m），对浇筑设备及温控的要求相应较低。因竖缝不贯通，也不需接缝灌浆，然而施工时各块相互干扰，影响施工速度；浇筑块之间相互约束，容易产生温度裂缝，尤其容易使原来错开的竖缝相互贯通。20 世纪 50 年代以前，苏联在低坝中较多采用错缝分块，目前这种分块方式已很少采用。

4. 通仓浇筑

通仓浇筑不设纵缝，一个坝段只有一个仓。由于不设纵缝，纵缝模板、纵缝灌浆系统以及为达到灌浆温度而设置的坝体冷却设施都可以取消，是一种先进的分缝分块方式。由于通仓浇筑尺寸大，对于浇筑设备能力，尤其是对于温度控调的水平提出了更高的要求。

3.3.1.2　混凝土浇筑的施工过程

混凝土浇筑的施工过程包括：浇筑前的准备作业，浇筑时的入仓铺料、平仓振捣，以及浇筑后的养护。

1. 浇筑前的准备作业

（1）基础面的处理。对于砂砾石地基，应清除杂物，整平建基面，再浇10～20cm厚、低强度等级的混凝土作垫层，以防漏浆。对于土基，应先铺碎石，盖上湿砂，压实后，再浇混凝土。对于岩基，在爆破后，用人工清除表面松软岩石、棱角和反坡，并用高压水枪冲洗，若黏有油污和杂物，可用金属丝刷刷洗，直至洁净为止，最后再用压风吹至岩面无积水，经质检合格才能开仓浇筑混凝土。

（2）施工缝处理。施工缝系指浇筑块间临时的水平和垂直结合缝，也是新老混凝土的结合面。在新混凝土浇筑前，必须采用高压水枪或风砂枪将老混凝土表面含游离石灰的水泥膜（乳皮）清除，并使表层石子半露，形成有利于层间结合的麻面。对纵缝表面可不凿毛，但应冲洗干净，以利灌浆。采用高压水冲毛，视气温高低，可在浇筑后5～20h进行；当用风砂枪冲毛时，一般应在浇后1～2天进行。施工缝凿毛或冲毛后，应用压力水冲洗干净，使其表面无渣、无尘，才能浇筑混凝土。

（3）模板、钢筋和预埋件的安设。这道工序应做到规格、数量无误，定位准确，连接牢靠。后面钢筋、模板作业中会有讨论，此处不再赘述。

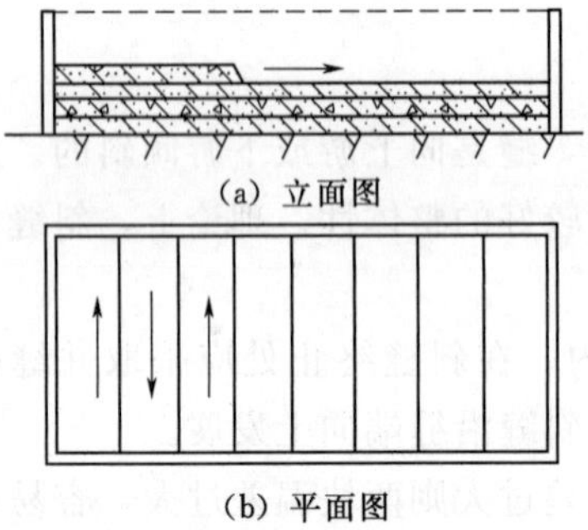

(a) 立面图

(b) 平面图

图3.34　平浇法示意图

（4）开仓前全面检查。仓面准备就绪，风、水、电及照明布置妥当后，经质检部门全面检查，签发准浇证后才能开仓浇筑。一经开仓则应连续浇筑，避免因中断而出现冷缝。

2. 入仓铺料

混凝土入仓铺料多用平浇法。它是沿仓面某一边逐条逐层有序连续铺填，如图3.34所示。铺料层厚与振动设备性能、混凝土稠度、来料强度和气温高低有关。为保证浇筑层间不出现冷缝，且有利于迅速振捣密实，层厚一般为30～60cm，当采用振捣器组振捣时，层厚可达70～80cm。

层间间歇超过混凝土初凝时间就会出现冷缝，使层间的抗渗、抗剪和抗拉能力明显降低。如气温一定，仓面尺寸和浇筑铺层厚度应与混凝土运输浇筑能力相适应。换言之，当允许层间间隔时间t(h)已定后，为不出现冷缝，应满足以下条件：

$$KP(t-t_1)\geqslant BLh$$

或

$$P\geqslant\frac{BLh}{K(t-t_1)} \tag{3.12}$$

式中　K——混凝土运输延误系数，取0.8～0.85；

P——浇筑仓要求的混凝土运浇能力，m^3/h；

t_1——混凝土从出机到入仓的时间，h；

B、L——浇筑块的宽度和长度，m；

h——铺料层厚度，m。

显然，分块尺寸和铺层厚度受混凝土运浇能力的限制。若分块尺寸和铺层厚度一定，要使层间不出现冷缝，应采取措施增大运浇能力。若设备能力难以增加，则应考虑改变浇筑方法，将平浇法改变为斜层浇筑或阶梯浇筑（图 3.35），以避免出现冷缝。阶梯浇筑法的前提是薄层浇筑，根据吊运混凝土设备能力和散热的需要，浇筑块高宜在 1.5m 以内，阶梯宽度不小于 1.0m，斜面坡度不小于 1：2；当采用 $3m^3$ 吊罐卸料时，在浇筑前进方向卸料宽不小于 2.8m。对斜层浇筑，层面坡度不宜大于 10°。以上两种浇筑法，为避免砂浆流失，骨料分离，宜采用低坍落度混凝土。

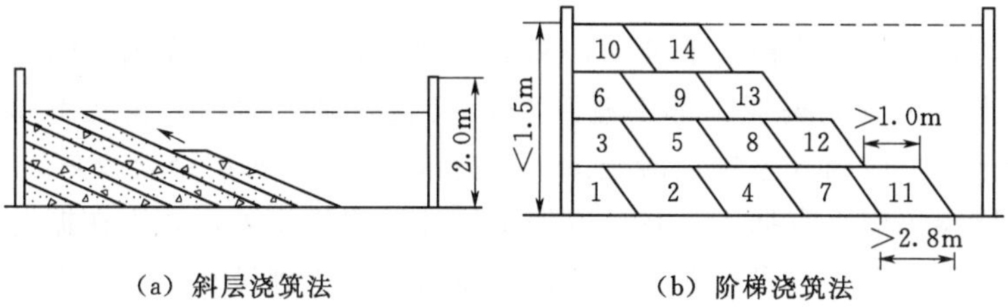

图 3.35 斜层浇筑法和阶梯浇筑法
1～14—阶梯浇筑顺序

3. 平仓与振捣

（1）平仓。卸入仓内成堆的混凝土料按规定要求均匀铺平称为平仓，平仓可用插入式振捣器插入料堆顶部振动，使混凝土液化后自行摊平，也可用平仓振捣机进行。平仓振捣机类似小型推土机，其推土刀片用于平仓，尾部装有 3～6 个振捣器用于振捣，适用于仓面大、钢筋和埋件少的仓内，振捣干硬性混凝土效率更高。

（2）振捣。振捣是保证混凝土密实的关键。由于振捣器能够产生高频低振幅的振动，使塑性混凝土液化，骨料相互滑移，砂浆充填骨料间的空隙，排出其中的空气，使混凝土达到密实。插入式振捣器应用最广泛，其中电动硬轴式在大体积混凝土振捣中应用较普遍，其振动影响半径大，捣实质量好，使用较方便；软轴式应用在钢筋密集、结构单薄的部位。振动影响半径与振动力大小和混凝土的坍落度有关，一般为 30～50cm，须通过试振确定。

振捣器的操作。振捣在平仓之后立即进行，此时混凝土流动性好，振捣容易，捣实质量好。振捣器的选用，对于素混凝土或钢筋稀疏的部位，宜用大直径的振捣棒；坍落度小的干硬性混凝土，宜选用高频和振幅较大的振捣器。振捣作业路线保持一致，并顺序依次进行，以防漏振。振捣棒尽可能垂直地插入混凝土中。如振捣棒较长或把手位置较高，垂直插入感到操作不便时，也可略带倾斜，但与水平面夹角不宜小于 45°，且每次倾斜方向应保持一致，否则下部混凝土将会发生漏振；这时作用轴线应平行，如不平行也会出现漏振点（图 3.36）。

振捣棒应快插、慢拔。插入过慢，上部混凝土先捣实，就会阻止下部混凝土中的空气和多余的水分向上逸出；拔得过快，周围混凝土来不及填铺振捣棒留下的孔洞，将在每一层混凝土的上半部留下只有砂浆而无骨料的砂浆柱，影响混凝土的强度。为使上下层混凝

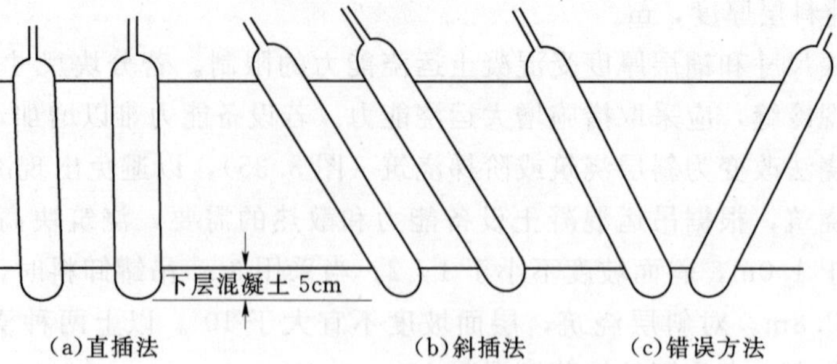

图 3.36　插入式振捣器操作示意图

土振捣密实均匀，可将振捣棒上下抽动，抽动幅度为 5～10cm。振捣棒的插入深度，在振捣第一层混凝土时，以振捣器头部不碰到基岩或老混凝土面，但相距不超过 5cm 为宜；振捣上层混凝土时，应插入下层混凝土 5cm 左右，使上下两层结合良好。在斜坡上浇筑混凝土时，振捣棒仍应垂直插入，并且应先振低处，再振高处，否则在振捣低处的混凝土时，已捣实的高处混凝土会自行向下流动，致使密实性受到破坏。软轴振捣棒插入深度为棒长的 3/4，过深则软轴和振捣棒结合处容易损坏。

振捣棒在每一孔位的振捣时间，以混凝土不再显著下沉、水分和气泡不再逸出并开始泛浆为准。振捣时间和混凝土坍落度、石子类型及最大粒径、振捣器的性能等因素有关，一般为 20～30s。振捣时间过长，不但降低工效，且使砂浆上浮过多，石子集中下部，混凝土产生离析，严重时整个浇筑层呈“千层饼”状态。

振捣器的插入间距控制在振捣器有效作用半径的 1.5 倍以内，实际操作时也可根据振捣后在混凝土表面留下的圆形泛浆区域能否在正方形排列（直线行列移动）的 4 个振捣孔径的中点［图 3.37（a）中的 A、B、C、D 点］或三角形排列（交错行列移动）的 3 个振捣孔位的中点［图 3.37（b）中的 A、B、C、D、E、F 点］相互衔接来判断。在模板边、预埋件周围、布置有钢筋的部位以及两罐（或两车）混凝土卸料的交界处，宜适当减少插入间距，以加强振捣，但不宜小于振捣棒有效作用半径的 1/2，并注意不能触及钢筋、模板及预埋件。

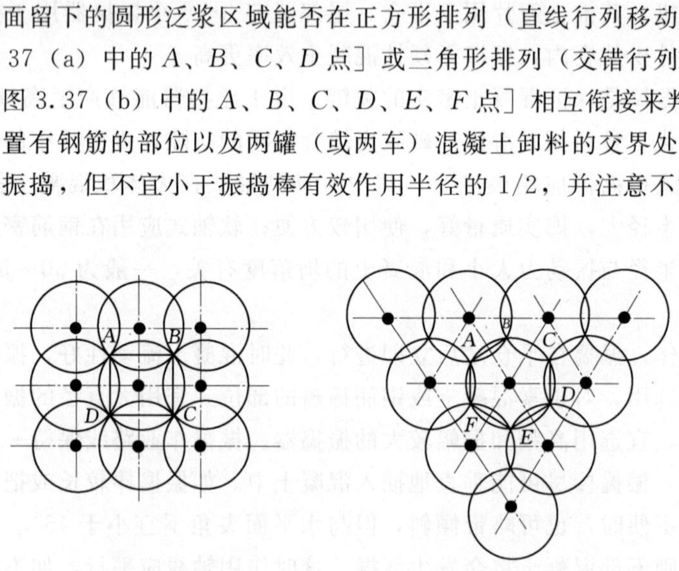

图 3.37　振捣孔位布置

为提高工效，振捣棒插入孔位尽可能呈三角形分布。据计算，三角形分布较正方形分布工效可提高 30%，此外，将几个振捣器排成一排，同时插入混凝土中进行振捣，这时两台振捣器之间的混凝土可同时接收到这两台振捣器传来的振动，振捣时间可因此缩短，振动作用半径也即加大。

振捣时出现砂浆窝时应将砂浆铲出，用脚或振捣棒从旁边将混凝土压送至该处填补，不可将别处的石子移来（重新出现砂浆窝）；如出现石子窝，按同样方法将松散石子铲出，同样方法填补。振捣中发现泌水现象时，应经常保持仓面平整，使泌水自动流向集水地点，并用人工淘除。泌水未引走或淘除前，不得继续铺料、振捣。集水地点不能固定在一处，应逐层变换淘水位置，以防弱点集中在一处；也不得在模板上开洞引水自流或将泌水表层砂浆排出仓外。

振捣器的电缆线应注意保护，不要被混凝土压住。万一压住时，不要硬拉，可用振捣棒振动其附近的混凝土，使其液化，然后将电缆线慢慢拔出。

软轴式振捣器的软轴不应弯曲过大，弯曲半径一般不宜小于 50cm，也不能多于两弯，电动直联偏心式振捣器因内装电动机，较易发热，主要依靠棒壳周围混凝土进行冷却，不要让它在空气中连续空载运转。

工作时，一旦发现有软轴保护套管橡胶开裂、电缆线表皮损伤、振捣棒声响不正常或频率下降等现象时，应立即停机处理或送修拆检。

为了减轻振动作业的工人体力消耗，可采用机械手或平仓振捣机操作振捣器组。

3.3.2　混凝土的温度控制

3.3.2.1　混凝土温度控制的基本任务

为了明确混凝土温度控制的基本任务，应首先弄清混凝土的温度变化过程（图 3.38）及与温度变化密切相关的温度裂缝问题。

1. 混凝土的温度变化过程

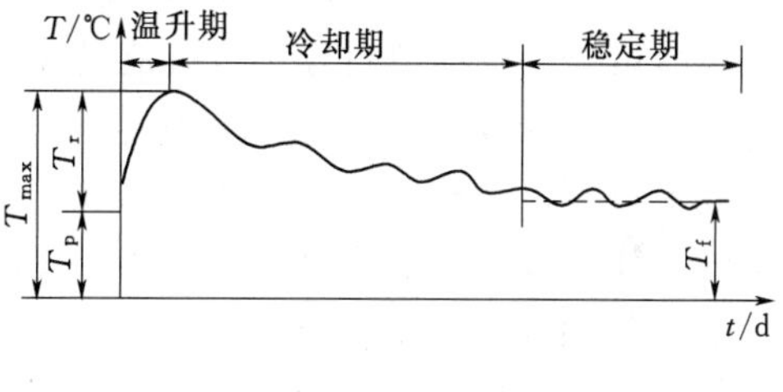

图 3.38　大体积混凝土的温度变化过程线

混凝土在凝固过程中，由于水泥水化，释放大量水化热，使混凝土内部温度逐步上升。对尺寸小的结构，由于散热较快，温升不高，不致引起严重后果；但对大体积混凝土，最小尺寸也常在 3～5m 以上，而混凝土导热性能随热传导距离呈非线性衰减，大部分水化热将积蓄在浇筑块内，使块内温度达 30～50℃，甚至更高。由于内外温差的存在，随着时间的推移，坝内温度逐渐下降而趋于稳定，与多年平均气温接近。大体积混凝土的温度变化过程，可分为图 3.38 所示的三个阶段，即温升期、冷却期（或降温期）和稳定期。显然，混凝土内的最高温度 T_{max} 等于混凝土浇筑入仓温度 T_p 与水化热温升值 T_r 之和。由 T_p 到 T_{max} 是温升期，由 T_{max} 到稳定温度 T_f 是降温期，之后混凝土内部温度围绕稳定温度随外界气温略有起伏。

2. 混凝土温度裂缝

大体积混凝土的温度变化必然引起温度变形，温度变形若受到约束，势必产生温度应力。由于混凝土的抗压强度远高于抗拉强度，在温度压应力作用下不致破坏的混凝土，当受到温度拉应力作用时，常因抗拉强度不足而产生裂缝。随着约束情况的不同，大体积混凝土温度裂缝有两种。

（1）表面裂缝。混凝土浇筑后，水化热温升使体积膨胀，如遇寒潮，气温骤降，表层降温收缩。内胀外缩，在混凝土内部产生压应力，表层产生拉应力。各点温度应力的大小，取决于该点温度梯度的大小。在混凝土内处于内外温度平均值的点应力为零，高于平均值的点承受压应力，低于平均值的点为拉应力（图3.39）。

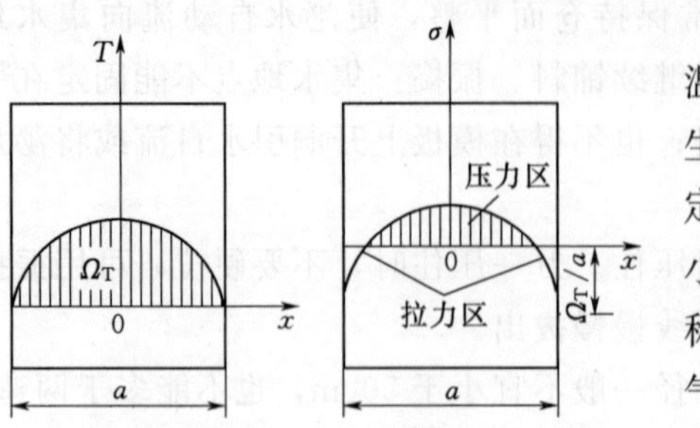

（a）温度分布　（b）温度应力分布

图3.39　混凝土浇筑块自身约束的温度应力

混凝土的抗拉强度远小于抗压强度。当表层温度拉应力超过混凝土的允许抗拉强度时，将产生裂缝。这种裂缝多发生在块体侧壁，方向不定，数量较多。由于初浇的混凝土塑性大，弹模小，限制了拉应力的增长，故这种裂缝短而浅，称为表面裂缝，随着混凝土内部温度下降，外部气温回升，有重新闭合的可能。

（2）贯穿裂缝和深层裂缝。变形和约束是产生应力的两个必要条件。由温度变化引起温度变形是普遍存在的，有无温度应力出现的关键在于有无约束。人们不仅把基岩视为刚性基础，也把已凝固、弹模较大的下部老混凝土视为刚性基础。这种基础对新浇不久的混凝土产生温度变形所施加的约束作用，称为基础约束（图3.40）。这种约束在混凝土升温膨胀期引起压应力，在降温收缩时引起拉应力。当此拉应力超过混凝土的允许抗拉强度时，就会产生裂缝，称为基础约束裂缝。由于这种裂缝自基础面向上开展，严重时可能贯穿整个坝段，故又称为贯穿裂缝。此种裂缝切割的深度可达3～5m以上，故又称为深层裂缝。裂缝的宽度可达1～3mm，且多垂直于基面向上延伸，既可能平行纵缝贯穿，也可能沿流向贯穿。

3. 大体积混凝土温度控制的任务

综上可见，大体积混凝土紧靠基础产生贯穿裂缝，无论对坝的整体受力还是防渗效果的影响，比之浅层表面裂缝的危害都大得多。表面裂缝虽然可能成为深层裂缝的诱发因素，对坝的抗风化能力和耐久性有一定影响，但毕竟其深度浅、长度短（图3.41），一般不至于成为危害坝体安全的决定因素。

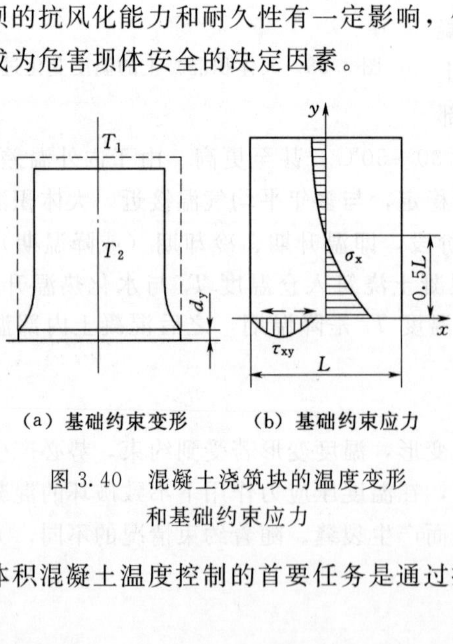

（a）基础约束变形　（b）基础约束应力

图3.40　混凝土浇筑块的温度变形和基础约束应力

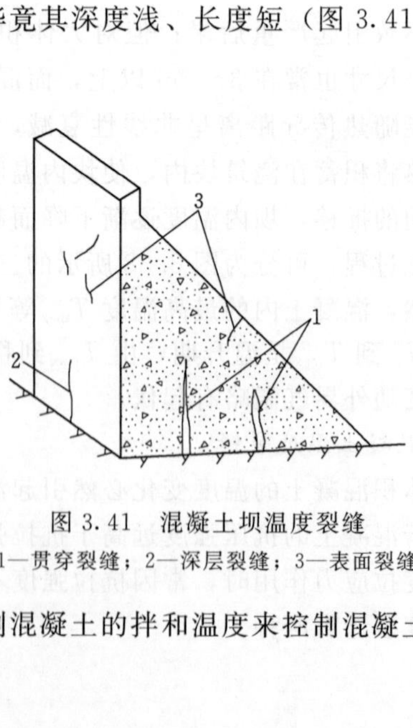

图3.41　混凝土坝温度裂缝

1—贯穿裂缝；2—深层裂缝；3—表面裂缝

大体积混凝土温度控制的首要任务是通过控制混凝土的拌和温度来控制混凝土的入仓

温度，再通过一期冷却来降低混凝土内部的水化热温升，从而降低混凝土内部的最高温升，使温差控制在允许范围之内。

大体积混凝土温控的另一任务是通过二期冷却，使坝体温度从最高温度降到接近稳定温度，以便在达到灌浆温度后及时进行纵缝灌浆。众所周知，为了施工方便和温控散热要求坝体所设的纵缝，在坝体完建时应通过接缝灌浆使之结合成为整体，然后才能蓄水和安全运行。若坝体内部的温度未达到稳定温度就进行灌浆，灌浆后坝体温度进一步下降，又会将胶结的缝重新拉开。因此，将坝体温度迅速降低到接近稳定温度的灌浆温度，是坝体进行接缝灌浆的重要前提。

需要采取人工冷却降低坝体混凝土温度的另一个重要原因，是由于大体积混凝土散热条件差，单靠自然冷却使混凝土内部温度降低到稳定温度需要的时间太长，少则十几年，多则几十年、上百年，从工程及时受益的要求来看，也必须采取人工冷却措施。

3.3.2.2 大体积混凝土的温度控制措施

温度控制的具体措施常从混凝土的减热和散热两方面着手。减热就是减少混凝土内部的发热量，如减少水泥用量、采用低热水泥、降低混凝土的拌和出机温度等，以降低入仓浇筑温度 T_p。散热就是采取各种措施加速热量的散发，在混凝土温升期采取人工冷却降低其最高温升，当到达最高温度后，采取人工冷却措施，缩短降温冷却期，将混凝土块内的温度尽快降到灌浆温度，以便进行接缝灌浆。

1. 减少混凝土的发热量

（1）减少每立方米混凝土的水泥用量。其主要措施有：

1）根据坝体的应力场对坝体进行分区，对于不同分区采用不同强度等级的混凝土。

2）采用低流态或无坍落度干硬性贫混凝土。

3）改善骨料级配，增大骨料粒径，对少筋混凝土坝可埋放大块石，以减少水泥用量。

4）大量掺粉煤灰，掺合料的用量可达水泥用量的 25%～40%。

5）采用高效外加减水剂不仅能节约水泥用量约 20%，使 28 天龄期混凝土的发热量减少 25%～30%，且能提高混凝土早期强度和极限拉伸值。常用的减水剂有酪木素、糖蜜、MF 复合剂等。

（2）采用低发热量的水泥。过去采用的低热硅酸盐水泥，因早期强度低，成本高，已逐步被淘汰。当前多用中热水泥。近年已开始生产低热微膨胀水泥，它不仅水化热低，且有微膨胀作用，对降温收缩还可以起到补偿作用，减小收缩引起的拉应力，有利于防止裂缝的发生。吉林省白山水电站大坝混凝土采用低热水泥，防裂作用显著。

2. 降低混凝土的入仓温度

（1）合理安排浇筑时间。在施工组织上安排春、秋季多浇，夏季早晚浇、正午不浇，这是最经济有效降低入仓温度的措施。

（2）采用加冰或加冰水拌和。混凝土拌和时，将部分拌和水改为冰屑，利用冰的低温和冰融化时的吸热作用，可将混凝土温度降低。规范规定加冰量不大于拌和水量的 80%。加冰拌和，冰与拌和材料直接作用，冷量利用率高，降温效果显著。但是加冰后拌和时间有所增长，相应会影响生产能力。若采用冰水拌和或地下低温水拌和，则可避免这一弊端。

（3）对骨料进行预冷。当加冰拌和不能满足要求时，通常采取骨料预冷的办法。骨料预冷的方法有以下几种：

1）水冷。使粗骨料浸入循环冷却水中30～45min，或在通入拌和楼料仓的皮带机廊道、地弄或隧洞中装设喷洒冷却水的水管。喷洒冷却水皮带段的长度，由降温要求和皮带机运行速度而定。

2）风冷。可在拌和楼料仓下部通入冷风，冷风经粗料的空隙，由风管返回制冷厂再冷。细骨料砂难以采用水冷，若用风冷，又由于砂的空隙小，效果不显著，故只有采用专门的风冷装置吹冷。

3）真空气化冷却。利用真空气化吸热原理，将放入密闭容器的骨料，利用真空装置抽气并保持真空状态约半小时，使骨料通过气化降温冷却。

以上预冷措施，需要设备多，费用高。不具备预冷设备的工地，宜采用一些简易的预冷措施，例如在浇筑仓面上搭凉棚，料堆顶上搭凉棚，限制堆料高度，由底层经地垄取低温料，采用地下水拌和，北方地区尚可用冰窖储冰，以备夏季混凝土拌和使用等。

3. 加速混凝土散热

(1) 采用自然散热冷却降温。采用低块薄层浇筑可增加散热面，并适当延长散热时间(即适当增长间歇时间)。在高温季节已采用预冷措施时，则应采用厚块浇筑，缩短间歇时间，防止因气温过高而热量倒流，以保持预冷效果。

(2) 在混凝土内预埋水管通水冷却。在混凝土内预埋蛇形冷却水管（图3.42)，通循环冷水进行降温冷却。水管通常采用直径20～25mm薄钢管或薄铝管，每盘管长约200m。为了节约金属材料，可用塑料软管充气埋入混凝土内，待混凝土初凝后再放气拔出，清洗后以备重复利用。冷却水管的布置，平面上呈蛇形，断面上呈梅花形，也可布置成棋盘形。蛇形管弯头由硬质材料制作，当塑料软管放气拔出后，弯头仍留于混凝土内。

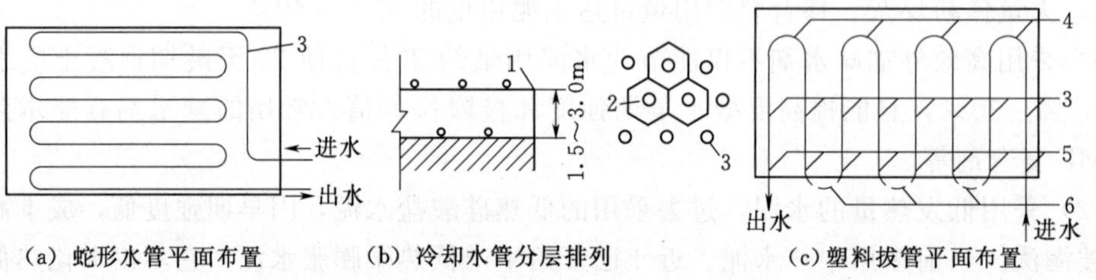

图3.42 冷却水管平面布置图

1—模板；2—每一根冷却水管冷却的范围；3—冷却水管；4—钢弯管；5—钢管（长20～30cm)；6—胶皮管

一期通水冷却的目的在于削减温升高峰，减小最大温差，防止贯穿裂缝发生。一期通水冷却通常在混凝土浇后几小时开始，持续十天到半个月，达到预定降温值停止。

二期通水冷却可以充分利用一期冷却系统。二期冷却时间的长短，一方面取决于实际最大温差，又受到降温速率不应大于1.5℃/d的影响，且与通水流量大小、冷却水温高低密切相关。通常二期冷却应保证至少有10～15℃的温降，使接缝张开度达到0.5mm，以满足接缝灌浆对灌缝宽度的要求。冷却用水尽量利用低温地下水和库内低温水，只有当采用天然水不敷要求时，才辅以人工冷却水。通水冷却应自下而上分区进行，通水方向可以一昼夜调换一次，以使坝体均匀降温。通水的进出口一般设于廊道内、坝面上、宽缝坝的宽缝中或空腹坝的空腹中。

3.3.3　混凝土的养护

为保证已浇筑好的混凝土在规定龄期内达到设计要求的强度和耐久性，并防止产生收缩和温度裂缝，必须认真做好养护工作。

3.3.3.1　自然养护

1. 养护工艺

(1) 覆盖浇水养护。利用平均气温高于 5℃的自然条件，用适当的材料对混凝土表面加以覆盖并浇水，使混凝土在一定的时间内保持水泥水化作用所需要的适当温度和湿度。覆盖浇水养护应符合下列规定：

1) 覆盖浇水养护应在混凝土浇筑完毕后的 12h 内进行。

2) 混凝土的浇水养护时间，对采用硅酸盐水泥、普通硅酸盐水泥或矿渣硅酸盐水泥拌制的混凝土，不得少于 7 天，对掺用缓凝型外加剂、矿物掺合料或有抗渗性要求的混凝土，不得少于 14 天。

当采用其他品种水泥时，混凝土的养护应根据所采用水泥的技术性能确定。

3) 浇水次数应根据能保持混凝土处于湿润的状态来决定。

4) 混凝土的养护用水宜与拌制水相同。

5) 当日平均气温低于 5℃时，不得浇水。

大面积结构如地坪、楼板、屋面等可采用蓄水养护。储水池一类工程可于拆除内模且混凝土达到一定强度后注水养护。

(2) 薄膜布养护。在有条件的情况下，可采用不透水、不透气的薄膜布（如塑料薄膜布）养护。用薄膜布把混凝土表面敞露的部分全部严密地覆盖起来，保证混凝土在不失水的情况下得到充足的养护。这种养护方法的优点是不必浇水，操作方便，能提高混凝土的早期强度，加速模具的周转，但应该保持薄膜布内有凝结水。

(3) 薄膜养生液养护。混凝土的表面不便浇水或使用塑料薄膜布养护时，可采用涂刷薄膜养生液、防止混凝土内部水分蒸发的方法进行养护。薄膜养生液养护是将可成膜的溶液喷洒在混凝土表面上，溶液挥发后在混凝土表面凝结成一层薄膜，使混凝土表面与空气隔绝，封闭混凝土中的水分不再蒸发从而完成水化作用。这种养护方法一般适用于表面积大的混凝土施工和缺水地区，但应注意薄膜的保护。

2. 养护条件

在自然气温条件下（高于 5℃），对于一般塑性混凝土应在浇筑后 10～12h 内（炎夏时可缩短至 2～3h，对高强混凝土应在浇筑后 1～2h 内即用麻袋、草帘、锯末或砂进行覆盖，并及时浇水养护，以保持混凝土具有足够润湿状态。混凝土浇水养护时间可参照表 3.3。

混凝土在养护过程中，如发现遮盖不好、浇水不足，以致表面泛白或出现干缩细小裂缝时，要立即仔细加以遮盖，加强养护工作，充分浇水，并延长浇水日期，加以补救。

表 3.3 混凝土浇水养护时间参考表

分类		浇水养护时间/d
拌制混凝土的水泥品种	硅酸盐水泥、普通硅酸盐水泥、矿渣硅酸盐水泥	≥7
	火山灰质硅酸盐水泥	≥14
	矾土水泥	≥3
	抗渗混凝土、混凝土中掺缓凝型外加剂	≥14

注 1. 平均气温低于5℃时不得浇水。
2. 采用其他品种水泥时，混凝土的养护应根据水泥技术性能确定。

在已浇筑的混凝土强度达到1.2MPa以后，才容许在其上来往行人和安装模板及支架等。荷重超过时应通过计算，并采取相应的措施。

3.3.3.2 加热养护

1. 蒸汽养护

蒸汽养护是缩短养护时间的方法之一，一般宜用65℃左右的温度蒸养。混凝土在较高湿度和温度条件下可迅速达到要求的强度。施工现场由于条件限制，现浇预制构件一般可采用临时性地面或地下的养护坑，上盖养护罩或用简易的帆布、油布覆盖。蒸汽养护分以下4个阶段：

（1）静停阶段。混凝土浇筑完毕至升温前在室温下先放置一段时间，这主要是为了增强混凝土对升温阶段结构破坏作用的抵抗能力，一般需2～6h。

（2）升温阶段。混凝土原始温度上升到恒温。温度急速上升会使混凝土表面因体积膨胀太快而产生裂缝，因而必须控制升温速度，一般为10～25℃/h。

（3）恒温阶段。这个阶段混凝土强度增长最快。恒温的温度应随水泥品种不同而异，普通水泥的养护温度不得超过80℃，矿渣水泥、火山灰水泥可提高到85～90℃。恒温加热阶段应保持90%～100%的相对湿度。

（4）降温阶段。在降温阶段内，混凝土已经硬化，如降温过快，混凝土会产生表面裂缝，因此降温速度应加以控制。一般情况下，构件厚度在10cm左右时，降温速度不大于20～30℃/h。

为了避免由于蒸汽温度骤然升降而引起混凝土构件产生裂缝变形，必须严格控制蒸汽升温和降温的速度。出槽的构件温度与室外温度相差不得大于40℃，当室外为负温时，不得大于20℃。

2. 其他热养护

（1）热模养护就是将蒸汽通入模板内进行养护。此法用汽少，加热均匀，既可用于预制构件，又可用于现浇墙体。

（2）棚罩式养护。是在混凝土构件上加盖养护棚罩。棚罩的材料有玻璃、透明玻璃钢、聚酯薄膜、聚乙烯薄膜等，其中以透明玻璃钢和透明塑料薄膜为佳。棚罩的形式有单坡、双坡、拱形等，一般多用单坡或双坡。棚罩内的空腔不宜过大，一般略大于混凝土构件即可。棚罩内的温度，夏季可达60～75℃，春秋季可达35～45℃，冬季约在20℃左右。

(3) 覆盖式养护就是在混凝土成型、表面略平后，在其上覆盖塑料薄膜进行封闭养护，具体有两种做法：①在构件上覆盖一层黑色塑料薄膜（厚 0.12～0.14mm），在冬季再盖一层气被薄膜；②在混凝土构件上先覆盖一层透明的或黑色塑料薄膜，再盖一层气垫薄膜（气泡朝下）。

塑料薄膜应采用耐老化的，接缝应采用热黏合。覆盖时应紧贴四周，用砂袋或其他重物压紧盖严，防止被风吹开，影响养护效果。塑料薄膜采用搭接时，其搭接长度应大于 30cm。据试验，气温在 20℃以上，只盖一层塑料薄膜，养护最高温度达 65℃，混凝土构件在 1.5～3 天内达到设计强度的 70%，缩短养护周期 40%以上。

3.3.4　混凝土的特殊季节施工

3.3.4.1　混凝土冬季施工

1. 混凝土冬季施工的一般要求

现行施工规范规定，寒冷地区的日平均气温稳定在 5℃以下或最低气温稳定在 3℃以下时，温和地区的日平均气温稳定在 3℃以下时，均属于低温季节，需要采取相应的防寒保温措施，避免混凝土受到冻害。

混凝土在低温条件下，水化凝固速度大为降低，强度增长受到阻碍。当气温在 −2℃时，混凝土内部水分结冰，不仅水化作用完全停止，而且结冰后由于水的体积膨胀，使混凝土结构受到损害，冰融化后，水化作用虽将恢复，混凝土强度也可继续增长，但最终的强度必然降低。试验资料表明，混凝土受冻越早，最终强度降低越大。如在浇筑后 3～6h 受冻，最终强度至少降低 50%以上；如在浇筑后 2～3 天受冻，最终强度降低 15%～20%；如混凝土强度达到设计强度的 50%以上（在常温下养护 3～5 天）时再受冻，则最终强度降低得很少甚至不受影响，因此，低温季节混凝土施工，首先要防止混凝土早期受冻。

2. 冬季施工措施

低温季节混凝土施工可以采用人工加热、保温蓄热及加速凝固等措施，使混凝土入仓浇筑温度不低于 5℃，同时保证浇筑后的正温养护条件，使混凝土在未达到允许受冻临界强度以前不遭受冻结，具体有以下几种措施：

(1) 调整配合比和掺外加剂：

1) 对非大体积混凝土，采用发热量较高的快凝水泥。

2) 提高混凝土的配制强度。

3) 掺早强剂或早强减水剂，其中氯盐的含量应按有关规定严格控制。钢筋混凝土结构不适于掺入含氯盐的外加剂。

4) 采用较低的水灰比。

5) 掺加气剂可减缓混凝土冻结时其内部水结冰产生的静水压力，从而提高混凝土的早期抗冻性能；但含气量应限制在 3%～5%，因为混凝土中含气量每增加 1%，会使强度损失 5%，为弥补加气剂导致的强度损失，最好与减水剂并用。

(2) 原材料加热法。日平均气温为 −2～−5℃时，应加热水拌和；气温再低时，可考虑加热骨料。水泥不能加热，但应保持正温。

水的加热温度不能超过 80℃，并且要先将水和骨料拌和后，这时水不超过 60℃，以免水泥产生假凝（假凝是指拌和水温超过60℃时，水泥颗粒表面将会形成一层薄的硬壳，便混凝土和易性变差，而后期强度降低的现象）。

砂石加热的最高温度不能超过100℃，平均温度不宜超过65℃，并力求加热均匀。对大中型工程，常用蒸汽直接加热骨料，即直接将蒸汽通入需要加热的砂、石料堆中，料堆表面用帆布盖好，防止热量损失。

(3) 蓄热法。蓄热法是将浇筑法的混凝土在养护期间用保温材料加以覆盖，尽可能把混凝土在浇筑时所包含的热量和凝固过程中产生的水化热蓄积起来，以延缓混凝土的冷却速度，使混凝土在达到抗冰冻强度以前始终保证正温。

(4) 加热养护法。当采用蓄热法不能满足要求时可以采用加热养护法，即利用外部热源对混凝土加热养护，包括暖棚法、蒸气加热法和电热法等。大体积混凝土多采用暖棚法，蒸气加热法多用于混凝土预制构件的养护。

1) 暖棚法。即在混凝土结构周围用保温材料搭成暖棚，在棚内安设热风机、蒸气排管、电炉或火炉进行采暖，使棚内温度保持在15～20℃以上，保证混凝土浇筑和养护处于正温条件下。暖棚法费用较高，但暖棚为混凝土硬化和施工人员的工作创造了良好的条件。此法适用于寒冷地区的混凝土施工。

2) 蒸气加热法。利用蒸气加热养护混凝土，不仅使新浇混凝土得到较高的温度，而且还可以得到足够的湿度，促进水化凝固作用，使混凝土强度迅速增长。

3) 电热法。是用钢筋或薄铁片作为电极，插入混凝土内部或贴附于混凝土表面，利用新浇混凝土的导电性和电阻大的特点，通以50～100V的低压电，直接对混凝土加热，使其尽快达到抗冻强度。此法耗电量大，大体积混凝土较少采用。

上述几种施工措施，在严寒地区往往同时采用，并要求在拌和、运输、浇筑过程中，尽量减少热量损失。

3. 冬季施工注意事项

(1) 砂石骨料宜在进入低温季节前筛洗完毕。成品料堆应有足够的储备和堆高，并进行覆盖，以防冰雪和冻结。

(2) 拌和混凝土前，应用热水或蒸汽冲洗搅拌机，并将水或冰排除。

(3) 混凝土的拌和时间应比常温季节适当延长。延长时间应通过试验确定。

(4) 在岩石基础或老混凝土面上浇筑混凝土前，应检查其温度。如为负温，应将其加热成正温。加热深度不小于10cm，并经检验合格方可浇筑混凝土。仓面清理宜采用喷洒温水配合热风枪，寒冷期间亦可采用蒸气枪，不宜采用水枪或风水枪。在软基上浇筑第一层混凝土时，必须防止与地基接触的混凝土遭受冻害和地基受冻变形。

(5) 混凝土搅拌机应设在搅拌棚内并设有采暖设备，棚内温度应高于5℃。混凝土运输容器应有保温装置。

(6) 浇筑混凝土前和浇筑过程中，应注意清除钢筋、模板和浇筑设施上附着的冰雪和冻块，严禁将冻雪冻块带入仓内。

(7) 在低温季节施工的模板，一般在整个低温期间都不宜拆除。如果需要拆除，要求做到：

1) 混凝土强度必须大于允许受冻的临界强度。

2）具体拆模时间及拆模后的要求，应满足温控防裂要求。当预计拆模后混凝土表面降温可能超过 6～9℃时，应推迟拆模时间；如必须拆模时，应在拆模后采取保护措施。

（8）低温季节施工期间，应特别注意温度检查。

3.3.4.2 混凝土雨季施工

混凝土工程在雨季施工时，应做好以下准备工作：

（1）砂石料场的排水设施应畅通无阻。

（2）浇筑仓面宜有防雨设施。

（3）运输工具应有防雨及防滑设施。

（4）加强骨料含水量的测定工作，注意调整拌和用水量。

混凝土在无防雨棚的仓面、在小雨中进行浇筑时，应采取以下技术措施：

（1）减少混凝土拌和用水量。

（2）加强仓面积水的排除工作。

（3）做好新浇混凝土面的保持工作。

（4）防止周围雨水流入仓面。

无防雨棚的仓面，在浇筑过程中如遇大雨、暴雨，应立即停止浇筑，并遮盖混凝土表面。雨后必须先行排除仓内积水，受雨水冲刷的部位应立即处理。如停止浇筑的混凝土尚未超出允许间歇时间或还能重塑时，应加砂浆继续浇筑，否则应按施工缝处理。

有抗冲、耐磨要求，需要抹面部位及其他高强度混凝土，不允许在雨中施工。

3.3.4.3 混凝土夏季施工

1. 高温环境对新拌及刚成型混凝土的影响

（1）拌制时，水泥容易出现假凝现象。

（2）运输时，坍落度损失大，捣固或泵送困难。

（3）成型后直接曝晒或干热风影响，混凝土面层急剧干燥，外硬内软，出现塑性裂缝。

（4）昼夜温差较大，易出现温差裂缝。

2. 夏季高温期混凝土施工的技术措施

（1）原材料：

1）掺用外加剂（缓凝剂、减水剂）。

2）用水化热低的水泥。

3）供水管埋入水中，储水池加盖，避免太阳直接曝晒。

4）当天用的砂、石用防晒棚遮蔽。

5）用深井冷水或冰水拌和，但不能直接加入冰块。

（2）搅拌运输：

1）送料装置及搅拌机不宜直接曝晒，应有荫棚。

2）搅拌系统尽量靠近浇筑地点。

3）运输设备遮盖。

（3）模板：

1）因干缩出现的模板裂缝，应及时填塞。

2）浇筑前充分将模板淋湿。

（4）浇筑：

1）适当减小浇筑层厚度，从而减少内部温差。

2）浇筑后立即用薄膜覆盖，不使水分外逸。

3）露天预制场宜设置可移动荫棚，避免预制件直接曝晒。

3.3.5 混凝土浇捣质量的控制检查

3.3.5.1 混凝土质量检查内容

混凝土外观质量主要检查表面平整度（有表面平整要求的部位）、麻面、蜂窝、空洞、露筋、碰损掉角、表面裂缝等。重要工程还要检查内部质量缺陷，如用回弹仪检查混凝土表面强度，用超声仪检查裂缝，钻孔取芯检查各项力学指标等。

3.3.5.2 混凝土质量缺陷及防治

1. 麻面

麻面是指混凝土表面呈现出无数绿豆大小的不规则的小凹点。

（1）混凝土麻面产生的原因有：①模板表面粗糙、不平滑；②浇筑前没有在模板上洒水湿润，湿润不足，浇筑时混凝土的水分被模板吸去；③涂在钢模板上的油质脱模剂过厚，液体残留在模板上；④使用旧模板，板面残浆未清理，或清理不彻底；⑤新拌混凝土浇灌入模后，停留时间过长，振捣时已有部分凝结；⑥混凝土振捣不足，气泡未完全排出，有部分留在模板表面；⑦模板拼缝漏浆，构件表面浆少，或成为凹点，或成为若断若续的凹线。

（2）混凝土麻面的修补。混凝土表面的麻点，如对结构无大的影响，可不处理。如需处理，方法及步骤如下：①用稀草酸溶液将该处脱模剂油点或污点用毛刷洗净，于修补前用水湿透；②修补用的水泥品种必须与原混凝土一致，砂子为细砂，粒径最大不宜超过1mm；③水泥砂浆配合比为1∶2～1∶2.5，由于数量不多，可用人工在小灰桶中拌匀，随拌随用；④按照漆工刮腻子的方法，将砂浆用刮刀大力压入麻点内，随即刮平；⑤修补完成后，即用草帘或草席进行保湿养护。

2. 蜂窝

蜂窝是指混凝土表面无水泥浆，形成蜂窝状的孔洞，形状不规则，分布不均匀，露出石子的深度大于5mm，不露主筋，但有时可能露箍筋。

（1）混凝土蜂窝产生的原因有：①配合比不准确，砂浆少，石子多；②搅拌用水过少；③混凝土搅拌时间不足，新拌混凝土未拌匀；④运输工具漏浆；⑤使用干硬性混凝土，但振捣不足；⑥模板漏浆加上振捣过度。

（2）混凝土蜂窝修补。小蜂窝可按麻面方法修补。较大蜂窝，则按下述方法修补：①将修补部分的软弱部分凿去，用高压水及钢丝刷将基层冲洗干净；②修补用的水泥应与原混凝土的一致，砂子用中粗砂；③水泥砂浆的配合比为1∶2～1∶3，并应搅拌均匀；④按照抹灰工的操作方法，用抹子大力将砂浆压入蜂窝内刮平，棱角部位用靠尺将棱角取直；⑤修补完成后即用草帘或草席进行保湿养护。

3. 混凝土露筋、空洞

主筋没有被混凝土包裹而外露，或在混凝土孔洞中外露，这种缺陷称为露筋。混凝土表面有超过保护层厚度但不超过截面尺寸1/3的缺陷，称为空洞。

（1）混凝土出现露筋、空洞的原因有：①漏放保护层垫块或垫块位移；②浇灌混凝土时投料距离过高过远，又没有采取防止离析的有效措施；③搅拌机卸料入吊斗或小车时，或运输过程中有离析，运至现场又未重新搅拌；④钢筋较密集，粗骨料卡在钢筋上，加上振捣不足或漏振；⑤采用干硬性混凝土而又振捣不足。

（2）混凝土露筋、空洞的处理措施：①将修补部位的软弱部分及凸出部分凿去，上部向外倾斜，下部水平；②用高压水及钢丝刷将基层冲洗干净，修补前用湿麻袋或湿棉纱头填满，使旧混凝土内表面充分湿润；③修补用的水泥品种应与原混凝土的一致，小石混凝土强度等级应比原设计高一级；④如条件许可，可用喷射混凝土修补；⑤安装模板浇筑；⑥混凝土可加微量膨胀剂；⑦浇筑时，外部应比修补部位稍高；⑧修补部分达到结构设计强度时，凿除外倾面。

4. 混凝土施工裂缝

（1）混凝土施工裂缝产生的原因：①曝晒或大风使水分蒸发过快，出现塑性收缩裂缝；②混凝土塑性过大，成型后发生不均匀沉陷，出现塑性沉陷裂缝；③配合比设计不当，产生干缩裂缝；④骨料级配不良，又未及时养护，产生干缩裂缝；⑤模板支撑刚度不足，或拆模工作不慎，外力撞击产生裂缝。

（2）混凝土施工裂缝的修补

1）混凝土微细裂缝修补。用注射器将环氧树脂溶液黏结剂或甲凝溶液黏结剂注入裂缝内，宜在干燥、有阳光的时候进行。裂缝部位应干燥，可用喷灯或电风筒吹干，在缝内湿气逸出后进行修补。注射时，从裂缝的下端开始，针头应插入缝内，缓慢注入，使缝内空气向上逸出，黏结剂在缝内向上填充。

2）混凝土浅裂缝的修补。顺裂缝走向用小凿刀将裂缝外部扩凿成V形，宽约5～6mm，深度等于原裂缝；用毛刷将V形槽内颗粒及粉尘清除，用喷灯或电风筒吹干；用漆工刮刀或抹灰工小抹刀将环氧树脂胶泥压填在V形槽上，反复搓动，务使紧密黏结；缝面按需要做成与结构面齐平，或稍微突出成弧形。

3）混凝土深裂缝的修补。做法是将微细缝和浅缝两种措施合并使用，即先将裂缝面凿成V形或凹形槽，按前述办法进行清理、吹干，用微细裂缝的修补方法向深缝内注入环氧树脂溶液或甲凝溶液黏结剂，填补深裂缝；上部开凿的槽坑按浅裂缝修补方法压填环氧胶泥黏结剂。

5. 混凝土空鼓

混凝土空鼓常发生在预埋钢板下面。产生的原因是浇灌预埋钢板混凝土时，钢板底部未饱满或振捣不足。

预防方法。如预埋钢板不大，浇灌时用钢棒将混凝土尽量压入钢板底部，浇筑后用敲击法检查；如预埋钢板较大，可在钢板上开几个小孔排除空气，亦可作观察孔。

混凝土空鼓的修补。在板外挖小槽坑，将混凝土压入，直至饱满，无空鼓声为止，如钢板较大或估计空鼓较严重，可在钢板上钻孔，用灌浆法将混凝土压入。

6. 混凝土强度不足

混凝土强度不足的原因：①配合比计算错误；②水泥出厂期过长，或受潮变质，或袋装重量不足；③粗骨料针片状较多，粗、细骨料级配不良或含泥量较多；④外加剂质量不稳定；⑤搅拌机内残浆过多，或传动皮带打滑，影响转速；⑥搅拌时间不足；⑦用水量过大，或砂、石含水率未调整，或水箱计量装置失灵；⑧秤具或称量斗损坏，不准确；⑨运输工具灌浆，或经过运输后严重离析；⑩振捣不够密实。

混凝土强度不足是质量上的大事故。处理方案由设计单位决定。通常的处理方法有以下几种：

（1）强度相差不大时，先降级使用，待龄期增加，混凝土强度发展后，再按原标准使用。

（2）强度相差较大时，经论证后采用水泥灌浆或化学灌浆补强。

（3）强度相差较大而影响较大时，应拆除返工。

3.3.6　接缝灌浆

纵缝属于临时施工缝，混凝土坝用纵缝分块进行浇筑，有利于坝体温度控制和浇筑块分别上升，但为了坝的整体性，必须对纵缝进行接缝灌浆。坝体横缝是否进行灌浆因坝型和设计要求而异。重力坝的横缝一般为永久温度沉陷缝，拱坝和重力拱坝的横缝属于临时施工缝，临时施工的横缝要进行接缝灌浆。

3.3.6.1　接缝灌浆管路埋设

混凝土坝的接缝灌浆，需要在缝面上预埋灌浆系统。根据缝的面积大小，将缝面以上划分为若干灌浆区。每一灌浆区高约 10～15m，面积 200～300m²，四周用止浆片盘成一套灌浆系统。灌浆时利用预埋在坝体内的进浆管、回浆管、支管及出浆盒向缝内送水泥浆，迫使缝中空气（包括缝面上的部分水泥浆）从排气槽、排气管排出，直至灌满设计稠度的水泥浆为止（图 3.43）。

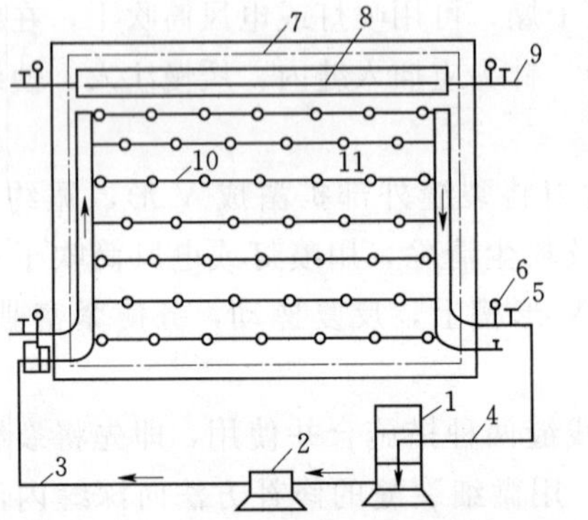

图 3.43　接缝落浆布置示意图

1—拌浆筒；2—灌浆机；3—进浆管；4—回浆管；5—阀门；6—压力表；7—止浆片；8—排气槽；9—排气管；10—支管；11—出浆盒

接缝灌浆的设备有拌浆筒、灌浆机及压力表等，一般布置在灌浆廊道之内。预埋的灌浆系统如下。

（1）止浆片。沿每一灌浆区四周埋设，一般用镀锌铁皮或塑料止水片跨过接缝埋入两侧混凝土中，防止浆液外溢。

（2）灌浆管路。包括进浆管、回浆管、支管、出浆盒等。支管间距 2m，支管上每1～3m 有一孔洞，其上安装出浆盒（图 3.44）。出浆盒由喇叭形出浆孔（采用木制圆锥或铁皮制成）和盒盖（采用预制砂浆盖板或铁皮制成）组成，分别位于缝面两侧浇筑块中，在进行后浇块施工时，盒盖要盖紧出浆孔，并在孔边钉上铁钉，防止浇筑时堵塞。后接缝张开，盒盖也相应张开以保证出浆。

（3）排气槽和排气管。排气槽断面为三角形，水平设于每一灌浆区的顶端，并通过排气管和灌浆廊道相通。其作用是：在灌浆过程中排出缝中气体，排出部分缝面浆液，判断接缝灌浆情况，保证灌浆质量。

3.3.6.2 接缝灌浆的次序

（1）同一接缝的灌区，应自基础灌区开始，逐层向上灌注。上层灌区的灌浆，应待下层和下层相邻灌区灌好后才能进行。

（2）为了避免各坝块沿一个方向灌注形成累加变形，影响后灌接缝的张开度，横缝灌浆应自河床中部向两岸进展，或自两岸向河床中部进展。纵缝灌浆宜自下游向上游推进。主要是考虑到接缝灌浆的附加应力与坝体蓄水后的应力叠加，不致造成下游坝趾出现较大的压应力，同时还可抵消一部分上游坝踵在蓄水后的拉应力。但有时也可先灌上游纵缝，然后再自上游向下游顺次灌注，预先改善上游坝踵应力状态。

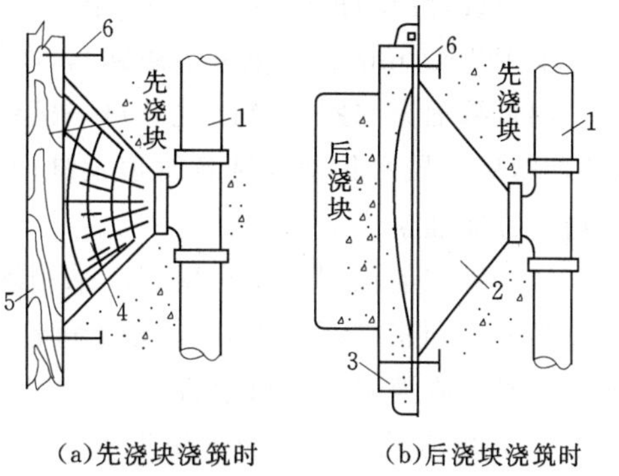

图 3.44 出浆盒构造

1—升浆管；2—出浆口；3—预制砂浆盒盖；4—喇叭形出浆孔；5—模板；6—铁钉

（3）当条件可能时，同一坝段、同一高程的纵缝，或相邻坝段同一高程的横缝最好同时进行灌注。此外，对已查明张开度较小的接缝，最好先行灌注。

（4）在同一坝段或同一坝块中，如同时有接触灌浆、纵缝及横缝灌浆，应先进行接触灌浆，这样做的好处是可以提高坝块的稳定性；陡峭岩坡的接触灌浆，则宜安排在相邻纵缝或横缝灌浆后进行，以利于提高接触灌浆时坝块的稳定性。

（5）纵缝及横缝灌浆的先后顺序，一般是先灌横缝，后灌纵缝，但也有的工程考虑到坝块的侧向稳定问题，先灌纵缝，后灌横缝。

（6）同一接缝的上、下层灌区的间歇时间，不应少于 14 天，并要求下层灌浆后的水泥结石具有 70%的强度后才能进行上层灌区的灌浆。同一高程的相邻纵缝或横缝的间歇日应不少于 7 天。同一坝块同一高程的纵、横缝间歇时间，如果属于水平键槽的纵直缝崩浆，须待 14 天后方可灌注横缝。

（7）在靠近基础的接触灌区，如基础有中、高压帷幕灌浆，接缝灌浆最好是在帷幕灌浆之前进行。此外，如接触灌区两侧的坝块存在架空、冷缝或裂缝等缺陷时，应先处理缺陷，然后再进行接触灌浆。

3.3.6.3 接缝灌浆施工

1. 通水检查

通水检查的主要目的是查明灌浆管道及缝面的通畅情况，以及灌区是否外漏，从而为灌浆前的事故处理方法提供依据，其步骤及要求如下：

（1）单开式通水检查。分别从两进浆管进水，随即将其他管口关闭，依次有一个管口开放，在进水管口达设计压力的情况下，测定各个管口的单开出水率，其通畅标准是：进水量大于 70L/min，单开出水率大于 50L/min。若管口出水率大于 50L/min，可结束单开式通水检查，若管口出水率小于 50L/min，则应从该管口进水，测定其他管口出水量和关闭压力，以便查清管和缝面情况。

（2）封闭式通水检查。从一通畅进浆管口进水，其他管口关闭，待排水管口达到设计压力（或设计压力的70%），测定各项漏水量，并观察外漏部位，灌区封闭标准为稳定漏水量小于15L/min（不是集中渗漏），串层漏水量及串块漏水量分别小于5L/min。

（3）缝面充水浸泡及冲洗。每一接缝灌浆前应对缝面进行浸泡，浸泡时间一般不少于24h，然后用风水轮换冲洗各管道及缝面，直至排气管回水变清，且水质清洁无悬浮或沉淀物，方能灌浆。

（4）灌浆前预习性压水检查。采用灌浆压力进行压水检查，选择缝面排气管较为通畅的进浆管与回浆管环线路，核实接缝容积，各管口单开出水量与压力，以及漏水量等数值，同时检查灌浆运行可靠性。

2. *接缝灌浆的程序和方法步骤*

接缝灌浆的施工程序：缝面冲洗→压水检查→灌浆区事故处理→灌浆→进浆结束。其中，灌浆工序本身是由稠度较稀的初始浆液（水灰比3：1）开灌，经中级浆液（水灰比1：1）变换为最终浆液（水灰比0.6：1），直到进浆结束。

初始浆液稠度较稀，主要是润湿管路及缝面，并排出缝中大部分空气；中级浆液主要起过渡作用，但也可以充填一些较细的裂缝；最终浆液用来最后充填接缝，保证设计要求的稠度。在灌浆过程中各级浆液的变换可由排气管口控制：开灌时，最先灌入初始浆液，当排气管口出浆3～5min后，即可改换中级浆液；当排气管口出浆稠度与注入浆液稠度接近时，即可改换为最终浆液。由此可知，排气管间断放浆是为了变换浆液的需要，即排出空气和稀浆，并保持缝面畅通。在此阶段，还应适当地采取沉淀措施，即暂时关闭进浆阀门，停止向缝内进浆5～30min，使缝内浆液变浓，并消除可能形成的气泡，这种沉淀措施在施工中又称为间断进浆。

灌浆转入结束阶段的标准是：排气管出浆稠度达到最终浆液稠度，排气管口压力达到设计压力，缝面吸浆率小于0.4L/min。达到上述三项标准后，即可持续灌浆30min后结束（或关闭全部管口进行缝内进浆30min，或从排气管倒灌30min结束）。

接缝灌浆的压力必须慎重选择，过小不易保证灌浆质量，过大可能影响坝的安全。一般采用的控制标准是，进浆管压力35～45kPa，回浆管压力20～25kPa。

3.3.6.4 灌浆质量检查与灌区事故处理

1. 质量检查

灌区的接缝灌浆质量，应以分析灌浆资料为主，结合钻孔取芯、槽检等质检成果进行综合评定。主要评定项目有以下几项：

（1）灌浆时坝块混凝土的温度。

（2）灌浆管路通畅，缝面通畅以及灌区密封情况。

（3）灌浆施工情况。

（4）灌浆结束时排气管的出浆密度和压力。

（5）灌浆过程中有无中断、串浆、漏浆和管路堵塞等情况。

（6）灌浆前、后接缝张开度的大小及变化。

（7）灌浆材料的性能。

（8）缝面注入水泥量。

（9）钻孔取芯、缝面槽检和压水检查成果以及孔内探缝、孔内电视等测试的成果。

经过通水检查，可基本判明灌区事故部位及事故类型。灌区事故类型及处理方法分述如下。

2. 事故处理

(1) 进回浆管道不通的处理。处理前，先将灌区充分浸泡 7 天左右，再用风和水轮换冲洗，风压限制为 0.2MPa，水压不超过 0.8MPa（逐级加压，每 0.05MPa 为一级），风和水轮换冲洗时，应将所有管口敞开，以免一旦疏通后缝面压力骤增。如堵塞部位距表面较近，可凿开混凝土，割除管道堵塞段，恢复进回浆管。当上述措施无效时，可视具体情况采用骑缝钻孔或斜穿钻孔代替进回浆管实施灌浆。

(2) 排气系统不通的处理。当排气管不互通，或排气管与进回浆管不互通时，可初步判断为排气系统不通（也存在缝面不通的可能性），如经疏通无效，一般采用风钻孔或机钻孔穿过灌区顶层，代替原管道，一侧排气管至少布置 3 个风钻孔或 1 个机钻孔，机钻孔单孔出水率大于 50L/min、风钻孔单孔出水率大于 25L/min 时可认为畅通。

(3) 缝面不通的处理。当进回浆管互通，排气管本身也互通，但进回浆管与排气管之间不互通时，可判断为缝面不通。缝面不通的原因可能是缝面被杂物堵塞、细缝或压缝。杂物堵塞缝面时，可以反复浸泡、风和水轮换冲洗；如为压缝，则可打风钻孔或机钻孔代替出浆盒，用联孔形成新的灌浆系统；如为细缝，则只能采取细缝灌浆措施。

(4) 止浆片失效引起外漏的处理。一般采用嵌缝堵漏的方法，根据外漏部位及漏量大小，可先沿外漏接缝凿槽，再用水泥砂浆、环氧砂浆或棉絮等材料嵌堵，能比较有效地阻止浆液外漏。

(5) 特殊情况的灌浆方法：

1) 灌区与混凝土内部架空区串漏时的灌浆。当灌区与混凝土内部架空区互串时，由于漏浆量大，灌浆时间必然延续较长；若管道及缝面又不太通畅，则不宜采取降压沉淀的方法，否则缝面由下至上泌水，阻力增大，最终可能导致梗塞。通常在变换至最终级浓浆、缝面起压正常后，保持 50%～70%的设计压力灌注，当吸浆量急剧下降时，再升到设计压力灌注，直至达到正常标准时结束。

2) 止浆片失效引起外漏的灌浆。灌区由于止浆片失效而引起的外漏，一般先嵌缝堵漏，再进行灌浆。当灌浆过程中发现外漏严重时，如缝面处于充填初级浆液阶段，可及时冲掉，嵌缝再灌；如缝面处于充填中级或终级浆液时，可边嵌边灌，同时在灌浆工艺上采取间歇沉淀或降压循环的措施，迅速增大缝面浆液黏度，促使缝面尽早形成塑性状态，当吸浆率明显减少时，在设计压力下正常灌注至结束。

3) 止浆片失效引起相邻灌区串漏的灌浆。一般处理方法有两种：一种是先将表面外漏处嵌缝，然后多区同灌，每个灌区配一台灌浆机，可灌性差或漏量大的灌区先进浆，以利于各灌区同时达到在设计压力下灌注。当某一灌区先具备结束条件时，须待串漏区的吸浆率在设计压力下明显减小，才能先行进浆，互串区先后结束的间隔时间一般控制不超过 3 小时；另一种处理方法是，当不允许互串灌区同灌时，也可采取下层灌浆、上层通水平压防止下层浆液串入上层的措施，上层通水时的层底压力应与下层灌浆的层顶压力相等。

4) 进回浆管道全部失效时的灌浆。布置条件许可时，可用骑缝钻孔代替进回浆管（孔距一般 3m），风钻孔代替排气管，灌浆方法与正常条件下的灌浆方法基本相同。如无条件布置骑缝机钻孔时，可采用风钻斜穿孔，一般 3～6m^2 布置一孔，各孔均设内管（进浆管），孔口设回浆管，从灌区下层至上层将进、回浆管分别并联成若干孔组，并留出排气孔，灌浆时，下层孔组进浆，上层孔组回浆，中层孔组放浆，灌至达到结束条件时停止。

5）细缝灌浆。细缝一般指冷却至灌浆温度后，张开度仅为0.3～0.5mm的灌区，在灌浆施工中，一般采取下列措施：

a. 用强度等级为52.5级的硅酸盐磨细水泥（通过6400孔/cm^2的筛余量在2%以下）。

b. 在灌浆初始阶段，提高进浆管口压力，尽快使排气管口升压，有利于细缝张开，其张开度应严格控制在0.5mm以内。

c. 采取四级水灰比（即4：1、2：1、1：1、0.6：1）浆液灌注。先用4：1浆液润滑管道与缝面，用2：1浆液过渡，尽快以1：1浆液灌注，尽可能按终级浆液结束，最后从排气管倒灌补填。浆液中可掺用塑化剂（掺量不超过水泥重量的3‰为宜），以改善浆液流动性。

d. 灌浆过程中，当变浆后排气管放出稀浆时，即从两侧进浆管同时进浆，或与排气管同时进浆，以改善缝面浆压分布（因缝面出浆盒有时局部阻塞）。

e. 在经过论证的情况下，采用坝块超冷法（即比灌浆温度低2～4℃），力求改善缝面张开状况。

f. 化学灌浆（使用不多）必须谨慎选用化学灌浆材料和施工工艺。

任务3.4 钢筋及模板工程施工

请思考：

1. 钢筋的级别及类别是如何划分的？
2. 主要的钢筋加工设备有哪些？加工设备场地的布置需要注意哪些问题？
3. 钢筋进场验收、存储有哪些注意事项？
4. 如何进行钢筋的下料计算？
5. 钢筋的连接方式有哪些？各适用于什么条件？
6. 钢筋在什么情况下能进行代换？
7. 模板的选取需要考虑哪些因素？
8. 模板安装需要注意哪些事项？
9. 模板拆除需要注意哪些事项？
10. 如何根据混凝土结构选用不同模板类型？
11. 模板拆除需要注意哪些事项？

3.4.1 钢筋工程

3.4.1.1 钢筋进场验收

钢筋作为工程建筑三大用材之一，由于涉及不同的供货单位、供货规格、供货数量和供货质量等，为保证工程质量，钢筋进场后必须安排专人进行验收和储存入库，收集和保管相应的质量资料。

通过验收供货单位提供的质量资料，质量人员对钢筋外观进行检查，由项目实验室或第三方实验室进行钢筋物理化学性能检查，从而完成钢筋的进场验收储存。

（1）钢筋进场应具有厂家的出厂证明书或厂内试验报告单，每捆（盘）钢筋应有标牌，标牌包括钢筋的规格、炉批号、生产日期、数量和重量等。

（2）钢筋进场时按每捆进行外观检查，主要为锈蚀程度、有无裂纹、结疤、麻坑、气泡、砸碰伤痕等，钢筋表面及尺寸应符合标准。钢筋的外观检查要求见表 3.4。

表 3.4　　钢筋外观检查要求

钢筋种类	外观要求
热轧钢筋	表面不得有裂纹、结疤和折叠，局部凸块不得超过横肋的高度，其他缺陷的高度和深度不得大于所在部位尺寸的允许偏差，钢筋外形尺寸等应符合国家标准
热处理钢筋	表面不得有裂纹、结疤和折叠，局部凸块不得超过横肋的高度；钢筋外形尺寸应符合国家标准
冷拉钢筋	表面不得有裂纹和局部缩颈
冷拔低碳钢丝	表面不得有裂纹和机械损伤
碳素钢丝	表面不得有裂纹、小刺、机械损伤、锈皮和油漆
刻痕钢丝	表面不得有裂纹、分层、锈皮、结疤
钢绞线	不得有折断、横裂和相互交叉的钢丝，表面不得有润滑剂、油渍

（3）钢筋、钢丝、钢绞线应成批验收，做力学性能试验时应按相应标准规定取样，表 3.5 为钢筋、钢丝、钢绞线验收要求和方法。

表 3.5　　钢筋、钢丝、钢绞线验收要求和方法

<table>
<tr><th colspan="2">钢筋种类</th><th>验收批钢筋组成</th><th>每批数量</th><th>取样方法</th></tr>
<tr><td colspan="2">热轧钢筋</td><td>同一牌号、规格和同一炉罐号同钢号的混合批，不超过 6 个炉罐号</td><td>≤60t</td><td>在每批钢筋中任取 2 根钢筋，每根钢筋取 1 个拉力试样和 1 个冷弯试样</td></tr>
<tr><td colspan="2">热处理钢筋</td><td>同一处截面尺寸，同一热处理制度和炉罐号同钢号的混合批，不超过 10 个炉罐号</td><td>≤60t</td><td>取 10%盘数（不少于 25 盘），每盘取 1 个拉力试样</td></tr>
<tr><td colspan="2">冷拉钢筋</td><td>同级别、同直径</td><td>≤20t</td><td>任取 2 根钢筋，每根钢筋取 1 个拉力试样和 1 个冷弯试样</td></tr>
<tr><td rowspan="2">冷拔低碳钢丝</td><td>甲级</td><td rowspan="2">用相同材料的钢筋冷拔成同直径的钢丝</td><td>逐盘检查</td><td>每盘取 1 个拉力试样和 1 个弯曲试样</td></tr>
<tr><td>乙级</td><td>5t</td><td>任取 3 盘，每盘取 1 个拉力试样和 1 个弯曲试样</td></tr>
<tr><td colspan="2">碳素钢丝
刻痕钢丝</td><td>同一钢号、同一形状尺寸、同一交货状态</td><td></td><td>取 5%盘数（不少于 3 盘），优质钢丝取 10%盘数（不少于 3 盘），每盘取 1 个拉力试样和 1 个冷弯试样</td></tr>
<tr><td colspan="2">钢绞线</td><td>同一钢号、同一形状尺寸、同一生产工艺</td><td>≤60t</td><td>任取 3 盘，每盘取 1 个拉力试样</td></tr>
</table>

注　拉力试验包括屈服点、抗拉强度和伸长率三个指标。

检验要求：如有一个试样一项试验指标不合格，则另取双倍数量的试样进行复检，如仍有一个试样不合格，则该批钢筋不予验收。

（4）钢筋的储存：

1）钢筋储存严格按批分等级、牌号、直径、长度挂牌存放。

2）钢筋从出厂运到工地后应立即堆存在木垛上，使其与地面隔离，不致受潮生锈。若堆存在露天场地，而又不能及时使用，应搭设雨棚。

3）钢筋经过加工后，防锈工作很重要，因为钢筋通过加工调直，钢筋表面防护层已脱去，容易生锈（钢材在高温状态下生成的氧化铁，呈灰黑色，这层氧化铁可以减缓钢材生锈）。钢筋应堆存在仓库内距地面30～40cm的木垛上，堆放场应设置防雨遮盖。

3.4.1.2　钢筋的下料计算、加工安装及代换

1. 钢筋下料计算

钢筋的下料是指识读工程图纸、计算钢筋下料长度和编制配筋表。

（1）钢筋长度。施工图（钢筋图）中所标的钢筋长度是钢筋外缘至外缘之间的长度，即外包尺寸。

（2）混凝土保护层厚度。指最外层钢筋的外缘至混凝土表面的距离，其作用是保护钢筋在混凝土中不锈蚀。

（3）钢筋接头增加值。由于钢筋直条的供货长度一般为6～10m，而有的钢筋混凝土结构如梁或者板的尺寸超过此供货长度，故需要对钢筋进行接长。钢筋接头增加值见表3.6～表3.8，表中d表示钢筋直径。

表3.6　钢筋绑扎接头的最小搭接长度

钢筋级别	Ⅰ级钢筋	Ⅱ级钢筋	Ⅲ级钢筋
受拉区	$30d$	$35d$	$40d$
受压区	$20d$	$25d$	$30d$

表3.7　钢筋对焊长度损失值　单位：mm

钢筋直径	<16	16～25	>25
损失值	20	25	30

表3.8　钢筋搭接焊最小搭接长度

焊接类型	Ⅰ级钢筋	Ⅱ、Ⅲ级及5号钢筋
双面焊	$4d$	$5d$
单面焊	$8d$	$10d$

（4）钢筋弯曲调整长度。钢筋有弯曲时，在弯曲处的内侧发生收缩，而外皮却出现延伸，而中心线则保持原有尺寸。一般量取钢筋尺寸时，对于架立筋和受力筋量外皮、箍筋量内皮，下料则量取中心线。如此，钢筋的下料长度和量测长度必然存在差异。弯钩增加长度见表3.9。

表3.9　钢筋弯曲调整长度

弯曲类型	弯钩			弯折				
	180°	135°	90°	30°	45°	60°	90°	135°
调整长度	$6.25d$	$5d$	$3.2d$	$-0.35d$	$-0.5d$	$0.85d$	$-2d$	$-2.5d$

为了箍筋计算方便，一般将箍筋的弯钩增加长度、弯折减少长度两项合并成一个箍筋调整值，见表 3.10。计算时将箍筋外包尺寸或内皮尺寸加上箍筋调整值即为箍筋下料长度。

表 3.10　　**箍筋调整值**　　单位：mm

箍筋量度方法	d=4～5	d=6	d=8	d=10～12
量外包尺寸	40	50	60	70
量内皮尺寸	80	100	120	150～170

（5）钢筋下料长度计算：

直筋下料长度＝构件长度＋搭接长度－保护层厚度＋弯钩增加长度

弯起筋下料长度＝直段长度＋斜段长度＋搭接长度－弯折减少长度＋弯钩增加长度

箍筋下料长度＝直段长度＋弯钩增加长度－弯折减少长度

＝箍筋周长＋箍筋调整值

（6）钢筋配料。由于受到浇筑层尺寸和钢筋出厂规格的限制，钢筋要进行合理配料，使得钢筋得到最大限度的利用，并将钢筋的安装和绑扎工作简单化。钢筋配料是依据钢筋表合理安排同规格、同品种的下料，使钢筋的出厂规格和长度能够得以充分利用。

1）归整相同规格和材质的钢筋。下料长度计算完毕后，把相同规格和材质的钢筋进行归整和组合，同时根据现有钢筋的长度和能够及时采购到的钢筋的长度进行合理组合加工。

2）合理利用钢筋的接头位置。对有接头的配料，在满足构件中接头的对焊或搭接长度，接头错开的前提下，必须根据钢筋原材料的长度来考虑接头的布置。要充分考虑原材料被截下来的一段长度的合理使用，如果能够使一根钢筋正好分成几段钢筋的下料长度，则是最佳方案，但往往难以做到，所以在配料时，要尽量使被截下的一段能够长一些，这样才不致使余料成为废料，使钢筋能得到充分利用。

（7）编制钢筋配料单。根据钢筋下料长度计算结果和配料选择后，汇总编制钢筋配料单。在钢筋配料单中必须反映出工程部位、构件名称、钢筋编号、钢筋简图及尺寸、钢筋直径、钢号、数量、下料长度、钢筋重量等。

列入加工计划的配料单，将每一编号的钢筋制作一块料牌作为钢筋加工的依据，并在安装中作为区别各工程部位、构件和各种编号钢筋的标志，见图 3.45。

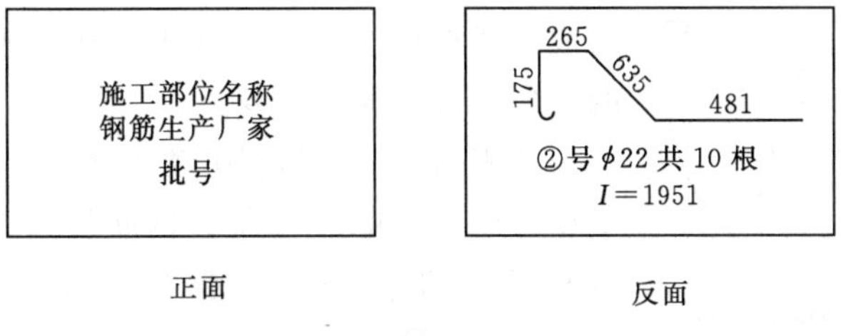

图 3.45　钢筋料牌（单位：mm）

钢筋配料单和料牌应严格校核，必须准确无误，由专人管理，以免返工浪费。

2. 钢筋加工

储存在工地仓库的钢筋根据需要进行加工。钢筋的加工包括调直去锈、划线剪切、冷加工、弯曲、连接等工序。

(1) 去锈。钢筋堆存过久或受潮后，表面形成一层橘黄色的氧化铁，俗称铁锈。老锈是指钢筋表面像鸡皮式的斑点，锈迹呈紫黑色。新锈是指钢筋加工后生锈，呈黄色和淡褐色。

过去认为有铁锈的钢筋，不但影响与混凝土的黏结力，而且锈蚀在混凝土中会继续发展，使钢筋锈蚀恶化，受力性能将不断降低，最后导致构件的破坏。通过不同生锈程度钢筋的握裹力强度试验说明，只有当钢筋表面已形成有脱壳锈蚀情况时，才必须进行去锈工作，一般只有轻微铁锈时，不仅不影响钢筋与混凝土的握裹力，而且还会增强握裹力。

去锈的方法很多，常用钢丝刷、电动圆盘钢丝刷、喷砂或酸洗等等。目前除冷拔钢筋用酸洗除锈、焊接钢筋用电动圆盘钢丝刷除锈外，因工作量变化幅度大，并无定型设备，常根据不同条件自行选用。对于预应力钢筋，去锈要求更加严格，凡已锈蚀或油污的钢筋、钢丝，一律不得使用。已去锈的钢筋应一端对齐堆存，以便划线。

(2) 调直。盘圆钢筋在使用前应加以调直，直条钢筋由于运输等原因造成的弯曲也应加以调直后再使用。钢筋调直后的弯曲度每米不应超过4mm。超过规定弯曲度的钢筋不允许使用，否则会影响受力性能。

钢筋的调直方法，分人工调直和机械调直两种。对于盘圆钢筋，一般用卷扬机或调直机调直。在调直时必须注意冷拉率：对于Ⅰ级钢筋不得超过3%。Ⅱ～Ⅳ级钢筋不得超过1%，在不允许使用冷拉钢筋的结构中则其冷拉率均不得大于1%。

采用调直机进行加工，能使调直、去锈和剪切工序一次完成。大直径的钢筋可用弯筋机调直。

(3) 钢筋的冷拉。常温下对钢筋施加拉力，提高屈服强度，增强应力，调直钢筋，并能延长钢筋，节约材料。常用的冷拉机械有阻力轮式、卷扬机式、丝杠式、液压式等钢筋冷拉机。

(4) 划线与剪切。划线是根据要求，用画笔划出所需要的长度位置，以便剪切。为此，必须在划线前根据图纸按不同构件先编制配料单，计算出下料长度，然后根据配料单进行划线下料。划线后的钢筋用手动剪筋机、自动切筋机或氧气切割机进行剪切。

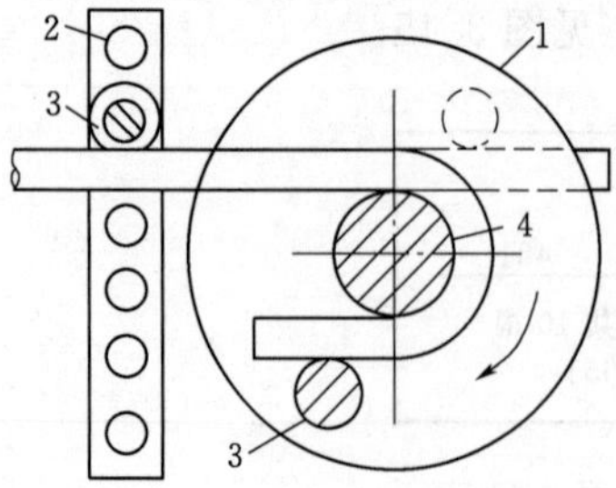

图 3.46 CJ7-40型钢筋弯曲机外貌图

1—弯曲工作盘；2—插孔；3—成型轴；4—心轴

(5) 钢筋的弯曲。将已切断、配好的钢筋弯曲成所规定的形状尺寸，是钢筋加工的一道主要工序。钢筋弯曲成型要求加工的钢筋形状正确，平面上没有翘曲不平的现象，便于绑扎安装。

常用的弯筋工具有手动弯筋工具和电动弯筋机两类。手动弯筋工具能够弯曲的钢筋最大直径为25mm，电动弯筋机（图 3.46）能够弯曲直径大于10mm、小于40mm的钢筋。

(6) 钢筋的连接：

1) 钢筋的搭接。钢筋搭接是指两根钢筋相互有一定的重叠长度，用扎丝绑扎的连接方法，适用于较小直径的钢筋连接。一般用于混凝土内的加强筋网，经纬均匀排列，不用焊接，只需铁丝固定。

2）钢筋的焊接。钢筋焊接方式有闪光对焊、电阻点焊、电弧焊、电渣压力焊、埋弧压力焊、气压焊等，其中对焊用于接长钢筋，点焊用于焊接钢筋网，埋弧压力焊用于钢筋与钢板的焊接，电渣压力焊用于现场焊接竖向钢筋。

3）钢筋机械连接。钢筋机械连接的种类很多，如钢筋套筒挤压连接、锥螺纹套筒连接、精轧大螺旋钢筋套筒连接、热熔剂充填套筒连接、平面承压对接等。这类连接方式是利用钢筋表面轧制或特制的螺纹（或横肋）和套筒之间的机械咬合作用来传递钢筋所受拉力或压力。

3. 钢筋的安装

（1）绑扎前的准备：

1）施工图纸的学习与审查。施工图是钢筋绑扎、安装的依据，所以必须熟悉施工图上明确规定的钢筋安装位置、标高、形状、各细部尺寸及其他要求，并应仔细审查各图纸之间是否有矛盾，钢筋规格数量是否有误，施工操作有无困难。

2）钢筋安装工艺的确定。钢筋安装工艺在一定程度上影响着钢筋绑扎的顺序，故必须根据单位工程已确定的基本施工方案、建筑物构造、施工场地、操作脚手架、起重机械来确定钢筋的安装工艺。

3）材料准备。核对钢筋配料单和料牌，并检查已加工好的钢筋型号、直径、形状、尺寸、数量是否符合施工图要求，如发现有错配或漏配钢筋现象，要及时向施工员提出纠正或增补。

检查钢筋绑扎的锈蚀情况，确定是否除锈和采用哪种除锈方法等。

钢筋绑扎可采用 20～22 号铁丝，其中 22 号铁丝只用于绑扎直径 12mm 以下的钢筋。铁丝长度可参考表 3.11 的数值采用；因铁丝是成盘供应的，故习惯上是按每盘铁丝周长的几分之一来切断。

表 3.11　绑 扎 用 扎 丝

钢筋直径/cm	＜12	12～25	＞25
铁丝型号	22 号	20 号	18 号

准备控制混凝土保护层用的水泥砂浆垫块或塑料卡。水泥砂浆垫块的厚度应等于保护层厚度。垫块的平面尺寸，当保护层厚度等于或小于 20mm 时为 30mm×30mm，大于 20mm 时为 50mm×50mm。

4）工具准备。施工工人配备钢筋钩子、撬棍、扳子、绑扎架、钢丝刷子、粉笔、尺子等小型工具。

5）划出钢筋位置线。放线要从中心点开始向两边量距放点，定出纵向钢筋的位置。水平筋的放线可放在纵向钢筋或模板上。

（2）钢筋的绑扎和安装。建基面终验清理完毕或施工缝处理完毕养护一定时间，混凝土强度达到 2.5MPa 后，即进行钢筋的绑扎与安装作业。钢筋的安设方法有两种：一种是将钢筋骨架在加工厂制好，再运到现场安装，叫整装法；另一种是将加工好的散钢筋运到现场，再逐根安装，叫散装法。

1）绑扎接头。根据施工规范规定，直径在25mm以下的钢筋接头，可采用绑扎接头，轴心受压、小偏心受拉构件和承受振动荷载的构件，钢筋接头不得采用绑扎接头。钢筋绑扎采用应遵守以下规定：

a. 搭接长度不得小于表3.6规定的数值。

b. 受拉区域内的光面钢筋绑扎接头的末端应做弯钩。

c. 梁、柱钢筋的接头，如采用绑扎接头，则在绑扎接头的搭接长度范围内应加密钢箍。当搭接钢筋为受拉钢筋时，箍筋间距不应大于$5d$（d为两搭接钢筋中较小的直径）；当搭接钢筋为受压钢筋时，箍筋间距不应大于$10d$。

钢筋接头应分散布置，配置在同一截面内的受力钢筋，其接头的截面积占受力钢筋总截面积的比例应符合下列要求：

a. 绑扎接头在构件的受拉区中不超过25%，在受压区中不超过50%。

b. 焊接与绑扎接头距钢筋弯起点不小于$10d$，也不位于最大弯矩处。

c. 施工中如分辨不清受拉、受压区时，其接头设置应按受拉区的规定。

d. 两根钢筋相距在$30d$或50cm以内，并且两绑扎接头的中距在绑扎搭接长度以内，均当作同一截面。

e. 直径不大于12mm的受压Ⅰ级钢筋的末端，以及轴心受压构件中任意直径的受力钢筋的末端，可不做弯钩，但搭接长度不应小于$30d$。

2）钢筋绑扎方法。按照既定的安装顺序和放线位置安设钢筋。

钢筋的绑扎应顺直均匀、位置正确。钢筋绑扎的操作方法有一面顺扣法、十字花扣法、反十字扣法、兜扣法、缠扣法、兜扣加缠法、套扣法等，较常用的是一面顺扣法，见图3.47，分图（a）、（b）、（c）为绑扎顺序。

一面顺扣法的操作步骤是：首先将已切断的扎丝在中间折合成180°弯，然后将扎丝清理整齐。绑扎时，执在左手的扎丝应靠近钢筋绑扎点的底部，右手拿住钢筋钩，食指压在钩前部，用钩尖端钩住扎丝底扣处，并紧靠扎丝开口端，绕扎丝拧转两圈半，在绑扎时扎丝扣伸出钢筋底部要短，并用钩尖将铁丝扣紧。为使绑扎后的钢筋骨架不变形，每个绑扎点扎进丝扣的方向要求交替变换90°。

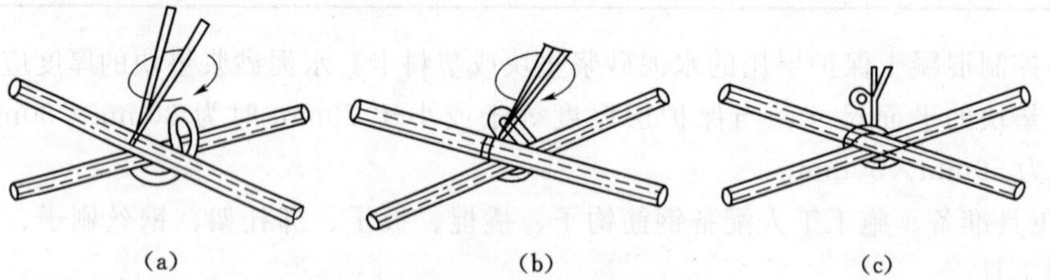

图3.47 钢筋一面顺扣法绑扎法

3）钢筋安装。单根钢筋的运输比较简单，但装卸和现场安装麻烦，容易与其他工作互相干扰，而且手工劳动的工作量大，为了简化现场施工，提高工业化施工水平，宜采用工厂预制的钢筋骨架。

在现场上安装单根钢筋或钢筋骨架，其质量首先表现在钢筋排列位置的准确度，而且要考虑到立模和浇筑混凝土时钢筋可能产生的变形变位。为此，一般可在钢筋下设置水泥砂浆垫块或混凝土垫块（垫块的质量应与构件混凝土相同），双层钢筋尚需用短筋支撑，以保证不产生变形变位，使钢筋保护层的厚度符合设计要求。

在浇筑混凝土前，必须按照设计图和规范进行详细的检查，并作检查记录，质量不合格的应加以修正，直至符合要求为止。

（3）钢筋施工安全技术。钢筋绑扎安装作业，尤其是在高空进行作业时，应特别注意安全，除遵守高空作业的安全规程外，还要注意以下几点：

1）时刻佩戴好安全防护用具，加强防范意识。

2）多人合力传递时起落转停要步调保持一致，防止钢筋掉下伤人。

3）随时检查安全通道、脚手架平台的可靠性，并防止工具、箍筋或短钢筋等坠落伤人。

4）人工抬运安装钢筋时应防止碰触电线，避免触电事故。

5）雷雨大风天气应暂停露天作业，预防雷击伤人。

4. 钢筋代换

由于工地现有钢筋的种类、钢号和直径与设计不符，应在不影响使用的情况下进行代换。但代换必须征得工程监理的同意。

（1）钢筋代换的基本原则：

1）等强度代换。不同种类的钢筋代换，按抗拉设计值相等的原则进行代换。

2）等截面代换。相同种类和级别的钢筋代换，按截面相等的原则进行代换。

（2）钢筋代换方法：

1）等强度代换。如施工图中所用的钢筋设计强度为 f_{y1}，钢筋总面积为 A_{s1}，代换后的钢筋设计强度为 f_{y2}，钢筋总面积为 A_{s2}，则应使

$$A_{s1} f_{y1} \leqslant A_{s2} f_{y2}$$

即

$$\frac{n_1 \pi d_1^2 f_{y1}}{4} \leqslant \frac{n_2 \pi d_2^2 f_{y2}}{4}$$

$$n_2 \geqslant \frac{n_1 d_1^2 f_{y1}}{d_2^2 f_{f2}} \tag{3.13}$$

式中 n_1——施工图钢筋根数；

n_2——代换钢筋根数；

d_1——施工图钢筋直径；

d_2——代换钢筋直径。

2）等截面代换。如代换后的钢筋与设计钢筋级别相同，则应使

$$A_{s1} \leqslant A_{s2}$$

则

$$n_2 \geqslant \frac{n_1 d_1^2}{d_2^2} \tag{3.14}$$

式中符号意义同前。

（3）钢筋代换注意事项：

1）以一种钢号钢筋代替施工图中规定钢号的钢筋时，应根据设计所用钢筋计算强度

和实际使用的钢筋计算强度，经计算后对截面面积作相应的改变。

2）某种直径的钢筋以钢号相同的另一种钢筋代替时，其直径变更范围不宜超过4mm，变更后的钢筋总截面积较设计规定的总截面积不得小于2%或超过3%。

3）如用冷处理钢筋代替设计中的热轧钢筋时，宜采用改变钢筋直径的方法而不宜采用改变钢筋根数的方法来减少钢筋截面积。

4）以较粗钢筋代替较细钢筋时，部分构件（如预制构件、受挠构件等）应校核钢筋握裹力。

5）要遵守钢筋代换的基本原则：①当构件受强度控制时，钢筋可按等强度代换；②当构件按最小配筋率配筋时，钢筋可按等截面代换；③当构件受裂缝宽度或挠度控制时，代换后应进行裂缝宽度或挠度验算。

6）对一些重要构件，凡不宜用Ⅰ级光面钢筋代替其他钢筋的，不得轻易代用，以免受拉部位的裂缝开展过大。

7）在钢筋代换中不允许改变构件的有效高度，否则就会降低构件的承载能力。

8）对于在施工图中明确不能以其他钢筋进行代换的构件和结构的某些部位，均不得擅自进行代换。

9）钢筋代换后，应满足钢筋构造要求，如钢筋的根数、间距、直径、锚固长度等。

3.4.2 模板工程

3.4.2.1 概述

混凝土在没有凝固硬化以前，是处于一种半流体状态的物质。能够把混凝土做成符合设计图纸要求的各种规定的形状和尺寸的模子，称为模板。

在混凝土工程中，模板对于混凝土工程的费用、施工的速度、混凝土的质量均有较大影响。据国内外的统计资料分析表明，模板工程费用一般约占混凝土总费用的25%～35%，即使是大体积混凝土，其比例也在15%～20%左右。因此，对模板结构形式、使用材料、装拆方法以及拆模时间和周转次数，均应仔细研究，以便节约木材，降低工程造价，加快工程建设速度，提高工程质量。

模板与其支撑体系组成模板系统。模板系统是一个临时架设的结构体系，其中模板是新浇混凝土成型的模具，它与混凝土直接接触，使混凝土构件具有所要求的形状、尺寸和表面质量；支撑体系是指支撑模板，承受模板、构件及施工中各种荷载的作用，并使模板保持所要求的空间位置的临时结构。

1. 模板的作用

（1）成型和支撑。模板是混凝土和钢筋混凝土成型的模子，它不仅有成型的作用，而且还要在浇筑混凝土及混凝土未能受力时，承受各种作用力，如混凝土和钢筋的重量、侧压力、振捣力、浇筑工人的作用力等。

（2）保护和改善混凝土表面质量。为保证混凝土表面不出现蜂窝和麻面等质量缺陷，要求模板之间拼缝严密，不漏浆。

（3）标准化和系列化施工模板作为周转性材料，应坚固耐用，构造简单，装拆方便，在良好的保养条件时可多次使用。

2. 模板的基本要求

(1) 应保证混凝土结构和构件浇筑后的各部分形状和尺寸以及相互位置的准确性。

(2) 具有足够的稳定性、刚度及强度。

(3) 装拆方便，能够多次周转使用，形式要尽量做到标准化、系列化。

(4) 接缝应不易漏浆、表面要光洁平整。

(5) 所用材料受潮后不易变形。

(6) 注意节约木材。

3. 模板的分类

(1) 按模板形状分为平面模板和曲面模板。平面模板又称为侧面模板，主要用于结构物垂直面。曲面模板用于廊道、隧洞、溢流面和某些形状特殊的部位，如进水口扭曲面、蜗壳、尾水管等。

(2) 按模板材料分为木模板、竹模板、钢模板、混凝土预制模板、塑料模板、橡胶模板等。

(3) 按模板受力条件分为承重模板和侧面模板。承重模板主要承受混凝土重量和施工中的垂直荷载；侧面模板主要承受新浇混凝土的侧压力。侧面模板按其支承受力方式又分为简支模板、悬臂模板和半悬臂模板。

(4) 按模板使用特点分为固定式、拆移式、移动式和滑动式。固定式用于形状特殊的部位，不能重复使用。后三种模板都能重复使用，或连续使用在形状一致的部位，但其使用方式有所不同：拆移式模板需要拆散移动；移动式模板的车架装有行走轮，可沿专用轨道行走，使模板整体移动（如隧洞施工中的钢模台车）；滑动式模板是以千斤顶或卷扬机为动力，可在混凝土连续浇筑的过程中，使模板面紧贴混凝土面滑动（如闸墩施工中的滑模）。

4. 模板体系的设计

(1) 模板设计的步骤可分为三个环节：

1) 配板设计并绘制配板图和支承系统布置图。

2) 据施工条件确定荷载并对模板及支承系统进行验算。

3) 编制模板及配件的规格数量汇总表和周转计划，制定模板系统安装与拆除的程序与方法以及施工说明书等。

(2) 模板的受力及荷载组合：

1) 基本荷载：

a. 模板及其支架自重根据设计图确定，木材按 600～800kg/m^3 计。

b. 新浇混凝土重量按 2.4～2.5t/m^3 计。

c. 钢筋重量根据设计图确定，对一般钢筋混凝土，钢筋重量可按 100kg/m^3 计。

d. 工作人员及浇筑设备、工具的荷载。计算模板及直接支承模板的楞木（围囹）时，可按均布荷载 2.5kPa 及集中荷载 2.5kN 计算；计算支承楞木的构件时，可按 1.5kPa 计算；计算支架立柱时，按 1kPa 计算。

e. 振捣混凝土时产生的荷载可按照 1kPa 计。

f. 新浇混凝土的侧压力是侧面模板承受的主要荷载。侧压力的大小与混凝土浇筑速度、浇筑温度、坍落度、入仓振捣方式及模板变形性能等因素有关。在无实测资料的情况下，可参考《水工混凝土施工规范》（DL/T 5144—2015）附录中的有关规定选用。

2）特殊荷载：

a. 风荷载。根据《建筑结构荷载规范》（GB 50009—2001）确定。

b. 其他荷载可按实际情况计算，如平仓机、非模板工程的脚手架、工作平台、超过规定堆放的材料重量等。

（3）设计荷载组合及稳定校核：

1）荷载组合。在计算模板及支架的强度和刚度时，根据承重模板和侧面模板（竖向模板）受力条件的不同，其荷载组合按表3.12进行。表列6项基本荷载，除侧压力为水平荷载之外，其余5项均为垂直荷载。表列之外的特殊荷载，按可能发生的情况计算，如在振捣混凝土的同时卸料入仓，则应计算卸料对模板的水平冲击力（kPa），可根据入仓工具的容量大小，按2～6kPa计。

表3.12 模板结构的荷载组合

项次	模板种类	基本荷载组合	
		计算强度用	计算刚度用
1	承重模板；板、薄壳的模板及支架；梁、其他混凝土结构（厚于0.4m）的底模；支架	(a)+(b)+(c)+(d)	(a)+(b)+(c)
2	竖向荷载	(f)或(e)+(f)	(f)

2）稳定校核。

a. 在计算承重模板及支架的抗倾稳定性时，应分别计算下列三项荷载产生的倾覆力矩，并取其中最大值：风荷载；实际可能发生的最大水平作用力；作用于承重模板边缘的1.5kN/m水平力（c）。模板及支架（包括同时安装的钢筋在内）自重产生的稳定力矩，则应乘以0.8的折减系数。承重模板及支架的抗倾稳定系数应大于1.4。

b. 竖向模板及内侧模板，必须设置内部支撑或外部拉杆，当其最低处高于地面10m时，应考虑各方向风荷载作用的抗倾稳定。

3.4.2.2 定型组合钢模板

（1）定型组合钢模板系列包括钢模板、连接件、支承件三部分，其中钢模板包括平面钢模板和拐角模板，连接件有U形卡、L形插销、钩头螺栓、紧固螺栓、蝶形扣件等，见图3.48。

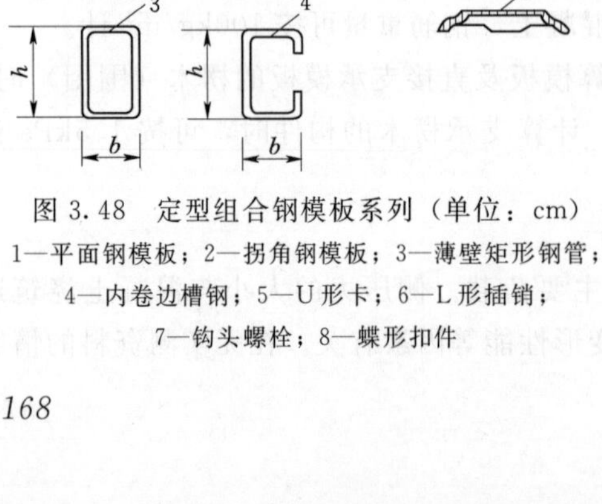

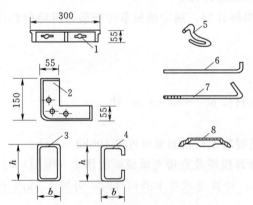

图3.48 定型组合钢模板系列（单位：cm）
1—平面钢模板；2—拐角钢模板；3—薄壁矩形钢管；4—内卷边槽钢；5—U形卡；6—L形插销；7—钩头螺栓；8—蝶形扣件

（2）钢模板包括平面模板、阳角模板、阴角模板和连接角模（图3.49）。单块钢模板由面板、边框和加劲肋焊接而成，面板厚2.3mm或2.5mm，边框和加劲肋上面按一定距离（如150mm）钻孔，可利用U形卡和L形插销等拼装成大块模板。

钢模板的宽度以50mm进级，长度以

150mm 进级，其规格和型号已做到标准化、系列化。如型号为 P3015 的钢模板，P 表示平面模板，3015 表示 300mm×1500mm（宽×长）；又如型号为 Y1015 的钢模板，Y 表示阳角模板，1015 表示 100mm×1500mm（宽×长）。如拼装时出现不足模数的空隙时，用镶嵌木条补缺，用钉子或螺栓将木条与板块边框上的孔洞连接。

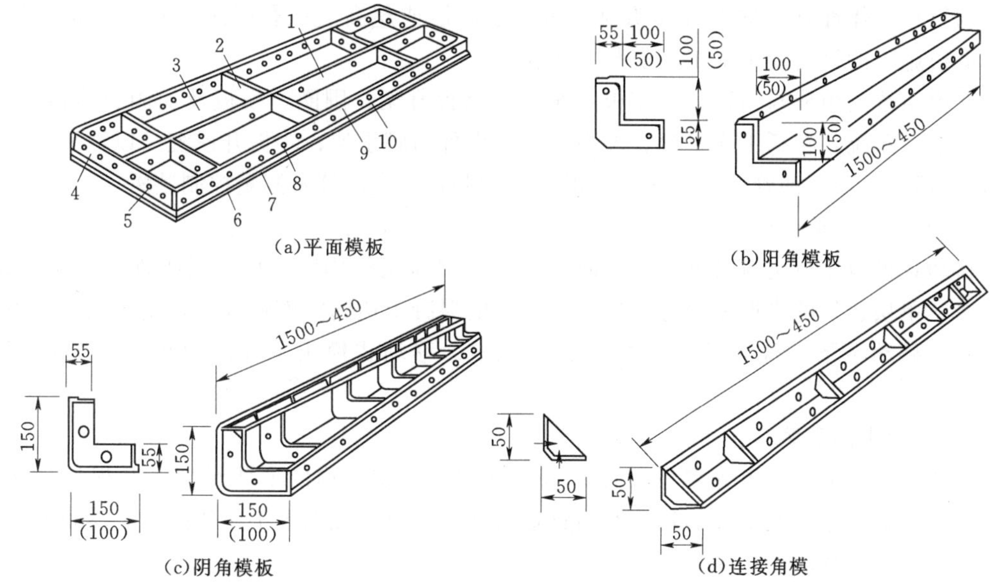

图 3.49　钢模板类型图（单位：mm）

1—中纵肋；2—中横肋；3—面板；4—横肋；5—插销孔；6—纵肋；7—凸棱；8—凸鼓；9—U 形卡孔；10—钉子孔

（3）连接件：

1）U 形卡。它用于钢模板之间的连接与锁定，使钢模板拼装密合。U 形卡安装间距一般不大于 300mm，即每隔一孔卡插一个，安装方向一顺一倒相互交错。

2）L 形插销。它插入模板两端边框的插销孔内，用于增强钢模板纵向拼接的刚度和保证接头处板面平整。

3）钩头螺栓。用于钢模板与内、外钢楞之间的连接固定，使之成为整体，安装间距一般不大于 600mm，长度应与采用的钢楞尺寸相适应。

4）对拉螺栓。用来保持模板与模板之间的设计厚度并承受混凝土侧压力及水平荷载，使模板不致变形。

5）紧固螺栓。用于紧固钢模板内外钢楞，增强组合模板的整体刚度，长度与采用的钢楞尺寸相适应。

6）扣件。用于将钢模板与钢楞紧固，与其他的配件一起将钢模板拼装成整体。按钢楞的不同形状尺寸，分别采用蝶形扣件和“3”型扣件，其规格分为大小两种。

（4）支承件。模板的支承件包括钢楞、柱箍、梁卡具、圈梁卡、钢管架、斜撑、组合支柱、钢管脚手支架、平面可调桁架和曲面可变桁架等。

3.4.2.3　其他模板

1. 滑模

滑动模板（简称滑模），是在混凝土连续浇筑过程中，可使模板面紧贴混凝土面滑动的模板。采用滑模施工要比常规施工节约木材（包括模板和脚手板等）70%左右，节约劳动力30%～50%，比常规施工的工期短，速度快，可以缩短施工周期30%～50%。滑模施工的结构整体性好，抗震效果明显，适用于高层或超高层抗震建筑物和高耸构筑物施工；滑模施工的设备便于加工、安装、运输。

滑模系统的组成与构造：①模板系统，包括提升架、围圈、模板及加固、连接配件；②施工平台系统，包括工作平台、外圈走道、内外吊脚手架；③提升系统（以液压设备为例），包括千斤顶、油管、分油器、针形阀、控制台、支承杆及测量控制装置。

2. 移动式模板

移动式模板用以浇筑长度很长且断面相同的混凝土结构物，如渠道护面、隧洞衬砌、挡土墙、单层建筑的拱形屋顶等。在某一段上的混凝土达到拆模强度后，整个模板及模板架沿轨道移动至下一浇筑段再进行混凝土浇筑。移动式模板主要由模板及车架两部分组成。

3.4.2.4　模板的安装

安装模板之前，应事先熟悉设计图纸，掌握建筑物结构的形状尺寸，并根据现场条件，初步考虑好立模及支撑的程序及与钢筋绑扎、混凝土浇捣等工序的配合，尽量避免工种之间的相互干扰。

模板的安装包括放样、立模、支撑加固、吊正找平、尺寸校核、堵设缝隙及清仓去污等工序。在安装过程中，应注意下述事项：

（1）模板竖立后，须切实校正位置和尺寸，垂直方向用垂球校对，水平长度用钢尺丈量两次以上，务必使模板的尺寸符合设计标准。

（2）模板各结合点与支撑必须坚固紧密，牢固可靠，尤其是采用振捣器捣固的结构部位更应注意，以免在浇捣过程中发生裂缝、鼓肚等不良情况。但为了增加模板的周转次数，减少模板拆模损耗，模板结构的安装应力求简便，尽量少用圆钉，多用螺栓、木楔、拉条等进行加固联结。

（3）属承重的梁板结构，跨度大于4m以上时，由于地基的沉陷和支撑结构的压缩变形，跨中应预留起拱高度，每米增高3mm，两边逐渐减少，至两端同原设计高程等高。

（4）为避免拆模时建筑物受到冲击或震动，安装模板时，撑柱下端应设置硬木楔形垫块。所用支撑不得直接支承于地面，应安装在坚实的桩基或垫板上，使撑木有足够的支承面积，以免沉陷变形。

（5）模板安装完毕，最好立即浇筑混凝土，以防日晒雨淋导致模板变形。为保证混凝土表面光滑和便于拆卸，宜在模板表面涂抹肥皂水或润滑油。夏季或在气候干燥情况下，为防止模板干缩裂缝漏浆，在浇筑混凝土之前，需洒水养护模板。如发现模板因干燥产生裂缝，应事先用木条或油灰填塞衬补。

（6）安装边墙、柱、闸墩等模板时，在浇筑混凝土以前，应将模板内的木屑、刨片、泥块等杂物清除干净，并仔细检查各联结点及接头处的螺栓、拉条、楔木等有无松动滑脱现象。在浇筑混凝土过程中，木工、钢筋工、混凝土工、架子工等工种均应有专人“看仓”，以便发现问题随时加固修理。

（7）模板安装的偏差应符合设计要求的规定，特别是有高速水流通过或有金属结构及机电安装等部位，更不应超出规范的允许值。施工中安装模板的允许偏差可参考表3.13中规定的数值。

表3.13　大体积混凝土木模板安装的允许偏差　单位：mm

<table>
<tr><th rowspan="2">项次</th><th rowspan="2" colspan="2">偏　差　项　目</th><th colspan="2">混凝土结构部位</th></tr>
<tr><th>外露表面</th><th>隐藏内面</th></tr>
<tr><td>1</td><td rowspan="2">模板平整度</td><td>相邻两面板高差</td><td>3</td><td>5</td></tr>
<tr><td>2</td><td>局部不平（用2m直尺检查）</td><td>5</td><td>10</td></tr>
<tr><td>3</td><td colspan="2">结构物边线与设计边线</td><td>10</td><td>15</td></tr>
<tr><td>4</td><td colspan="2">结构物水平截面内部尺寸</td><td colspan="2">±20</td></tr>
<tr><td>5</td><td colspan="2">承重模板标高</td><td colspan="2">±5</td></tr>
<tr><td>6</td><td colspan="2">预留孔、洞尺寸及位置</td><td colspan="2">±10</td></tr>
</table>

模板安装前或安装后，为防止模板与混凝土黏结在一起，便于拆模，应及时在模板的表面涂刷隔离剂。

3.4.2.5　模板的拆除

1. 拆模期限

（1）不承重的侧模板在混凝土强度能保证混凝土表面和棱角不因拆模而受损害时方可拆模，一般此时混凝土的强度应达到2.5MPa以上。

（2）承重模板应在混凝土达到下列强度以后方能拆除（按设计强度的百分率计）：

1）当梁、板、拱的跨度小于2m时，要求达到设计强度的50%。

2）跨度为2～5m时，要求达到设计强度的70%。

3）跨度5m以上，要求达到设计强度的100%。

4）悬臂板、梁跨度小于2m为70%；跨度大于等于2m为100%。

2. 拆模注意事项

（1）模板拆除工作应遵守一定的方法与步骤。拆模时要按照模板各结合点的构造情况，逐块松卸。首先去掉扒钉、螺栓等连接铁件，然后用撬杠将模板松动或用木楔插入模板与混凝土接触面的缝隙中，以锤击木楔，使模板与混凝土面逐渐分离。拆模时，禁止用重锤直接敲击模板，以免使建筑物受到强烈震动或将模板毁坏。

（2）拆卸拱形模板时，应先将支柱下的木楔缓慢放松，使拱架徐徐下降，避免新拱因模板突然大幅度下沉而担负全部自重，并应从跨中点向两端同时对称拆卸。拆卸跨度较大的拱模时，则需从拱顶中部分段分期向两端对称拆卸。

（3）高空拆卸模板时，不得将模板自高处摔下，而应用绳索吊卸，以防砸坏模板或发生事故。

（4）当模板拆卸完毕后，应将附着在板面上的混凝土砂浆洗凿干净，损坏部分需加修整，板上的圆钉应及时拔除（部分可以回收使用），以免刺脚伤人。卸下的螺栓应与螺帽、垫圈等拧在一起，并加黄油防锈。扒钉、铁丝等物均应收捡归仓，不得丢失。所有模板应按规格分放，妥加保管，以备下次立模周转使用。

（5）对于大体积混凝土，为了防止拆模后混凝土表面温度骤然下降而产生表面裂缝，应考虑外界温度的变化而确定拆模时间，并应避免早、晚或夜间拆模。

任务3.5 碾压混凝土坝施工

请思考：

1. 碾压混凝土材料的组成特点是什么？
2. 碾压混凝土施工程序如何？
3. 如何正确制定碾压混凝土施工方案？

3.5.1 碾压混凝土施工

碾压混凝土采用干硬性混凝土，施工方法接近于碾压式土石坝的填筑方法，采用通仓薄层浇筑、振动碾压实。碾压混凝土筑坝可减少水泥用量，充分利用施工机械提高作业效率，缩短工期。

3.5.1.1 碾压混凝土上升方式的确定

以美国和日本为代表，形成两种不同的碾压混凝土浇筑上升方式。美国式的碾压混凝土施工时，一般不分纵横缝（必要时可设少量横缝），采用大仓面通仓浇筑，压实层厚一般30cm。对于水平接缝的处理，许多坝以成熟度（气温与层面停歇时间的乘积）作为判断标准，在成熟度超过200～260℃·h时，对层面采取刷毛、铺砂浆等措施处理，否则仅对层面稍作清理。实际上，层面一般只需清除松散物，在碾压混凝土尚处于塑性状态时浇筑上一层碾压混凝土，施工速度快，造价低，也利于层面结合。日本式的碾压混凝土坝施工，用振动切缝机切出与常态混凝土坝相同的横缝，碾压混凝土压实层厚50～75cm，甚至达到100cm，每层混凝土分几次薄层平仓，平仓层厚为15～25cm，一次碾压。每层混凝土浇筑后停歇3～5天，层面冲刷毛后铺砂浆，混凝土水平施工缝面质量良好，但施工速度较慢。

我国在吸收美国、日本施工经验的基础上，既有沿用两种方法修筑的碾压混凝土坝，也有采用改进的施工方法修筑的坝。如辽宁观音阁碾压混凝土坝完全采用日本的施工方法，广西岩滩碾压混凝土围堰等则完全采用美国的施工方法，我国大多数碾压混凝土坝则采用自创的碾压混凝土施工方法，即碾压混凝土在一个升程内（一般2～3m高）采用大面积薄层连续浇筑上升，压实层厚为30cm，一个升程混凝土浇筑完毕后，对层面冲刷毛，在下一升程浇筑前铺砂浆。三峡碾压混凝土纵向围堰及二期厂坝导墙即采用该法施工。

对于施工仓面较大，碾压混凝土施工强度受施工设备限制、难以满足连续浇筑上升层面允许间歇时间要求时，可采用斜层铺筑法浇筑，该法首先在湖南江垭工程碾压混凝土施工中采用，施工时碾压层向上游或沿坝轴线方向倾斜，坡度根据混凝土施工强度确定，一般为1∶20～1∶40，以满足连续浇筑上升层间允许间歇时间要求为准。该法可缩短连续浇筑上升时层间间歇时间，有利于提高层间胶结强度，其施工类似于 RCC 法，升程高度一般为 3m。

在碾压混凝土施工速度及施工强度上，其最大日浇筑量超过 3 万 m^3（贵州思林水电站），日上升高度达 1.2m。

3.5.1.2 碾压混凝土浇筑时间的确定

碾压混凝土采用一定升程内通仓薄层连续浇筑上升，连续浇筑层层面间歇 6～8h，高温季节浇筑碾压混凝土时预冷碾压混凝土在仓面的温度回升大；另一方面，碾压混凝土用水量少，拌制预冷混凝土时加冰量少，高温季节出机口温度难以达到 7℃，因而高温季节对碾压混凝土进行预冷的效果不如常态混凝土。经计算分析，高温季节浇筑基础约束区混凝土，温度将超过坝体设计允许最高温度很多，因而可能产生危害性裂缝。另外，高温季节浇筑碾压混凝土时，混凝土初凝时间短，表层混凝土水分蒸发量大，压实困难，层面胶结差，从而使本就是碾压混凝土薄弱环节的层面结合更难保证施工质量。斜层铺筑法虽然可改善混凝土层面胶结，但难以解决混凝土温度控制等问题。

综上所述，为确保大坝碾压混凝土质量，高温季节不宜浇筑碾压混凝土，根据已建工程施工经验，在日均气温超过 25℃时不宜浇筑碾压混凝土。三峡工程在技术设计阶段研究大坝采用碾压混凝土的可行性时，确定碾压混凝土仅在低温季节浇筑下部大体积混凝土时采用，气温较高时改用常态混凝土浇筑。左导墙碾压混凝土浇筑也规定在 10 月下旬至次年 4 月上旬进行，其余时间停浇。

3.5.1.3 碾压混凝土拌和及运输

碾压混凝土一般可用强制式或自落式搅拌机拌和，也可采用连续式搅拌机拌和，其拌和时间一般比常态混凝土延长 30s 左右，故而生产碾压混凝土时拌和楼生产率比常态混凝土低 10%左右。碾压混凝土运输一般采用自卸汽车、皮带机、真空溜槽等方式，也有采用坝头斜坡道转运混凝土。选取运输机具时，应注意防止或减少碾压混凝土骨料分离。

3.5.1.4 平仓及碾压

碾压混凝土浇筑时一般按条带摊铺，铺料条带宽根据施工强度确定，一般为 4～12m，铺料厚度为 35cm，压实后为 30cm，铺料后常用平仓机或平履带的大型推土机平仓。为解决一次摊铺产生骨料分离的问题，可采用二次摊铺，即先摊铺下半层，然后在其上卸料，最后摊铺成 35cm 的层厚。采用二次摊铺后，对料堆之间及周边集中的骨料经平仓机反复推刮后，能有效分散，再辅以人工分散处理，可改善自卸汽车铺料引起的骨料分离问题。一条带平仓完成后立即开始碾压，振动碾一般选用自重大于 10t 的大型双滚筒自行式振动碾，作业时行走速度为 1～1.5km/h，碾压遍数通过现场碾压试验确定，一般为无振 2 遍、有振 6～8 遍。碾压条带间搭接宽度大于 20cm，端头部位搭接宽度大于 100～150cm。条带从铺筑到碾压完成宜控制在 2h 左右。边角部位采用小型振动碾压实。碾压作业完成后，用核子密度仪检测其容重，达到设计要求后进行下一层碾压作业；若未达到设计要求，立即重碾，直到满足设计要求为止。模板周边无法碾压部位一般可加注与碾压混凝土相同水灰比的水泥浓浆后用插入式振捣器振捣密实。仓面碾压混凝土的 VC 值控制在 5～10s，并尽可能地加快混凝土的运输速度，缩短仓面作业时间，做到在下一层混凝土初凝前铺筑完上一层碾压混凝土。

当采用金包银法（指周边外围常态混凝土与内部碾压混凝土同步浇筑）施工时，尤其要注意周边常态混凝土与内部碾压混凝土结合面的施工质量。

3.5.1.5　防渗层常态混凝土浇筑

"金包银"结构的外部防渗层常态混凝土铺筑层厚一般与碾压混凝土相同，为 30cm，可采取先浇常态混凝土，在常态混凝土初凝前铺筑 RCC，或先浇碾压混凝土，再浇筑常态混凝土，结合部位采用振动碾压实，大型振动碾无法碾压的部位，用小型振动碾碾压。

3.5.1.6　造缝

碾压混凝土一般采取几个坝段形成的大仓面通仓连续浇筑上升，坝段之间的横缝，一般可采取切缝机切缝（缝内填设金属片或其他材料）、埋设隔板或钻孔填砂形成，或采用其他方式设置诱导缝。切缝机切缝时，可采取先切后碾或先碾后切，成缝面积不少于设计缝面的 60%。埋设隔板造缝时，相邻隔板间隔不大于 10cm，隔板高度宜比压实层面低 2～3cm。钻孔填砂造缝则是待碾压混凝土浇筑完一个升程后沿分缝线用手风钻造诱导孔。

3.5.1.7　施工缝面处理

正常施工缝一般在混凝土收仓后 10h 左右用压力水冲毛，清除混凝土表面的浮浆，以露出粗砂粒和小石为准。施工过程中因故中止或其他原因造成层面间歇时间超过设计允许间歇时间，视间歇时间的长短采取不同的处理方法，对于间歇时间较短，碾压混凝土未终凝的施工缝面，可采取将层面松散物和积水清除干净，铺一层 2～3cm 厚的砂浆后，继续进行下一层碾压混凝土摊铺、碾压作业；对于已经终凝的碾压混凝土施工缝，一般按正常工作缝处理。第一层碾压混凝土摊铺前，砂浆铺设随碾压混凝土铺料进行，不得超前，保证在砂浆初凝前完成碾压混凝土的铺筑。碾压混凝土层面铺设的砂浆应有一定坍落度。

3.5.1.8　模板

规则表面采用组合钢模板，不规则面一般采用木模板或散装钢模板。为便于碾压混凝土压实，模板一般用悬臂模板，可用水平拉条固定。对于连续浇筑上升的坝体，应特别注意水平拉条的牢固性。廊道等孔洞宜采用混凝土预制模板。碾压混凝土坝下游面为方便碾压混凝土施工，可做成台阶，并可用混凝土预制模板形成。

3.5.2　碾压混凝土温度控制

3.5.2.1　分缝分块

碾压混凝土施工一般采取通仓薄层连续浇筑，对于仓面很大而施工机械生产率不能满足层面间歇期要求时，对整个仓面分设几个浇筑区进行施工。为适应碾压混凝土施工的特点，碾压混凝土坝或围堰不设纵缝，横缝间距一般也比常态混凝土间距大，采用立模、锯缝或在表面设置诱导缝。例如三峡纵向围堰坝身段下部高程 84.5m 以下采用了碾压混凝土施工，该坝段顺流向长度为 115m，横缝间距 36m 和 32m，不分纵缝通仓施工，最大仓面面积 4140m^2，三峡厂坝导墙采用碾压混凝土，导墙分块长度 30～34m，2～3 块为一碾压仓，人工造缝形成设计分块缝。对于碾压混凝土围堰或小型碾压混凝土坝，也有不设横缝的通仓施工，例如隔河岩上游横向围堰及岩滩上下游横向围堰均未设横缝。大中型碾压混凝土坝如不设横缝，难免会出现裂缝，美国早期修建的几座未设横缝的大中型碾压混凝土坝均出现较大裂缝而不得不进行修补。

3.5.2.2　碾压混凝土温度控制标准

由于碾压混凝土胶凝材料用量少，极限拉伸值一般比常态混凝土小，其自身抗裂能力比常态混凝土差，因此其温差标准比常态混凝土严，《混凝土重力坝设计规范》（DL 5108—1999）中规定，当碾压混凝土 28 天极限拉伸值不低于 0.70×10^4 时，碾压混凝土坝基础容许温差见表 3.14。对于外部无常态混凝土或侧面施工期暴露的碾压混凝土浇筑块，其内外温差控制标准一般在常态混凝土基础上加 2～3℃。

表 3.14　　**三峡碾压混凝土基础容许温差**　　单位：℃

距基础面高度	浇筑块长边长度 L		
	30m 以下	30～70m	70m 以上
0～0.2L	8～15.5	14.58～12	12～10
(0.2～0.4)L	19～17	16.5～14.5	14.5～12

3.5.2.3　碾压混凝土温度计算

由于碾压混凝土采用通仓薄层连续浇筑上升，混凝土内部最高温度一般采用差分法或有限元法进行仿真计算。计算时每一碾压层内竖直方向设置 3 层计算点，水平方向则根据计算机容量设置不同数量的计算点。

3.5.2.4　冷却水管埋设

碾压混凝土一般采取通仓浇筑，为保证层间胶结质量，一般安排在低温季节浇筑，不需要进行初、中、后期通水冷却，从而不需要埋设冷却水管。但对于设有横缝且需进行接缝灌浆，或气温较高、混凝土最高温度不能满足要求时，也可埋设水管进行初、中、后期通水冷却。三峡工程在碾压混凝土纵向围堰及纵堰坝身段下部碾压混凝土中均埋设了冷却水管。施工时冷却水管一般布设在混凝土面上，水管间距为 2m。开始采用挖槽埋设冷却管，此法费工、费时，效果亦不佳；之后改在施工缝面上直接铺设，用钢筋或铁丝固定间距，开仓时用砂浆包裹，推土机入仓时先用混凝土作垫层，避免履带压坏水管。一般在收仓后 24h 开始进行初期通水冷却，通水流量 18～20L/min，通水时间不少于 7 天，一般可将混凝土最高温度降低 3～5℃。

3.5.2.5　温控措施

碾压混凝土主要温控措施与常态混凝土基本相同，仅混凝土铺筑季节受到较大限制，由于碾压混凝土属干硬性混凝土，用水量少，高温季节施工时表面水分散发后易干燥而影响层间胶结质量，故而一般要求在低温季节浇筑。

任务 3.6　水电站厂房施工

请思考：

1. 水电站厂房施工程序和方法是什么？
2. 如何制定水电站厂房施工方案？
3. 水电站厂房下部、上部如何施工？

水电站厂房通常以发电机层为界，分为下部结构和上部结构（图3.50）。下部结构一般为大体积混凝土，包括尾水管、锥管、蜗壳等大的孔洞结构；上部结构一般为钢筋混凝土柱、梁、板等结构。

3.6.1 下部混凝土结构施工

水电站厂房下部结构尺寸大、孔洞多，受力复杂，必须分层分块进行浇筑，见图3.51。合理的分层分块是削减温度应力、防止或减少混凝土裂缝、保证混凝土施工质量和结构整体性的重要措施。

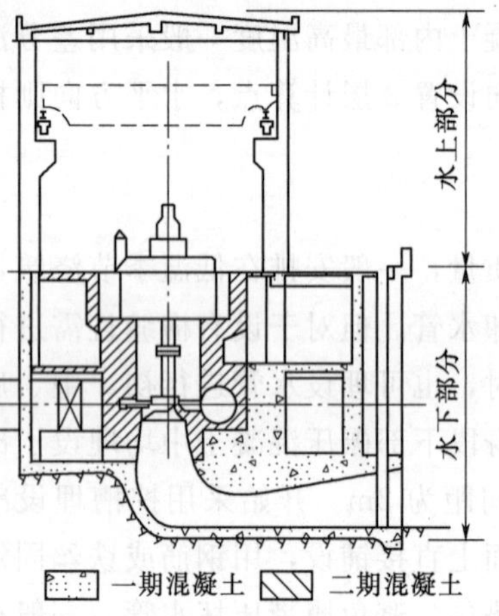

图3.50 水电站厂房示意图

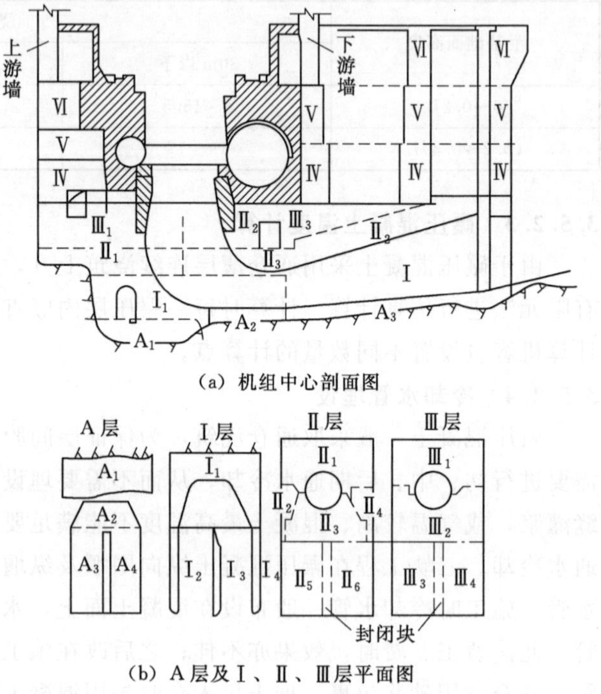

图3.51 水电站厂房下部结构分层分块示意图

3.6.1.1 下部混凝土浇筑

厂房下部结构分层分块可采用通仓、错缝、预留宽槽、封闭块和灌浆缝等形式。

1. 通仓浇筑法

通仓浇筑法施工可加快进度，有利于保证结构的整体性。如厂房尺寸小，又可安排在低温季节浇筑时，采用分层通仓浇筑最为有利。对于中型厂房，其顺水流方向的尺寸在25m以下，低温季节虽不能浇筑完毕，但有一定的温控手段时，也可采用这种形式。

2. 错缝浇筑法

大型水电站厂房下部结构尺寸较大，多采用错缝浇筑法。错缝搭接范围内的水平施工缝允许有一定的变形，以解除或减少两端的约束而减少块体的温度应力。

3. 预留宽槽浇筑法

对大型厂房，为加快施工进度，减少施工干扰，可在某些部位设置宽槽。槽的宽度一般为1m左右。由于设置宽槽，可减少约束区高度，同时增加散热面，从而减少温度应力。

对预留宽槽，回填应在低温季节施工，届时其周边老混凝土要求冷却到设计要求温度。回填混凝土应选用收缩性较小的材料。

3.6.1.2　混凝土入仓方案

1. 满堂脚手架方案

满堂脚手架是在基坑中满布脚手架，用自卸汽车（机动翻斗车、斗车）和溜筒、溜槽入仓。

2. 活动桥方案

当厂房宽度较小、机组较多时，可采用活动桥浇筑混凝土（图 3.52）。

3. 门、塔机方案

大型厂房一般采用门、塔机浇筑混凝土（图 3.53）。

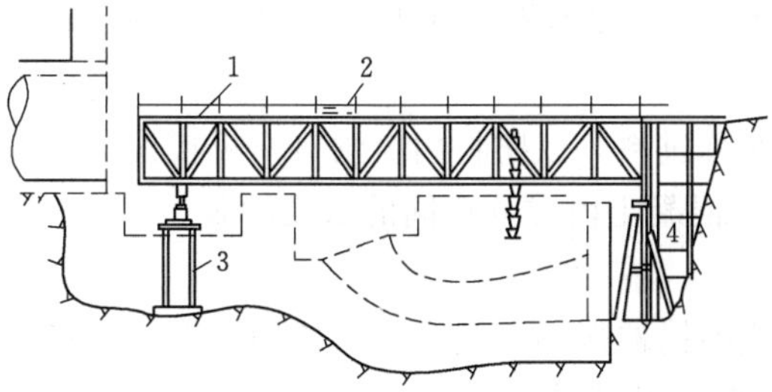

图 3.52　活动桥浇筑混凝土

1—活动桥；2—运混凝土用小车；3—上游排架；4—下游排架

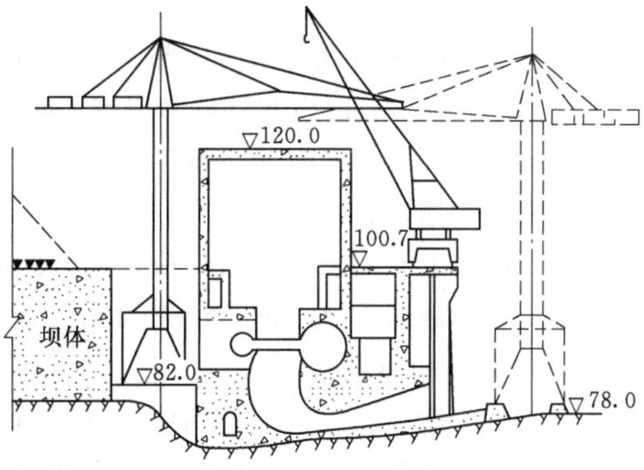

图 3.53　门、塔机浇筑混凝土（单位：m）

3.6.2　上部结构施工

厂房混凝土结构施工有现场直接浇筑、预制装配及部分现浇、部分预制等形式。浇筑时先浇筑竖向结构，后浇梁、板。

3.6.2.1　混凝土柱的浇筑

1. 混凝土的灌注

（1）混凝土柱灌注前，柱底基面应先铺 5～10cm 厚、与混凝土内砂浆成分相同的水泥砂浆，后再分段分层灌注混凝土。

（2）凡截面在 40cm×40cm 以内或有交叉箍筋的混凝土柱，应在柱模侧面开口装上斜溜槽来灌注，每段高度不得大于 2m，见图 3.54。如箍筋妨碍溜槽安装时，可将箍筋一端解开提起，待混凝土浇至窗口的下口时，卸掉斜溜槽，将箍筋

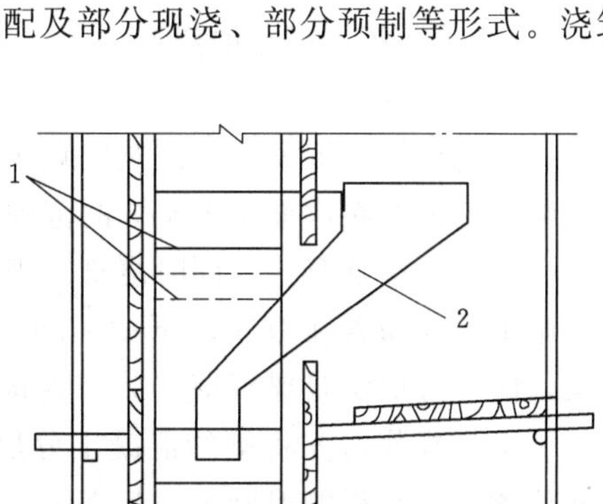

图 3.54　小截面柱侧开窗口浇筑

1—钢筋（虚线钢箍暂时向上移）；2—带垂直料筒的下料溜槽

重新绑扎好，用模板封口，柱箍箍紧，继续浇上段混凝土。采用斜溜槽下料时，可将其轻轻晃动，加快下料速度。采用溜筒下料时，柱混凝土的灌注高度可不受限制。

(3) 当柱高不超过3.5m、截面大于40cm×40cm且无交叉钢筋时，混凝土可由柱模顶直接倒入。当柱高超过3.5m时，必须分段灌注混凝土，每段高度不得超过3.5m。

2. 混凝土的振捣

混凝土的振捣尽量使用插入式振捣器。当振捣器的软轴比柱长0.5～1.0m时，待下料至分层厚度后，将振捣器从柱顶伸入混凝土内进行振捣。当用振捣器振捣比较高的柱子时，则应从柱模侧预留的洞口插入，待振捣器找到振捣位置时，再合闸振捣。

振捣时以混凝土不再塌陷，混凝土表面泛浆，柱模外侧模板拼缝均匀微露砂浆为好。也可用木槌轻击柱侧模判定，如声音沉实，则表示混凝土已振实。

3.6.2.2 混凝土墙的浇筑

1. 混凝土的灌注

(1) 浇筑顺序应先边角后中部、先外墙后隔墙，以保证外部墙体的垂直度。

(2) 高度在3m以内的外墙和隔墙，混凝土可以从墙顶向模板内卸料，卸料时须在墙顶安装料斗缓冲，以防混凝土发生离析。高度大于3m的任何截面墙体，均应每隔2m开洞口，装斜溜槽进料。

(3) 墙体上有门窗洞口时，应从两侧同时对称进料，以防将门窗洞口模板挤偏。

(4) 墙体混凝土浇筑前，应先铺5～10cm与混凝土内成分相同的水泥砂浆。

2. 混凝土的振捣

(1) 对于截面尺寸较大的墙体，可用插入式振捣器振捣，其方法同柱的振捣。对较窄或钢筋密集的混凝土墙，宜采用在模板外侧悬挂附着式振捣器振捣，其振捣深度约为25cm。

(2) 遇有门窗洞口时应在两边同时对称振捣，不得用振捣棒棒头敲击预留孔洞模板、预埋件等。

(3) 当顶板与墙体整体现浇时，楼顶板端头部分的混凝土应单独浇筑，保证墙体的整体性。

3.6.2.3 梁、板混凝土的浇筑

1. 混凝土的浇筑

(1) 肋形楼板混凝土的浇筑应顺次梁方向，主次梁同时浇筑。在保证主梁浇筑的前提下，将施工缝留在次梁跨中1/3的范围内。

(2) 梁、板混凝土宜同时浇筑。当梁高大于1m时，可先浇筑主次梁，后浇筑板。其水平施工缝应布置在板底以下2～3cm处，见图3.55 (a)；截面高大于0.4m、小于1m的梁，应先分层浇筑梁混凝土，待混凝土平楼板底面后，梁、板混凝土同时浇筑，见图3.55 (b)。操作时先将梁的混凝土分层浇筑成阶梯形，并向前赶，起始点的混凝土到达板底位置时，与板的混凝土一起浇筑。随着阶梯的不断延长，板的浇筑也不断向前推移。

2. 混凝土的振捣

(1) 混凝土梁应采用插入式振捣器振捣，从梁的一端开始，先在起头的一小段内浇一层与混凝土成分相同的水泥砂浆，再分层浇筑混凝土。浇筑时两人配合，一人在前面用插入式振捣器振捣混凝土，使砂浆先流到前面和底部，让砂浆包裹石子，另一人在后面用捣钎靠着侧板及底部往回钩石子，以免石子阻碍砂浆往前流。待浇筑至一定距离后，再回头浇第二层，直至浇捣至梁的另一端。

（2）浇筑梁柱或主次梁结合部位时，由于梁上部的钢筋较密集，普通振捣器无法直接振捣，此时可用振捣棒从钢筋空档插入振捣，或将振动棒从弯起钢筋斜段间隙中斜向插入振捣（图 3.56）。

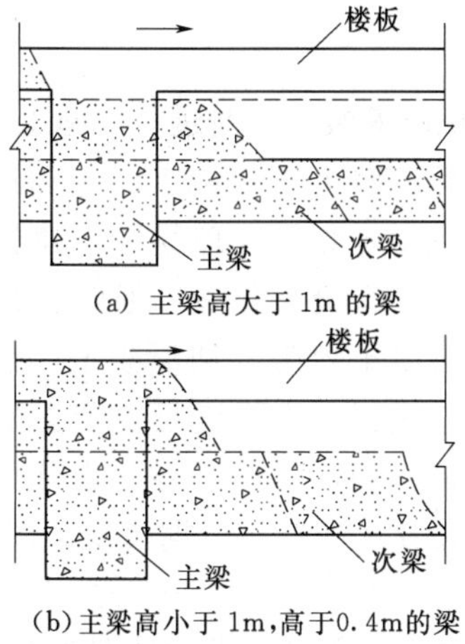

图 3.55　梁、板混凝土同时浇筑示意图

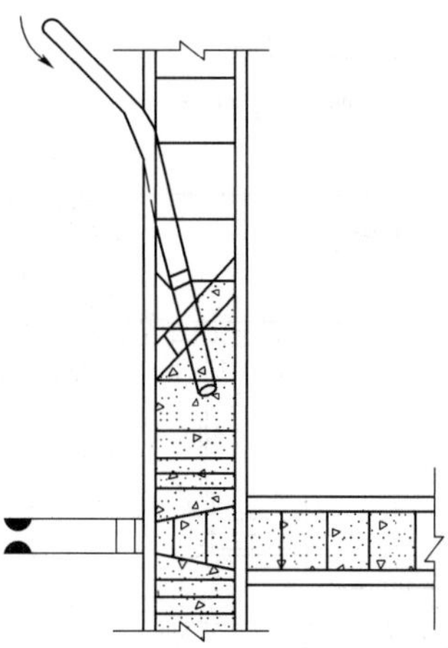

图 3.56　钢筋密集处的振捣

（3）楼板混凝土的捣固宜采用平板振捣器振捣。当混凝土摊铺有一定的工作面后，用平板振捣器来振捣，振捣方向应与浇筑方向垂直。由于楼板的厚度一般在 10cm 以下，振捣一遍即可密实。但通常为使混凝土板面更平整，可将平板振捣器再快速拖拉一遍，拖拉方向与第一遍的振捣方向相垂直。

3. 混凝土结构施工注意事项

（1）振捣不实：

1）柱、墙底部未铺接缝砂浆，卸料时底部混凝土发生离析，石子集中于柱、墙底而无法振捣出浆来，造成底部“烂根”。

2）混凝土浇筑高度超过规定要求，易使混凝土发生离析，柱、墙底石子集中、缺少砂浆而呈蜂窝状。

3）振捣时间过长，使混凝土内石子下沉集中。

4）分层浇筑时一次投料过多，振捣器不能伸入底部，造成漏振。

5）楼地面不平整，柱、墙模板安装时与楼地面裂隙过大，造成混凝土严重漏浆。

（2）柱边角严重蜂窝：

1）模板边角拼装缝隙过大，严重跑角，造成边角蜂窝。因此，模板配制时，边角处宜采用阶梯缝搭缝，如果用直缝，模板缝隙应填塞。

2）局部漏浆造成边角处蜂窝。

（3）柱、墙、梁、板结合部梁底出现裂缝。混凝土柱浇筑完毕后未经沉实而继续浇筑混凝土梁，在柱、墙、梁、板结合部梁底易出现裂缝。一般浇筑与柱和墙连成整体的梁和板时，应在柱（墙）浇筑完毕后停歇1～1.5h，使其获得初步沉实，再继续浇筑。

（4）拆模后，楼板底出现露筋：

1）保护层垫块位置或垫块铺垫间距过大，甚至漏垫，钢筋紧贴模板，造成露筋。

2）浇筑过程中，操作人员踩踏钢筋，使钢筋变形，拆模后出现露筋。

3）模板缝隙过大、漏浆严重或下料时部分混凝土石多浆少造成露筋。因此下料时混凝土料应搭配均匀，避免局部石多浆少，模板的缝隙应填塞，防止漏浆。

3.6.3　二期混凝土浇筑

水电站厂房施工特点之一，是土建施工与机电安装需同时进行，施工干扰性大。为了保证整个厂房施工的顺利进行，加快工程进度，必须合理组织土建施工与机电安装的平行交叉作业。通常将机电埋件周围的混凝土划为二期混凝土，紧密配合安装工作进行。为了满足安装上的要求并便于立模扎筋，二期混凝土也分层浇筑，有些部位还需留待第三期浇筑。图3.57是一种大型机组二期混凝土分层图。共分五层进行浇筑。第Ⅰ层是尾水管圆锥段外围混凝土，座环与钢蜗壳的支墩；第Ⅱ、Ⅲ层是蜗壳外围混凝土；第Ⅳ层是发电机机墩部分，包括制动闸支墩、发电机定子支墩及通风槽等；第Ⅴ层是发电机风罩墙及与其相连的板梁。机组二期混凝土施工特点是，要求与机电埋件安装紧密配合，工作面狭小，互相干扰尤为突出；某些特殊部位，如钢蜗壳与座环相连的阴角处、机墩顶部以及定子螺栓孔等部位回填的混凝土，承受荷载大，质量要求高，但这些部位仓面小、钢筋密、进料和振捣都比较困难。现就主要部位的施工措施介绍如下。

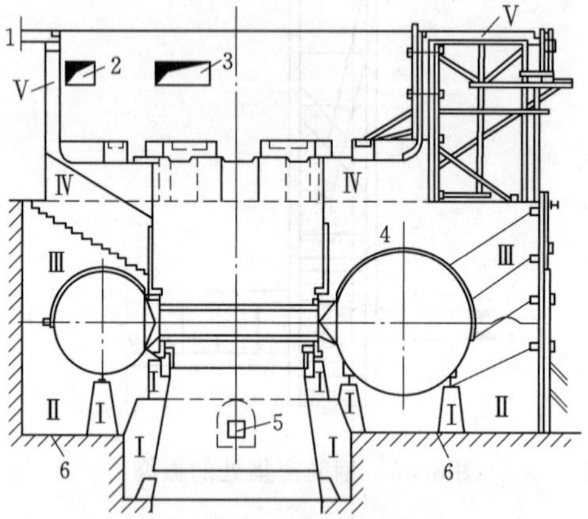

图3.57　大型机组二期混凝土分层图

1—通风孔；2—发电机中性点电流互感器；3—发电机主引出线电流互感器孔；4—钢蜗壳弹性垫层；5—尾水管进人孔；6—一期混凝土

3.6.3.1　圆锥段里衬二期混凝土

尾水管圆锥段，用钢板里衬作为二期混凝土内侧模板，根据混凝土侧压力的大小，校核里衬刚度是否满足要求。必要时，可在里衬内侧布置桁架加强，或在仓内增设拉条、支撑加固。

圆锥段里衬底部与一期混凝土之间，一般留有20cm左右的垂直间隙，以保证里衬安装的精度。二期混凝土施工时，再用韧性材料作间隙部位的模板，使里衬与一期混凝土衔接平整。

里衬二期混凝土回填，仓位狭长，为避免产生不规则裂缝，在里衬安装完毕后，还需要在其径向设置2～4条引缝片。引缝片采用2～3mm厚的薄钢板垂直布置，其高度约为浇筑层厚的1/3，两端焊接在里衬及一期混凝土壁埋件上。上、下浇筑层设置的引缝片还应错开5mm左右，见图3.58。

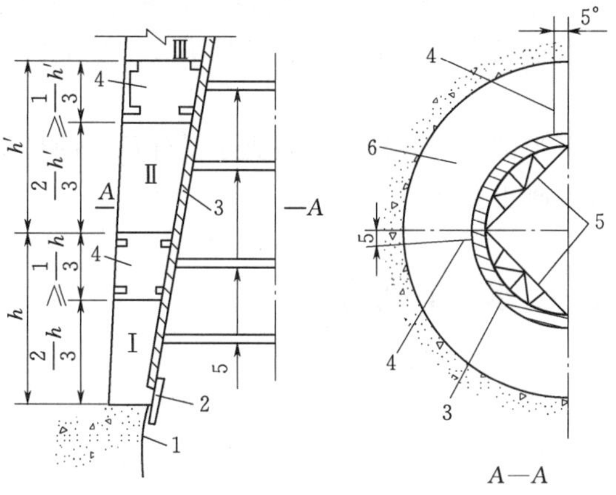

图 3.58　圆锥里衬二期混凝土与引缝片示意图

1—弯管段；2—韧性接头模板；3—钢板里衬；4—引缝钢板；5—桁架；6—二期混凝土

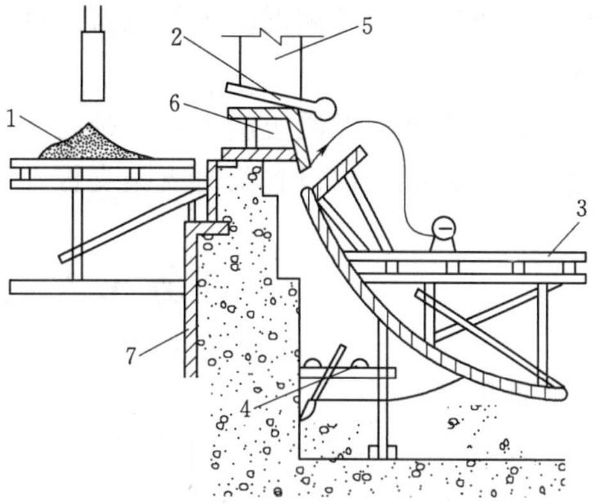

图 3.59　蜗壳阴角部位浇筑工艺布置图

1—转料平台；2—转料工具；3—操作平台；4—操作跳板；5—导叶；6—座环底板；7—钢板里衬

3.6.3.2　钢蜗壳下半部二期混凝土

这部分位于钢蜗壳中心线以下，其中施工难度最大的是蜗壳与座环相连处的阴角部位。该部位空间狭窄，进料困难，很难振捣密实。为了保证质量，施工时常采取以下专门措施。

（1）在座环或蜗壳上开口进料。即在水轮机厂制造时，在座环或蜗壳上预留若干进料孔。当蜗壳下部混凝土浇筑时，先在蜗壳外边卸料，用铁铲向蜗壳底部送料，并振捣密实。混凝土上升到蜗壳底面后，就不能从底部向阴角部位进料，而只能从蜗壳或座环上预留的孔口进料，争取进人振捣。阴角上的尖角部分无法进人时，则用软轴振捣器插入孔中振捣，直到混凝土填满座环上的孔口。

图 3.59 为蜗壳阴角部位浇筑工艺布置图，预留孔口位置选择在靠近座环底板的钢蜗壳侧面。

（2）预埋骨料或混凝土砌块灌浆施工法。即在阴角部位浇筑前，预先用骨料填塞或混凝土砌块砌筑，骨料或砌块可用钢筋托住，并在角部分安装回填灌浆管路。灌浆管可采用直径 25mm 左右的钢管，沿机组径向间隔 2m 布置一根，一端管口朝上并用水泥纸包裹，另一端管口比较集中地引至水轮机层楼面，编号保管。当机组二期混凝土全部浇完 15 天后，采用压力为 303.9kPa（即 3 个大气压）的水泥砂浆灌注，直到阴角空隙处灌满为止。进浆管也可以直接预留在座环顶部，但会对座环板造成缺陷。

3.6.3.3　钢蜗壳上半部二期混凝土

这部分施工时，应注意钢蜗壳上半部弹性垫层的施工及水轮机井钢衬与钢蜗壳之间凹槽部位的浇筑。为了使钢蜗壳与上部混凝土分开，保证钢蜗壳不承受上部混凝土结构传来的荷载，常在蜗壳上半圆表面铺设 5～6cm 厚的弹性垫层。弹性垫层由两层油毛毡夹一层沥青软木构成。施工时，先在蜗壳上刷一层热沥青（温度不低于 140℃），趁热将预制的沥青软木块铺上，再铺二毡三油即成。预制的软木块，可采用较小尺寸，以便吻合蜗壳弧度。此外，在浇混凝土时，还应防止水泥砂浆浸入垫层，而使垫层失去弹性作用。水轮机井钢衬与蜗壳之间的凹槽部位，由于钢筋较密，施工时应采用细石混凝土，并注意捣实。同时注意蜗壳内外侧混凝土的浇筑速度，应大致按相同高程上升，以免接头处产生陡坡或冷缝。

钢蜗壳外围混凝土浇筑，无论是上半部或下半部，还必须考虑蜗壳承受外压时的稳定性。一般在蜗壳内设置临时支架支撑，以抵抗混凝土侧压力。

任务3.7 混凝土水闸施工

请思考：

1. 水闸施工主要内容有哪些？
2. 底板和闸墩如何施工？
3. 水闸施工的主要方法有哪些？
4. 水闸施工的主要内容有哪些？

一般水闸工程的施工包括导流工程、基坑开挖、基础处理、混凝土工程、砌石工程、回填土工程、闸门与启闭机安装、围堰拆除等。这里重点介绍闸室工程的施工。

水闸混凝土工程的施工应以闸室为中心，按照“先深后浅，先重后轻、先高后低、先主后次”的原则进行。水闸混凝土工程量大部分在闸身，其上部结构大多采用预制构件，故主要讲述底板、闸墩及止水设施的施工。

闸室混凝土施工是根据沉陷缝、温度缝和施工缝分块分层进行的。

3.7.1 底板施工

闸室地基处理后，对于软基应铺素混凝土垫层 8～10cm，以保护地基，找平基面。垫层养护 7 天后即在其上放出底板的样线。

3.7.2 闸墩施工

水闸闸墩的特点是高度大、厚度薄，模板安装困难，工程面狭窄，施工不便，在门槽部位钢筋密、预埋件多，干扰大。当采用整浇底板时，两沉陷缝之间的闸墩应对称同时浇筑，以免产生不均匀沉陷。

3.7.2.1 闸墩模板设计、制作、安装及闸墩钢筋安装

立模时，先立闸墩一侧平面模扳，然后按设计图纸安装绑扎钢筋，再立另一侧的模板，最后再立前后的圆头模板。

闸墩立模要求保证闸墩的厚度和垂直度。闸墩平面部分一般采用组合钢模，通过纵横围图、木枋和对拉螺栓固定，内撑竹管保证浇筑厚度（图 3.60）。

对拉螺栓一般用直径 16～20mm 的光面钢筋两头套丝制成，木枋断面尺寸为 15cm×15cm，长度 2m 左右，两头钻孔便于穿对拉螺栓。安装顺序是先用纵向横钢管围令固定好钢模后，调整模板垂直度，然后用斜撑加固，保证横向稳定，最后自下而上加对拉螺栓和木枋加固。注意脚手钢管与模板围令或支撑钢管不能用扣件连接起来，以免脚手架的震动影响模板。

闸墩圆头模板的构造和架立，见图 3.61。

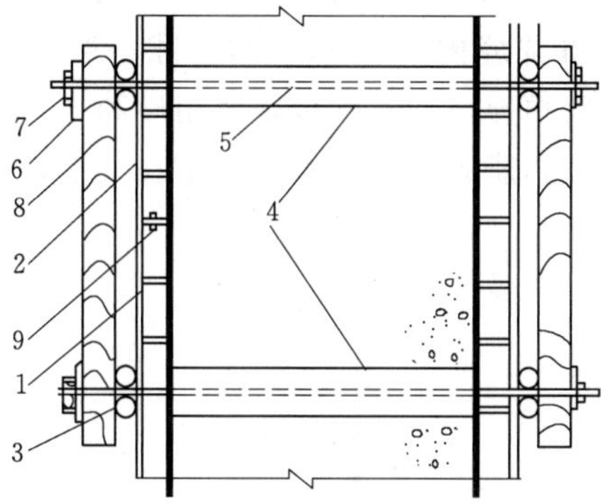

图 3.60 闸墩侧模固定示意图

1—组合钢模；2—纵向围囹（两根）；3—横向围囹（两根）；4—竹撑杆；5—对拉钢筋；6—铁板；7—螺栓；8—木枋；9—U 形卡

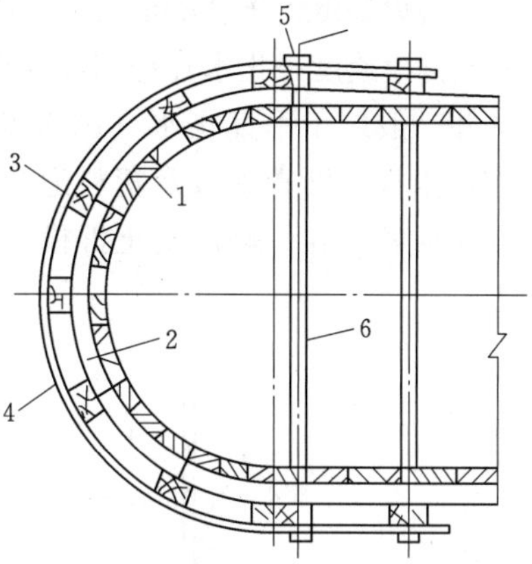

图 3.61 闸墩圆头模板

1—模板；2—板带；3—垂直围囹；4—钢环；5—螺栓；6—撑管

3.7.2.2 闸墩混凝土入仓浇筑

闸墩模板立好后，即开始清仓工作。用水冲洗模扳内侧和闸墩底面，冲洗污水由底层模板上预留的孔眼流走。清仓后即将孔眼堵住，经隐蔽工程验收合格后即可浇筑混凝土。

为保证新浇混凝土与底板混凝土结合可靠，首先应浇 2～3cm 厚的水泥砂浆。混凝土一般采用漏斗下挂溜筒下料，漏斗的容积应和运输工具的容积相匹配，避免在仓面二次转运，溜筒的间距为 2～3m。一般划分成几个区段，每区内固定浇捣工人，不要往来走动，振动器可以二区合用一台，在相邻区内移动。混凝土入仓时，应注意平均分配给各区，使每层混凝土的厚度均匀、平衡上升，不单独浇高，以使整个浇筑面大致水平。每层混凝土的铺料厚度应控制在 30cm 左右。

3.7.2.3 闸接缝止水施工

一般中小型水闸接缝止水采用止水片或沥青井止水，缝内充填填料。止水片可用紫铜片、镀锌铁片或塑料止水带。紫铜止水片常用的形状有两种（图 3.62）。其中铜片厚度为 1.2～1.55mm，鼻高 30～40mm。U 形止水片下料宽度 500mm，计算宽度 400mm；V 形下料宽度 460mm，计算宽度 300mm。

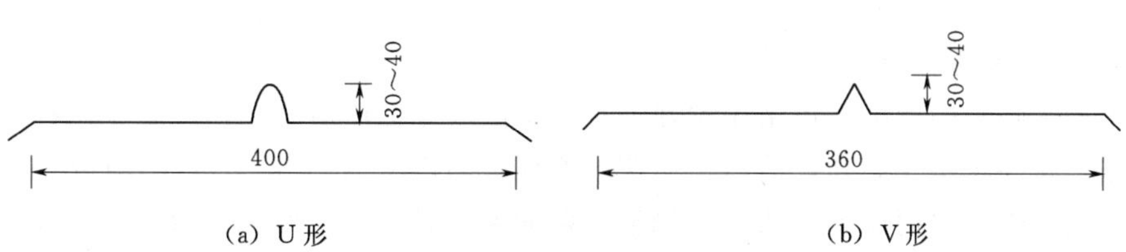

图 3.62 紫铜止水片（单位：mm）

紫铜片使用前应进行退火处理，以增加其延伸率，便于加工和焊接。一般用柴火退火，空气自然冷却。退火后其延伸率可从 10%提高至 41.7%。接头按规范要求用搭接或折叠咬接双面焊，搭焊长度大于 20mm。止水片安装一般采用两次成型就位法（图 3.63），它可以提高立模、拆模速度，止水片伸缩段易对中。U 形鼻子内应填塞沥青膏或油浸麻绳。

沥青井一般用于垂直止水（图 3.64）。沥青井缝内 2～3mm 的空隙一般采用沥青油毡、沥青杉木板、沥青砂板及塑料泡沫板作填料填充。沥青砂板是将粗砂和小石炒热后浇入热沥青而成的，在一侧混凝土拆模后用钢钉或树脂胶将填料板材固定在其上，再浇另一侧混凝土。

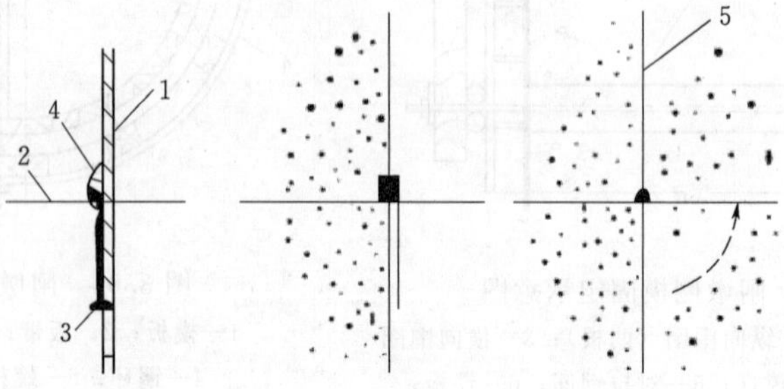

(a) 浇筑前　　(b) 拆模后　　(c) 全部浇入

图 3.63　止水片两次成型示意图

1—止水片；2—模板；3—铁钉；4—贴角木条；5—接缝填料

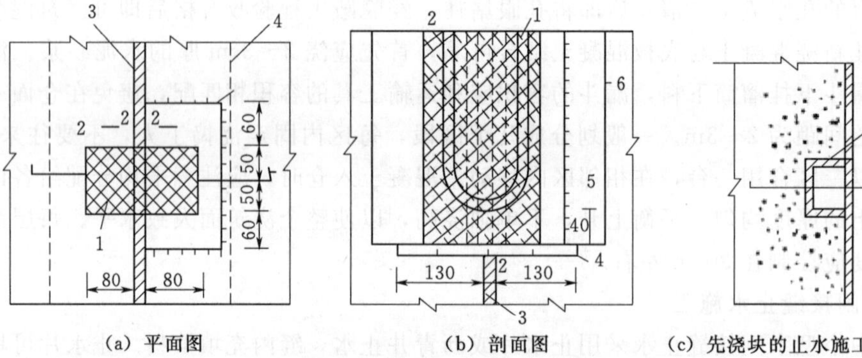

(a) 平面图　　(b) 剖面图　　(c) 先浇块的止水施工方法

图 3.64　沥青井构造及施工示意图（单位：mm）

1—φ25 蒸气管；2—沥青井；3—伸缩缝；4—水平塑料止水带；5—凿毛预制混凝土块；6—垂直止水铝片；7—模板

3.7.2.4　门槽及埋件施工

中小型水闸闸门槽施工可采用预埋一次成型法或先留槽后浇二期混凝土两种方法。一次成型法是将导轨事先钻孔，然后预埋在门槽模板的内侧（图 3.65），闸墩浇筑时，导轨即浇入混凝土中。二期混凝土法是在浇第一期混凝土时，在门槽位置留出一个较门槽为宽的槽位，在槽内预埋一些开脚螺栓或锚筋作为安装导轨时的固定点，待一期混凝土达到一定强度后，用螺栓或电焊将导轨位置固定，调整无误后，再用二期混凝土回填预留槽（图 3.66）。

门槽及导轨必须铅直无误，所以在立模及浇筑过程中应随时用吊锤校正。门槽较高时，吊锤易于晃动，可在吊锤下部放一油桶，使垂球浸入黏度较大的机油中。闸门底槛设在闸底板上，在施工初期浇筑底板时，底槛往往不能及时加工供货，所以常在闸底板上留槽，以后浇二期混凝土（图 3.67）。

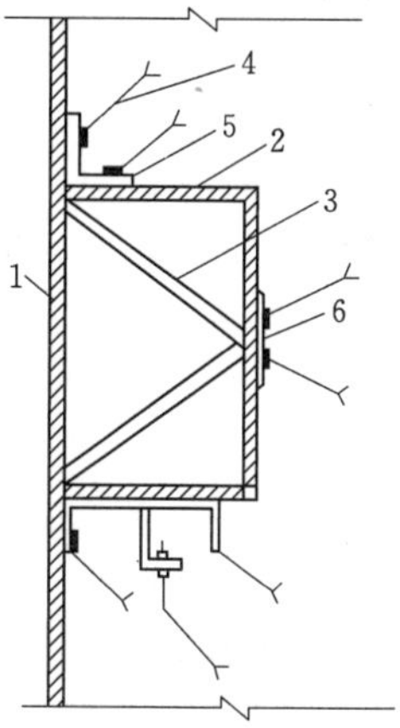

图 3.65 闸门槽一次成型法

1—闸墩模板；2—门槽模板；3—撑头；4—开脚螺栓；5—门槽角铁；6—侧导轨

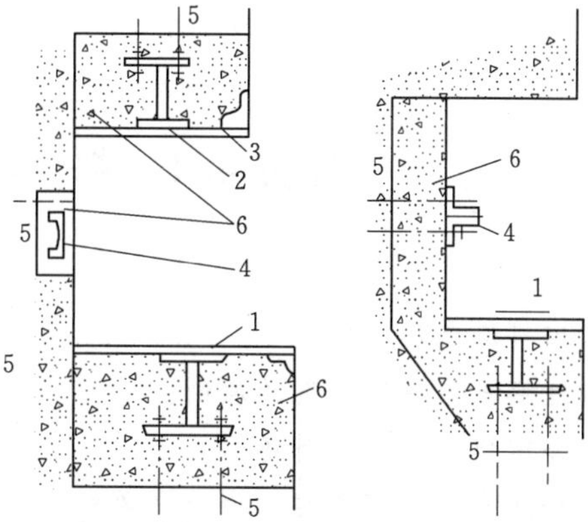

(a) 平面滚轮闸门的门槽 (b) 平面滑动闸门的门槽

图 3.66 平面闸门槽的二期混凝土

1—主轮（滑轮）导轨；2—反轨导轨；3—侧水封座；4—侧导轮；5—预埋基脚螺栓；6—二期混凝土

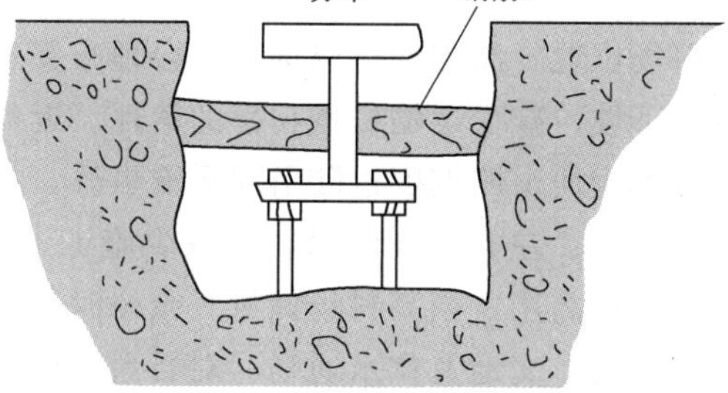

图 3.67 底槛安装示意图

项目4　土石方工程施工

任务4.1　料　场　规　划

请思考：

1. 土石坝料场怎样规划？

2. 正确理解土石料场规划的原则。

3. 如何合理规划土石坝料场？

4. 土石料开采方法有哪些？为什么要对土石料进行加工？怎样加工？

4.1.1　料场规划的原则与优化

4.1.1.1　料场规划的原则

土石坝用料量很大，料场的合理规划与使用，是土石坝施工中的关键问题之一，它不仅关系到坝体的施工质量、工期和工程投资，而且还会影响到工程的生态环境。在选坝阶段需对土石料场全面调查，施工前配合施工组织设计，深入勘测料场，并从空间、时间、质与量等方面进行全面规划。

(1) 空间规划。指对料场位置、高程的恰当选择，合理布置。土石料的上坝运距尽可能短些，高程上有利于重车下坡，减少运输机械功率的消耗。近料场不应因取料影响坝的防渗、稳定和上坝运输，也不应使道路坡度过陡引起运输事故。坝的上下游、左右岸最好都选有料场，这样有利于上下游、左右岸同时供料，减少施工干扰，保证坝体均衡上升。用料时原则上应低料低用，高料高用，当高料场储量有余裕时，亦可高料低用。同时，料场的位置应有利于布置开采设备、交通及排水通畅。对石料场尚应考虑与重要建筑物、构筑物、机械设备等保持足够的防爆、防震安全距离。

(2) 时间规划。就是要考虑施工强度和坝体填筑部位的变化。随着季节及坝前蓄水情况的变化，料场的工作条件也在变化。在用料规划上应力求做到上坝强度高时用近料场，上坝强度低时用较远的料场，使运输任务比较均衡。对近料场和上游易淹的料场应先用，远料场和下游不易淹的料场后用；含水量高的料场旱季用，含水量低的料场雨季用。在料场使用规划中，还应保留一部分近料场供合龙段填筑和拦洪度汛高峰强度时使用。

此外，还应对时间和空间进行统筹规划，否则会产生事与愿违的后果。例如甘肃碧口土坝，施工初期由于料源不足，规划不落实，导流后第一年度汛时就将4.5km以内的砂砾料场基本用完，而以后逐年度汛用料量更大，不得不用4.5km以外的远料场，不仅增加了不必要的运输任务，而且也给后期各年度汛增加了困难。

(3) 料场质与量的规划。是料场规划最基本的要求，也是决定料场取舍的重要因素。在选择和规划使用料场时，应对料场的地质成因、产状、埋深、储量以及各种物理力学指标进行全面勘探和试验。勘探精度应随设计深度加深而提高。在施工组织设计中，用料规划不仅应使料场的总储量满足坝体总方量的要求，而且应满足施工各个阶段最大上坝强度的要求。

（4）料尽其用、充分利用永久和临时建筑物开挖渣料是土石坝料场规划的又一重要原则。为此应增加必要的施工技术组织措施，确保渣料的充分利用。例如，若导流建筑物和溢洪道等建筑物开挖时间与上坝时间不一致时，则可调整开挖和填筑进度，或增设堆料场储备渣料，供填筑时使用。为了紧缩坝体设计断面和充分利用渣料，采用人工筛分控制填料的级配越来越普遍。美国园峰坝有 70%上坝料经过筛分，沃洛维尔坝在开挖心墙料时将大于 7.5cm 的料筛选出来作为坝壳填料。我国碧口土石坝利用混凝土骨料筛分后的超径料作为坝壳填料。这类利用料的数量、规格都应纳入料场规划中去。

（5）料场规划还应对主要料场和备用料场分别加以考虑。前者要求质好、量大、运距近，且有利于常年开采；后者通常在淹没区外，当前者被淹没或因库区水位抬高，土料含水量过大或其他原因中断使用时，则用备用料场，保证坝体填筑不中断。

在规划料场实际可开采总量时，应考虑料场查勘的精度、土石料天然密度与坝体压实密度的差异，以及开挖运输、坝面清理、返工削坡等损失。实际可开采总量与坝体填筑量的比值，土料一般为 2～2.5，砂砾料 1.5～2，水下砂砾料 2～3，石料 1.5～2；反滤料应根据筛后有效方量确定，一般不宜小于 3。

另外，料场选择还应与施工总布置结合考虑，应根据运输方式、强度来研究运输线路的规划和装料面的布置。料场内装料面应保持合理的间距，间距太小会使道路变化频繁，影响工效；间距太大影响开采强度，通常装料面间距取 100m 左右为宜。整个场地规划还应排水通畅，全面考虑出料、堆料、弃料的位置，力求避免干扰以加快采运速度。

4.1.1.2 料场优化的基本方法

土石坝工程既有大量的土石方开挖，又有大量的土石方填筑。土石料的优化主要包括开挖可用料的充分利用，废弃料的妥善处理，补充料场的选择与开采数量的确定。备用料场的选择及物料的储存、调度是土石坝施工组织设计的重要内容，对保证工程质量、加快施工进度、降低工程造价、节约用地和保护环境具有重要意义。

土石方平衡的原则是充分而合理地利用建筑物开挖料，根据建筑物开挖料和料场开采料的料种与品质，安排采、供、弃规划，优料优用，劣料劣用；保证工程质量，便于管理，便于施工；充分考虑挖填进度要求和物料储存条件，且留有余地，妥善安排弃料，做到保护环境。

（1）填挖料平衡计算。根据建筑物设计填筑工程量统计各料种填筑方量。根据建筑物设计开挖工程量、地质资料、建筑物开挖料可用与不可用分选标准，并进行经济比较，确定并计算可用料和不可用料数量；根据施工进度计划和渣料存储规划，确定可用料的直接上坝数量和需要存储的数量；根据折方系数、损耗系数，计算各建筑物开挖料的设计使用数量（含直接上坝数量和堆存数量）、舍弃数量和由料场开采料的数量，进行挖、填、堆、弃综合平衡。

（2）土石方调度优化。土石方调度优化的目的，是找出总运输量最小的调度方案，从而使运输费用最低，降低工程造价。土石方调度是一个物资调动问题，可用线性规划等方法进行优化处理。对于大型土石坝，可进行土石方平衡及坝体填筑施工动态仿真，优化土石方调配，论证调度方案的经济性、合理性和可行性。

4.1.2　土石料开采与加工

4.1.2.1　土石料开采

1. 土石料开采前准备工作

(1) 划定料场范围。

(2) 设置排水系统。

(3) 按照施工组织设计要求修建施工道路。

(4) 分区清理覆盖层。

(5) 修建辅助设施。包括风、水、电系统以及土石料加工、堆（弃）料场、装料站台等。

2. 土石料开采

土料开采主要分为立面开采及平面开采，其施工特点及适用条件见表4.1。

表4.1　土料开采方式比较

开采方式	立面开采	平面开采
料场条件	土层较厚，料层分布不均	地形平坦，适应薄层开挖
含水率	损失小	损失大，适用有降低含水率要求的土料
冬季施工	土温散失小	土温易散失，不宜在负温下施工
雨季施工	不利因素影响小	不利因素影响大
适用机械	正铲，反铲，装载机	推土机，铲运机，或推土机配合装载机

3. 砂砾料开采

砂砾料（含反滤料）开采施工特点及适用条件见表4.2。

表4.2　砂砾料开采施工特点及适用条件

开采方式	水上开采	水下开采（含混合开采）
料场条件	阶地或水上砂砾料	水下砂砾料无坚硬胶结或太大漂石
适用机型	正铲，反铲，推土机	采砂船，索铲，反铲
冬季施工	不影响	若结冰，则不宜施工
雨季施工	一般不影响	要有安全措施，汛期一般停工

4.1.2.2　土石料加工

1. 调整土料含水率

降低土料含水量的方法有挖装运卸中的自然蒸发、翻晒、掺料、烘烤等方法。提高土料含水量的方法有：在料场加水，在料堆加水，在开挖、装料、运输过程中加水。

2. 防渗掺合料的加工

防渗掺合料最好是级配良好的砂砾料，也可用风化岩石。建筑物开挖石渣，其最大粒径不大于碾压层厚的2/3(最大粒径可达120～150mm)。

试验表明，当掺合料（$d>5$mm）含量在40%以下时，土料能充分包裹粗粒掺合料，这时掺合料尚未形成骨架，掺合料的物理力学性质与原土相近；当掺合料含量大于60%时，掺合料形成骨架，土料成为充填物，渗透系数将随掺合量的增加而显著变大。一般认为防渗体的掺合料以40%～50%为宜。

掺合方法一般采用水平层铺料-立面（斜面）开采掺合法。土料和掺合料逐层相间铺料，各层料的铺层厚度一般以40～70cm为宜，立面或斜面开挖取料。

3. 超径料（颗粒）处理

砾质土中超径石含量不多时，常用装耙的推土机先在料场中初步清除，然后在坝体填筑面上进行填筑平整时再作进一步清除；当超径石的含量较多时，可用料斗加设蓖条筛（格筛）或其他简单筛分装置加以筛除，还可采用从高坡下料、造成粗细分离的方法清除粗粒料。

4. 反滤料加工

在进行反滤料、垫层料、过渡料等小区料的开采和加工时，若级配合适，砂砾石料可直接开采上坝或经简易破碎筛分后上坝。若无砂砾石料可供使用，则可用开采碎石加工制备。对于粗粒径较大的过渡料宜直接采用控制爆破技术开采，对于较细且质量要求高的反滤料、垫层料，则可用破碎、筛分、掺和工艺加工。

如果其级配接近混凝土骨料级配，可考虑与混凝土骨料共同使用一个加工系统，必要时亦可单独设置破碎筛分系统。

任务 4.2　土石料的开挖与运输

请思考：

1. 土石料开挖机械怎么确定？
2. 土石料挖运机械数量怎么确定？
3. 土料开挖、运输的机械生产效率计算方法是什么？如何选择配套方案？

4.2.1　挖运施工机械

4.2.1.1　挖掘机械

挖掘机械的种类繁多，根据其构造及工作特点，有循环单斗式和连续多斗式之分；根据其传动系统又有索式、链式和液压传动式之分。液压传动具有突出的优点，现代工程机械多采用液压传动。

1. 单斗式挖掘机

以正向铲挖掘机为代表的单斗式挖掘机，有柴油或电力驱动两类，后者又称电铲。挖掘机有回转、行驶和挖掘三个装置。

(1) 机身回转装置由固定在下机架与供旋转使用的底座齿轮相啮合的回转轴承组成。回转轴由安装在回转台上的发动机驱动，由它带动整个机身回转。

(2) 行驶装置有在轨道上行驶的，也有无轨气胎式的，但最普遍的是灵活机动、对地面压强最小的履带行驶机构。

(3) 挖掘装置主要有挖斗，斗沿有切土的斗齿，挖斗和斗柄相连，而斗柄与动臂通过铰和斗柄液压缸相连。

正向铲挖掘机有强力推力装置，能挖掘Ⅰ～Ⅳ级土和破碎后的岩石。机型常根据挖斗容量来区分。

这种挖掘机主要挖掘停机地面以上的土石方，也可以挖掘停机地面以下不深的地方，但不能用于水下开挖。停机地面以下的土石方开挖，可用由它改装的土斗向内、向下挖掘的反向铲。

若要挖掘停机地面以下深处和进行水下开挖，还可将正向铲挖掘机的工作机构改装成用索具操作铲斗的索铲和合瓣式抓斗的抓铲。

2. 多斗式挖掘机

斗轮式挖掘机是陆上使用较普遍的一种多斗连续式挖掘机，它的生产率很高。美国在建造圣路易·沃洛维尔土坝时，仅用了一台斗轮式挖掘机承担了该工程 66%的采料任务，其生产率达 $2300m^3/h$。该机装有多个挖斗，开挖料先卸入输送皮带，再卸入卸料皮带导向卸料口装车。我国陕西石头河水库工程施工也采用了这种设备，取得了很好的效果。

4.2.1.2　运输机械

运输机械有循环式和连续式两种。前者有有轨机车和机动灵活的汽车。一般工程自卸汽车的吨位是 10～35t，汽车吨位大小应根据需要并结合路面条件来考虑。最常用的连续运输机械是带式运输机，根据有无行驶装置分为移动式和固定式两种。前者多用于短距离运输和散体材料的装卸堆存，后者多用于长距离运输，美国沃洛维尔土坝采用带式运输机运距长达 19.7km。固定式常采用分段布置，每段一般在 200m 以内，图 4.1 为固定式带式运输机的构造图。

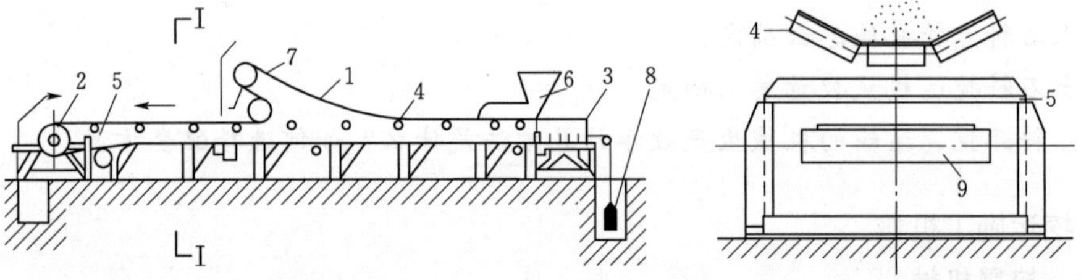

(a) 纵剖面图　　(b) 横剖面图

图 4.1　固定式带式运输机构造图

1—皮带；2—驱动鼓轮；3—张紧鼓轮；4—上托辊；5—机架；6—喂料器；7—卸料小车；8—张紧重锤；9—下托辊

带式运输机运行时驱动轮带动皮带连续运转。为防止皮带松弛下垂，在机架端部设有张紧鼓轮，沿机架设有上下托辊避免皮带下垂。为保证运输途中卸料，设卸料小车沿机架上的轨道移到卸料位置卸料。

带式运输机有金属带和橡胶带，常用后者；带宽一般为 800～1200mm，最大带宽 1800mm，最大运行速度 240m/min，最大生产率达 12000t/h。这种运输设备不受地形限制，结构简单，运行方便灵活，生产率高。使用时应防止和减轻带的磨损、老化、断裂。

装载机是一种短程装运结合的机械，常用的斗容量为 1～3m³，运行灵活方便。

4.2.1.3 挖运组合机械

能同时担负开挖、运输、卸土、铺土任务的有推土机和铲运机。

1. 推土机

以拖拉机为原动机械，另加切土片的推土器，既可薄层切土又能短距离推运。它又按推土器在平面能否转动分为固定式和万能式，前者结构简单而牢固，应用普遍，多用液压操作。

若长距离推土，土料从推土器两侧散失较多，有效推土量大为减少。推土机的经济运距为 60～100m，堆高 3m。为了减少推土过程中土料的散失，可在推土器两侧加挡板，或先推成槽，然后在槽中推土，或多台并列推土。

2. 铲运机

按行驶方式，铲运机分为牵引式和自行式，前者用拖拉机牵引铲斗，后者自身有行驶动力装置。目前多用自行式铲运机，其结构简便，可带较大的铲斗，行驶速度高；多用低压轮胎，有较好的越野性能。

国产铲运机的铲斗容量一般为 6～7m³。国外大容量铲运机多用底卸式，其斗容量高达 57.5m³。铲运机的经济运距与铲斗容量有关，一般在几百米至几千米以内。大容量的铲运机要求牵引力大，运行灵活性降低。

4.2.2 开挖运输方案

土石料的开挖与运输，是保证上坝强度的重要环节之一。开挖运输方案主要根据坝体结构布置特点、土石料性质、填筑强度、料场特性、运距远近、可供选择的机械设备型号等多种因素，综合分析比较确定。土石坝施工中常见的开挖运输方案主要有以下几种。

4.2.2.1 正向铲开挖，自卸汽车运输配套

正向铲开挖、装载，自卸汽车运输是一种灵活方便的挖运配合，适用于运距小于 10km 的挖运作业。自卸汽车可运各种土石料，运输能力高，设备通用，能直接铺料，机动灵活，转弯半径小，爬坡能力较强，管理方便，设备易于获得，在国内外的高土石坝施工中获得了广泛的应用，且挖运机械朝着大斗容量、大吨位方向发展。

在施工布置上，正向铲一般都采用立面开挖，汽车运输道路可布置成循环路线，装料时停在挖掘机一侧的同一平面上，即汽车鱼贯式地装料与行驶，如图 4.2 所示。这种布置形式可避免或减少汽车的倒车时间，正向铲采用 60°～90°的转角侧向卸料，回转角度小，生产率高，能充分发挥正向铲与汽车的效率。

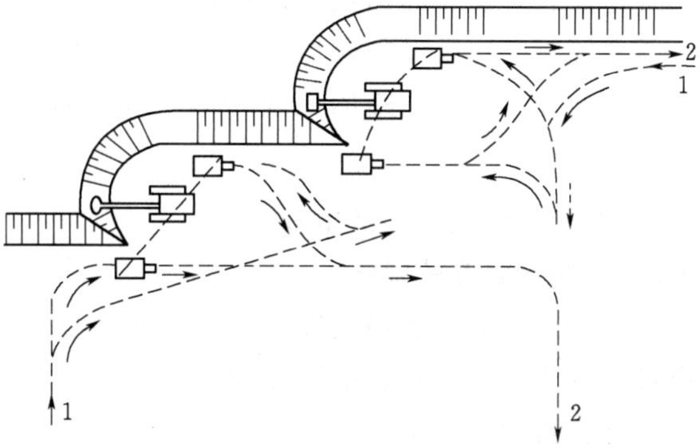

图 4.2 汽车在正向铲机侧、机后装料平面布置

1—空车线路；2—重车线路

4.2.2.2　正向铲开挖，带式运输机配套运输

国内外水利水电工程施工中，广泛采用了胶带机运输土、砂石料，如我国的大伙房、岳城、石头河等土石坝施工，带式运输机均为主要的运输工具。带式运输机的爬坡能力大，架设简易，运输费用较低，较之自卸汽车可降低运输费用1/3～1/2，运输能力也较高。带式运输机合理运距小于10km，可直接从料场运输上坝，也可与自卸汽车配合，长距离运输，在坝前经漏斗由汽车转运上坝；或与有轨机车配合，用带式运输机转运上坝作短距离运输。

4.2.2.3　斗轮式挖掘机开挖，带式运输机运输，转自卸汽车上坝

对于填筑方量大、填筑强度高的填筑坝，若料场储量大而集中，可采用斗轮式挖掘机开挖，其生产率高，具有连续挖掘、装料的特点。斗轮式挖掘机将料转入移动式带式运输机，其后接长距离的固定式带式运输机至坝面或坝面附近，经自卸汽车运至填筑面。这种方案可使挖、装、运连续进行，简化了施工工艺，提高了机械化水平和生产率。石头河土石坝采用DW-200型斗轮式挖掘机开采土料，用宽1m、长1200余m、带速150m/min带式运输机上坝，经双翼卸料机于坝面用12t自卸汽车转运卸料，日平均强度达4000～5000m，最高达1万m^3（压实方）。

美国圣路易土石坝施工中，采用特大型斗轮式挖掘机，开采的土料经两个卸料口轮流直接装入100t的底卸式汽车运输，21个工作小时装车1000车，取土高度12m，前沿开挖宽度18.3m。

4.2.2.4　采砂船开挖，有轨机车运输，转带式运输机（或自卸汽车）上坝

国内一些大中型水利水电工程施工中，广泛采用采砂船开采水下的砂石料，配合有轨机车运输。在我国大型载重汽车尚不能满足要求的情况下，有轨机车仍是一种效率较高的运输工具，它具有机械结构简单、修配容易的优点。当料场集中、运输量大、运距较远（大于10km）时，可用有轨机车进行水平运输。有轨机车运输的临建工程量大，设备投资较高，对线路坡度、转弯半径等的要求也较高。有轨机车不能直接上坝，可在坝脚经卸料装置卸至带式运输机或自卸汽车转运上坝。

土石料的开挖运输方案很多，但无论采用何种方案，都应结合工程施工的具体条件，组织好挖、装、运、卸的机械化联合作业，提高机械利用率，减少土石料的转运次数；各种土石料铺筑方法及设备应尽量一致，减少辅助设施；充分利用地形条件，进行统筹规划和布置。此外，运输道路的质量好坏，对运输工效和车辆设备损耗情况等，具有较大的影响。

4.2.3　挖运强度和机械数量确定

4.2.3.1　挖运强度的确定

土石坝施工的挖运强度取决于土石坝的上坝强度，上坝强度又取决于施工中的气象水文条件、施工导流方式、施工分期、工作面的大小、劳动力、机械设备、燃料动力供应情况等因素。对于大中型工程，平均日上坝强度通常为1万～3万m^3，高的达到10万m^3左右。在施工组织设计中，一般根据施工进度计划中各个阶段要求完成的坝体方量来确定上坝和挖运强度。合理的施工组织管理应有利于实现均衡生产，避免生产大起大落，使人力、机械设备充分利用。

（1）上坝强度 Q_D（m^3/d）按下式计算：

$$Q_D=\frac{V'}{T}\frac{K_a}{K_1}K \tag{4.1}$$

式中 V'——分期完成的坝体设计方量，以压实方计，m^3；

K_a——坝体沉陷影响系数，可取 1.03～1.05；

K——施工不均衡系数，可取 1.2～1.3；

K_1——坝面作业土料损失系数，可取 0.90～0.95；

T——施工分期时段的有效工作日数，等于该时段的总日数扣除法定节假日和因雨停工日数，d。

（2）运输强度 Q_T（m^3/d）根据上坝强度 Q_D 确定：

$$Q_T=\frac{Q_D}{K_2}K_c \tag{4.2}$$

式中 K_c——压实影响系数，$K_c=\frac{r_o}{r_T}$；

r_o——坝体设计干表观密度；

r_T——土料运输的松散表观密度；

K_2——运输损失系数，可取 0.95～0.99，因土料性质及运输方式而异。

（3）开挖强度 Q_c（m^3/d）仍根据上坝强度 Q_D 确定：

$$Q_c=\frac{Q_D}{K_2K_3}K_c' \tag{4.3}$$

式中 K_c'——压实系数，为坝体设计干表观密度 r_o 与料场土料天然表观密度 r_c 的比值，$K_c'=\frac{r_o}{r_c}$；

K_3——土料开挖损失系数，随土料特性和开挖方式而异，一般取 0.92～0.97。

4.2.3.2 挖运机械数量的确定

国内外土石坝工程施工中，采用正向铲与自卸汽车配合是最普遍的挖运方案。挖掘机的斗容量与自卸汽车的载重量应满足工艺要求的合理匹配关系，应通过计算，复核所选挖掘机的装车斗数 m：

$$m=\frac{Q}{r_cqK_HK_p'} \tag{4.4}$$

式中 Q——自卸汽车的载重量，t；

q——所选挖掘机的斗容量，m^3；

r_c——料场土的天然表观密度，t/m^3；

K_H——挖掘机的挖斗充盈系数；

K_p'——土料的松散影响系数。

按工艺要求，挖掘机装一车所需斗数要适当。若过大，说明所选挖掘机的斗容量偏小，要求挖掘机的数量太多，汽车装车时间过长，影响汽车运输能力的发挥，也影响挖掘机作用的发挥，这时宜增大挖掘机的斗容量；反之，若过小，说明汽车的载重量偏小，需要汽车的数量过多，由于换车频繁，候车时间过长，既影响挖掘机也影响汽车运输能力的发挥，这时应适当增大汽车的载重量。m 值适宜范围为 3～5。另外，挖掘机和汽车之间的数量匹配关系可以通过排队论分析，进行优化组合。

通常应使一台挖掘机所需的汽车数所对应的生产能力略大于此挖掘机的生产率，以充分发挥挖掘机的生产潜力，故有

$$P_a \geqslant \frac{P_c}{n} \tag{4.5}$$

式中 P_a——辆汽车的生产率，m^3/h；

P_c——每台挖掘机的生产率，m^3/h。

满足高峰施工期上坝强度的挖掘机的数量应为

$$N_c = \frac{Q_{cmax}}{P_c} \tag{4.6}$$

满足高峰施工期上坝强度的汽车总数应为

$$N_a = \frac{Q_{Tmax}}{P_a} \tag{4.7}$$

式中 Q_{cmax}、Q_{Tmax}——高峰施工期开挖、运输土料的最大小时强度，m^3/h。

任务4.3 渠 道 施 工

请思考：

1. 渠道开挖机械怎么确定？

2. 渠道施工机械数量怎么确定？

3. 渠道衬砌的类型有哪些？

4. 渠道衬砌施工工序方法是什么？

渠道施工包括渠道开挖、渠堤填筑和渠道衬砌。渠道施工的特点是工程量大，施工路线长，场地分散，但工种单一，技术要求较低。

4.3.1 渠道开挖与渠堤填筑施工

4.3.1.1 渠道开挖

渠道开挖的施工方法有人工开挖、机械开挖和爆破开挖等。选择开挖方法取决于技术条件、土壤种类、渠道纵横断面尺寸、地下水位等因素。渠道开挖的土方多堆在渠道两侧用于渠堤填筑，因此，铲运机、推土机等机械在渠道施工中得到广泛应用。冻土及岩石渠道宜采用爆破开挖。田间渠道断面尺寸很小，可采用开沟机开挖或人工开挖。

1. 人工开挖

（1）施工排水。受地下水影响时，渠道开挖的关键是排水问题。排水应本着上游照顾下游、下游服从上游的原则，即向下游放水时间和流量，应考虑下游排水条件，下游应服从上游的需要。

（2）开挖方法。在干地上开挖渠道应自中心向外，分层下挖，先深后宽，边坡处可按边坡比挖成台阶状，待挖至设计深度时，再进行削坡，同时注意挖填平衡。必须弃土时，做到远挖近倒，近挖远倒，先平后高。受地下水影响的渠道应设排水沟，开挖方式有一次

到底法和分层下挖法。

1）一次到底法［图 4.3（a）］适用于土质较好，挖深 2～3m 的渠道。开挖时，先将排水沟挖到低于渠底设计高程 0.5m 处，然后采用阶梯法逐层向下开挖，直至渠底为止。

2）分层下挖法适用于土质不好，且挖深较大的渠道，开挖时，将排水沟布置在渠道中部，逐层先挖排水沟，再挖渠道，直至挖到渠底为止［图 4.3（b）］。如果渠道较宽，可采用翻滚排水沟［图 4.3（c）］。这种方法的优点是排水沟分层开挖，排水沟的断面较小，土方最少，施工较安全。

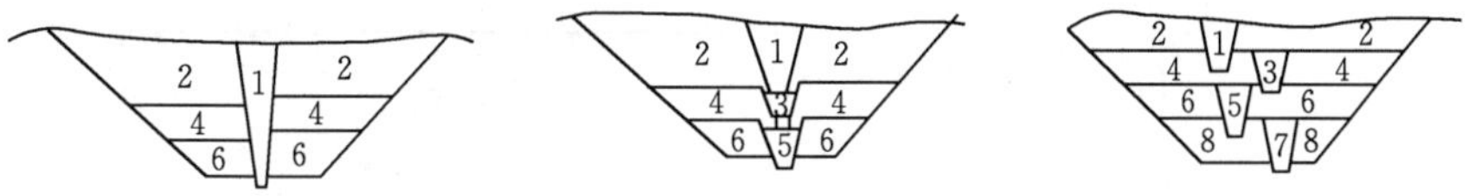

（a）一次到底法　（b）中心排水沟　（c）翻滚排水沟

图 4.3　渠道开挖方法示意图

2、4、6、8—开挖顺序；1、3、5、7—排水沟次序

（3）边坡开挖与削坡。开挖渠道如一次开挖成坡，将影响开挖进度。因此，一般先按设计坡度要求挖成台阶状，其高宽比按设计坡度要求开挖，最后进行削坡。这样施工削坡方量较少，但施工时必须严格掌握，台阶平台应水平，高必须与平台垂直，否则会产生较大误差，增加削坡方量。

2. 机械开挖

（1）推土机开挖渠道。采用推土机开挖渠道，其挖深不宜超过 1.5～2.0m，填筑堤顶高度不超过 2～3m，其坡度不宜陡于 1∶2 。在渠道施工中，推土机还可平整渠底，清除植土层，修整边坡，压实渠堤等。

（2）铲运机开挖渠道。半挖半填渠道或全挖方渠道就近弃土时，采用铲运机开挖最为有利。需要在纵向调配土方渠道，如运距不远也可用铲运机开挖。铲机开挖渠道的开行方式有：环形开行和“8”字形开行［图 4.4（a）］。当渠道开挖宽度大于铲土长度，而填土或弃土宽度又大于卸土长度，可采用横向环形开行。反之，则采用纵向环形开行，铲土和填土位置可逐渐错动，以完成所需断面。当工作前线较长，填挖高差较大时，则应采用“8”字开形开行。

（3）挖掘机开挖渠道。当渠道开挖较深时，用反铲挖掘机开挖方便快捷，生产率高。

3. 爆破开挖

采用爆破法开挖渠道时，药包可根据开挖断面的大小沿渠线布置成一排或几排。当渠底宽度比深度大 2 倍以上时，应布置 2～3 排以上的药包，但最多不宜超过 5 排，以免爆破后落土方过多。当布置 1～2 排药包时，药包的爆破作用指数 n 可采用 1.75～2.0，当布置 3 排药包时，药包应布置成梅花形，如图 4.4（c）所示，中间一排药包的装药量应比两侧的多 25%左右，且采用延时爆破以提高爆破和抛掷效果。

4.3.1.2　填筑渠堤

筑堤用的土料以黏土略含砂质为宜。如有几种土料，应将透水性小的填筑在迎水坡，

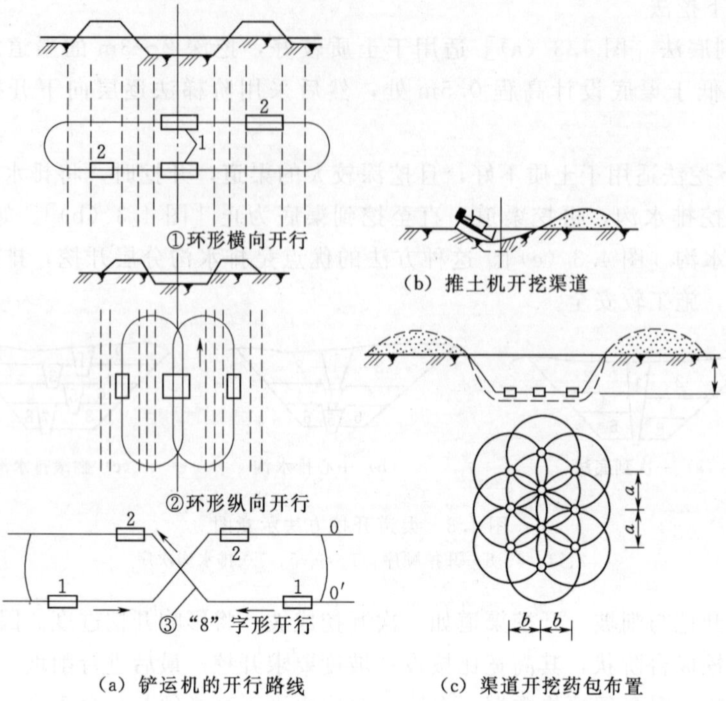

图 4.4　开挖渠道

1—铲土；2—填土；0—0 —填方轴线；0′—0′挖方轴线

透水性大的填筑在背水坡。土料中不得掺有杂质，并保持一定的含水量，以利压实。

填方渠道的取土坑与堤脚应保持一定距离，挖土深度不宜超过 2m，取土宜先远后近。半挖半填式渠道应尽量利用挖方筑堤，只有在土料不足或土质不适用时取用坑土。

铺土前应先行清基，并将基面略加平整，然后进行刨毛，铺土厚度一般为 20～30cm，并应铺平铺匀，每层铺土宽度略大于设计宽度，填筑高度可预加 5%的沉陷量。

4.3.2　渠道衬砌施工

渠道衬砌的类型有灰土、砌石或砖、混凝土、沥青材料及塑料薄膜等。选择衬砌类型的原则是防渗效果好，因地制宜，就地取材，施工简单，能提高渠道输水能力和抗冲能力，减少渠道断面尺寸，造价低廉，有一定的耐久性，便于管理养护，维修费用低等。

4.3.2.1　灰土衬砌

灰土衬砌是由石灰和土料混合而成。灰土衬砌的渠道防渗效果好，一般可减少渗漏量的 85%～95%，造价较低；灰与土的配合比一般为 1∶2～1∶6（重量比）。在南方，多缝岩石渠道衬砌厚度为 15～20cm，土渠多为 25～30cm；在北方，衬砌厚度为 20～40cm，并根据冰冻情况加设 30～50cm 砌石保护层。灰土施工时，先将过筛后的细土和石灰粉干拌均匀，再加水拌和，然后堆放一段时间，使石灰粉充分熟化，稍干后即可分层铺筑夯实，拍打坡面消除裂缝，灰土夯实后应养护一段时间再通水。

4.3.2.2　砌石衬砌

砌石衬砌具有就地取材、施工简单、抗冲、防渗、耐久等优点。石料有卵石、块石、石板等，砌筑方法有干砌和浆砌两种。

在砂砾地区，采用干砌卵石衬砌是一种经济的抗冲防渗措施，施工时应先按设计要求铺设垫层，然后再砌卵石。砌卵石的基本要求是使卵石的长边垂直于边坡或渠底，并砌紧、砌平、错缝，砌石坐落在垫层上。每隔 10～20m 距离用较大的卵石干砌或浆砌一道隔墙。渠坡隔墙可砌成平直形，渠底隔墙砌成拱形，其拱顶迎向水流方向，以加强抗冲能力，隔墙深度可根据渠道可能的冲刷深度确定。卵石衬砌应按先渠底后渠坡的顺序铺砌。

块石衬砌时，石料的规格一般以长 40～50cm，宽 30～40cm，厚度不小于 8～10cm 为宜，要求有一面平整。干砌勾缝的护面防渗效果较差，防渗要求较高时可以采用浆砌块石。

砖砌护面也是一种因地制宜、就地取材的防渗衬砌措施，其优点是造价低廉、取材方便、施工简单、防渗效果较好，砖衬砌层的厚度可采用一砖平砌或一砖立砌。

4.3.2.3 混凝土衬砌

混凝土衬砌一般采用板形结构，其截面形式有矩形、楔形、肋形、槽形等。矩形板适用于无冻胀地区的渠道，楔形板和肋形板适用于有冻胀地区的渠道；槽板用于小型渠道的预制安装。大型渠道多采用现场浇筑。现场整体浇筑的小型渠槽具有水力性能好、断面小、占地少、整体稳定性好等优点。

混凝土衬砌的厚度与施工方法、气候、混凝土标号等因素有关。现场浇筑的衬砌层比预制安装的厚度稍大。预制混凝土板的厚度在有冻胀破坏地区一般为 5～10cm，在无冻胀地区可采用 4～8cm。

混凝土衬砌层在施工时要留伸缩缝，纵向缝一般设在边坡与渠底连接处。渠道边坡上一般不设纵向伸缩缝。横向伸缩缝间距可参考表 4.3，伸缩缝宽度一般为 1～4cm，缝中填料一般采用沥青混合物、聚氯乙烯胶泥和沥青油毡等。

表 4.3　混凝土衬砌层横向伸缩缝间距

衬砌厚度/cm	伸缩缝间距/m
5～7	2.5～3.5
8～9	3.5～4.0
10	4.0～5.0

4.3.2.4 沥青材料衬砌

由于沥青材料具有良好的不透水性，一般可减少 90%以上的渗漏量。沥青材料渠道衬砌有沥青薄膜与沥青混凝土两类。沥青薄膜防渗施工可分为现场浇筑和装配式两种。现场浇筑又分为喷洒沥青和沥青砂浆等。沥青混凝土衬砌分现场浇筑和预制安装两种。

4.3.2.5 塑料薄膜衬护

采用塑料薄膜进行渠道防渗，具有效果好、适应性强、重量轻、运输方便、施工速度快和造价较低等优点。用于渠道防渗的塑料薄膜厚度以 0.12～0.20mm 为宜。塑料薄膜的铺设方式有表面式和埋藏式两种：表面式是将塑料薄膜铺于渠床表面，薄膜容易老化和遭受破坏；埋藏式是在铺好的塑料薄膜上铺筑土料或砌石作为保护层。由于塑料表面光滑，为保证渠道断面的稳定，避免发生渠坡保护层滑塌，渠床边坡宜采用锯齿形，保护层厚度一般不小于30cm。

塑料薄膜衬护渠道施工，大致可分为渠床开挖和修整、塑料薄膜的加工和铺设、保护层的填筑等三个施工过程。薄膜铺设前，应在渠床表面加水湿润，以保证薄膜能紧密贴在基土上。铺设时，将成卷的薄膜横放在渠床内，一端与已铺好的薄膜进行焊接或搭接，并在接缝处填土压实，然后将薄膜展开铺设，然后再填筑保护层。铺填保护层时，渠底部分应从一端 向另一端进行，渠坡部分则应自下向上逐渐推进，以排除薄膜下的空气。保护层分段填筑完毕后，再将塑料薄膜的边缘固定在顺渠顶开挖的堑壕里，并用土回填压紧。

塑料薄膜的接缝可采用焊接或搭接，焊接有单层热合与双层热合两种。搭接时为减少接缝漏水，上游一块塑料薄膜应搭在下游一块之上，搭接长度为5cm；也可用连接槽搭接，如图4.5所示。

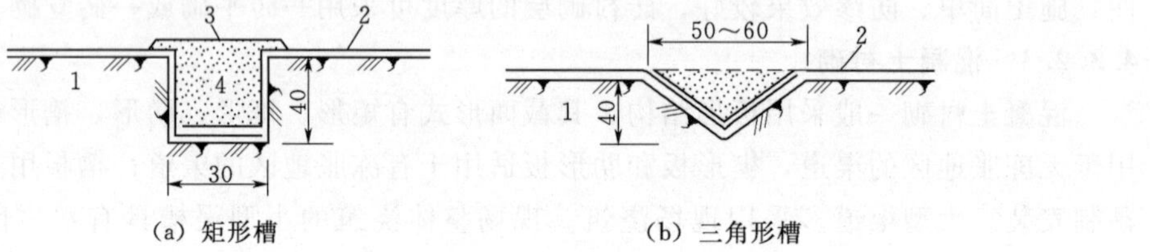

图4.5　有连接槽搭接式接缝示意图

1—渠床；2—塑料薄膜；3—封顶塑料薄膜；4—回填夯实土

任务4.4　填筑体土石料的压实

请思考：

1. 土料压实的方法和压实的机械各有哪些？
2. 正确理解土石料压实原理，熟悉压实方法及压实机械的类型与性能。
3. 如何合理选用压实机械和压实方法？
4. 为什么要做压实试验？怎样进行压实试验？
5. 压实试验的方法步骤如何？
6. 如何做压实试验并确定压实参数？

4.4.1　压实机械的选择

4.4.1.1　土料压实理论

填筑于土坝或土堤上的土方，通过压实可以达到以下目的：①提高土体密度，提高土方承载能力，加大土坝或土堤坡角，减小填方断面面积，减少工程量，从而减少工程投资，加快工程进度；②提高土方防渗性能，提高土坝或土堤的渗透稳定性。土坝或土堤填方的稳定性主要取决于土料的内摩擦力和凝聚力，而土料的内摩擦力、凝聚力和防渗性能都随填土的密实度的增大而提高。例如，某种砂壤土的干密度为1.4g/cm^3，压实后提高到1.7g/cm^3，其抗压强度可提高4倍，渗透系数将降低为原来的1/2000。

土体是三相体，即由固相的土粒、液相的水和气相的空气所组成。通常土粒和水是不会被压缩的，土料压实的实质是将水包裹的土粒挤压填充到土粒间的空隙里，排走空气，使土料的空隙率减少，密实度提高。所以，土料压实的过程实际上就是在外力作用下土料的三相重新组合的过程。

试验表明，黏性土的主要压实阻力是土体内的凝聚力。在铺土厚度不变的条件下，黏性土的压实效果（即干密度）随含水量的增大而增大，当含水量增大到某一临界值时，干密度达到最大，此时如进一步增加土体含水量，干密度反而减小，此临界含水量称为土体的最优含水量，即相同压实功能时压实效果最大的含水量。当土料中的含水量超过最优含水量后，土体中的空隙体积逐步被水填充，此时作用在土体上的外荷有一部分作用在水上，因此即使压实功能增加，但由于水的反作用抵消了一部分外荷，被压实土体的体积变化却很小，而呈此伏彼起的状态，土体的压实效果反而降低。

对于非黏性土，压实的主要阻力是颗粒间的摩擦力。由于土料颗粒较粗，单位土体的表面积比黏性土小得多，土体的空隙率小，可压缩性小，土体含水量对压实效果的影响也小，在外力及自重的作用下能迅速排水固结。黏性土颗粒细，孔隙率大，可压缩性也大，由于其透水性较差，所以排水固结速度慢，难以迅速压实。此外，土体颗粒级配的均匀性对压实效果也有影响，颗粒级配不均匀的砂砾料，比级配均匀的砂土易于压实。

4.4.1.2　压实方法及压实机械

众所周知，不同土料其物理力学性质也不同，因此使之密实的作用外力也不同。对于黏性土料，黏结力是主要的，要求压实作用外力能克服黏结力。对于非黏性土料（砂性土料、石渣料、砾石料），内摩擦力是主要的，要求压实作用外力能克服颗粒间的内摩擦力。不同的压实机械产生的压实作用外力不同，大体可分为碾压、夯击和振动三种基本类型，如图 4.6 所示。

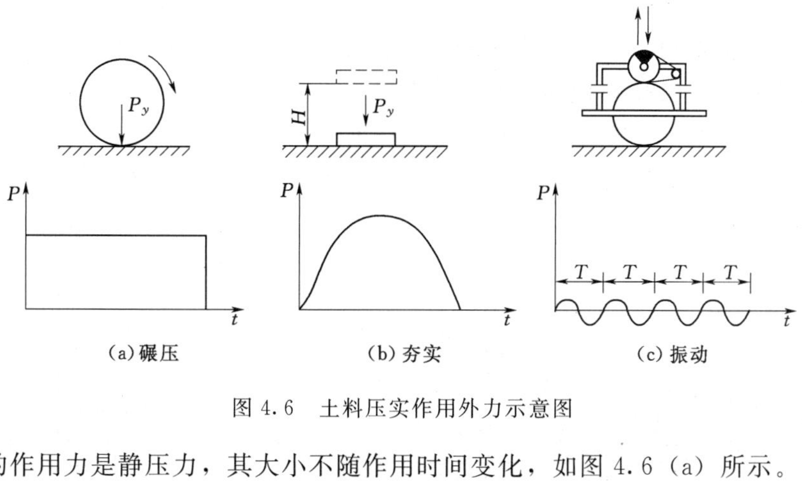

图 4.6　土料压实作用外力示意图

碾压的作用力是静压力，其大小不随作用时间变化，如图 4.6（a）所示。

夯击的作用力为瞬时动力，有瞬时脉冲作用，其大小随时间和落高而变化，如图 4.6（b）所示。

振动的作用力为周期性的重复动力，其大小随时间呈周期性变化，振动周期的长短随振动频率的大小而变化，如图 4.6（c）所示。

根据压实作用力来划分，通常有碾压、夯击、振动压实三种机具。随着工程机械的发展，又有振动和碾压同时作用的振动碾，产生振动和夯击作用的振动夯等。常用的压实机具有以下几种。

1. 羊脚碾

羊脚碾的外形如图4.7所示，适于黏性土料的压实，与平碾不同，在碾压滚筒表面设有交错排列的截头圆锥体，状如羊脚。钢铁空心滚筒侧面设有加载孔，加载大小根据设计需要确定，加载物料有铸铁块和砂砾石等。碾滚的轴由框架支承，与牵引的拖拉机用杠辕相连。羊脚的长度随碾滚的重量增加而增加，一般为碾滚直径的1/6～1/7。羊脚过长，其表面面积过大，压实阻力增加，羊脚端部的接触应力减小，影响压实效果。重型羊脚碾碾重可达30t，羊脚相应长40cm，拖拉机的牵引力随碾重增加而增加。

图4.7 羊脚碾外形图

1—羊脚；2—加载孔；3—碾滚筒；4—杠辕框架

羊脚碾的羊脚插入土中，不仅使羊脚端部的土料受到压实，而且使侧向土料受到挤压，从而达到均匀压实的效果，如图4.8所示。在压实过程中，羊脚对表层土有翻松作用，无需刨毛就能保证土料良好的层间结合。

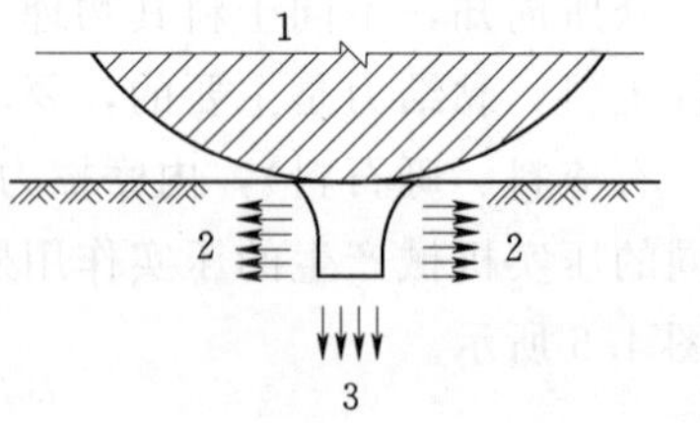

图4.8 羊脚对土料的正压力和侧压力

1—碾滚；2—侧压力；3—正压力

2. 振动碾

这是一种振动和碾压相结合的压实机械，如图4.9所示。

它是由柴油机带动与机身相连的附有偏心块的轴旋转，迫使碾滚产生高频振动。振动功能以压力波的形式传到土体内。非黏性土料在振动力作用下，土粒间的内摩擦力迅速降低，同时由于颗粒大小不均匀，质量有差异，导致惯性力存在差

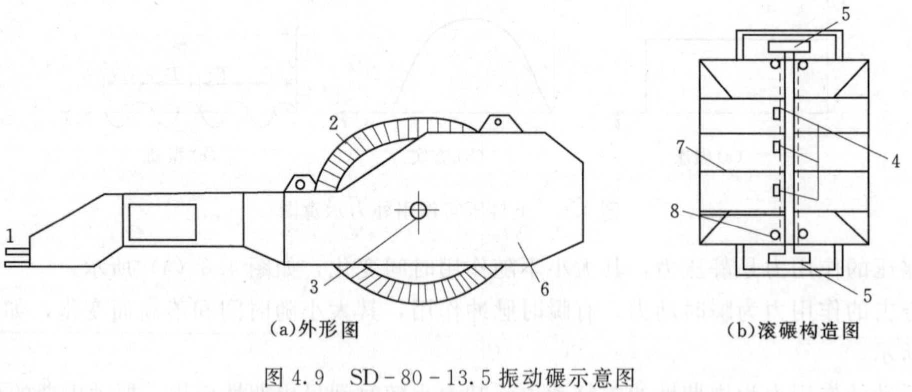

图4.9 SD-80-13.5振动碾示意图

1—牵引挂钩；2—滚碾；3—轴；4—偏心块；5—皮带轮；6—车架侧壁；7—隔板；8—弹簧悬架

异，从而产生相对位移，使细颗粒填入粗颗粒间的空隙而达到密实。然而，黏性土颗粒间的黏结力是主要的，且土粒相对比较均匀，在振动作用下，不能取得像非黏性土那样的压实效果。由于振动作用，振动碾的压实影响深度比一般碾压机械大 1～3 倍，可达 1m 以上。它的碾压面积比振动夯、振动器压实面积大，生产率很高。国产 SD-80-13.5 型振动碾，全机重 13.5t，振动频率为 1500～1800 次/min，生产率高达 600m^3/h。振动碾压实效果好，使非黏性土料的相对密度大为提高，坝体的沉陷量大幅度降低，稳定性明显增强，使土工建筑物的抗震性能大为改善。故抗震规范明确规定，对有防震要求的土工建筑物必须用振动碾压实。振动碾结构简单，制作方便，成本低廉，生产率高，是压实非黏性土石料的高效压实机械。

3. 气胎碾

气胎碾有单轴和双轴之分。单轴的主要构造是由装载荷重的金属车厢和装在轴上的 4～6 个气胎组成。碾压时在金属车厢内加载，并同时将气胎充气至设计压力。为防止气胎损坏，停工时用千斤顶将金属箱支托起来，并把胎内的气放掉，如图 4.10 所示。

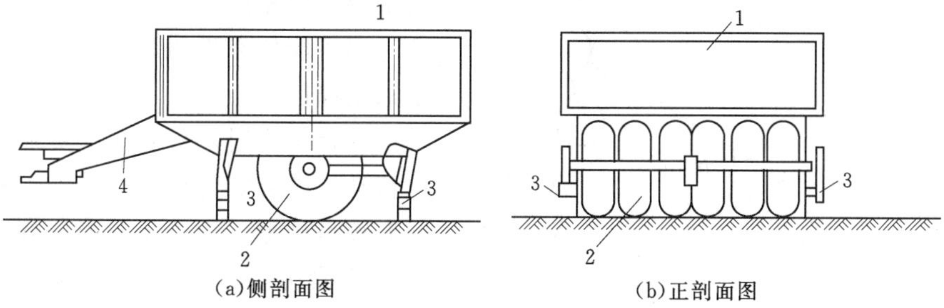

图 4.10　拖行单轴式气胎碾

1—金属车厢；2—充气轮胎；3—千斤顶；4—牵挂杠辕

气胎碾在碾压土料时，气胎随土体的变形而变形。随着土体压实密度的增加，气胎的变形也相应增加，从而使气胎与土体的接触面积随之增大，始终能保持较为均匀的压实效果，如图 4.11 所示。与刚性碾比较，气胎对土体的接触压力分布更均匀，作用时间更长，压实效果好，压实土料厚度大，生产效率高。

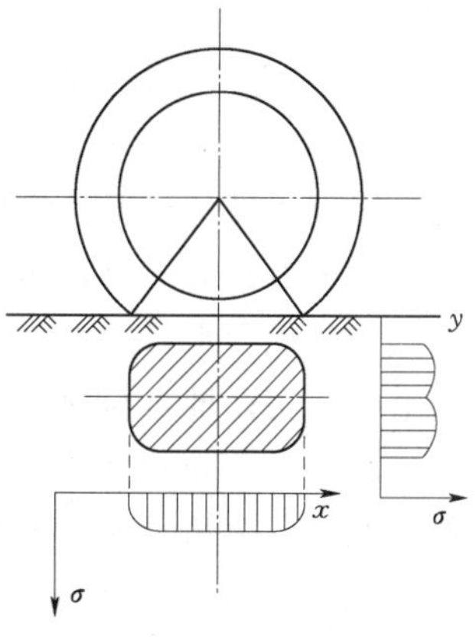

图 4.11　气胎碾压实应力分布图

气胎碾可根据压实土料的特性调整其内压力，使气胎对土体的压力始终保持在土料的极限强度内。气胎的内压力，黏性土以 (5～6)×10^5Pa、非黏性土以 (2～4)×10^5Pa 最好。平碾碾滚是刚性的，不能适应土体的变形，荷载过大就会使碾滚的接触应力超过土体极限强度，这就限制了这类碾朝重型方向发展。气胎碾却不然，随着荷载的增加气胎与土体的接触面增大，接触应力仍不致超过土体的极限强度，所以，只要牵引力能满足要求，就不妨碍气胎碾朝重型高效方向发展。早在 20 世纪 60 年代，美国就生产了重 200t 的超重型气胎碾。由于气胎碾既适宜于压实黏性土料，又适宜于压实非黏性土料，能做到一机多用，有利于防渗土料与坝壳土料同时上升，用途广泛，很有发展前途。

4. 夯板

夯板可以吊装在去掉土斗的挖掘机臂杆上，借助卷扬机操纵绳索系统使夯板上升。夯击土料时将索具放松，使夯板自由下落。夯实土料，其压实铺土厚度可达1m，生产效率较高。对于大颗粒填料可用夯板夯实，其破碎率比用碾压机械压实大得多。为了提高夯实效果，适应夯实土料特性，在夯击黏性土料或略受冰冻的土料时，尚可将夯板装上羊脚，即成羊脚夯。

夯板的尺寸与铺土厚度密切相关。在夯击作用下，土层沿垂直方向应力的分布随夯板短边 b 的尺寸而变化：当 $b=h$ 时，底层应力与表层应力之比为0.965；当 $b=h/2$ 时，底层应力与表层应力比为0.473。若夯板尺寸不变，表层和底层的应力差值随铺土厚度增加而增加，差值越大，压实后的土层竖向密度越不均匀，故选择夯板尺寸时尽可能使夯板的短边尺寸接近或略大于铺土厚度。

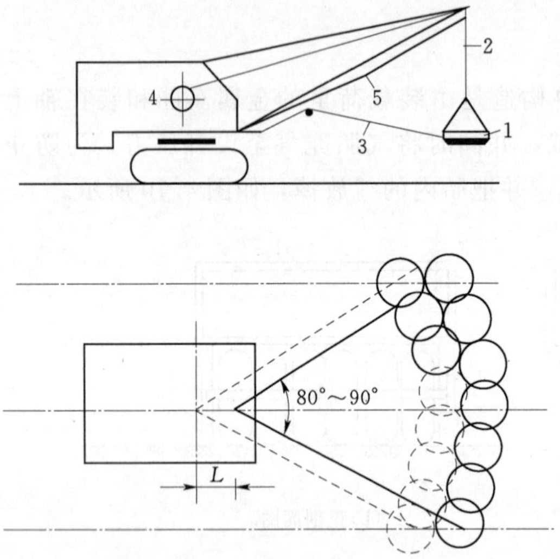

图4.12 夯板及其工作示意图

1—夯板；2—提升索；3—操纵索；4—机房；5—支杆

夯板工作时，机身在压实地段中部后退移动，随夯板臂杆的回转，土料被夯实的夯迹呈扇形。为避免漏夯，夯迹与夯迹之间要套夯，其重叠宽度为10～15cm，夯迹排与排之间也要搭接相同的宽度。为充分发挥夯板的工作效率，避免前后排套压过多，夯板的工作转角以不大于80°～90°为宜，如图4.12所示。

4.4.1.3 压实机械的选择

1. 各种压实机械的适用情况

根据碾压设备情况，宜用50t气胎碾碾压黏性土、砾质土，压实含水量略高于最优含水量（或塑限）的土料；用9.0～16.4t的双联羊脚碾压实黏性土，重型羊脚碾宜用于含水量低于最优含水量的重黏性土；对于含水量较高、压实标准较低的轻黏性土也可用肋型碾和平碾压实；堆石与含有大于500mm特大粒径的砂卵石多用10～25t的自行式振动碾压实。用直径110cm重2.5t的夯板夯实砂砾料和狭窄地带的填土，与刚性建筑物、岸坡等的接触带，边角、拐角等部位，可用轻便夯夯实，例如采用HW-01型蛙式夯。

2. 选择压实机械的原则

(1) 与压实土料的物理力学性质相适应。

(2) 能够满足设计压实标准。

(3) 可能取得的设备类型。

(4) 满足施工强度要求。

(5) 设备类型、规格与工作面的大小、压实部位相适应。

（6）施工队伍现有装备和施工经验等。

4.4.2　压实试验

现场的压实试验是土石坝施工中的一项技术措施，通过压实试验核实坝料设计填筑指标的合理性，作为选择施工参数的依据。

土料的压实试验，是根据已选定的压实机械来确定铺土厚度、压实遍数及相应的含水量，试验土料应选择有代表性料场的土料，当所选料场土性差异较大时，应分别进行碾压试验。

压实试验前，先通过理论计算并参照已建类似工程的经验，初选几种碾压机械和拟定几组碾压参数，采用逐步收敛法（也称淘汰法）进行试验。逐步收敛法是指固定其他参数，变动一个参数，通过试验得到该参数的最优值；将优选的此参数和其他参数固定，再变动另一个参数，用试验确定其最优值；以此类推，得到每个参数的最优值。将这组最优参数再进行一次复核试验，若试验结果满足设计、施工要求，便可作为现场使用的施工碾压参数。

试验场地一般布置成 60m×6m 的条带形，然后将此条带分为 4 段，每段长 15m，各段土料压实含水量可取 $W_1=W_p+2\%$，$W_2=W_p$，$W_3=W_p-2\%$，$W_3=W_p-4\%$四种进行试验，W_p 为土料的塑限；再将每段沿长边等分为 4 小段，段内碾压遍数依次为 n_1、n_2、n_3、n_4。试验的铺土厚度和碾压遍数应根据所选用的碾压设备型号确定，可参照表 4.4 确定。

表 4.4　　试验取用压实遍数和铺土厚度

序号	压实机械名称	铺松土厚度 h/cm	碾压遍数	
			黏性土	非黏性土
1	80 型履带拖拉机	10-13-16	6-8-10-12	4-6-8-10
2	10t 平碾	16-20-24	4-6-8-10	2-4-6-8
3	5t 双联羊脚碾	19-23-27	8-11-14-18	
4	30t 双联羊脚碾	50-25-65	4-6-8-10	
5	13.5t 震动平碾	50-75-100-150		2-4-6-8
6	25t 气胎碾	28-34-40	4-6-8-10	2-4-6-8
7	50t 气胎碾	40-50-60	4-6-8-10	2-4-6-8
8	2～3t 夯板	80-100-150	2-4-6	2-3-4

试验测定相应的含水量和干表观密度，作出对应的关系曲线，如图 4.13 所示。

根据上述关系，再作出铺土厚度、压实遍数与最大干表观密度、最优含水量关系曲线，如图 4.14 所示。

从图 4.14 的曲线中，根据设计干表观密度 γ_d，可分别查出不同铺土厚度 $h_1 \sim h_3$ 所需的碾压遍数 $a_1 \sim a_3$ 及相应的最优含水量 $b_1 \sim b_3$。然后再以单位压实遍数的压实厚度进行比较，即比较$\frac{h_1}{a_1}$、$\frac{h_2}{a_2}$、$\frac{h_3}{a_3}$，其中单位压实遍数的压实厚度最大的最为经济合理。

选定经济压实厚度和压实遍数后，应首先核对是否满足压实标准的含水量要求，将选

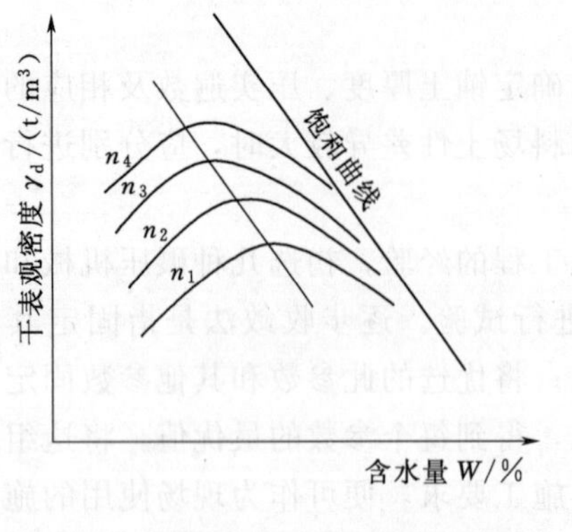

图 4.13　不同铺土厚度、不同压实遍数土料含水量和干表观密度的关系曲线

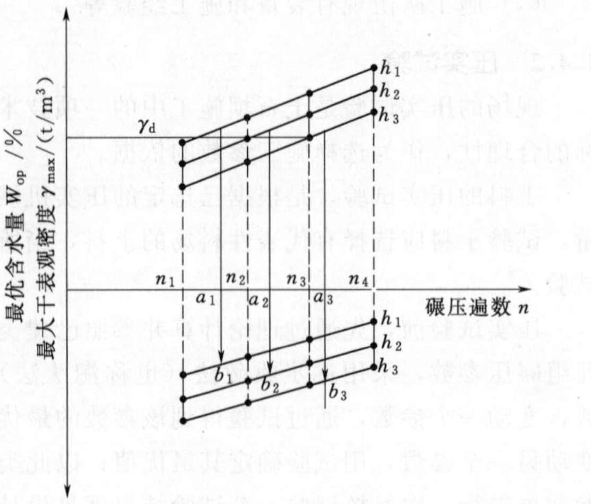

图 4.14　铺土厚度、压实遍数、最优含水量和最大干表观密度的关系曲线

定的含水量控制范围与天然含水量比较，看是否便于施工控制。如果施工控制很困难，可适当改变含水量或其他参数。此外，在施工过程中如果压实干表观密度的合格率不满足设计标准要求，也可适当调整碾压遍数。有时对同一种土料采用两种机械进行组合压实时，可能获得最好的效果。

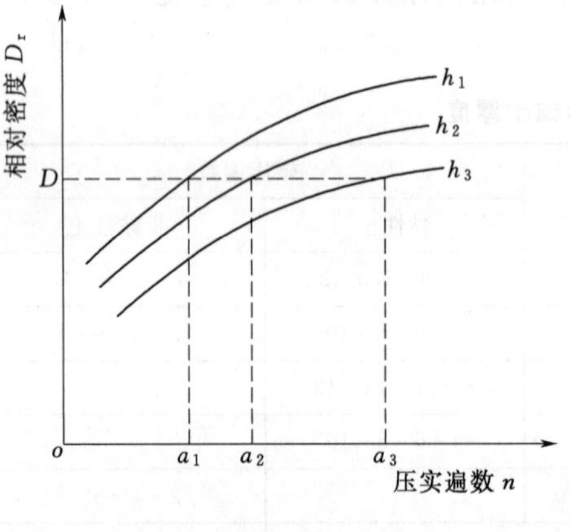

图 4.15　非黏性土的不同铺土厚度、相对密度与压实遍数关系曲线

非黏性土料含水量的影响不如黏性土显著，试验中可充分洒水，只作铺土厚度、相对密度（或干表观密度）与压实遍数的关系曲线，如图 4.15 所示。

根据设计要求的相对密度 D，求出不同铺土厚度的压实遍数 a_1、a_2、a_3 然后比较$\frac{h_1}{a_1}$、$\frac{h_2}{a_2}$、$\frac{h_3}{a_3}$，其最大值即为经济的铺土厚度和压实遍数。最后再结合施工情况，综合分析选定铺土厚度和压实遍数。

任务 4.5　碾压土石坝施工

请思考：

1. 碾压土石坝施工包括哪些工序？具体怎样作业？
2. 碾压土石坝的施工过程、施工技术和施工组织如何？
3. 如何合理制定土石坝施工方案？控制施工质量的方法有哪些？
4. 为什么要进行清基和坝基处理？怎样清基？怎样处理坝基？

5. 熟悉坝面填筑采取的施工方法、施工工序及不同部位施工的方法。

6. 土石坝施工质量怎么控制？

7. 土石坝施工质量检查内容和检查方法。

8. 冬雨季对土石坝的施工质量有什么影响？

9. 采取一定措施保证冬雨季施工质量。

碾压式土石坝的施工，包括准备作业、基本作业、辅助作业和附加作业。

准备作业包括平整场地、通车、通水、通电，架设通信线路，修建生产、生活、行政办公用房以及排水清基等项工作。

基本作业包括料场土石料开采，挖、装、运、卸以及坝面铺平、压实、质检等项工作。

辅助作业是为保证准备作业及基本作业顺利进行，创造良好工作条件的作业，包括清除施工场地及料场的覆盖，从上坝土料中剔除超径石块、杂物，坝面排水，层间刨毛和加水等。

附加作业是保证坝体长期安全运行的防护及修整工作，包括坝坡修整、铺砌护坡块石及铺植草皮等。

4.5.1　清基与坝基处理

清基就是把坝基范围内的所有草皮、树木、坟墓、乱石、淤泥、有机质含量大于2%的表土，以及自然干密度小于1.48g/cm的细砂和极细砂清除掉，清除深度一般为0.3～0.8m。对勘探坑，应把坑内积水与杂物全部清除，并用筑坝土料分层回填夯实。

土坝坝体与两岸岸坡的结合部位是土坝施工的薄弱环节，处理不好会引起绕坝渗流和坝体裂缝。因此，岸坡与塑性心墙、斜墙或均质土坝的结合部位均应清至不透水层。对于岩石岸坡，清理坡度不应陡于1∶0.75，并应挖成坡面，不得削成台阶和反坡，也不能有突出的变坡点；在回填前应涂3～5mm厚的黏土浆，以利结合；如有局部反坡而削坡方量又较大时，可采用混凝土或砌石补坡处理。对于黏土或湿陷性黄土岸坡，清理坡度不应陡于1∶1.5。岸坡与坝体的非防渗体的结合部位，清理坡度不得陡于岸坡土在饱水状态下的稳定坡度，并不得有反坡。

对于河床基础，当覆盖层较浅时，一般采用截水墙（槽）处理。截水墙（槽）施工受地下水的影响较大，因此必须注意解决不同施工深度的排水问题，特别注意防止软弱地基的边坡受地下水影响引起塌坡。对于施工区内的裂隙水或泉眼，在回填前必须认真处理。

对于截水墙（槽），施工前必须对其建基面进行处理，清除基面上已松动的岩块、石渣等，并用水冲洗干净。坝体土方回填工作应在地基处理和混凝土截水墙浇筑完毕并达到一定强度后进行，回填时只能用小型机具。截水墙两侧的填土应保持均衡上升，避免因受力不均而引起截水墙断裂，只有当回填土高出截水墙顶部0.5m后才允许用羊脚碾压实。

4.5.2　坝体填筑

4.5.2.1　施工准备

1. 组织准备

建立工程项目的领导机构，设立现场项目部，组织精干的施工队伍，按照工程需要，组织劳动力分批进场，建立健全各项管理制度。

2. 技术准备

(1) 在开工前及时收集各种技术资料，包括建筑红线图，地上、地下管线图，施工图，编制施工组织设计、施工预算、材料工本分析表和成本分析表等。

(2) 组织施工人员熟悉施工图纸，进行施工图会审及技术交底工作，讨论施工方案及施工布置，安排出分段分期的施工计划目标和措施。

(3) 与监理工程师进行交接工作，并作好交接记录。

3. 现场准备

(1) 施工现场测量：及时对监理工程师提供的桩点进行复核，并将复核结果上报监理工程师，经监理工程师批复后使用。组织测量人员进行导线点和水准点的加密和保护工作。保证相邻导线点互相通视，作好桩点记录，并将测量结果上报监理工程师批复，合格后使用。利用已知桩点进行原地面测量，并绘制成纵、横断面图，将测量结果上报监理工程师批复，并作为以后工程计量支付的依据。

(2) "三通一平"准备：按照施工总体布置的要求，做好路通、水通、电通和场地平整。

(3) 临时设施的准备：临时设施包括现场施工人员的办公、生活用的临时房屋建筑和施工生产辅助企业及各类仓库。临时设施应按施工总布置的位置定位建造。

4. 材料准备

根据材料需用量计划，确定材料来源，与砂石料场、水泥等材料供应商签定材料供应合同，同时进场后应尽快修建各类材料堆场，组织部分材料进场，做好材料前期储备工作。

5. 机械设备的准备

施工机械设备是保证施工进度的关键所在，应根据机械设备计划，提前准备，配套落实，按计划进场，确保施工的连续性。进场前要检验设备的性能状态，进场后及时进行查对和试运转，并加强保养维护。

6. 劳动力准备

(1) 组建具有同类工程施工经验的专业队伍。根据施工进度计划和工程量情况编制劳动力计划，落实施工队伍，分级签订劳务合同。

(2) 对施工人员进行施工技术、安全、文明施工和环境保护等方面的教育。组织技术交底，落实生产技术责任制，建立健全岗位责任制。

(3) 贯彻"持证上岗"制度，对施工中所需的特殊工种和新技术工种，按计划组织岗前培训，合格后上岗。

7. 物资准备

材料、制品、施工机具和设备是保证施工顺利进行的物质基础。这些物资的准备工作必须在开工之前完成，根据各种物资的需用量计划，分别落实货源，提前订货，安排运输和储备，以满足连续施工的需要。

4.5.2.2 坝面作业

土石坝坝面作业施工工序包括卸料、铺料、洒水、压实、质量检查等。坝面作业工作面狭窄、工种多、工序多、机械设备多，施工时需有妥善的施工组织规划。

为避免坝面施工中的干扰，延误施工进度，土石坝坝面作业宜采用分段流水作业施工。流水作业施工组织应先按施工工序数目对坝面分段，然后组织相应专业施工队依次进入各工段施工：对同一工段而言，各专业队按工序依次连续施工；对各专业施工队而言，依次连续在各工段完成固定的专业作业；实现施工专业化，有利于工人劳动熟练程度的提高，有利于提高劳动效率和工程施工质量。同时，各工段都有专业队固定的施工机具，从而保证施工过程中人、机、地三不闲，避免施工干扰，有利于坝面作业多、快、好、省、安全地进行。

卸料和铺料有三种方法，即进占法、后退法和综合法。一般采用进占法，厚层填筑也可采用混合法铺料，以减小铺料工作量。

进占法铺料层厚易控制，表面容易平整，压实设备工作条件较好，一般采用推土机进行铺料作业。铺料应保证随卸随铺，确保设计的铺料厚度；按设计厚度铺料平料是保证压实质量的关键。如采用带式运输机或自卸汽车上坝，则卸料集中，为保证铺料均匀，需用推土机或平土机散料平料。国内不少工地采用“算方上料、定点卸料、随卸随平、定机定人、铺平把关、插杆检查”的措施，使平料工作取得良好的效果。铺填中不应使坝面起伏不平，避免降雨积水。

在坝面各料区的边界处，铺料会越界，通常规定其他材料不准进入防渗区边界线的内侧。边界外侧铺土距边界线的距离不能超过 50cm。

为配合碾压施工，防渗体土料铺筑应平行于坝轴线方向进行。坝体压实是填筑的最关键工序，压实设备应根据砂石土料性质选择。碾压遍数和碾压速度应根据碾压试验确定。碾压方法应便于施工，便于质量控制，避免或减少欠压和超压，一般采用进退错距法和圈转套压法，如图 4.16 所示。对因汽车上坝或压实机具压实后的土料表层形成的光面，必须进行刨毛处理，一般要求刨毛深度为 4～5cm。

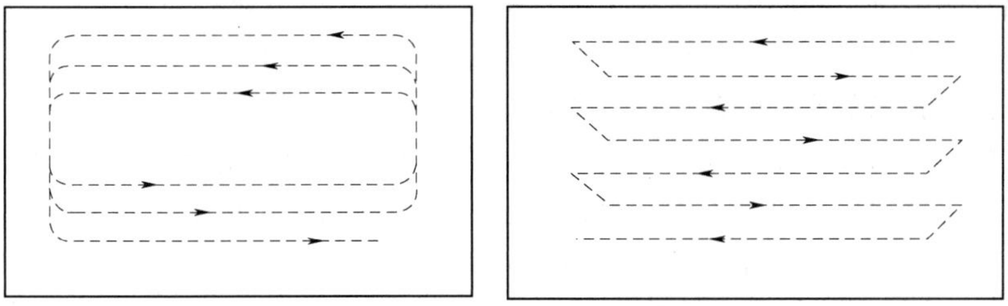

(a) 圈转套压法　　(b) 进退错距法

图 4.16　碾压机械开行方式

圈转套压法要求开行的工作面较大，适合于多碾滚组合碾压，其优点是生产效率较高，但碾压中转弯套压交接处重压过多，易于超压；当转弯半径小时，容易引起土层扭曲，产生剪力破坏；在转弯的四角容易漏压，质量难以保证，其开行方式如图 4.16 (a) 所示。

进退错距法操作简便，碾压、铺土和质检等工序协调，便于分段流水作业，压实质量容易保证，其开行方式如图 4.16 (b) 所示。国内多采用进退错距法，用这种开行方式，为避免漏压，可在碾压带的两侧先往复压够遍数后再进行错距碾压，错距宽度 b(以 m 计) 按下式计算：

$$b=\frac{B}{n} \tag{4.8}$$

式中　B——碾滚净宽，m；

n——设计碾压遍数。

在错距时，为便于施工人员控制，也可前进后退仅错距一次，则错距宽度可增加一倍。对于碾压起始和结束的部位，按正常错距法无法压到要求的遍数，可采用前进后退不错距的方法，压到要求的碾压遍数，或辅以其他方法达到设计密度的要求。坝体分期分块填筑时，会形成横向或纵向接缝。由于接缝处坡面临空，压实机械有一定安全距离，坡面上有一定厚度不密实层，铺料也不可避免地会发生溜滑，也增加了不密实层厚度，这部分在相邻块段填筑时必须处理，一般采用留台法或削坡法。

4.5.2.3　结合部位的施工

土石坝施工中，坝体的防渗土料不可避免地要与地基、岸坡、周围其他建筑的边界相结合；由于施工导流、施工方法、分期分段分层填筑等的要求，还必须设置纵横向的接坡、接缝。所有这些结合部位，都是影响坝体整体性和质量的关键部位，也是施工中的薄弱环节，质量不易控制。接坡、接缝过多，还会影响坝体填筑速度，特别会影响机械化施工。

结合部位的施工，必须采取可靠的技术措施，加强质量控制和管理，确保坝体的填筑质量满足设计要求。

1. 坝基结合面

对于基础部位的填土，一般用薄层、轻碾的方法，不允许用重型碾或重型夯，以免破坏基础，造成渗漏。对黏性土、砾质土坝基，应将其表层含水量调节至施工含水量上限范围，用与防渗体土料相同的碾压参数压实，然后刨毛 3～5cm 深，再铺土压实。

非黏性土地基应先压实，再铺第一层土料，含水量为施工含水量的上限。采用轻型机械压实，压实干表观密度可略低于设计要求。

与岩基接触面，应首先把局部凹凸不平的岩石修理平整，封闭岩基表面节理、裂隙，防止渗水冲蚀防渗体。若岩基干燥，可适当洒水，并使用含水量略高的土料，以便容易与岩基或混凝土紧密结合。碾压前，岩基凹陷处应用人工填土夯实。不论何种坝基，当填筑厚度达到 2m 以后，才可使用重型压实机械。

2. 与岸坡及混凝土建筑物结合

填土前，先将结合面的污物冲洗干净，清除松动岩石，在结合面上洒水湿润，涂刷一层厚约 5mm 左右的浓黏土浆或浓水泥黏土浆或水泥砂浆，其目的是为了提高浆体凝固后的强度，防止产生危险的接触冲刷和渗透。涂刷浆体时，应边涂刷、边铺土、边碾压，涂刷高度与铺土厚度一致，注意涂刷层之间的搭接，避免漏涂。要严格防止泥浆干固（或凝固）后再铺土，因为它对结合非常不利。

防渗体与岸坡结合处，宽度 1.5～2.0m 范围内或边角处不得使用羊脚碾、夯板等重型机具，应以轻型机具压实，并保证与坝体碾压搭接宽度在 1m 以上。混凝土齿墙或坝下埋管两侧及顶部 0.5m 范围内填土，必须用小型机具压实，其两侧填土应保持均衡上升。

岸坡、混凝土建筑物与砾质土、掺和土结合处，应填筑 1～2m 宽塑性较高而透水性低的土料，避免直接与粗料接触。

3. 坝体纵横向接坡及接缝

土石坝施工中，坝体接坡具有高差较大、停歇时间长、要求坡身稳定的特点。允许接合坡度大小及高差大小目前存在争论，尤其对防渗心墙与斜墙是否可设置纵横向接坡的争论更大。土石坝施工的实践经验证明，几乎在任何部位都可以适当设置纵横向接坡，关键在于有无必要和采取什么样的施工措施。一般情况下，填筑面应力争平起，斜墙及窄心墙不应留有纵向接缝，如临时度汛需要设置时应进行技术论证。防渗体及均质坝的横向接坡不应陡于 1∶3。高差不超过 15m。均质坝（不包括高压缩性地基上的土坝）的纵向接缝，宜采用不同高度的斜坡和平台相间形式，坡度及平台宽度根据施工要求确定，并满足稳定要求，平台高差不大于 15m。坝体接坡面可用推土机自上而下削坡，适当留有保护层，配合填筑上升。逐层清至合格层，接合面削坡合格后，要控制其含水量为施工含水量范围的上限。

坝体施工临时设置的接缝，相对于接坡来讲，其高差较小，停置时间短，没有稳定问题，通常高差以不超过铺土厚度的 1～2 倍为宜，分缝在高程上应适当错开。

4.5.2.4　反滤料、垫层料、过渡料的施工

反滤料、垫层料、过渡料一般方量不大，但其要求较高，铺料不能分离，一般与防渗体和一定宽度的大体积坝壳石料平起上升，压实标准高，分区线的误差有一定的控制范围。当铺填料宽度较宽时，铺料可采用装载机辅以人工进行。

填筑方法有削坡法、挡板法及土、砂松坡接触平起法三类。其中，土、砂松坡接触平起法能适应机械化施工，填筑强度高，可以做到防渗体、反滤层与坝壳料平起填筑，均衡施工，是被广泛应用的施工方法。根据防渗体土料和反滤层填筑的次序、搭接形式的不同，又可分成先土后砂法和先砂后土法。

先土后砂法如图 4.17（a）所示，先填 2～3 层土料，压实时边缘留 30～50cm 宽的松土带，一次铺反滤料与黏土齐平，压实反滤料，并用气胎碾压实土砂接缝带。此法容易排除坝面积水；因填土料时无侧面限制，施工中有超坡，且接缝处土料不便压实。当反滤料上坝强度赶不上土料填筑时，可采用此法。

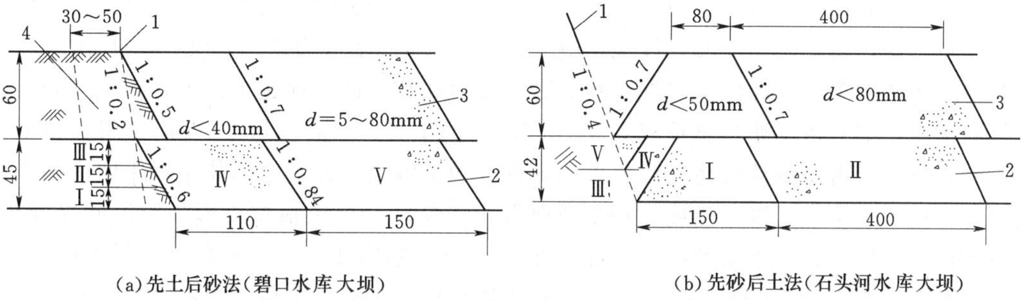

图 4.17　土、砂平起施工示意图（单位：cm）

1—心墙设计线；2—已压实层；3—未压实层；4—松土带；

Ⅰ、Ⅱ、Ⅲ、Ⅳ、Ⅴ—填料次序

先砂后土法如图 4.17（b）所示，先在反滤料设计线内用反滤料筑一小堤，再填筑2～3层土料与反滤料齐平，然后压实反滤料及土料接缝带。此法填土料时有反滤料作侧限，便于控制防渗土体边线，接缝处土料便于压实，宜优先采用此法。

反滤料的压实，应包括接触带土料与反滤料的压实。当防渗体土料用气胎碾碾压时，反滤料铺土厚度可与黏土铺土厚度相同，并同时用气胎碾碾压，这是施工中压实接触带最好的方法。若防渗体土料采用羊脚碾碾压时，对于土压砂［图 4.18（a）］的情况，两者应同时平起，羊脚碾压到距土砂结合边 0.3～0.5m 为止，以免羊脚碾将土下的砂翻出来，然后用气胎碾碾压反滤层，其碾迹与羊脚碾碾迹至少应重叠 0.5m 以上；若砂压土时［图 4.18（b）］，土、砂亦同时平起，同样先用羊脚碾压土料，且羊脚碾压到反滤料上至少 0.5m 宽，以便把反滤料之下的土料压实，然后用气胎碾碾压反滤料，并压实到土料上的宽度至少为 0.5m。

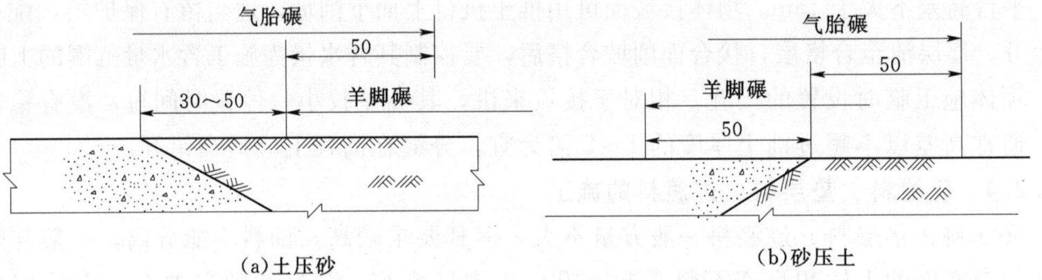

图 4.18　土、砂结合带的压实（单位：cm）

无论是先土后砂法或是先砂后土法，土砂之间必然出现犬牙交错的现象。反滤料的设计厚度，不应将犬牙厚度计算在内，不允许过多削弱防渗体的有效断面，反滤料一般不应伸入心墙内，犬牙大小由各种材料的休止角决定，且犬牙交错带宽不得大于其每层铺土厚度的 1.5～2.0 倍。

当铺料宽度较宽时，采用自卸汽车运输、推土机平料，压实机械根据不同的填筑材料和施工方法有所不同。一般用振动碾碾压，边角不能达到的部位辅以夯击或平板振动器压实。当料物较细时，应严格控制加水量，避免出现橡皮土现象。

无论是先砂后土法还是先土后砂法，土料边沿仍有一定宽度未压实合格，所以需要每填筑三层土料后用夯实机具夯实一次土砂的结合部位，夯实时宜先夯土边一侧，合格后再夯反滤料一侧，切忌交替夯实，以免影响质量。例如某水库，铺筑黏土心墙与反滤料时采用先砂后土法施工。自卸汽车将混合料和砂子先后卸在坝面当前施工位置，人工（洒白灰线控制堆筑范围）将反滤料整理成 0.5～0.6m 高的小堤，然后填筑 2～3 层土料，使土料与反滤料齐平，再用振动碾将反滤料碾压 8 遍。为了解决土砂结合部位土料干密度偏小的问题，在施工中采取了以下措施：用羊角碾碾压土料时，要求拖拉机履带紧沿砂堤开行，但不允许压上砂堤；在正常情况下，靠砂带第一层土料有 10～15cm 宽区域干密度不够，第二层有 10～25cm 宽区域干密度不够，施工中要求人工挖除这些密度不够的土料，并移砂铺填；碾压反滤料时应超过砂界至少 0.5m 宽，取得了较好的效果。

在塑性心墙坝施工时，应注意心墙与坝壳的均衡上升，如心墙上升太快，易干裂而影响质量；若坝壳上升太快，则会造成施工困难。塑性斜墙坝施工，应待坝壳填筑到一定高度甚至达到设计高度后，再填筑斜墙土料，尽量使坝壳沉陷在防渗体施工前发生，从而避免防渗体在施工后出现裂缝。对于已筑好的斜墙，应立即在上游面铺好保护层，以防干裂。

当黏性土含水量偏低或偏高时，可进行洒水或晾晒。洒水或晾晒工作主要在料场进行。如必须在坝面洒水，为使水分能尽快分布到填筑土层中，可在铺土前洒 1/3 的水，其余 2/3 在铺好后再洒；洒水后应停歇一段时间，使水分在土层中均匀分布后再进行碾压。

4.5.3　压实质量控制

施工质量的检查与控制是土石坝安全的重要保证，它贯穿于土石坝施工的各个环节和施工全过程。

4.5.3.1　料场的质量检查和控制

1. 土料场

对土料场，应经常检查所取土料的土质情况、土块大小、杂质含量和含水量是否符合规范规定，其中含水量的检查和控制尤为重要。

若土料的含水量偏高，一方面应改善料场的排水条件和采取防雨措施，另一方面需将含水量偏高的土料进行翻晒处理，或采取轮换掌子面的办法，使土料含水量降低到规定范围再开挖。若采用以上方法仍难满足要求，可以采用机械烘干法烘干。

当土料含水量不均匀时，应考虑堆筑“土牛”（大土堆），使含水量均匀后再外运。当含水量偏低时，对于黏性土料应考虑在料场加水，料场加水量 Q_o，可按下式计算：

$$Q_o=\frac{Q_D}{K_p}\gamma_e(W_0+W-W_e) \tag{4.9}$$

式中　Q_D——土料上坝强度；

K_p——土料的可松性系数；

γ_e——料场的土料表观密度；

W_0、W、W_e——坝面碾压要求的含水量、装车和运输过程中含水量的蒸发损失以及料场土料的天然含水量，W 值通常取 0.02～0.03，最好在现场测定。

料场加水的有效方法是采用分块筑畦埂。灌水浸渍，轮换取土。地形高差大时也可采用喷灌机喷洒，此法易于掌握，节约用水。无论哪种加水方式，均应进行现场试验。对非黏性土料，可用洒水车在坝面喷洒加水，避免运输时从料场至坝上的水量损失。

2. 石料场

对石料场，应经常检查石质、风化程度、爆落块料大小、形状及级配等是否满足上坝要求。如发现不合要求，应查明原因，及时处理。

4.5.3.2　坝面的质量检查与控制

在坝面作业中，应对铺土厚度、填土块度、含水量大小、压实后的干表观密度等进行检查，并提出质量控制措施。对于黏性土，含水量的检测是关键。

对于Ⅰ、Ⅱ级坝的心墙、斜墙，测定土料干表观密度的合格率应不小于 90%；Ⅲ、Ⅳ级坝的心、斜墙或Ⅰ、Ⅱ级均质坝应达到 80%～90%。不合格干表观密度不得低于设计干表观密度的 98%，且不合格样不得集中。

根据地形、地质、坝料特性等因素，在施工特征部位和防渗体中，选定一些固定取样断面。沿坝高5～10m，取代表性试样（总数不宜少于30个）进行室内物理力学性能试验，作为核对设计及工程管理的依据。此外，还须对坝面、坝基、削坡、坝肩接合部、与刚性建筑物连接处以及各种土料的过渡带进行检查。对土层层间结合处是否出现光面和剪力破坏应引起足够重视，认真检查。对施工中发现的可疑问题，如上坝土料的土质、含水量不合要求，漏压或碾压遍数不够，超压或碾压遍数过多，铺土厚度不均匀及坑洼部位等应进行重点抽查，不合格者须返工。

对于反滤层、过渡层、坝壳等非黏性土的填筑，主要应控制压实参数，如不符合要求，施工人员应及时纠正。在填筑排水反滤层过程中，每层在25m×25m的面积内取样1～2个；对条形反滤层，每隔50m设一取样断面，每个取样断面每层取样不得少于4个，均匀分布在断面的不同部位，且层间取样位置应彼此对应。反滤层铺填的厚度、是否混有杂物、填料的质量及颗粒级配等应全面检查，通过颗粒分析查明反滤层的层间系数（D_{50}/d_{50}）和每层的颗粒不均匀系数（d_{60}/d_{10}）是否符合设计要求，如不符合要求，应重新筛选，重新铺填。

土坝的堆石棱体与堆石体的质量检查大体相同，主要应检查上坝石料的质量、风化程度、石块的重量、尺寸、形状、堆筑过程有无离析架空现象发生等。堆石的级配、孔隙率应分层分段取样检查是否符合规范要求。随坝体的填筑应分层埋设沉降管，对施工过程中坝体的沉陷进行定期观测，并作出沉陷随时间的变化过程线。

填筑土料、反滤料、堆石等的质量检查记录，应及时整理，分别编号存档，编制数据库，既作为施工过程全面质量管理的依据，也作为坝体运行后进行长期观测和事故分析的佐证。

近年来，我国已研制成功一种装设在振动碾上的压实计，能向在碾压中的堆石层发射和接收反射震动波，可在仪器上显示出堆石体在碾压过程中的变形模量。这种装置使用方便，可随时获得所需资料，但精度较低，只能作为量测变形模量的辅助措施。

4.5.4 土石坝的冬雨季施工

土石坝的施工特点之一是大面积的露天作业，直接受外界气候环境影响，气候对防渗土料的影响更大。降雨会增大土料的含水量，冬季土料又会冻结成块，这些都会影响施工质量。因此，土石坝的冬雨季施工常成为土石坝施工的障碍，它使施工的有效工作日大为减少，造成施工强度不均匀，增加施工过程拦洪度汛的难度，甚至延误工期。为了保证坝体的施工进度，降低工程造价，必须解决好雨季和冬季的施工措施问题。

4.5.4.1 土石坝的冬季施工

寒冬季节，土料冻结会给施工造成极大困难，因此，当日平均气温低于0℃时，黏性土料应按低温季节施工；当日平均气温低于－10℃时，一般不宜填筑土料，否则应进行技术论证。

我国北方地区冬季时间长，如不能施工将给工程进度带来影响，因此，土石坝冬季施工就成为亟需解决的一个重要问题。

冬季施工的主要问题在于，土的冻结使强度增高，不易压实，而冻土的融化却使土体的强度和土坡的稳定性降低，处理不好将使土体产生渗漏或塑流滑动。

外界气温降低时，土料中水分开始结冰的温度低于0℃，即所谓过冷现象。土料的过冷温度和过冷持续时间，与土料种类、含水量大小和冷却强度有关。当负温不是太低时，土料中的水分能长期处于过冷状态而不结冰。含水量低于塑限的土料及含水量低于4%～5%的砂砾料，由于水分子与颗粒的相互作用，土的过冷现象极为明显。土的过冷现象表明，当负气温不太低时，用具有正温的土料在露天填筑，只要控制好含水量，就有可能在土料未冻结之前争取填筑完毕。

因此，土石坝冬季施工，只要采取适当的技术措施防止土料冻结，降低土料含水量和减少冻融影响，仍可保证施工质量，加快施工进度。

1. 负温下的土料填筑

负温下填筑要求黏性土含水量略低于塑限，防渗体土料含水量不应大于塑限的90%，不得加水和夹有冰雪。在未冻结的黏土中，允许含有少量小于5cm的冻块，但需均匀分布，其允许含水量与土温、土料性质、压实机具和压实标准有关，需通过试验确定。

铺料、碾压、取样等应快速作业，压实土料温度必须在－1℃以上，土料填筑应加大压实功能，宜采用重型碾压机械。

严禁在坝体分段结合处有冻土层、冰块存在，应将已填好的土层按规定削成斜坡相接，接坡处应做成梳齿形槽，用不含冻土的暖料填筑。

2. 负温下的砂砾料填筑

砂砾料的含水量应小于4%，不得加水，最好采用地下水位以上或较高气温季节堆存的砂砾料填筑，填筑时应基本保持正温，冻料含量应在10%以下，冻块粒径不超过10cm，且分布均匀。

利用重型振动碾和夯板压实，采用夯板时，每层铺料厚度可减薄1/4左右，采用重型振动碾则可以不减薄。

3. 暖棚法施工

当日最低气温低于－10℃时，多采用简易结构暖棚和保温材料，将需要填筑的坝面临时封闭起来，在暖棚内采取蒸汽或火炉等升温措施，使之在正温条件下施工。暖棚法施工费用较高，如大伙房心墙坝冬季暖棚法与正温露天作业相比，其黏性土填筑费用增加41.8%，砂砾料填筑费用增加102%。

负温下土石坝施工，对料场也应采取防冻保温措施。如在料场可采取覆盖隔热材料或积雪、冰层保温，也可用松土保温等。一般说来，只要采料温度不低于5～10℃，碾压时温度不低于2℃，就能保证土料的压实效果。

4.5.4.2　土石坝的雨季施工

土石坝防渗体土料在雨季施工，总的原则是“避开、适应和防护”。一般情况下应尽量避免在雨季进行土料施工；选择对含水量不敏感的非黏性土料以适应雨季施工，争取小雨天施工，以增加施工天数；在雨天不太多、降雨强度大、花费不大的情况下，采取一般性的防护措施也常能奏效。

某黏土心墙坝采用如图4.19（a）所示的施工程序：在雨季中的晴天，心墙两侧仅填筑部分足以维持心墙稳定的护坡坝壳，其外坡一般不陡于1∶1.5～1∶2.0；当下雨不能填土时，则集中力量填筑坝壳部分。对于斜墙坝，也应在晴天抢填土料，雨天或雨后填筑坝壳部分，彼此减少干扰，施工程序协调，如图4.19（b）所示。

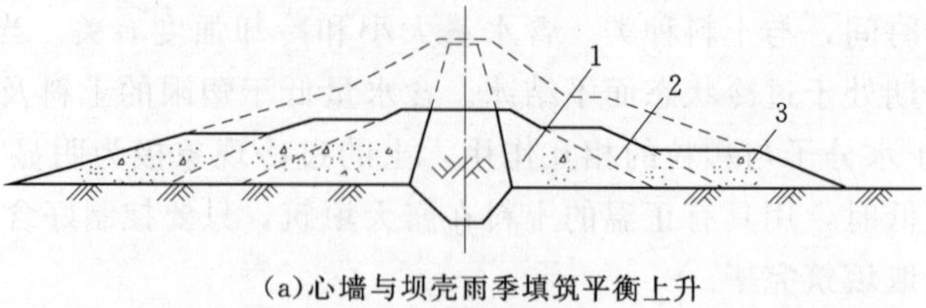

(a)心墙与坝壳雨季填筑平衡上升

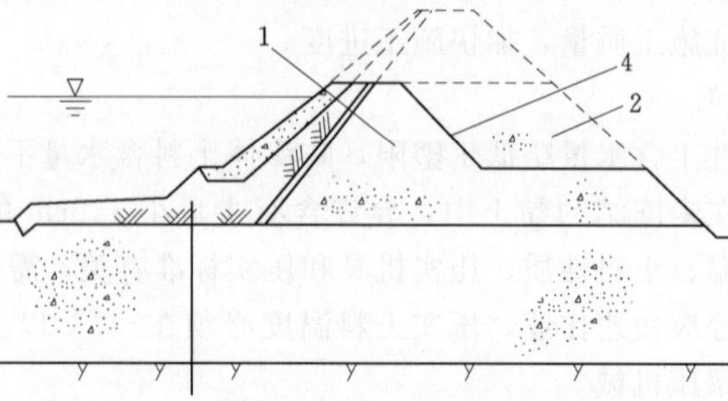

(b)斜墙坝临时拦洪断面

图4.19 心、斜墙与坝壳雨季施工平衡上升图

1—心、斜墙及坝壳平衡上升部分；2—第二次填筑坝壳部分；
3—最后填筑坝壳部分；4—临时拦洪断面

雨季施工中，还应采取以下有效的施工技术及防护措施：

(1) 快速压实表层松土，防止松土被小雨渗入，这是雨季施工中最有效的措施，具有省工、省费用、施工方便等优点。

(2) 坝面填筑力争平起，保持填筑面平整，使填筑面微向上下游倾斜约2%左右的坡度，以利排水。对于砂砾料坝壳，需注意防止暴雨冲刷坝坡，可在距坝坡2～3m处，用砂砾料筑起临时小埂，不使坝面雨水沿坡面下流，而使雨水下渗。

(3) 雨前将施工机械撤出填筑面，停放在坝壳区，作好填土面的保护。下雨或雨后，尽量不要踩踏坝面，禁止机械通行，防止坝面形成稀泥。

(4) 在坝面设防雨棚，用苫布、油布或简易防雨设备覆盖坝面，避免雨水渗入，缩短雨后停工时间，争取填筑工期。

(5) 加强土料场的排水措施，及时排除雨水。土料场停工或下雨时，原则上不得留有松土，如必须贮存一部分松土时，可堆成“土牛”并加以覆盖，四周作好排水。

(6) 加强雨季路面维护和排水措施。运输道路也是雨季施工的关键之一，一般的泥结碎石路面被雨水浸泡时，路面容易破坏，即使天晴坝面可复工，但因道路影响了运输而不能及时复工，不少工程有过此教训。在多雨地区的主要运输道路也可以考虑采用混凝土路面。

任务4.6 混凝土面板堆石坝施工

请思考：

1. 面板堆石坝如何分区？各区土石料铺筑碾压有何不同要求？

2. 面板堆石坝的施工程序是怎样的？

3. 垫层区压实如何施工？挤压边墙如何进行？如何进行面板混凝土浇筑？

混凝土面板坝的防渗系统由基础防渗工程、趾板、面板组成。其特点是：①堆石坝体能直接挡水或过水，简化了施工导流与度汛，枢纽布置紧凑，充分利用当地材料；②面板坝可以分期施工；③便于机械化施工，施工受气候影响较小。

面板堆石坝上游面有薄层面板，面板可以是刚性钢筋混凝土的，也可以是柔性沥青混凝土的。坝身主要是堆石结构，良好的堆石材料应尽量减少堆石体的变形，为面板正常工作创造条件，是坝体安全运行的基础。

坝体部位不同，受力状况不同，对填筑材料的要求也不同，所以应对坝体进行分区（图 4.20）。

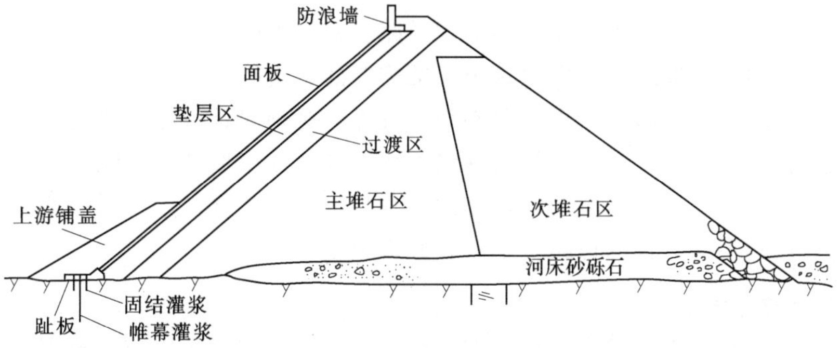

图 4.20 混凝土面板堆石坝的坝体分区剖面图

（1）垫层区。面板下垫层区的主要作用是为面板提供平整、密实的基础，将面板承受的水压力均匀传递给主堆石体。

（2）过渡区。位于垫层区与主堆石区之间，其主要作用是保护垫层区在高水头作用下不产生破坏，其粒径、级配要求符合垫层料与主堆石料间的反滤要求。

（3）主堆石区。是坝体维持稳定的主体，其石质好坏、密度、沉降量大小，直接影响面板的安危。

（4）下游堆石区。起保护主堆石体及下游边坡稳定的作用，要求采用较大石料填筑，由于该区的沉降变形对面板影响甚微，故对石质及密度要求有所放宽。

一般面板坝的施工程序为：岸坡坝基开挖清理，趾板基础及坝基开挖，趾板混凝土浇筑，基础灌浆，分期分块填筑主堆石料，垫层料必须与部分主堆石料平起上升，填至分期高度时用滑模浇筑面板，同时填筑下期坝体，再浇混凝土面板，直到坝顶。

堆石坝填筑的施工设备、工艺和压实参数的确定，和常规土石坝非黏性土料施工没有本质区别。

4.6.1 填筑施工方案制定

堆石坝施工前要进行坝体填筑方案规划，主要内容包括：

（1）根据合同要求的总工期目标、导流度汛方式及其设计标准确定施工分期方案、施工进度和施工方法。

(2) 根据施工分期方案确定各阶段的坝体填筑断面及各坝区料的工程量。

(3) 确定填筑料的来源，选定填筑料的生产、加工及运输方式。

(4) 根据施工进度各阶段坝体填筑的起止时间，计算施工强度。

(5) 根据碾压试验确定坝体填筑的压实机械、压实方法和压实参数（如铺层厚度、碾压遍数、加水量等）。

(6) 根据施工强度计算所需施工机械设备、人员数量及其组合。

(7) 确定坝区施工道路的布置。道路布置应考虑地形条件，枢纽布置，工程量大小，填筑强度，运输车辆规格型号等因素。

按路面宽度不同，主要有双车道和环形单车道两种线路。双车道的特点是，路面较宽，错车频繁，在转弯处不安全；进出各料场、坝区时车辆穿插干扰较大，影响继续效率。环形单车道的特点是，施工期间，随着坝体上升，可在坝坡或坝体内部灵活设置之字形上坝道路，最大限度地减少坝体外的上坝道路，对岸坡陡峭修建道路困难的地方意义更大。堆石体内部的上坝道路需根据填筑施工的需要随时变换。

如料场布置在坝址上游，筑坝道路要跨过趾板，必须对趾板、止水设施及垫层进行保护，可以在趾板上堆渣，也可以用临时钢梁架桥跨越。在岸坡陡峭的峡谷内，沿岸坡修路困难，工程量大，还涉及高边坡问题，有的工程根据地形条件，用交通洞通向坝区，或开挖竖井卸料、连接不同高程的道路，也有较好效果。

4.6.2　趾板混凝土施工

河床段趾板应在基岩开挖完毕后立即进行浇筑，在大坝填筑之前浇筑完毕。岸坡部位的趾板必须在填筑之前1个月内完成。为减少工序干扰和加快施工进度，可随趾板基岩开挖出一段之后，立即由顶部自上而下分段进行施工；如工期和工序不受约束，也可在趾板基岩全部开挖完后再进行趾板施工。

4.6.2.1　施工工艺流程

趾板及高趾墙混凝土浇筑施工工艺流程：基础清理→测量放线→钻锚筋孔→安装锚筋→钢筋制安→止水安装→模板安装→灌浆预埋件布设→仓面验收→浇筑混凝土→拆模、混凝土养护→止水设施保护。

4.6.2.2　仓面准备

1. 基础找平

趾板混凝土浇筑前均应进行基础找平，岩基采用与趾板同标号的混凝土回填，砂砾石地基先开挖到设计高程，并用大功率碾压设备进行碾压，碾压后若存在局部不平整，应选择同质量、同级配的砂砾料填平并重新碾压。

2. 锚筋施工

在开挖结束的基岩面或回填混凝土面上，用手风钻凿锚筋孔。孔位、孔深、孔向应符合要求，钻孔验收合格后采用先注浆后插筋的施工工艺安装锚筋。

3. 模板设计与安装

趾板混凝土厚度薄，侧压力小，侧模板结构简单，常规浇筑方法侧向模板选用标准钢模板或木模板拼装而成，滑模浇筑方法应选用能承受滑模架运行的钢模板。模板安装必须定位准确，支撑牢固，接缝紧密，确保浇筑时不变形，不位移，不露浆。

4.6.2.3 趾板混凝土浇筑

趾板因坝高、地形条件不同，混凝土入仓有多种方式：岸坡较缓、坝高较低、道路通畅时采用溜槽入仓；局部较陡峻、溜槽入仓不便的部位采用吊灌入仓；如果两种方法都不能满足要求的地形条件采用泵送入仓。

4.6.3 堆石填筑及垫层料施工

4.6.3.1 填筑料生产

1. 料场规划

(1) 堆石材料的质量要求：

1) 主要部位的石料抗压强度不低于 78MPa，次要部位石料抗压强度应在 50～60MPa 之间。

2) 石料硬度不应低于莫氏硬度表中的第三级，其韧性不应低于 $2kg \cdot m/cm^2$。

3) 石料的天然密度不应低于 $2.29g/cm^3$。

4) 石料应具有抗风化能力，其软化系数水上不低于 0.8，水下不低于 0.85。

(2) 面板堆石坝的坝体分区。根据面板堆石坝不同部位的受力情况，将坝体进行分区。

1) 垫层区。主要作用是为面板提供平整、密实的基础，将面板承受的水压力均匀传递给主堆石体；要求用石质新鲜、级配良好的碎石料填筑。

2) 过渡区。主要作用是保护垫层区在高水头作用下不产生破坏；其粒径、级配要求符合垫层料与主堆石料间的反滤要求。一般最大粒径不超过 350～400mm。

3) 主堆石区。主要作用是维持坝体稳定；要求石质坚硬，级配良好，允许存在少量分散的风化料，材料粒径一般为 600～800mm。

4) 次堆石区。主要作用是保护主堆石体和下游边坡的稳定；要求采用较大石料填筑，允许有少量分散的风化石料，粒径一般为 1000～1200mm。由于该区的沉陷对面板的影响很小，故对填筑石料的要求可放宽一些。

为保证料源的质量和储量，施工单位在进入现场后，应对设计提出的料场进行复查，确定料场的质量和储量是否满足施工要求。在料场复查和设计资料的基础上，依据工程施工总进度的安排，做好料场开采规划，包括料场开采顺序，梯段开采高度，掌子面分块分段长度，堆、弃料场地，风、水、电设施，火工材料库，运输道路，排水系统，以及钻爆、挖、运设备的配备等。

2. 坝料开采与加工

面板坝主堆石料及过渡料由于粒径较大，常由石场直接开采，为获得较好级配坝料及较大的开采强度，绝大部分已建和在建面板坝工程均采用了深孔梯段开采及微差挤压爆破技术，采用 100 型钻，梯段高 12～15m。

垫层料颗粒设计较粗时，如经爆破试验证实可以满足垫层料设计级配要求，可以由采石场直接开采，可以使造价大幅度降低。

砂砾石料场大多分布在河床附近，施工受河水及地下水影响较大。寒冷地区冬季冻深较大，而冻结后的砂砾石料会使机械开采困难，因此，为保证冬季正常施工，必须储备足够的坝料。

料场开采结束后，不稳定的边坡和危岩若不处理，可能成为事故隐患。料场的开采破坏了周围的农田和植被，因此，为保护周围环境、防止水土流失，也应采取一些环保措施；即使在库内淹没线以下的料场进行适当处理后也有利于养殖业生产。

3. 道路与运输

在现代土石坝施工中，自卸汽车运输占主导地位，国内90%以上的土石坝施工，均采用了正铲装车、自卸汽车运输的方式。堆石料以采用较大吨位自卸汽车为宜；砂砾石料则可用自卸汽车，也可用皮带运输机，但宜经过技术经济比较后选定。

布置运输线路应重视以下问题：优先考虑单向循环线路，使轻型、重型汽车互不干扰；同时，还需合理确定路面等级，尽量降低纵坡坡率，以提高行车速度。

面板坝坝址常位于河流的中上游，由于山谷狭窄，公路大都顺河流走向修建，如把防洪标准定得过高，势必抬高路面、加大桥涵，使筑路费用加大，另外，临时公路即使遭到损坏，恢复也较容易，因此，防洪标准可以较低。根据国内外建坝经验，面板堆石坝防洪标准以不低于5年一遇为宜。

一般山区公路的标准较低，大多不能满足大型施工运输机械的运行要求，因此，施工队伍进场后，应对可利用的永久公路路段进行安全复校。

在面板坝施工中，运输线路难免跨越趾板和垫层区。需要采取保护措施，有的采用钢栈桥跨越，但大多数工程是采取在趾板上垫以一定厚度的石渣来保护的。位于垫层区或其他部位的坝内道路，要求按坝体规定的物料填筑，并进行压实，不允许以浮渣筑路。

4.6.3.2　坝体填筑

1. 坝体填筑技术要求

(1) 为保证堆石坝体的填筑质量，保证坝基、坝头岸坡处理以及趾板浇筑的质量，避免大坝填筑和趾板施工交叉进行，应尽力在堆石填筑开始之前完成全部趾板施工，以利施工安全。这种交叉施工在西北口工程已有教训。当时左岸坝基处理未结束，河床段趾板正施工，而大坝填筑已进行，为了留出邻近趾板的填筑工作面，大坝填筑不得已采用了先填主堆石区，后填过渡层、垫层区的做法，结果形成了大坝上游低，下游高的“梯田式”填筑，梯田台阶层次最多达6层，大大影响了填筑质量与施工效率。

然而，当坝底较宽、较长，或有专门施工安排时，经过周密规划、组织，也允许坝体填筑在相应部位的趾板完成后提前进行。此种安排有时也是保证安全度汛或缩短工期所必需的。

(2) 堆石的填筑与碾压是控制施工质量的关键工序，也是加快工程进度的重要环节。由于每一工程的规模、坝体设计要求、填筑坝料的性质、施工单位的技术装备和技术水平等各不相同，填筑与压实的参数也有差别，因此，在堆石坝填筑开始之前，应对坝料进行碾压试验。试验目的在于根据工地具体条件，对设计提出的压实标准进行复核，选择合适的施工机械，确定合理的施工参数（铺料厚度、碾压遍数、加水量等），并提出完善的施工工艺和措施。

对于大型、重要或特殊（如在地震高发区等）工程，都应进行碾压试验；而对于中小型工程或坝高不大的情况，则可根据压实机械、工程经验采用类比法选定压实参数，并结合施工在坝的下游部位进行检验性试验。

（3）坝体填筑应做到平起、均衡上升，这是一般土石坝施工的总要求，对于面板堆石坝来说，垫层、过渡层与相邻主堆石区的填筑尤应做到如此。坝面的平起、均衡填筑指有计划的，各分区各部位相互呼应的连续填筑，并非一定是全断面的平起填筑，特别是在坝的底部或坝较高、断面较大时。在坝较高、断面较大的情况下，除抢筑临时断面的安排外，允许在下游部位预先填筑堆石以争取进度。但是，绝不能形成“梯田式”或“鱼背式”的填筑坝面。按照国外经验，面板下游 30m 以内的坝面，应保证连续平起、均衡上升。垫层、过渡层、主堆石区之间的填筑面高差，以层差而言规定不超过一层，其目的在于保证各分区之间的良好结合，以及面板下游一定范围内的堆石体达到较高的密实度。

（4）观测仪器、设施的埋设是坝体施工的一个组成部分，特别需要注意观测设施的施工保护。

（5）垫层料、过渡料、主堆石料，其各个颗粒间只有单纯的接触联系，因而不同粒径与质量的颗粒，在卸料、铺筑、推平过程中，由于重力的作用会产生不同程度的颗粒分离，这是迄今面板堆石坝施工中普遍存在的问题，由于垫层与过渡层对于面板的变形及渗流性质的需要，不允许其填筑料产生严重的颗粒分离。

为了减少颗粒分离现象，一般有两个途径，即改善材料的级配与采取相应的有效施工方法。

1）级配改善主要是增加细颗粒的组分，使其起一种包裹、挟持的作用，以阻滞较大颗粒的分选、集中。当小于 5mm 的颗粒含量少于 20%时，施工时不可能避免分离，但如增加到 40%或更多，则有可能避免分离。

2）从施工角度说，为了减少颗粒分离可采用以下方法：

a. 跳堆法，即在已压实的坝面上，按铺筑一层料需要的数量，跳隔一定距离卸料，然后推平成连续层的方法。

b. 润湿坝料法，即使材料在运输车内润湿，以增加颗粒之间的团聚力，阻滞颗粒彼此分离。

c. 掺混法，即对已分离集中的大颗粒区掺混较细坝料的方法。国外有工程曾用此法。

（6）为保证碾压后的上游坡面满足设计要求，坝体填筑时要有一定的超填宽度，关于超填宽度，巴坦艾（Batang Ai）坝为 10cm，特劳湖（Terror Lake）坝为 15cm。国外较多的工程规定碾压前的坡面不平整度为 0～15cm 或 5～15cm。

（7）堆石坝填筑时要加水，目的在于使材料浸湿，软化细粒并降低粗粒的抗压强度，提高压实密度和效率，减少竣工后的后期沉降。加水的作用效果与堆石母岩的岩性与岩质、堆石的粒径与形状等因素有关：一般来说，新鲜、坚质、浑圆形的堆石、砂卵石，加水对其压实的效果不明显，这方面已有不少实例和试验资料，如奥罗维尔（Oroville）、首取川、横山坝等；但对于湿单轴抗压强度显著降低的岩石、砂粒和细粒含量较高的堆石，其加水效果较好。堆石的加水量，是以其填筑堆石的体积比表示，一般依堆石料的类型、性质、填筑部位、坝的高度等条件经试验确定。

（8）面板堆石坝的主要设计原则是控制堆石坝体的变形，尽量使堆石坝料碾压密实。根据规定，坝料必须采用振动碾碾压，因为只有振动压实才能保证堆石的高密度。

（9）由于堆石填筑包括卸料、铺料、洒水、压实等多道工序，在垫层坡面上还需要进行修整、斜坡碾压和堆石保护。由于工序较多，为避免混乱和出现安全事故，坝面填筑应分区分段进行，宜适当划分工作面，在各填筑块上依次完成各道工序。

(10) 振动碾的减振轮胎压力、振动轮的转数等，随振动碾的工作而逐渐降低或衰减，从而影响其工作功能与效率，因而必须定时检查，及时调整、处理。为了确保压实质量，应保持振动碾的规定工作参数。

2. 垫层坡面碾压与防护技术

垫层为堆石体坡面最上游部分，可用人工碎石料或级配良好的砂砾料填筑。为减少面板混凝土超浇量，改善面板的应力条件，对上游垫层坡面必须予以修整和压实。一般水平填筑时向外超填15～30cm，斜坡长度达到10～15m时修整、压实一次；在多雨地区，尤其当垫层料为砂卵石时，还应缩短这一填筑与防护的周期。

当垫层材料为砂卵（砾）石时，由于此种材料较易受雨水冲蚀，应采用较薄的填筑层，以便及时进行坡面碾压与防护。对于较重要的工程或降雨强度较大时，也可采用加设细铁丝网表层防护法，即随垫层填筑随时在其坡面铺设细铁丝网进行防护。

坡面碾压，是由于已压实合格的垫层，其上游邻坡边缘带（含超填部分）无法进行平面碾压，为使混凝土面板有一个坚实的支撑面，而在垫层上游坡面上进行的专门碾压。这也是面板堆石坝特有的碾压工序。在坡面修整后即进行斜坡碾压，一般可利用为填筑坝顶布置的索吊牵引振动碾上下往返运行，也可使用平板式振动压实器进行斜坡压实。

未浇筑面板之前的上游坡面，尽管经斜坡碾压后具有较高的密实度，但其抗冲蚀和抗人为因素破坏的性能很差，一般须进行垫层坡面的防护处理。垫层坡面的防护，是在面板浇筑之前的临时措施，防护的作用有三点：防止雨水冲刷垫层坡面；为面板混凝土施工提供良好的工作面；利用堆石坝体挡水或过水时，垫层护面可起临时防渗和保护作用。一般采用喷洒乳化沥青保护，喷射混凝土或摊铺和碾压水泥砂浆防护。混凝土面板或面板浇筑前的垫层料，施工期不允许承受反向水压力。

防护层的敷设，调整、补偿了垫层坡面的表面不平整度与材料分布的不均一程度。但防护层的表面仍然不可能十分平整，因而从施工上讲，仍需有不平整度的规定。对于水泥砂浆层，在5m范围内的起伏差不应高于设计线5cm，也不应低于设计线8cm；对于喷射混凝土层，与设计线偏差不大于5cm；对于阳离子乳化沥青层，由于层厚很薄，可通过试验确定不平整度的规定值。

3. 混凝土挤压墙

垫层面处理，近年来也采用混凝土挤压墙的方法。挤压式混凝土边墙位于大坝上游过渡层与混凝土面板之间，图4.21是某混凝土挤压墙施工示意图。

面板堆石坝在每填筑一层过渡料之前，用挤压式边墙机制作出一个半透水的混凝土墙（挤压墙施工根据混凝土运料车所走路线从左岸往右岸施工），然后在其内侧按设计铺填坝料，碾压合格后再制作上层边墙，重复以上工序。

混凝土挤压式边墙护坡技术是混凝土面板堆石坝上游坡面施工的新方法，相对于其他施工方法来说，有以下优点：

(1) 简化了垫层料的施工工序；保证和提高了垫层的施工质量；降低了施工成本。

(2) 施工简单方便，各工序衔接比较紧密，加快了施工进度，确保了坝体的安全

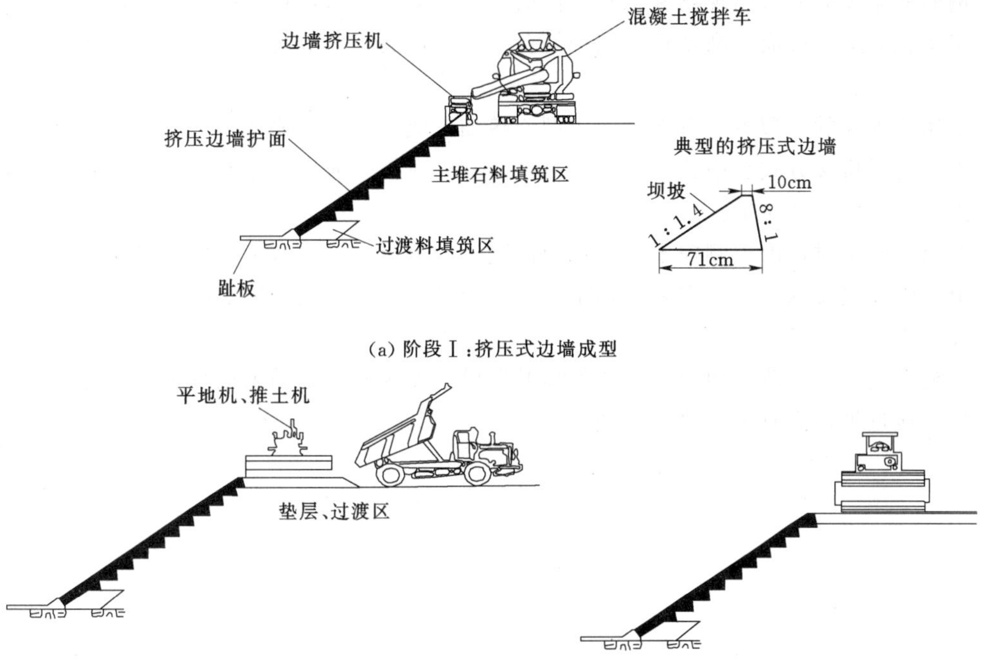

(a) 阶段Ⅰ：挤压式边墙成型

(b) 阶段Ⅱ：垫层料铺设　　(c) 阶段Ⅲ：振动碾碾压

图 4.21　某混凝土挤压墙施工示意图

度汛。

(3) 避免了填筑过程中上游边坡滚石和斜坡碾压高边坡作业，提高了施工安全性。

4.6.4　混凝土面板施工

钢筋混凝土面板是刚性面板堆石坝的主要防渗结构，厚度小，面积大，在满足抗渗性和耐久性条件下，要求具有一定的柔性，以适应堆石体的变形。

面板浇筑一般在堆石坝体填筑完成或至某一高度后，在气温适当的季节内集中进行，由于汛期限制，工期往往很紧。面板由起始板及主面板组成。起始板可以采用固定模板或翻转模板浇筑，也可用滑模浇筑，当起始板不采用滑模浇筑时应尽量在坝体填筑时创造条件提前浇筑。中等高度以下的坝，面板混凝土不宜设置水平缝，高坝和要求施工期蓄水的坝，面板可以设 1～2 条水平工作缝，分期浇筑。垂直缝分缝宽度应据滑模结构，以易于操作、便于仓面组织等原则确定，一般为 12～16m。

钢筋混凝土面板一般采用滑模法施工，滑模分有轨滑模和无轨滑模两种。滑模利用两侧的轨道、侧模或已浇完的面板来支撑、导向和控制混凝土面板的浇注厚度。在浇注过程中，混凝土的浮拖力由模板自重和附加配重来克服。振捣密实的混凝土由滑动模板或抹面平台压抹成形。无轨滑模是近几年来在面板坝施工实践中提出来的，它克服了有轨滑模的缺点，减轻了滑动模板自身重量，提高了工效，节约了投资，在国内广泛使用。滑模上升速度一般 1～2.5m/h，最高可达 6m/h。

混凝土场外运输主要采用混凝土搅拌运输车、自卸汽车等。坝面输送主要采用溜槽和混凝土泵。

钢筋的架设一般采用现场绑扎和焊接或预制钢筋网片和现场拼接的方法，用人工或钢筋台车将钢筋送至坡面，高坝宜采用钢筋台车运送钢筋，以节省人工。台车由坝顶卷扬机牵引。

金属止水片的成型主要有冷挤压成型、热加工成型或手工成型。一般成型后应进行退火处理。现场拼接方式有搭接、咬接、对接，其中对接一般用在止水接头异型处，应在加工厂内施焊，以保证质量。

混凝土施工时，由于侧模不仅要承担混凝土的侧压力，而且又要作为滑模的支承和滑移轨道，因此侧模的设计、安装必须牢固、安全且能保证所浇筑的混凝土外形几何尺寸符合设计要求。

滑模牵引设备一般采用卷扬机牵引提升滑模，卷扬机的锚固采用预埋地锚的方法，当坝体填筑接近坝顶面时将地锚埋入坝体内。

项目5 砌筑工程施工

任务5.1 砖砌墙体

请思考：

1. 砖砌体的组砖原则是什么？
2. "三一"砌砖法的基本操作是什么？其优缺点是什么？
3. 砖砌体施工准备工作有哪些？
4. 砖基础的砌筑要求有哪些？
5. 实心砖墙的砌筑方法有哪些？

5.1.1 砖砌体的组砖原则

1. 砌体必须错缝

砖砌体是由一块一块的砖，利用砂浆作为填缝和黏结的结构。为了使它们能共同作用、均匀受力，保证砌体的整体强度，必须错缝搭接。要求砖块最少应错缝1/4砖长，才符合错缝搭接的要求，如图5.1所示。

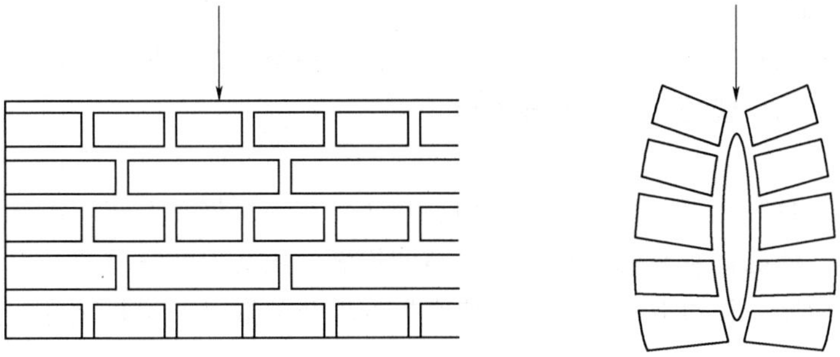

(a) 咬合错缝(力分散传递)　(b) 不咬合(砌体被压散)

图5.1 砖砌体的错缝

2. 控制水平灰缝厚度

砌体的灰缝一般规定为10mm，最大不得超过12mm，最小不得小于8mm。水平灰缝如果太厚，不仅使砌体产生过大的压缩变形，还可能使砌体产生滑移，对墙体的黏结整体性产生不利影响。垂直灰缝俗称头缝，太宽和太窄都会影响砌体的整体性。如果两块砖紧紧挤在一起，没有灰缝（俗称瞎缝），那就更影响砌体的整体性了。

3. 墙体之间的连接

要保证墙体的整体性，墙体与墙体的连接是至关重要的。两道相接的墙体（包括基础墙）最好同时砌筑，如果不能同时砌筑，应在先砌的墙上留出接槎（俗称留槎），后砌的墙体要镶入接槎内（俗称咬槎）。砖墙接槎质量的好坏，对整个房屋的稳定性有很大的影响。正常的接槎，规范规定采用两种形式，一种是斜槎，又叫“踏步槎”（图5.2）；另一种是直槎，又叫“马牙槎”（图5.3）。留直槎时，必须在竖向每隔500mm配置$\phi 6$钢筋（每120mm墙厚的放置一根，120mm厚的墙放两根）作为拉结筋，伸出及埋在墙内各500mm长。

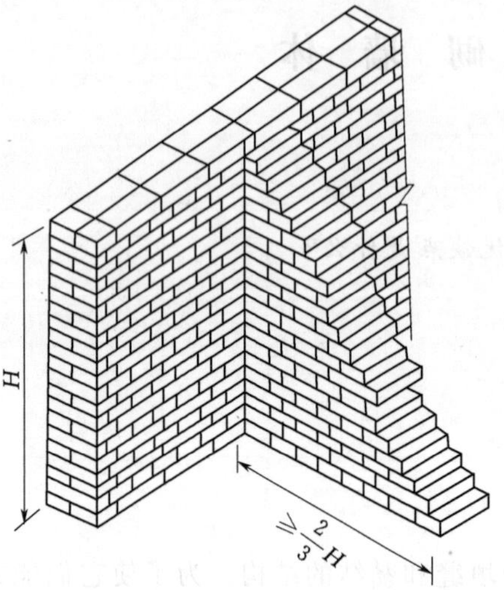

图5.2　斜槎的做法

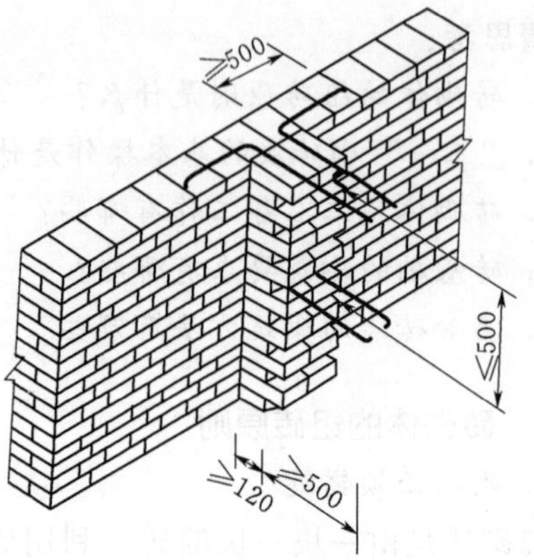

图5.3　直槎的做法（单位：mm）

5.1.2　砌砖的基本功

砖砌体是由砖和砂浆共同组成的。每砌一块砖，需经铲灰、铺灰、取砖、摆砖四个动作来完成，这四个动作就是砌筑工的基本功。

1. 铲灰

铲灰常用的工具为瓦刀、大铲、小灰桶、灰斗。在小灰桶中取灰，最适宜于披灰法砌筑。若手法正确、熟练，灰浆就容易铺得平整和饱满。用瓦刀铲灰时，一般不将瓦刀贴近灰斗的长边，而应顺一长边取灰，同时还要掌握好取灰的数量，尽量做到一刀灰一块砖。

2. 铺灰

砌砖速度的快慢和砌筑质量的好坏与铺灰有很大关系。初学者可单独在一块砖上练习铺灰，砖平放，铲一刀灰顺着砖的长方向放上去，然后用挤浆法砌筑。

3. 取砖

砌墙时，操作者应顺墙斜站，砌筑方向是由前向后退着砌。这样易于随时检查已砌好的墙是否平直。

用挤浆法操作时，铲灰和取砖的动作应该一次完成，这样不仅节约时间，而且减少了弯腰的次数，使操作者能比较持久地操作。

取砖时包括选砖，操作者对摆放在身边的砖要进行全面观察。初学时可先用一块木砖练习：将砖平托在左手掌上，使掌心向上，砖的最大面贴在手心，这时用该手的食指或中指稍勾砖的边棱，依靠四指向大拇指方向的运动，配合抖腕动作，砖就在左掌心旋转起来了。操作者可观察砖的四个面（两个条面、两个丁面），然后选定最合适的面朝向墙的外侧。

4. *摆砖*

摆砖是完成砌砖的最后一个动作，砌体能不能横平竖直、错缝搭接、灰浆饱满、整洁美观，关键在摆砖上下工夫。

练习时可单独在一段墙上操作，操作者的身体同墙皮保持 20cm 左右的距离，手必须握住砖的中间部分，摆放前用瓦刀粘少量灰浆刮到砖的端头上，抹上“碰头灰”，使竖向砂浆饱满。摆放时要注意手指不能碰撞准线，特别是砌顺砖的外侧面时，一定要在砖将要落墙时的一瞬间跷起大拇指。砖摆上墙以后，如果高出准线，可以稍稍揉压砖块，也可用瓦刀轻轻叩打。灰缝中挤出的灰可以用瓦刀随手刮起甩入竖缝中。

5. *砍砖*

砍砖的动作虽然不在砌筑的四个动作之内，但为了满足砌体的错缝要求，砖的砍凿是必要的。砍凿一般用瓦刀或刨锛作砍凿工具，当所需形状比较特殊且用量较多时，也可利用扁头钢凿、尖头钢凿配合手锤砍凿。砍凿尺寸的控制一般是利用砖作为模数来进行划线的，其中七分头用得最多，可以在瓦刀柄和刨锛把上先量好位置，刻好标记槽，以利提高工效。

5.1.3　砖砌体砌筑操作方法

我国广大建筑工人在长期的操作实践中，积累了丰富而有成效的砌筑经验，并总结出各种不同的操作方法。这里介绍目前常用的几种操作方法。

5.1.3.1　瓦刀披灰法

瓦刀披灰法又称满刀灰法或带刀灰法，是指在砌砖时，先用瓦刀将砂浆抹在黏结面上和砖的灰缝处，然后将砖用力按在墙上。该法是一种常见的砌筑方法，适用于空斗墙、1/4砖墙、平拱、弧拱、窗台、花墙、炉灶等的砌筑，要求用稠度大、黏性好的砂浆与之配合，也可使用黏土砂浆和白灰砂浆。

瓦刀披灰砌筑，能做到刮浆均匀、灰缝饱满，有利于初学砖瓦工者的手法锻炼。此法历来被列为砌筑工入门的基本训练之一，但其工效低，劳动强度大。

5.1.3.2　“三一”砌砖法

“三一”砌砖法的基本操作是“一铲灰、一块砖、一挤揉”。

优点：由于铺出来的砂浆面积相当于一块砖的大小，并且随即揉砖，因此灰缝容易饱满，黏结力强，能保证砌筑质量；在挤砌时随手刮去挤出的砂浆，使墙保持清洁。

缺点：一般是个人操作，操作时取砖、铲灰、铺灰、转身、弯腰等动作较多，影响砌筑效率，因而可用两铲灰砌三块砖或三铲灰砌四块砖的办法来提高效率。

这种操作方法适合于砌窗间墙、砖柱、砖垛、烟囱等较短的部位。

5.1.3.3　坐浆砌砖法（又称摊尺砖砖法）

坐浆砌砖法是指在砌砖时，先在墙上铺长度为 50cm 左右的砂浆，用摊尺找平，然后在已铺设好的砂浆上砌砖。该法适用于砌门窗洞较多的砖墙或砖柱。

这种方法，因摊尺厚度同灰缝一样为 10mm，故灰缝厚度能够控制，便于掌握砌体的水平缝平直。又由于铺灰时摊尺靠墙阻挡砂流到墙面，所以墙面清洁美观，砂浆耗损少；

但由于砖只能摆砌，不能挤砌，同时铺好的砂浆容易失水变稠干硬，因此黏结力较差。

5.1.3.4 铺灰挤砌法

铺灰挤砌法是采用一定的铺灰工具（如铺灰器），先在墙上用铺灰器铺一段砂浆，然后将砖紧压砂浆层，推挤砌于墙上。

铺灰挤砌法分单手挤浆法和双手挤浆法两种。这种方法，在操作时减少了每块砖要转身、铲灰、弯腰、铺灰等分作，可大大减轻劳动强度，并可组成两人或三人小组，铺灰、砌砖分工协作，密切结合，提高工效。此外，由于挤浆时平推平挤，使灰缝饱满，充分保证墙体质量。但要注意，如砂浆保水性能不好时，砖湿润又不合要求，操作不熟练，推挤动作稍慢，往往会出现砂浆干硬，造成砌体黏结不良。因此在砌筑时要求快铺快砌，挤浆时严格掌握平推平挤，避免前低后高，以免把砂浆挤成沟槽使灰浆不饱满。

5.1.3.5 “二三八一”砌筑法

“二三八一”操作法就是把砌筑的动作过程归纳为二种步法、三种弯腰姿势、八种铺灰手法、一种挤浆动作，称为“二三八一砌砖动作规范”，简称“二三八一”操作法，具体操作可参照相关资料。

5.1.4 基本操作要点

5.1.4.1 选砖

砌筑中必须学会选砖，尤其是砌清水墙面。砖面的选择很重要，砖选好，砌出墙来好看；选不好，砌出的墙粗糙难看。

选砖时，当一块砖拿在手中用手掌托起，将砖在手掌上旋转（俗称滑砖）或上下翻转，在转动中察看哪一面完整无损。有经验者，在取砖时挑选第一块砖就选出第二块砖，做到“执一备二眼观三”，动作轻巧自如得心应手，才能砌出整齐美观的墙面。当砌清水墙时，应选用规格一致、颜色相同的砖，把表面方整光滑不弯曲和不缺棱掉角的砖放在外面，砌出的墙才能颜色和灰缝一致。因此，必须练好选砖的基本功，才能保证砌筑墙体的质量。

5.1.4.2 放砖

砌在墙上的砖必须放平。往墙上按砖时，砖必须均匀水平地按下，不能一边高一边低，造成砖面倾斜。如果养成这种不好的习惯，砌出的墙会向外倾斜（俗称往外张或冲）或向内倾斜（俗称向里背或眠）。也有的墙虽然垂直，但因每皮砖放不平，每层砖出现一点马蹄楞，形成鱼鳞墙，使墙面不美观，而且影响砌体强度。

5.1.4.3 跟线穿墙

砌砖必须跟着准线走，俗语称作“上跟线，下跟棱，左右相跟要对平”。就是说砌砖时，砖的上棱边要与线约离 1mm，下棱边要与下层已砌好的砖棱对平，左右前后位置要准。当砌完每皮砖时，看墙面是否平直，有无高出、低洼、拱出或拱进准线的现象，有了偏差应及时纠正。不但要跟线，还要做到用眼“穿墙”。即从上面第一块砖往下穿看，穿到底，每层砖都要在同一平面上，如果有出入，应及时纠正。

5.1.4.4 自检

在砌筑中，要随时随地进行自检。一般砌三层砖用线锤吊大角直不直，五层砖用靠尺靠一靠墙面垂直平整度，俗语作“三层一吊，五层一靠”。当墙砌起一步架高时，要用托线板全面检查一下垂直及平整度，特别要注意墙大角要绝对垂直平整，发现有偏差应及时纠正。

5.1.4.5 不能砸不能撬

砌好的墙千万不能砸不能撬。如果墙面砌出鼓肚，用砖往里砸使其平整，或者当墙面砌出洼凹，往外撬砖，都不是好习惯。因砌好的砖砂浆与砖已黏结，甚至砂浆已凝固，经砸和撬以后砖面活动，黏结力被破坏，墙就不牢固，如发现墙有大的偏差，应拆掉重砌，以保证质量。

5.1.4.6 留脚手眼

砖墙砌到一定高度时，就需要脚手架。当使用单排立杆架子时，它的排木的一端就要支放在砖墙上。为了放置排木，砌砖时就要预留出脚手眼。一般在1m高处开始留，间距1m左右一个。脚手架采用铁排木时，在砖墙上留一顶头大小的孔洞即可，不必留大孔洞。脚手眼的位置不能随便乱留，必须符合质量要求中的规定。

5.1.4.7 留施工洞口

在施工中经常会遇到管道通过的洞口和施工用洞口。这些洞口必须按尺寸和部位进行预留，不允许砌完砖后凿墙开洞。凿墙开洞会震动墙身，影响强度和整体性。

大的施工洞口，必须留在不重要的部位。如窗台下的墙可暂时不砌，作为内外通道用；或山墙中部预留洞，其形式是高度不大于2m，下口宽1.2m左右，上口成尖顶形式，才不致影响墙的受力。

5.1.4.8 浇砖

在常温施工时，使用的黏土砖必须在砌筑前一两天浇水浸湿，一般以水浸入砖四边1.5cm左右为宜。不要当时用当时浇，更不能在架子上及地槽边浇砖，以防止造成塌方或架子增加重量而沉陷。

浇砖是砌好砖的重要一环。如果用干砖砌墙，砂浆中的水分会被干砖全部吸去，使砂浆失水过多，这样不易操作，也不能保证水泥硬化所需的水分，从而影响砂浆强度的增长，这对整个砌体的强度和整体性都不利。反之，如果把砖浇得过湿或当时浇砖当时砌墙，表面水还未能吸进砖内，这时砖表面水分过多，形成一层水膜，这些水在砖与砂浆黏结时，反使砂浆增加水分，使其流动性变大，这样砖的重量往往容易把灰缝压薄，使砖面总低于挂的小线，造成操作困难，严重的会导致砌体变形，此外稀砂浆也容易流淌到墙面上弄脏墙面。

上述两种情况对砌筑质量都有不利影响，必须避免。浇砖还能把砖表面的粉尘、泥土冲干净，对砌筑质量有利。砌筑灰砂砖时亦可适当洒水后再砌筑。冬季施工，浇水砖会发生冰冻，在砖表面结成冰膜不能和砂浆很好结合，此外冬季水分蒸发量也小，所以冬季施工不要浇砖。

5.1.4.9 文明操作

砌筑时要保持清洁，文明操作。当砌混水墙时要当清水墙砌。每砌至十层砖高（白灰砂浆可砌完一步架），墙面必须用刮缝工具划好缝，划完后用管帚扫净墙面。在铺灰挤浆时注意墙面清洁，不能污损墙面。砍砖头不要随便往下砍扔，以免伤人。落地灰要随时收起，做到工完、料净、场清，墙面清洁美观。

综上所述，砌砖操作要点概括为："横平竖直，注意选砖，灰缝均匀，砂浆饱满，上下错缝，咬槎严密，上跟线，下跟棱，不游顶，不走缝"。

总之，要把墙砌好，除了要掌握操作的基本知识、操作规则以及操作方法外，还必须在实践中注意练好基本功，好中求快，逐渐达到熟练、优质、高效的程度。

5.1.5 砌筑墙体施工

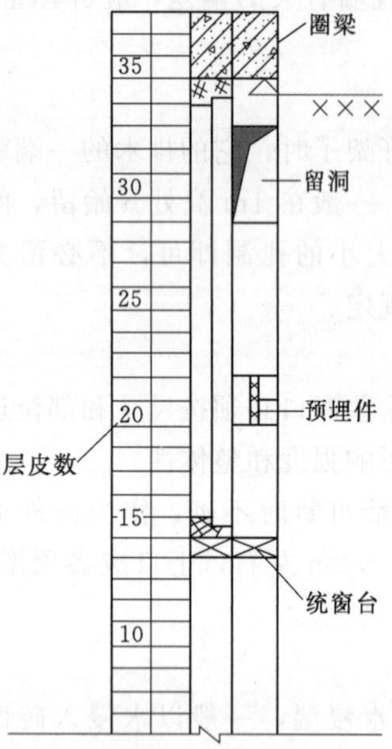

图 5.4 皮数杆

砌筑墙体的工作任务通常有一般准备工作、砖基础施工、墙体砌筑、砌体质量检查等内容。

5.1.5.1 施工准备工作

（1）材料的准备。砌前将砖浇水湿润；砂浆的稠度应符合规定，拌制砂浆应保证其配合比和稠度，运输中不漏浆、不离析，以保证施工质量。

（2）施工工具的准备。砌筑工具主要有以下几种：

1）大铲。用于铲灰、铺灰与刮灰用，大铲分为桃形、长方形、长三角形三种。

2）瓦刀（泥刀）。打砖、打灰条（披灰缝）、披缝口灰及铺瓦用。

3）刨锛。用于破砖。

4）靠尺（托线板）和线锤。检查墙面垂直度用，常用托线板的长度为 1.2～1.5m。

5）皮数杆。砌筑时用于标志砖层、门窗、过梁、开洞及埋件等的工具，如图 5.4 所示。

此外还应准备麻线、米尺、水平尺和小喷壶等。

5.1.5.2 砖基础的砌筑

（1）基础结构。砖基础的大放脚通常采用等高式或间隔式。等高式是两皮一收，每次收进 1/4 砖长，即高为 120mm，如图 5.5（a）所示；间隔式一皮与两皮间隔收进，也是每次收进 1/4 砖长，高为 120mm 和 60mm，如图 5.5（b）所示。

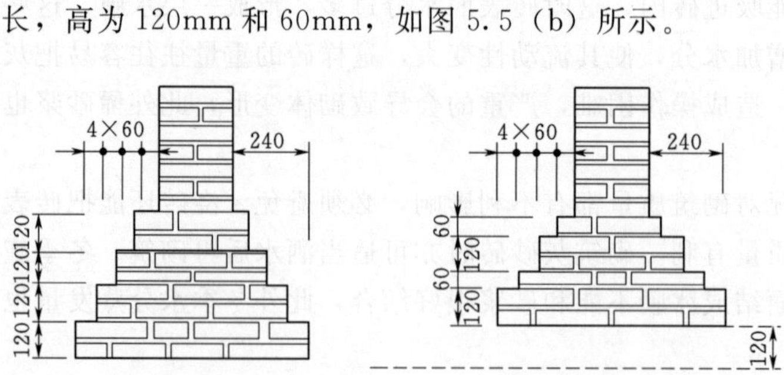

图 5.5 砖基础（单位 mm）

（2）施工工艺：基坑验槽、砖基找平放线→配制砂浆→摆砖撂底→墙体盘角→立杆挂线→砌筑基础→基础验收、养护→办理隐蔽验收手续。

5.1.5.3 设置基础皮数杆

基础皮数杆的位置，应设在基础转角（图 5.6），内外墙基础交接处及高低踏步处。基础皮数杆上级应标明大放脚的皮数、退台、基础的底标高、顶标高以及防潮层的位置等。如果相差不大，可在大放脚砌筑过程中逐步调整，灰缝可适当加厚或减薄（俗称提灰或杀灰），但要注意在调整中防止砖错层。

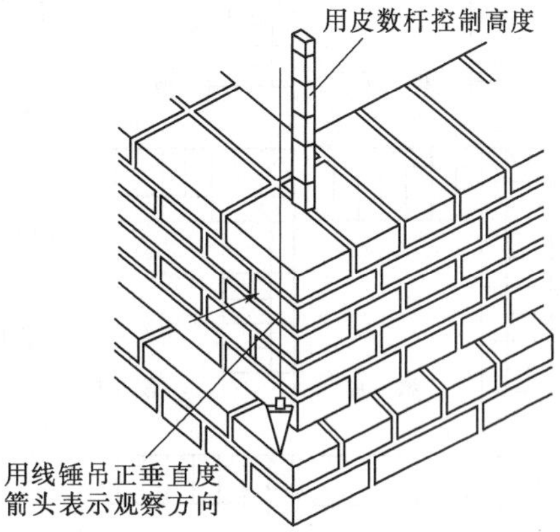

图 5.6 基础皮数杆设置示意

5.1.5.4 排砖撂底

砌筑基础大放脚时，可根据垫层上弹好的基础线按“退台压丁”的方法先进行摆砖撂底。具体方法是，根据基底尺寸边线和已确定的组砌方式及不同的砂浆，用砖在基底的一段长度上干摆一层，摆砖时就考虑竖缝的宽度，并按“退台压丁”的原则进行，上、下皮砖错缝达 1/4 砖，在转角处用“七分头”来调整搭接，避免立缝重缝。摆完后应经复核无误才能正式砌筑。为了砌筑时有规律可循，必须先在转角处将角盘起，再以两端转角为标准拉准线，并按准线逐皮砌筑。当大放脚返台到实墙后，再按墙的组砌方法砌筑。排砖撂底工作的好坏，影响到整个基础的砌筑质量，必须严肃认真地做好。

常见撂底排砖方法，有六皮三收等高式大放脚（图 5.7）和六皮四收间隔式大放脚（图 5.8）。

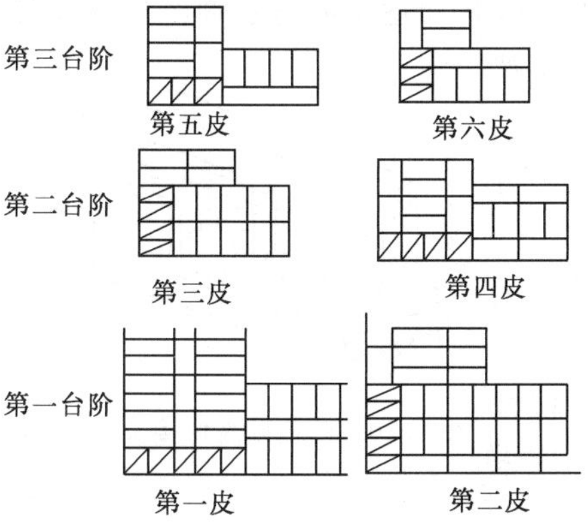

图 5.7 六皮三收等高式大放脚

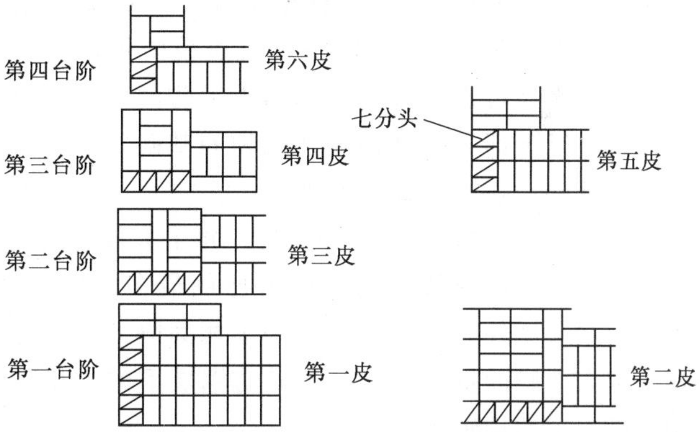

图 5.8 六皮四收间隔式大放脚

大放脚一般采用一顺一丁砌法，上下皮垂直灰缝相互错开 60mm。基础的转角处、交接处，为错缝需要应加砌配砖（3/4 砖、半砖或 1/4 砖）。在这些交接处，纵横墙要隔皮砌通；大放脚的最下一皮及每层的最上一皮应以丁砌为主。底宽为二砖半等高式砖基础大放脚转角处分皮砌法如图 5.9 所示。

5.1.5.5 砌筑

（1）盘角。即在房屋的转角、大角处立皮数杆砌好墙角。每次盘角高度不得超过五皮

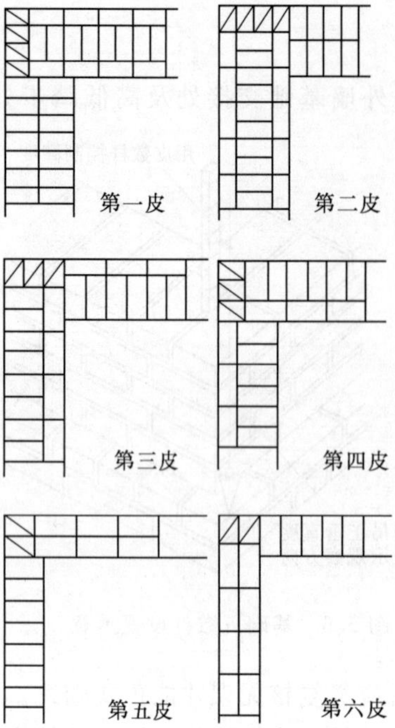

图 5.9　大放脚转角处分皮砌法

砖，并需用线锤检查垂直度和用皮数杆检查其标高有无偏差。如有偏差时，应在砌筑大放脚的操作过程中逐皮进行调整（俗称提灰缝或杀灰缝）。在调整中，应防止砖错层，即要避免“螺丝墙”情况。

基础大放脚收台阶必须用尺量准尺寸，其中部的砌筑应以大角处准线为依据，不能用目测或砖块比量，以免出现误差。在收台阶完成后、砌基础墙之前，应利用龙门板的“中心钉”拉线检查墙身中心线，并用红铅笔将“中”字画在基础墙侧面，以便随时检查复核。

（2）挂线。240mm 厚墙在反手挂线，370mm 及以上厚墙应两面挂线。

（3）砌筑要点：

1）内外墙的砖基础均应同时砌筑，如因特殊原因不能同时砌筑时，应留设斜槎（踏步槎），斜槎长度不应小于斜槎的高度。基础底标高不同时，应由低处砌起，并经常拉线检查，确保墙身位置的准确和每皮砖及灰缝的水平。若有偏差，通过灰缝调整，并由高处向低处搭接；如设计无具体要求时，其搭接长度不应小于大放脚的高度（图 5.10），保持砖基础通顺、平直。

2）在基础墙的顶部、首层室内地面（±0.000）以下一皮砖处（－0.06m）应设置防潮层。如设计无具体要求，防潮层宜采用 1：2.5 的水泥砂浆加适量的防水剂经机械搅拌均匀后铺设，其厚度为 20mm。抗震设防地区的建筑物严禁使用防水卷材作基础墙顶部的水平防潮层。建筑物首层室内地面以下部分的结构为建筑物的基础，但为了施工方便，砖基础一般均只做到防潮层。

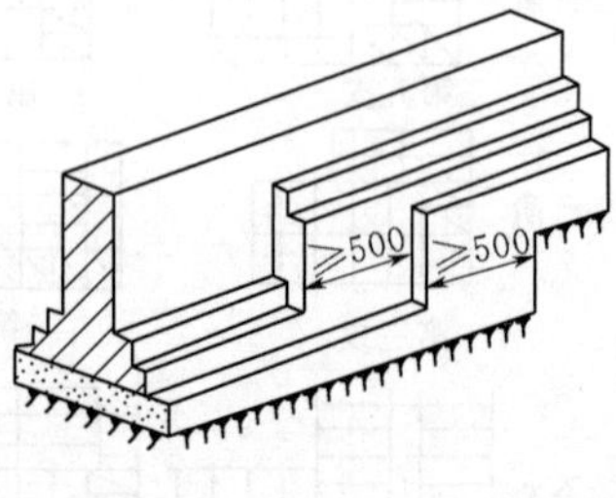

图 5.10　砖基础高低接头处砌法

3）基础大放脚的最下一皮砖、每个大放脚台阶的上表层砖，均应采用横放丁砌砖所占比例最多的排砖法砌筑，此时不必考虑外立面上下一顺一丁相间隔的要求，以便增加基础大放脚的抗剪强度。基础防潮层下的顶皮砖也应采用丁砌为主的排砖法。

4）砖基础水平灰缝和竖缝宽度应控制在 8～12mm 之间，水平灰缝的砂浆饱满度用百格网检查不得小于 80%。砖基础超过 300mm 的洞口应设置过梁。

5）基底宽度为二砖半的大放脚转角处、十字交接处的组砌方法如图 5.11、图 5.12 所示。T 字交接处的组砌方法可参照十字接头处的组砌方法，即将图中竖向直通墙基础的一端（例如下端）截断，改用七分头砖作端头砖即可。有时为了正好放下七分头砖，需将原直通墙的排砖图上错半砖长。

6）基础十字形、T 形交接处和转角处组砌的共同特点是：穿过交接处的直通墙基础

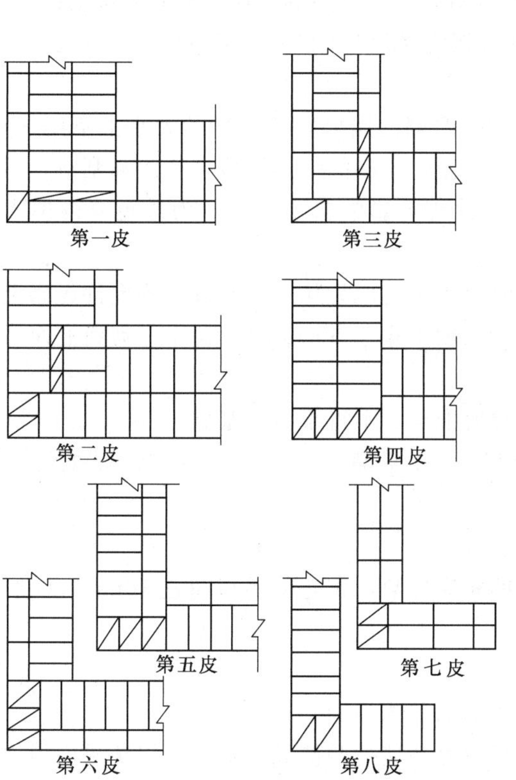

图 5.11 二砖半大放脚转角砌法

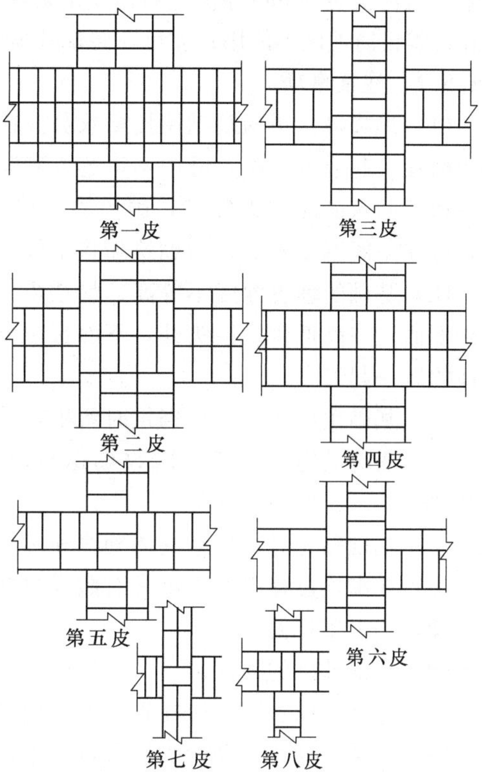

图 5.12 二砖半大放脚砌法

的应采用一皮砌通与一皮从交接处断开相间隔的组砌型式；T 形交接处、转角处的非直通墙的基础与交接处也应采用组砌型式；T 形交接处、转角处的非直通墙的基础与交接处也应采用一皮搭接与一皮断开相间隔的组砌型式，并在其端头加七分头砖（3/4 砖长，实长应为 177～178mm）。

7）砖基础底标高不同时，应从低处砌起，并应由高处向低处搭砌，当设计无要求时，搭接长度不应小于砖基础大放脚的高度（图 5.13）。

8）砖基础的转角处和交接处应同时砌筑，当不能同时砌筑时应留置斜槎，斜槎长度不小于高度的 2/3，且高度控制在 1.2m 以内。接槎时，应将表面砂浆清理干净，浇水湿润，把槎子用砂浆装严，做到灰缝平直，咬槎密实。

9）砌第一层砖时，先在垫层上满铺砂浆，然后再行砌砖。

10）采用“三一”砌砖法（即一铲灰，一块砖，一挤揉），禁止用水冲浆灌缝。十字及丁字接处必须咬槎砌筑。

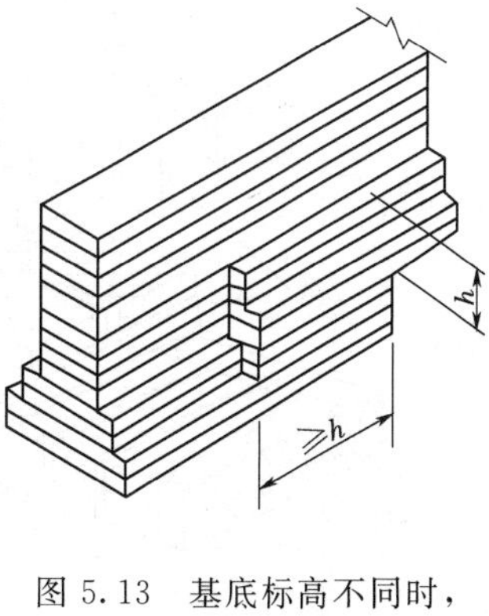

图 5.13 基底标高不同时，砖基础的搭砌

5.1.5.6 防潮层施工

室内地坪±0.000 以下 60mm 处设置防潮层，以防止地下水上升。防潮层的做法，一般是铺抹 20mm 厚的防水

砂浆，也可浇筑60mm厚的细石混凝土防潮层。对防水要求高的，可再在砂浆层上铺油毡，但在抗震设防地区不能用；亦可在砖基础顶面做钢筋混凝土地圈梁，可不再做防潮层。

5.1.5.7 注意事项

(1) 沉降缝两边的基础墙按要求分开砌筑，两侧的墙要垂直，缝的大小上下要一致，不能贴在一起或者搭砌，缝中不得落入砂浆或碎砖，先砌的一边墙应把舌头灰刮清，后砌的一边墙的灰缝应缩进砖口，避免砂浆堵住沉降缝，影响自由沉降。为避免缝内掉入砂浆，可在中间塞上木板，随砌筑随将木板上提。

(2) 基础的埋置深度不等高、呈踏步状时，砌砖时应先从低处砌起，不允许先砌上面后砌下面；在高低台阶接头处，下面台阶要砌长度不小于50cm的实砌体，砌到上面后与上面的砖一起退台。

(3) 基础预留孔必须在砌筑时留出，位置要准确，不得事后凿基础。

(4) 灰缝应饱满，第二次收砌退台时应用稀砂浆灌缝，使立缝密实，以抵御水的侵蚀。

(5) 基础砌完后，检查砌体轴线和标高。

(6) 在砌筑过程中，要经常对照皮数杆的相应层数，相差值不得超过10mm，随时调整砖缝，不得累积偏差。

(7) 保证基础的强度。

(8) 过基础的管道，应在管道上部预留出墙的沉降空间。

(9) 基础墙砌完，经验收后进行回填，回填时在墙的两侧同时进行，以免单面填土使基础墙在土压力下变形。

5.1.6 实心砖墙的砌筑方法

5.1.6.1 砖在砌体中摆放位置的名称

砖砌入墙后，条面朝向操作者的叫顺砖，丁面朝向操作者的叫丁砖，还有立砖和陡砖等的区别，详见图5.14。

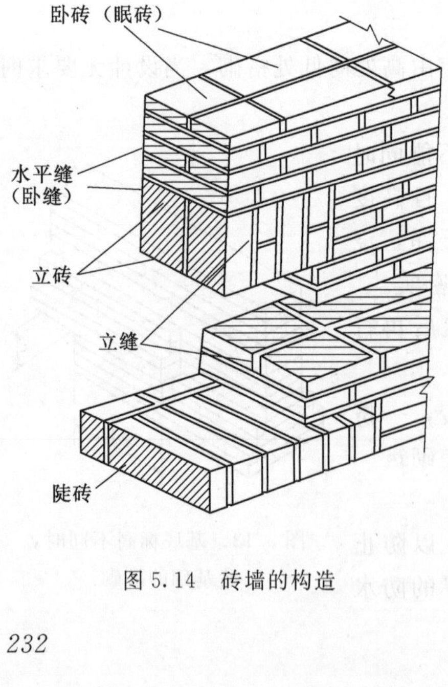

图5.14 砖墙的构造

5.1.6.2 实心砖墙的砌筑方法

(1) 一顺一丁（满条满丁）砌法。从立面上看，是由一皮顺砖与一皮丁砖互相交替叠砌而成，各皮砖的内、外竖缝互相搭盖，墙的外表皮砖的坚缝都错开1/4砖长。

这种砌法各皮间搭接牢固，墙的整体性较好，强度高，操作上变化较小，便于掌握。这种方法被经常采用。

一顺一丁法砖砌墙面有两种形式：一种是顺砖层上下对齐的（称十字缝，图5.15）；一种是顺砖层上下错开半砖的（称骑马缝，图5.16）。它们是规则排列的。

以上砖砌墙为24墙的形式，如砌筑37墙或49墙时，只要在转角时每增加12cm厚多加一个七分头即可达到错缝的目的。

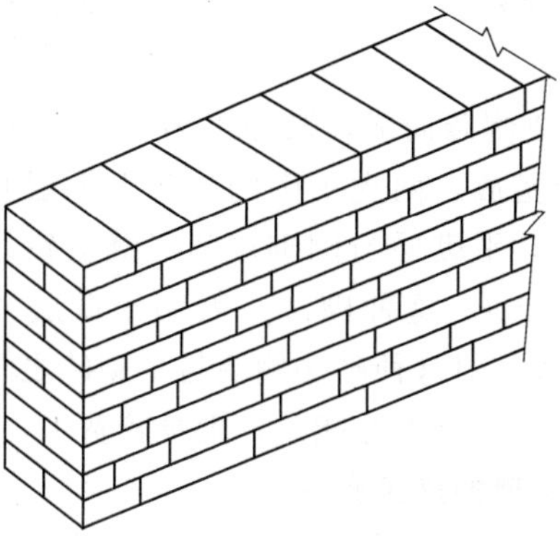

图5.15 一顺一丁砌法（十字缝）

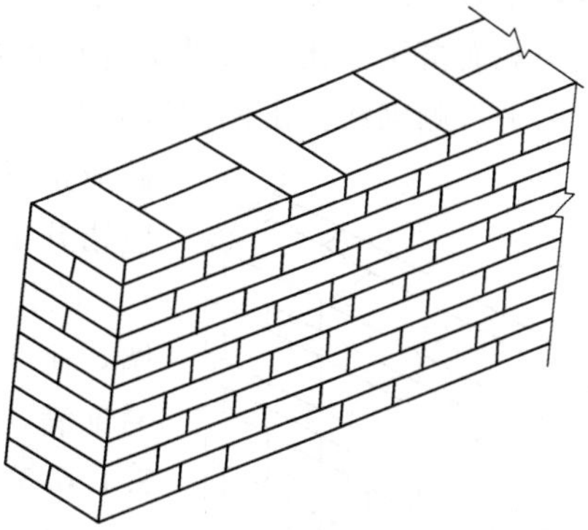

图5.16 一顺一丁砌法（骑马缝）

（2）三顺一丁砌法。从立面上看，由三皮顺砖与一皮丁砖相互交替叠砌而成，上下皮顺砖之间搭接1/2砖长，顺砖与丁砖之间搭接1/4砖长，同时要求檐墙与山墙的丁砖层不在同一皮，以利于丁砖之间搭接（图5.17）。

这种方法常在砖规格不太一致时，以及砌清水墙时使用，容易使墙面平整美观，在转角处可减少打七分头，所以操作快，节约材料；但在墙内三层（五层）砖中间出现连续三皮（五皮）通缝，墙的拉结强度及整体性方面不如一顺一丁砌法。

（3）顺砖法（条砌法）。各皮砖全部用顺砖砌筑，上下两皮间竖缝搭接为1/2砖长。此种方法仅用于半砖隔断墙（图5.18）。

（4）丁砌法。各皮砖全部用丁砖砌筑，上下两皮间竖缝搭接为1/4砖长。这种砌法一般多用于砌筑圆形水塔、圆仓、烟囱等（图5.19）。

图5.17 三顺一丁砌法

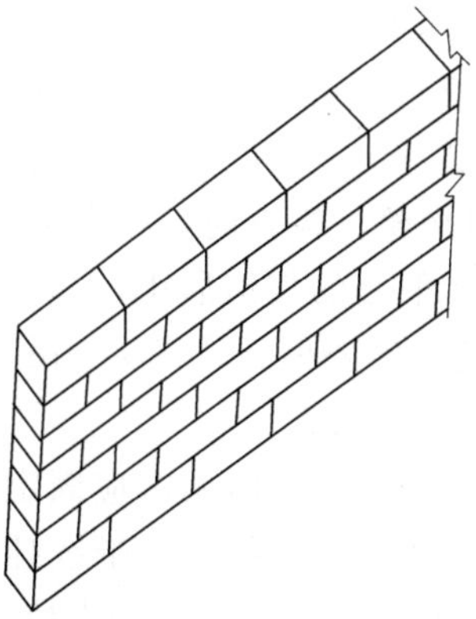

图5.18 顺砖法

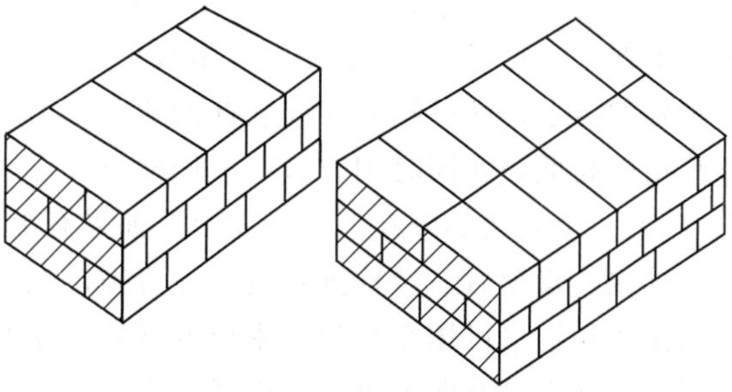

图5.19 丁砌法

(5) 梅花丁砌法（沙包式)。在同一层砖内，一块顺砖一块丁砖间隔砌筑，上下皮砖丁顺相压，丁砖必须在顺砖的中间，上下两皮间竖缝错开 1/4 砖长。这种砌法整体性较好，因此美观而富于变化，常见于清水墙面。

(6) 两平一侧砌法。由两皮顺砖和一旁砌一块侧砖而成，其厚度为 18cm。侧砖和顺砖应正反两面交错放，两皮平砌的顺砖上下层间的竖缝应错开 1/2 砖长，平砌层与侧砌层间竖缝应错开 1/4 或 1/2 砖长（图 5.20)。这种砌法一般用于低层楼房内隔墙，比 24 墙省砖。但这种砌法侧墙与平砌砖之间砂浆不易饱满，黏结不好，抗震性能差，砌筑较费工，速度慢。

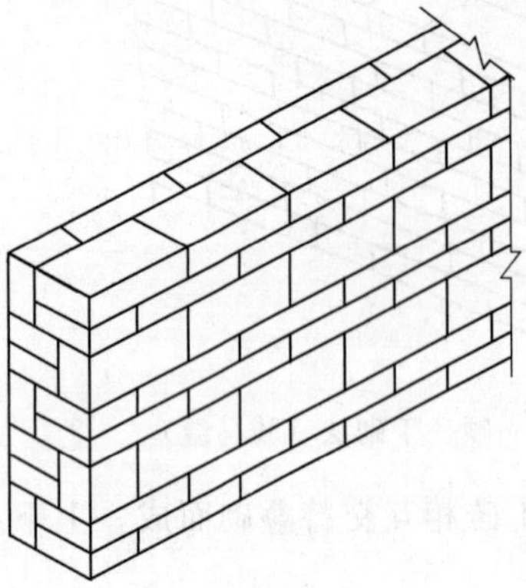

图 5.20 两平一侧砌法

5.1.6.3 实心砖墙的施工顺序

(1) 找平并放样。砌筑之前，应将基础防潮层或楼面上的灰土、杂物等清理干净，并用水泥砂浆或豆石混凝土找平，使各段砖墙底部标高符合设计要求。找平时，需使上下两层外墙之间不出现明显的接缝，随后开始弹墙身线。

弹线的方法是，在轴线标钉上拴上白线挂紧，拉出纵横墙的中心线或边线，投到基础顶面上，用墨斗将墙身线弹到墙基上，内部隔墙可自外墙轴线相交处作为起点，用钢尺量出各内墙的轴线位置和墙身宽度；根据图样画出门窗口位置线。墙基线弹好后，按图样要求复核建筑物长度、宽度、各轴线间尺寸。经复核无误后，即可作为底层墙砌筑的标准。

(2) 立皮数杆并检查核对。砌墙前应先立好皮数杆，皮数杆一般应立在墙的转角、内外墙交接处以及楼梯间突出部位，其间距不应太长，以 15mm 以内为宜。

所有皮数杆应逐个检查是否垂直，标高是否准确，在同一道墙上的皮数杆是否在同一平面内。核对所在皮数杆上砖的层数是否一致，每皮厚度是否一致，对照图样核对窗台、门窗过梁、雨篷、楼板等标高位置，核对无误后方可砌砖。

(3) 撂底。在砌砖前，要根据已确定的砖墙组砌方式进行排砖撂底，使砖的砌筑合乎错缝搭接要求，确定砌筑所需要块数，以保证墙身砌筑竖缝均匀适度，尽可能做到少砍砖。排砖时应根据进场砖的实际长度的平均值来确定竖缝的大小。

(4) 盘角（又称立头角或把大角)。盘角时，应选择棱角整齐方正的砖，错缝用的“七分头”要齐整，长短尺寸一致（可在砌前用无齿锯切割出来)。为了做到头角垂直，砌砖时要放平撂正，每砌 3～5 皮砖，须用水平尺检查高低和平整。检查时，将水平尺一端放在已砌好的砖上，另一端靠在皮数杆的相应层数上，使水平心的气泡居中，如不居中，须调整盘角的高低，并同时用线坠与吊尺检查校正。砌大角一定要做到“三层一吊、五层一靠”。砖的两个侧面都应在一个平面上，如果有出入必须及时修理。

(5) 挂线。盘角后，经检查垂直，即可把准线挂在墙角处，挂线时两端应固定拴住。同时在墙角用别棍（可用小竹片、木棍或铁钉）别住，防止线勒入灰缝内。准线挂好后，拉紧拉通，检查有没有向上拱起或中间下垂的地方，挂钩时要把高出的障碍物去掉，中间塌腰的地方要垫一块砖，俗称腰线砖，见图 5.21。垫腰线砖应注意准线不能向上拱起，经检查平直无误后即可砌砖。每砌完一皮砖后，由两端把大角的人逐皮往上起线。

此外还有一种挂法，不用坠砖而将准线挂在两侧墙的立线上，一般用于砌间墙。一般一砖厚以下的墙，可以单面挂线，砌一砖半以上的墙，通常把线挂在操作者的一侧，最好采用外手挂线，不仅正面可以照顾，而且反面墙也能砌得平整，灰缝均匀。

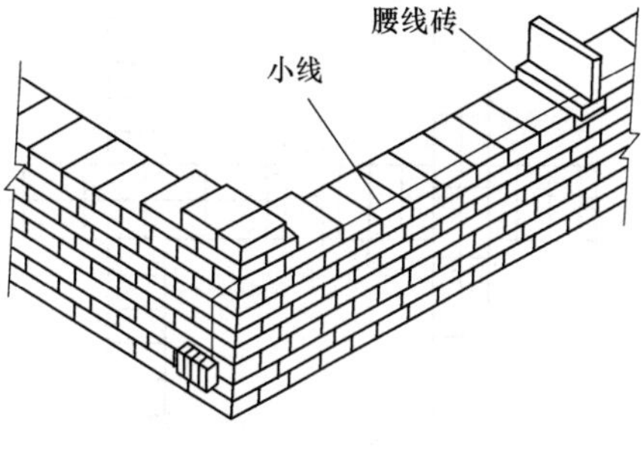

图 5.21　挂线

挂线虽然是砌墙的依据，但准线有时会受风等因素影响而发生偏离，所以砌墙时要随时检查。

5.1.6.4　实心砖墙砌筑要点

（1）砖墙的转角处，每皮砖的外角应加砌七分头砖。当采用一顺一顶砖筑形式时，七分头砖的顺面方向依次砌顺砖，顶面方向依次砌丁砖（图 5.22）。

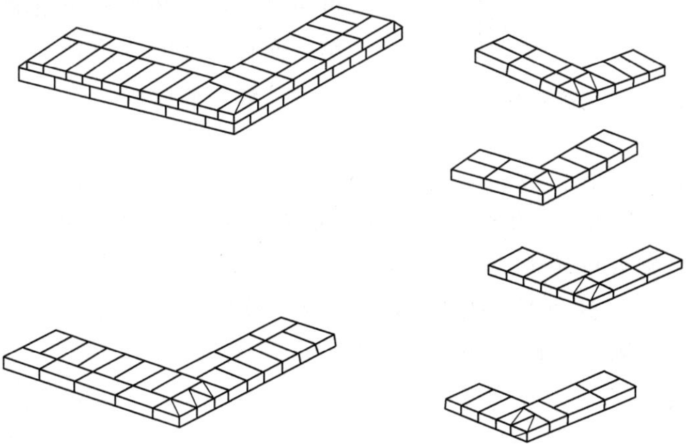
图 5.22　一顺一丁转角砌法

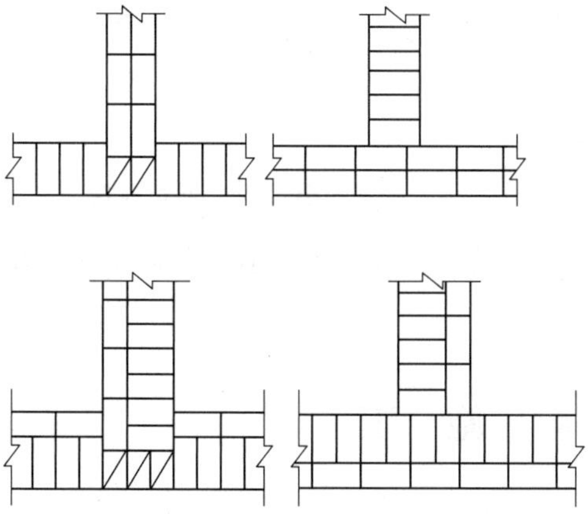
图 5.23　丁字交接处砌法

（2）砖墙的丁字交接处，横墙的端头隔皮加砌七分头砖，纵墙隔皮砌通。当采用一顺一丁砌筑形式时，七分头砖顶面方向依次砌丁砖（图 5.23）。

（3）砖墙的十字交接处，应隔皮纵横墙砌通，交接处内墙的竖缝应上下错开 1/4 砖长（图 5.24）。

（4）砖墙的转角和交接有时不能同时砌起，即使一道墙有时也不能同时砌起来，这时就会出现接头（接槎）。为了能使房屋的纵横各道墙互相连接成为一个整体，不仅单体墙要做到错缝搭接，而且墙与墙之间的连

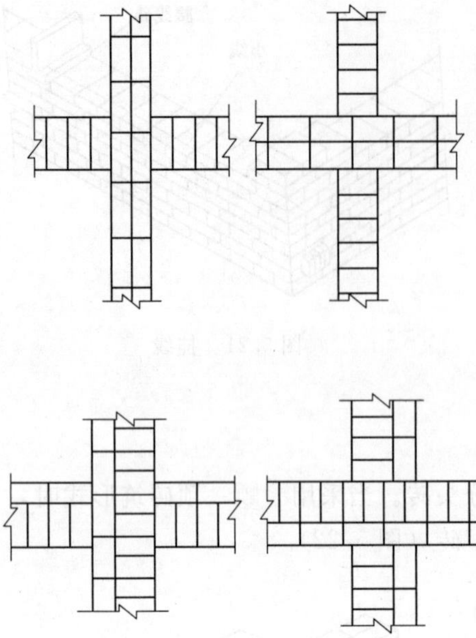

图 5.24　十字交接处砌法

接也必须做到错缝搭接，按规定留好，砌好接缝。

5.1.6.5 接槎（接头）的形式

（1）斜槎连接。将接槎砌成台阶的形式，其高度一般不大于一步架（1.2m），其长度应小于高度的 2/3。留槎的砖要平整，槎子侧面要垂直。斜槎的优点是留槎、接头都比较方便，镶砌接头时容易铺灰，灰缝饱满，接头质量容易得到保证；但缺点是留接头量大，占工作面多。因其能保证墙体质量，留槎应尽量采用这这种形式，见图 5.25。

（2）直槎连接。在砌体的临时间断处，有时因条件限制或墙体较短时不留踏步槎时，可留直槎，但必须在两道墙连接处加钢筋拉结，而且在外墙转角处不准留直槎。直槎又分马牙槎和老虎槎。

马牙槎接口为一出一进，好像马牙状。留槎处应自墙面引出不小于 12cm，每隔一皮砖伸出 1/4 砖，以便与后砌的墙衔接咬槎。这种接槎留置镶砌比较方便，但接槎灰缝不易饱满，在接槎处易出现缝隙。

老虎槎接口是砌数皮砖形成踏步槎，然后再向外逐皮伸出形成老虎口状。这种接槎留砌接头时难度较大，但镶砌时灰缝容易饱满，咬砌面积较马牙槎大，质量较马牙槎好。

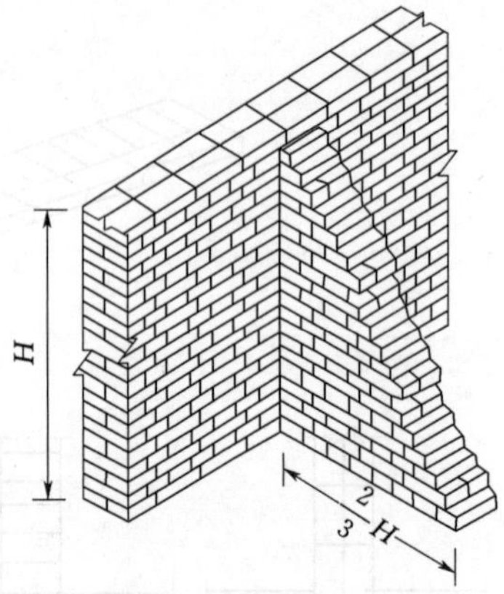

图 5.25　斜槎连接

（3）拉筋连接。当纵横墙不能同时砌筑时，可在墙的交接处沿高度方向每隔 500mm 左右，在灰缝中预埋拉结钢筋，使纵横拉结牢固。

一般在砌筑框架结构的外围护墙时，为了加强墙体与钢筋混凝土柱的连接，在沿柱高度方向每隔 500mm 左右预埋 $\phi6$ 钢筋拉结条，在砌筑时，将柱甩出的钢筋嵌入砖墙灰缝中。

为了保证接槎质量，无论哪种接槎在镶砌时，接槎处的表面砂浆应清除干净，再浇水湿润，并保证灰浆饱满，灰缝平直通顺，使接槎处前后砌体黏结成一个整体。

任务 5.2　砌　石　施　工

请思考：

1. 砌石前的准备工作是什么？

2. 干砌石护坡施工程序有哪些？

3. 浆砌石护坡施工程序有哪些？

4. 干砌石护坡施工要求有哪些？

5. 浆砌石护坡施工要求有哪些？

5.2.1　干砌石护坡

5.2.1.1　工程石材

砌体用的石料应选用未风化的坚硬石块，石质均匀、表面清洁、强度大、吸水率小、比重大、并且有较好的抗蚀性，常用的有花岗岩、片麻岩、砾岩和大理岩等。石料的抗压强度一般不低于 29.4MPa。水利工程常用的石料有以下几种。

（1）片石。片石亦称毛石，是开采石料时的副产品，体积较小，而且不规则，常用于护岸和护底工程，或用来填塞砌体的缝隙。

（2）块石。块石一般稍经修整，形状大致方正，边长 0.25～0.3m，并有两个大致平行的面，每块重量以不小于 30kg 为宜。块石除用于一般防护工程外，还可用于涵洞的筑砌。

（3）粗料石。粗料石为四角方正的长方体，宽、厚均不小于 0.25m，除背面外，其他五个面应加工凿平，表面凸凹深度不大于 10mm。粗料石常用于闸墩、桥墩台和直墙的砌筑。

（4）细料石。细料石要经过比较细致的加工，其外形方正规则，表面凸凹深度不大于 2mm，宽、厚不小于 200mm，且不小于其长度的 1/3。细料石常用于有美观要求的建筑物表面。

（5）样石。样石是按设计图样、尺寸加工凿成的细料石，多用于拱石外脸、闸墩圆头及墩墙帽石等。

5.2.1.2　干砌石护坡施工

1. 砌石前的准备工作

（1）削平或平整底面。砌石前，应先将土坡或底面铲至规定的标准，坡面或底面必须平整，以利铺砂或砌石工作，必要时须将坡面或底面夯实后才能进行铺砌。

（2）放样。土坡削平后，沿建筑物轴线方向每隔 5m 钉立坡脚、坡中和坡顶木桩各一排，测出高程，在木桩上划出铺反滤料线和砌石线，顺排桩方向拴竖向细铅丝一根，再在两竖向铅丝之间用活结拴一根横向铅丝，便于此横向铅丝能随砌筑高度向上平行移动。铺砂砌石即以此线为准（图 5.26）。

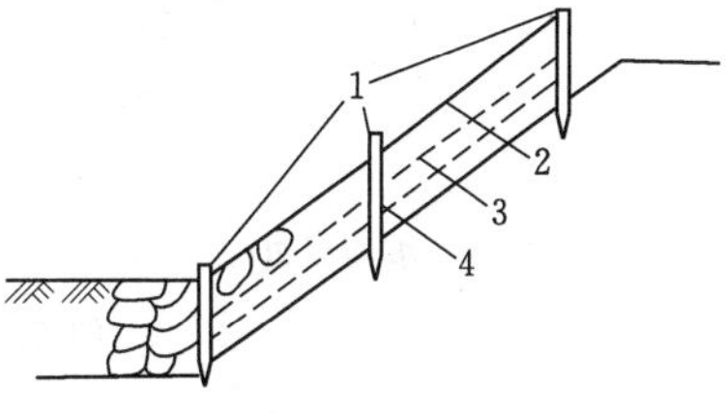

图 5.26　护坡砌石放样示意图

1—样桩；2—砌石线；3—铺砾石线；4—铺砂线

（3）铺设反滤层。为了防止地下渗水逸出时把基础的土粒带走，在干砌石下面应铺设反滤料。在斜坡铺设反滤料时，应与砌石密切配合，自下而上，随铺随砌。分段铺设反滤料时，必须做好接头处各层间的连接工作，以防发生混淆现象。

2. 砌石施工

施工工序为选石、试放、修凿和安砌，砌石方法有花缝砌石与平缝砌石两种。

（1）花缝砌石。这种砌筑方法多用于干砌片石。砌筑时，依石块原有形状，使尖对拐、拐对尖，相互联系砌成。砌石不分层，一般大面向上（图5.27）。这种砌筑方法的缺点是底部空虚，容易被水流淘刷发生变形，稳定性较差；优点是表面比较平整。故用于流速不大或不承受风浪淘刷的渠道护坡工程。

（2）平缝砌石。平缝砌石多用于干砌块石。砌筑时使块石的宽面与坡面横向平行（图5.28），在砌筑前应先行试放，不合适处用锤加以修凿，修凿程度以石缝能够紧密接触为准，砌石拐角处如有空隙，可用小片石塞紧。砌石表面应与样线齐平，横向有通缝，但竖向直缝必须错开。砌筑底部如有空隙，均要用合适的片石塞紧，一定要做到底实上紧，以免底部砂砾由缝隙中间冲出而造成塌陷事故。

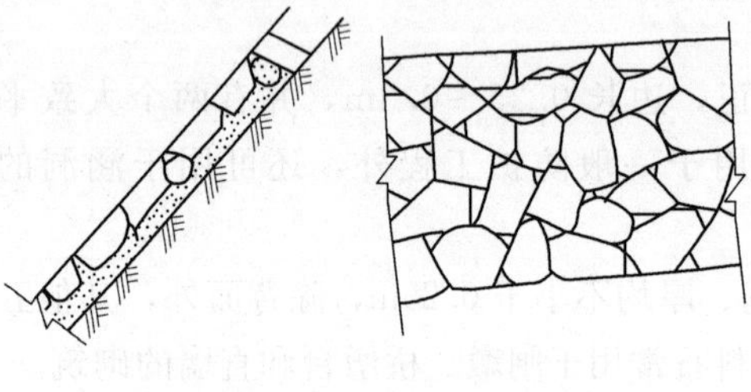

图5.27　花缝砌石

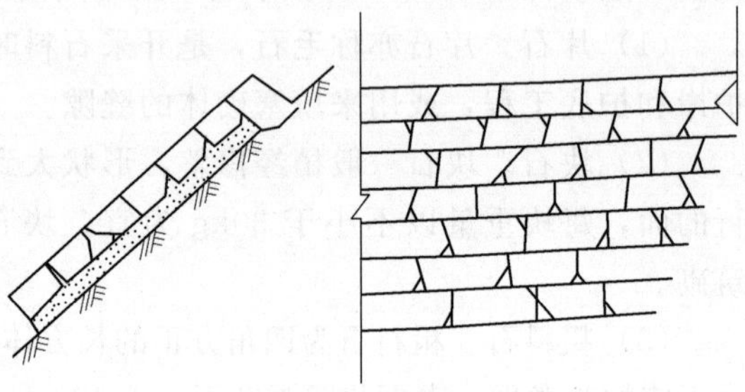

图5.28　平缝砌石

（3）封边。干砌块石是依靠石块之间挤紧的力量维持稳定的。若砌体发生局部移动或变形，将导致整体破坏。边口部位是最易损坏的，须用较大的块石封边。图5.29（a）、（b）为坡面封边的两种形式。洪水位以上的坡顶边口见图5.29（c），多为人行道，可采用较大的方正的石块砌成整齐坚固的封边，使砌成的边口不易损坏。块石封边以外所留空隙用黏土回填夯实，以加强边口的稳定。

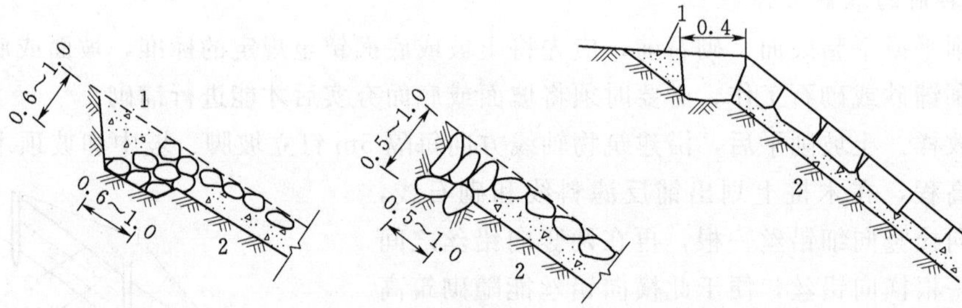

（a）坡面封边一　　（b）坡面封边二　　（c）坡顶封边

图5.29　干砌块石封边（单位：m）

1—黏土夯实；2—反滤料

3. 质量控制与要求

干砌石的一般质量要求是，缝宽不大于1cm，底部严禁架空，人在砌石上行走无松动感觉；砌体上任何块石，即使是砌缝的小片石，用手扒也应不松动。此外，坡面一定要平整，砌缝内尽量少用片石填塞，并严禁使用过薄的片石填塞砌缝；严禁出现缝口不紧、底部空虚、鼓肚凹腰、蜂窝石等缺陷。

5.2.2 浆砌石护坡

5.2.2.1 施工程序

浆砌石护坡的砌筑施工程序包括底面整平，石料准备，放样挂线，砂浆拌制，摊铺砂浆垫层，选择石料，铺置石料，勾缝，养护。

5.2.2.2 浆砌石护坡施工

1. 砌筑方法

浆砌石常采用坐浆砌筑的方法，对于土质坡面，砌筑前应先夯实坐浆坡面，并在坡面上铺一层3～5cm厚的稠砂浆，然后再安放石块。砌筑用的石块表面必须干净，砌筑前应洒水湿润，以便与砂浆黏结牢固。由于护坡砌筑结构厚度较薄，边坡坡度倾斜较缓，砌筑时应由侧边向中部、先底面后表面、由下向上逐层进行。砌筑时，要先试放石料，对不规整的石料应做修凿，再铺砂浆，铺筑砂浆时先铺基面砂浆，再推铺石块之间砂浆，最后翻石座砌，并使灰浆挤紧。

灰缝不规则、外观要求整齐的坡面，其外皮石材可作适当加工。在坡底第一皮石应选用较大平整毛石砌筑，第一皮大面向下，以后各皮上下错缝，内外搭接，砌体中不应采用铲口石，也不能出现全部对合石中间填心的砌筑方法（图5.30）。

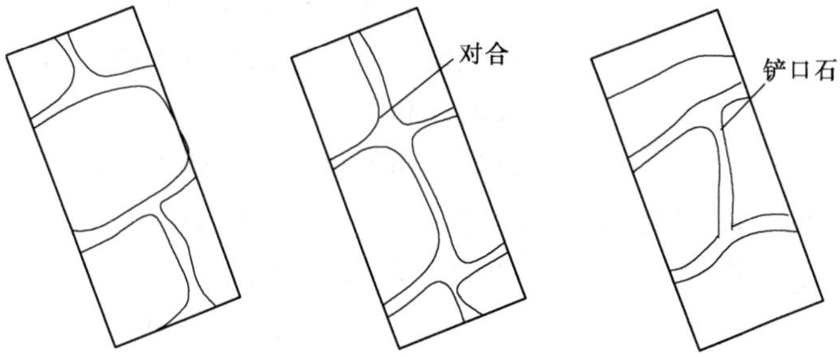

(a) 正确一　(b) 不正确一　(c) 不正确二

图5.30 毛石砌筑

2. 勾缝

浆砌石的外露面应进行勾缝。勾缝就是在砌体砂浆凝固前，先将缝内深度不大于2cm的疏松砂浆刮去，用水将缝内冲洗干净，待砌体达到一定强度后，再用强度等级较高而且较稠的砂浆填充进行勾缝。勾缝宽度一般不大于3cm。勾缝形式有凸缝和平缝两种，在水工建筑物中一般采用平缝。砌体后面与土壤接触面通常不勾缝，如果为了防止渗水，则可用砂浆抹面。

3. 养护

砌体完成后，须用麻袋或草袋覆盖，并应常洒水，保持表面潮湿。养护时间一般不小于5～7天，在砌体未达到要求的强度之前，不得在其上任意堆放重物或修凿石块，以免砌体受震动而破坏。砌完后，一般要经过28天方可进行回填，最早不得少于12～14天。

任务5.3 小跨径拱涵浆砌石施工

请思考：

1. 坐浆砌筑的特点有哪些？

2. 灌浆法砌筑的特点有哪些？

5.3.1 墩台（挡土墙）施工

在水利工程及其他类型的工程中，砌石拱结构是比较常见的类型，其构成一般为基础墩台和拱圈，不同部位其施工方法有所不同。

墩台（挡土墙）的砌筑方法有坐浆法和灌浆法两种。

5.3.1.1 坐浆法

基面为土质时，砌筑前应先夯实土基，并在基面上铺一层3～5cm厚的稠砂浆，然后再安放石块。如为岩石基面，铺浆前应将基础表面泥土、杂物洗净，洒水湿润。砌筑用的石块表面必须冲洗干净，砌筑前也应洒水湿润，以便与砂浆黏结牢固。每个墙段砌筑的程序一般为先砌角石，再砌面石，最后砌腹石，如图5.31所示。

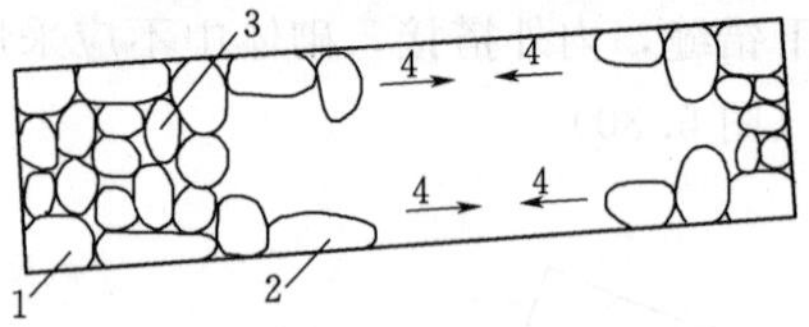

图5.31 浆砌石程序

1—角石；2—面石；3—腹石；4—砌石方向

角石用以确定建筑物的位置和形状，在选石与砌筑时，要选择比较方正的大石块，先行试放，必要时须稍加修凿，然后铺灰安砌。角石的位置必须准确，角石砌好后，就可把样线移挂到角石上。面石可选用长短不等的石块，以便与腹石交错衔接。面石的外露面应比较平整，厚度略同角石。砌筑面先行试放和修凿，然后铺好砂浆，将石翻回座砌，并使灰浆挤紧。腹石可用较小的石块分层填筑，填筑前先铺坐浆。放填第一层腹石时，须大面向下放稳，尽量使石缝间隙最小，再用灰浆填满空隙的1/3～1/2，并放入合适的石片，用锤轻轻敲击使石块挤入灰缝。

5.3.1.2 灌浆法

灌浆法就是铺一层腹石，灌一次浆，先稀后稠，灌饱灌实。此法简单易行，但施工质量不如坐浆法好。

（1）砌筑形式及要求。砌石的施工要领是“平、稳、满、错”。

“平”：同一层的石块应大致砌平，相邻石块高差不宜过大，以利于上下层水平缝坐浆结合密实，亦有利于丁、顺石的交错安砌。

“稳”：单块石料的安砌务求自身稳定，要求大面向下放置，切忌轻重倒置或依赖支撑稳定。上下两面应稍加平整，四角应无尖角突出。无论块石、料石均不得为有扭曲、楔形等异形石。

“满”：砌体的上下左右砌缝中的胶结料必须饱满密实，使各单块石料能互相胶结紧密。水平砌缝应防止被石瘤或小石架空，如需垫片石，应在砌缝灌满水泥砂浆后填塞，不允许先塞片石后灌砂浆。竖缝和水平缝吃浆不饱，将影响砌体的强度和密实度。

"错"：同一砌筑层内，石块应互相错缝砌筑。上下相邻砌筑层的石块也应当错缝搭接，避免形成竖向通缝。应力求做到同一层径向错缝，上下层竖向错缝。砌体中灰缝的类型有水平缝、径向缝和轴向缝。这些灰缝常常不能做到全部错缝，通常只能做到两向错缝，个别有特殊要求的可做到三向错缝。当分层砌筑时，水平可形成通缝。

挡土墙砌筑用的毛石中部厚度不宜小于 200mm；每砌 3～4 皮为一个分层高度，每个分层高度应找平一次，外露面的灰缝厚度不得大于 40mm，两个分层高度间的错缝不得小于 80mm（图 5.32）。每砌三层左右大致找平一次，各段交界处应留成台阶，以便相互结合，保证建筑物的整体性。在砌石工作中断时，应在中断前对砌石层间的空隙用灰浆或小石子混凝土填满捣实，但表面上不抹灰浆，并用覆盖物予以遮盖。续砌时应将表面清扫干净并洒水湿润。料石挡土墙宜采用同皮内丁顺相间的砌筑形式。当中间部分采用毛石填砌时，丁砌料石伸入毛石部分的长度不应小于 200mm。

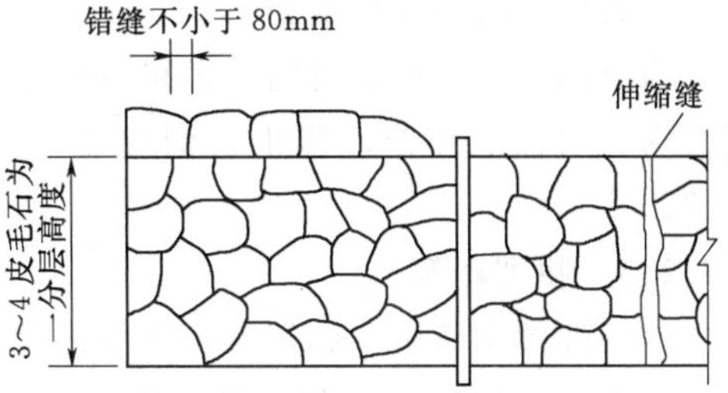

图 5.32　毛石挡土墙立面图

（2）勾缝与养护施工方法见"5.2.2 浆砌石护坡"中的相应内容。

5.3.2　拱圈砌筑

5.3.2.1　拱座砌筑

拱座按设计要求表面常有一定坡度，所以在砌筑过程中，应根据已立好的样架经常挂线校对，尤其应特别注意跨度方向尺寸的准确。当拱座砌至接近最后几层时，要注意控制高程。起拱线的标高应用水准仪进行检查，并用钢尺检查水平尺寸。由于拱脚是倾斜的，而且此处受力最大，一般是在拱座尚未砌至起拱线之前，先将石块逐渐砌成倾斜形状，使之在起拱线处符合设计的坡度；或当拱座达到起拱线以下 20～30cm 时，即安砌起拱石，以控制拱脚倾斜度。严禁用石块按水平层次砌成阶梯形，然后用小石块填补三角形缺口做成斜面的做法，如图 5.33 所示。若图 5.33 中的拱座系用料石砌筑，则起拱石按设计要求做成样石。

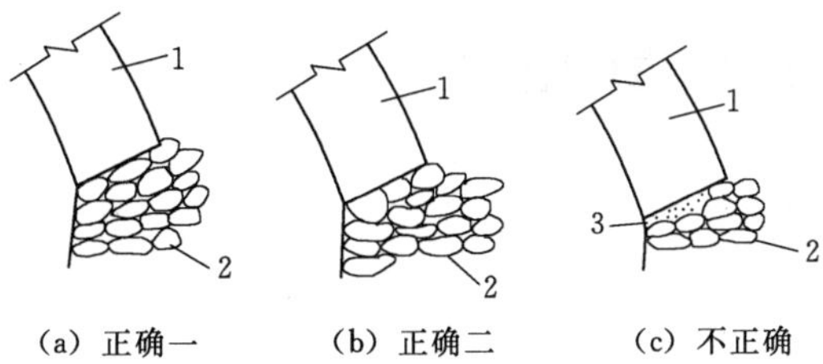

图 5.33　拱座砌筑方法
1—拱圈；2—墩台；3—小片石及灰缝

5.3.2.2　拱架

拱架（拱抬）是石拱在施工期间用来支撑拱圈，保证拱圈能符合设计形状的临时结构物。拱圈砌筑时，拱架将产生变形，如果变形过大，拱圈就可能产生裂缝。因此，拱架应满足施工期间的稳定性和强度的要求，当拱圈砌筑完成并达到一定强度后方可拆除拱架，常用的拱架有木拱架和土牛拱胎等。

1. 木拱架

木拱架由拱架和支架两部分组成。拱架多采用扇形，其结构视拱圈的形状和跨度大小而定。

拱架放样：制作拱架前，应根据拱圈跨度大小及轴线的线型，放出大样。放样工作应在放样台上进行，放样比例1∶1。大样放好后要套取各构件的样板。样板用2cm厚杉木刨光板制作，在样板上注明构件号码、规格、件数和螺栓孔位置等。

2. 土牛拱胎

土牛拱胎是一种就地取材简单经济的临时结构，一般多用于高度较低、河床无水或水量很小的石拱砌体，它是在墩台砌筑完成后，临时在孔桥两端各砌一道厚40～50cm的拱形石墙，上面用砂浆抹平，作为拱模，供砌拱时挂线之用，然后在涵孔中间用土（砂）分层填筑夯实，表面也做成拱形。

当拱圈具备卸架条件时，即可进行拱胎挖除，挖除时从上下游的拱顶起，向拱的两端同时均匀对称地开挖，禁止挖洞掏土，以防土牛突然倒塌，导致拱圈急骤下降，造成事故。

5.3.2.3　拱圈砌筑

（1）连续砌筑法。砌筑时按拱圈的全厚和全宽，由拱脚两端外开始连续对称地向拱顶砌筑；适用于砌筑10m以内的拱圈。

（2）分段砌筑法。全拱分为数段，同时对称砌筑，以保持拱架受力平衡；适用于跨径较大一些的拱圈。

（3）分环砌筑法。当拱圈厚度较大时，可以分几层砌筑，每层的砌筑方法与分段砌筑一样；当一层砌完合拢后，拱圈就可以起到拱的作用，与拱架共同承担第二层拱圈的重力。该法适用于跨径大于25m的拱桥。

（4）多孔桥砌筑法。拱圈砌筑应考虑桥墩单向推力的作用，并在砌筑方法上采取适当的措施；适用于多孔拱桥。

任务5.4　浆砌石坝施工

请思考：

1. 不同浆砌石坝的砌筑特点是什么？

2. 浆砌石重力坝不同部位的砌筑特点是什么？

5.4.1　浆砌石重力坝砌筑

在中小型砌石坝工程中，通常采用逐层整体砌筑上升，有一些大中型砌石工程，考虑到季节温度变化产生伸缩变形和地基不均匀沉陷引起坝体裂缝，常设有永久性构造缝（沿坝轴线方向把坝体分成若干各自独立的砌筑段）。坝体分段铺砌施工时，应尽量使同一施工坝段均匀砌筑上升，如因各种原因无法做到同时均匀上升时，则相邻两砌筑工作面的高差不应超过1.5m，并应使两砌筑体之间以平缓的倾斜面（或收坡成阶梯形）相接，倾斜坡控制在1∶2～1∶3左右为宜，整个坝段的砌筑面按1∶10～1∶20的坡度向上游倾斜。

大中型砌石重力坝多根据应力分区选用坝体材料强度等级，其迎、背水面常用条石，并以M7.5～M10水泥砂浆丁、顺相间砌筑，坝体腹石可视坝高及砌筑部位而选用较低强度等级的胶结材料砌筑，以降低工程造价。在分层砌筑的重力坝工程施工中，若以条石作为砌坝石料，多采用一层丁砌、一层顺砌的铺砌方式；若以条石块石作为砌坝石料，则可采用一层条石、一层块石铺砌或在同一层采用条、块石相间铺砌，以增强坝体的整体性。铺砌工艺要求做到上下层石料错缝搭接，同一层石面稍有参差（相邻两石高差 3～5cm）；捣实后砌缝中的胶结材料应略低于石面，以利于上下层砌石的结合。

用细石混凝土作为胶结材料砌筑坝体腹石时，混凝土骨料一般用一级配（最大粒径 2cm）或二级配（最大粒径为 4cm），砌缝宽度一般为 8～10cm（视振捣器棒头直径、石料种类及骨料最大粒径而定），采用插入式振捣器振捣。坐浆所用胶结材料宜采用一级配细石混凝土或水泥砂浆，如采用二级配细石混凝土，则应防止缝间被混凝土的大骨料架空。坐浆厚度以比规定的缝厚大 1/3 为宜，使石料安放后稍有下沉，保证砌缝中的胶结料密实饱满。当以块石砌筑时，由于砌筑面不平整，铺坐浆时应基本将外露石盖平，再摆石灌缝，以保证水平砌缝的饱满。

5.4.2 空腹重力坝砌筑

空腹腹腔的形状有圆顶形、抛物线形及组合圆腹腔型。一般是将坝体前后腿砌至起拱面，再搭设模架，以料石或拱石砌筑拱圈；待空腹拱圈的砌体达到一定强度时（抗压强度大于 2.5MPa 或在常温 20℃左右养护 7 天），再砌筑腔外坝体腹石，砌筑石料应注意拱的加载程序，以避免拱腔受力不均匀。同时，不得使已砌好的腹腔拱圈遭受剧烈震动。

抛物线腹腔及组合圆腹腔一般多采用钢筋混凝土结构，此时需立模浇筑。砌筑石料及浇筑混凝土时须注意倒悬坡部位的施工工艺。抛物线腹腔砌筑完成并达到一定强度后，经过凿毛冲洗处理，再砌筑拱腔外坝体。砌筑前在腹腔拱圈外铺一层厚 2cm 左右的 M15 水泥砂浆，砌筑时务必使空腹拱圈均匀受力，即应按设计要求均匀同步上升（图 5.34、图 5.35）并使砌石部分与混凝土拱圈紧密结合。如砌石与混凝土拱圈结合不良，将使空腹的边缘应力由腔外砌体承担，从而导致坝踵前后腿的应力条件改变，故施工时应予注意。

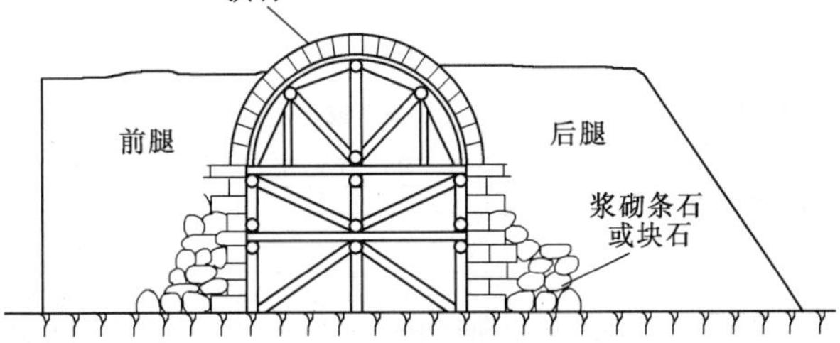

图 5.34 半圆空腹施工示意图

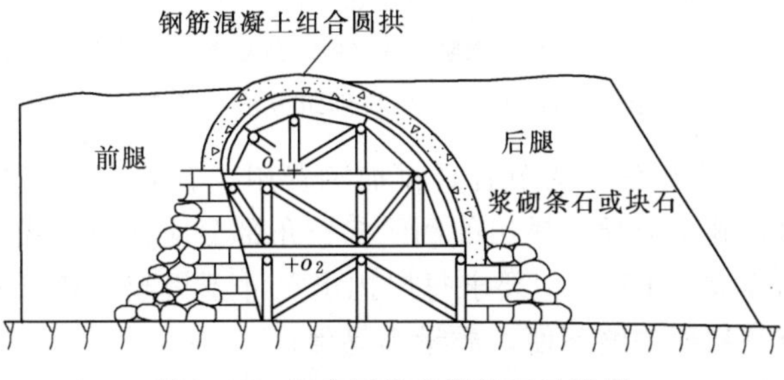

图 5.35 组合圆拱空腹施工示意图

5.4.3　坝内特殊部位的砌筑

5.4.3.1　坝基部位的砌筑

砌石体与基岩结合处理得好坏，直接关系到大坝的安全，因此结合面的处理必须认真细致地做好，使之达到设计要求。通常在砌筑之前，应先对砌筑基面进行检查验收，符合要求时才允许在其上砌筑。砌筑时先铺一层厚3～5cm的M10以上水泥砂浆，然后浇筑厚度在0.3m以上、强度等级为C10～C15的混凝土垫层，以改善基础的受力状态并有利于砌体与基岩之间的结合。有的工程，在垫层混凝土初凝以前立即铺砌一层石料，以加强砌石垫层混凝土面的结合，多数工程则待垫层混凝土达到一定强度后再进行坝体的砌筑，开砌前将垫层混凝土面按施工缝进行处理。岸坡部位，一般是先进行坝体砌石，在坝体砌石与基岩之间留下混凝土垫层厚度的空隙（0.5～1.5m），每砌石1～2层高度后，进行一次混凝土垫层的浇筑而毋须立模（图5.36）。有些拱坝为加强拱座与基岩的整体性，常布设构造钢筋和锚筋。

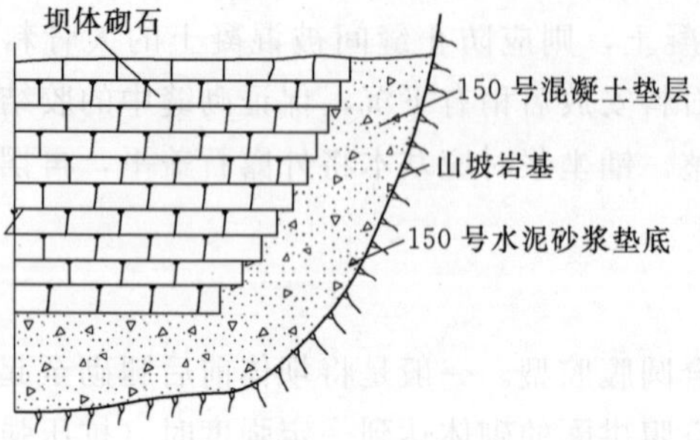

图5.36　基岩与坝体结合示意图

5.4.3.2　拱坝倒悬坡的砌筑

（1）砌石双曲拱坝倒悬坡有下列三种形式：

1）水平安砌法。倒悬坡的面石，其外露面按坝体不同高程的不同倒悬度逐块加工并编号，以便对号安砌，要求外露面凹凸不平整度不得大于1.5cm。由于石料表面加工成倒悬坡面，故石料均可水平安砌，且与腹石能直接结合，不需搭设脚手架，坝体外形美观，勾缝方便［图5.37（a）］，但石料加工成本高，这种水平安砌法多用于未设防渗面板的中型砌石拱坝工程。

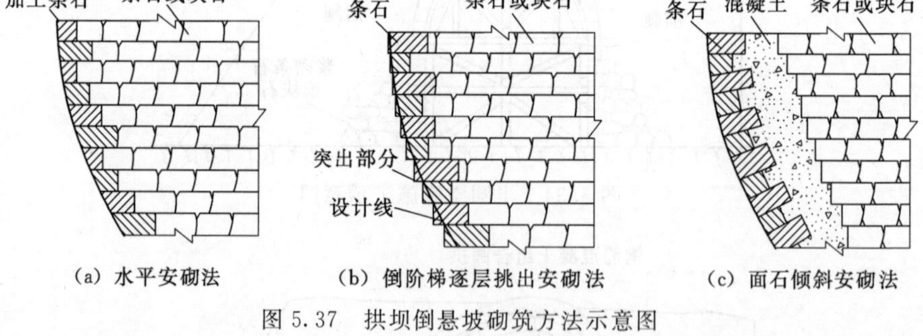

（a）水平安砌法　（b）倒阶梯逐层挑出安砌法　（c）面石倾斜安砌法

图5.37　拱坝倒悬坡砌筑方法示意图

2）倒阶梯逐层挑出安砌法。为节省石料加工费用，有的工程采取逐层按倒悬度挑出成阶梯形的方法砌筑，施工方便。挑出的倒阶梯三角部分应在设计线以外，以保证坝体满足设计断面尺寸［图5.37（b）］，但要求每层挑出尺寸不得超过该条石长度的1/5～1/4。这种安砌方法的缺点是坝面勾缝不便，质量不易保证。

3）面石倾斜安砌法。宜挑选加工成斜面的料石或稍加修整的粗料石，按设计倒悬度倾斜安砌［图 5.37（c）］。这种砌法对于小于 1∶0.3 的拱坝倒悬坡尚为方便，但需及时在倾斜石的背后用细石混凝土砌筑腹石或浇筑混凝土，使之连接成整体。安砌上一皮倾斜时，要求下一皮倾斜石的胶结料强度达到 2.5MPa 以上，以防倒塌。倒悬坡大于 1∶0.3 时，应注意搭设临时支撑，以保证施工安全。

（2）倒悬坡砌筑度的控制有下列两种方法：

1）采用倒悬坡度尺。倒悬坡度尺为一三角形木制尺（图 5.38），三角尺 AB 长 100cm，BC 长 40cm，$AB \perp BC$，A 点为铰结，C 点为活动点。在 AC 边上安装垂直水准泡，其下预留一个椭圆长孔（长孔宽略大于插销螺栓的直径）。在 BC 边 C 端每隔 1cm 钻一孔，再摆动角尺，使 AC 边上垂直水准泡居中，使 AC 垂直，则此时的 AB 边坡度即为倒悬坡。用此法检查逐层砌筑的倒悬坡极为方便，实践中，坝体每砌高 2～3m，还需要用仪器检查放样一次。

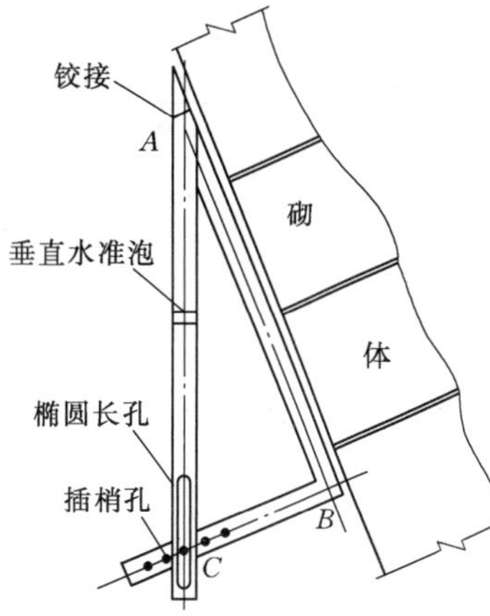

图 5.38　倒悬坡度示意图

2）用预埋标钎控制倒悬坡度。沿拱圈弧长方向，每 2～3m 埋标钎一支，标钎一端埋入坝砌体，另一端水平外悬，将埋置标钎层以上的倒悬坡相应高程的水平距离标志在外伸端的标钎上（每一砌筑层标出一个点）。砌筑时，在面石上部外边缘吊垂球，用撬棍调整面石，对准标钎上相应的标点，即为该层面石的倒悬度，而相邻两支标钎上同高程面石的标志点连线，即为两标志点间欲砌面石的外轮廓线（图 5.39）。用这种方法控制砌筑倒悬坡时，坝体每砌高 2～3m，还须用仪器检查放样一次，以检验倒悬坡的精度。内拱弧倒悬坡的放样控制亦可采用上述方法。

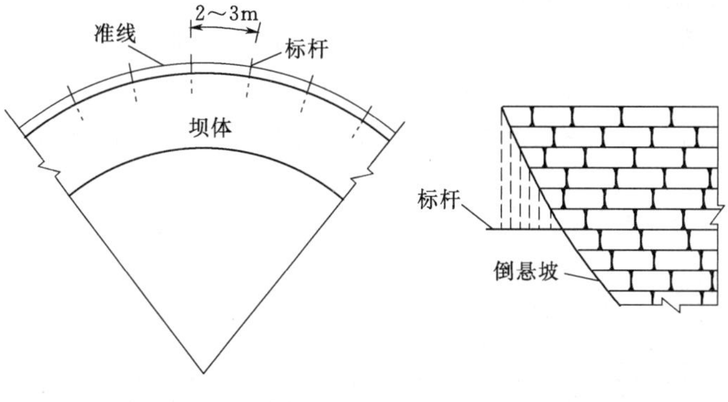

图 5.39　埋标钎控制倒悬坡施工示意图

5.4.3.3　边墩、拱座的砌筑

砌石拱坝若设有边墩，一般多做成重力或斜撑式（传力墩亦可做成矩形的）。斜撑式边墩由直墙与多排斜撑砌石连成整体。直墙部分用条石或块石安砌，斜撑部分用条石安砌（图 5.40）。为保证拱圈巨大轴向推力的传递，要特别注意拱端坝肩石料的安砌。条件许可时，应将坝肩基础开凿成拱圈径向面，砌筑前先在基岩上抹一薄层强度等级较高的水泥砂浆（以略厚于基岩凹凸面为准），然后安砌坝肩拱座。如地形地质条件限制，不可能开

凿成径向面，可在清基的基础上用大于 C15 的混凝土填筑，人工改造为径向面或半径向面，然后再安砌坝肩拱座（图 5.41）。

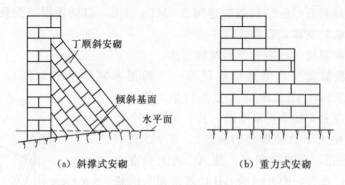

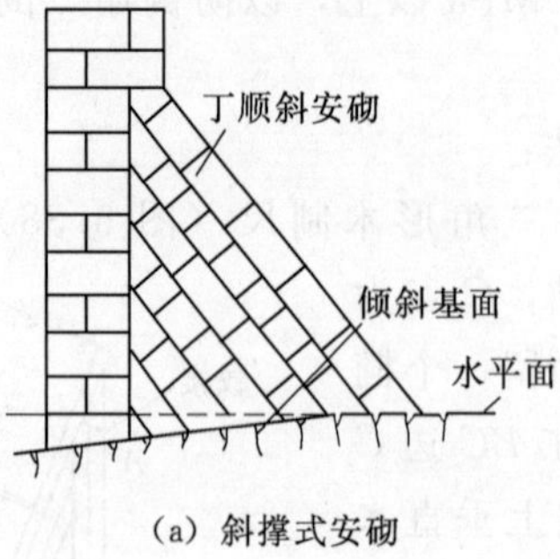

图 5.40 边墩安砌形式

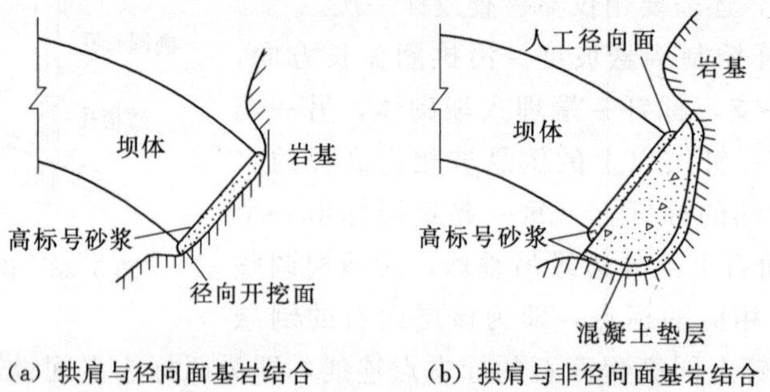

图 5.41 拱坝坝肩与基岩结合示意图

5.4.3.4 浆砌条石溢流面的砌筑

溢流面是砌石坝的过水部分，经常遭受高速水流的冲刷与磨蚀，故对溢流面的施工有很高的质量要求（如流线型 、平整度）。目前国内砌石坝溢流面基本上有两种构造型式：一是浆砌条石溢流面，二是钢筋混凝土溢流面。为使浆砌条石溢流面有足以抵御负压力及水流冲刷的能力，必须对石料及胶结料进行严格的选择。一般选用料石砌筑的溢流面，其石料标号应不小于 80MPa，砂浆强度等级不低于 M15。砌筑方法有两种：一是与坝体同层整体砌筑，即溢流面石先安砌就位，再砌坝体；二是先砌筑坝体，预留出溢流面砌石部分（其垂直厚度不小于 1m)，待溢流段坝体砌筑完成后，再砌筑溢流面面石；后一砌筑方法，要求坝体砌筑时以台阶收坡，有利于和溢流面石的整体结合（图 5.42)。

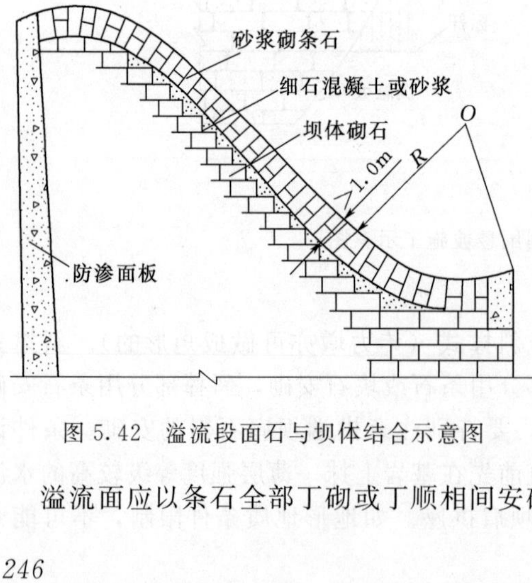

图 5.42 溢流段面石与坝体结合示意图

溢流面应以条石全部丁砌或丁顺相间安砌。条石长度为其厚度的两倍（但最小长度不小于 60cm）。经过选择的条石，外露面须进行细加工，石料表面和相邻石料间的凹凸不平整度不能大于 0.5cm，严禁用不合格的石料砌筑溢流面。砌筑时应做到顺水流向及垂直水流向均错缝搭接，与坝体结合缝必须密实满浆，不能留有空洞。每砌筑一定高度（一般为 3m）后，宜采用不低于 20MPa 的水泥砂浆进行勾缝，勾缝砂浆的稠度控制在 2cm 左右。缝深不小于 6cm，只允许勾平缝。

项目6　地下洞室施工

任务6.1　岩石平洞工程开挖

请思考：

1. 如何确定平洞施工工作面？
2. 隧洞开挖方法和特点如何？
3. 如何确定隧洞开挖方法和施工顺序？

6.1.1　平洞施工工作面的确定

平洞施工的工作面，不仅影响到施工进度的安排，而且与施工布置也密切相关。一般情况下，平洞开挖至少有进出口两个工作面，如果洞线较长，工期紧迫，仅靠两个工作面不能按期完工，则应考虑开挖施工支洞或竖井等来增加工作面。

工作面的数目可按式（6.1）进行估算：

$$\left(\frac{L}{NV}+\frac{L_{\max}}{v}\right)\leqslant[T] \tag{6.1}$$

式中　$[T]$——平洞施工的限定期，月；

L——平洞的全长，m；

N——工作面的数目；

V——平洞施工的综合进度指标，m/月；

$L_{\max}$——施工支洞（或竖井）的最大长度，m；

v——施工支洞（或竖井）的综合指标，m/月。

在确定工作面的数目和位置时，还应结合平洞沿线的地形地质条件，洞内外运输道路和施工场地布置，支洞或竖井的工程量和造价，通过技术经济比较来选择。如果有永久性支洞或竖井，如交通洞，通风洞，调压井可以利用时应优先考虑，以节省临时工程的费用，至于临时性的支洞与竖井应尽量选择在施工运行比较方便的位置。

6.1.2　平洞开挖的方法及选择原则

水工隧洞的施工方法有钻爆法和掘进机法。选择施工方法时要考虑的基本因素大体上可归纳为：

（1）施工条件。实践证实，施工条件是决定施工方法的最基本因素，它包括一个施工队伍所具有的施工能力、素质以及管理水平。

（2）围岩条件。包括围岩级别、地下水及不良地质现象等，围岩级别是对围岩工程性质的综合判定，对施工方法的选择起着重要的甚至决定性的作用。

（3）隧洞断面面积。隧洞的尺寸和形状对施工方法选择也有一定的影响。

（4）埋深。隧洞埋深与围岩的初始应力场及多种因素有关，在相同地质条件下，由于埋深不同，施工方法也将有很大的差异。

（5）工期。作为设计条件之一的施工工期，在一定程度上会影响基本施工方法的选择。因为工期决定了在均衡生产条件下，对开挖、运输等综合生产能力的基本要求，即对施工均衡速度、机械化水平和管理模式的要求。

（6）环境条件。当隧洞施工对周围环境产生如爆破震动、地表下沉、噪声、地下水条件的变化等不良影响时，环境条件也应成为选择隧洞施工方法的重要因素之一，隧洞施工过程和方法是多种多样的。施工方法必须符合快速、安全、高效、优质及对环境的要求。

6.1.3　新奥法隧洞施工

1963年，由奥地利学者L. 腊布兹维奇教授命名的新奥地利隧洞施工法（New Austria Tunneling Method），简称新奥法（NATM）正式出台。它是以控制爆破或机械开挖为主要掘进手段，以锚杆、喷射混凝土为主要支护方法，将理论、量测和经验相结合的一种隧洞施工方法。其核心是及时支护，充分利用围岩的自稳能力提高围岩与支护的共同作用。

6.1.3.1　新奥法施工的基本原则

（1）围岩是隧洞的主要承载单元，要在施工中充分保护围岩。

（2）容许围岩有可控制的变形，充分发挥围岩的结构作用。

（3）变形的控制主要是通过支护阻力（即各种支护结构）的效应达到的。

（4）在施工中，必须进行实地量测监控，及时提出可靠的、足够数量的量测信息，以指导施工和设计。

（5）在选择支护手段时，一般应选择能与围岩大面积牢固紧密接触、能及时施设和应变能力强的支护手段。

（6）要特别注意，隧洞施工过程是围岩力学状态不断变化的过程。

（7）在任何情况下，使隧洞断面能在较短时间内闭合是极为重要的，即岩石隧洞中，因围岩的结构作用，开挖面能够“自封闭”。而在软弱围岩中，则必须改变“重视上部，忽视底部”的观点，应尽量采用能先修筑仰拱（或临时仰拱）或底板的施工方法，使断面及早封闭。

（8）在隧洞施工过程中，必须建立设计、施工检验、地质预测、量测反馈及修正设计一体化的施工管理系统，以不断提高和完善隧洞施工技术。

以上隧洞施工的基本原则可扼要地概括为：“少扰动、早喷锚、勤量测、紧封闭”。新奥法的施工工序可用图6.1表示。

6.1.3.2　隧洞开挖方法

隧洞施工中，开挖方法是影响围岩稳定的重要因素之一，因此，在选择开挖方法时，应对隧洞断面大小及形状、围岩的工程地质条件、支护条件、工期要求、施工区段长度、机械配备能力、经济性等相关因素进行综合分析，采用恰当的、尤其应与支护条件相适应的开挖方法。隧洞开挖方法实际上是指隧洞开挖成型的方法，按开挖隧洞的横断面成型情况来分，开挖方法可分为全断面开挖法、台阶开挖法、分部开挖法。

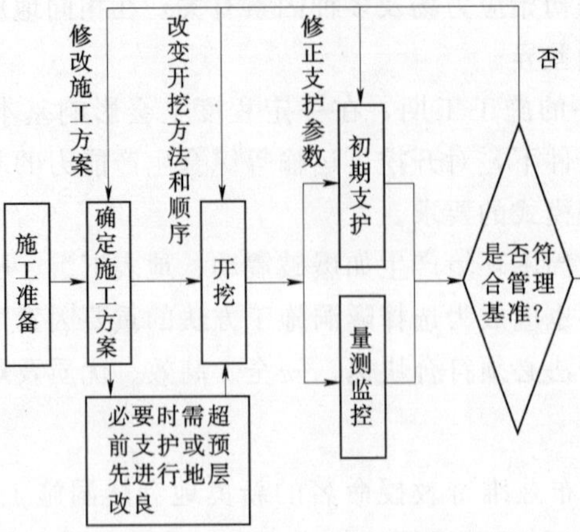

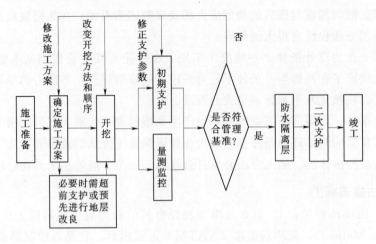

图 6.1　新奥法施工工序框图

1. 全断面开挖法

全断面开挖法是按设计开挖断面一次开挖成型（图 6.2）。

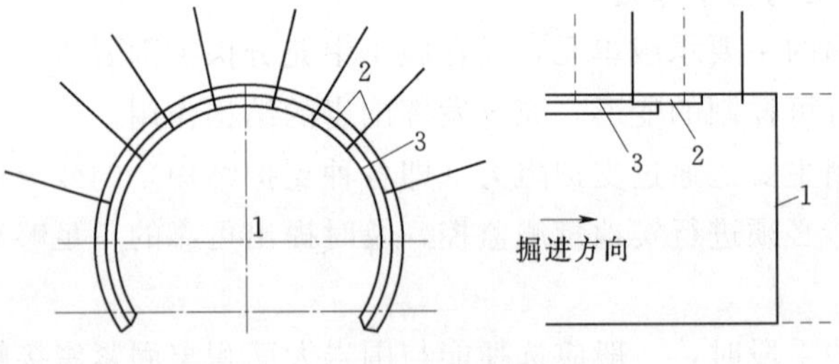

图 6.2　全断面法开挖形式

1—全断面法开挖的工作面；2—锚喷支护；3—模筑混凝土衬砌

（1）全断面开挖法施工的顺序。施工准备完成后，进行钻眼、装药，联接起爆网路、引爆炸药，通风、洒水、排烟、降尘，排除危石、安设拱部锚杆和喷第一层混凝土，出渣，设洞壁锚杆和喷混凝土，必要时可喷拱部第二层混凝土和隧洞底部混凝土；然后开始下一轮循环。根据围岩稳定程度及施工设计也可以不设锚杆或设短锚杆。也可先出渣，然后再施作初次支护，但一般仍先进行拱部初次支护，以防止局部应力集中而造成围岩松动剥落。

（2）适用条件。全断面法适用于岩层条件简单、岩质较均匀的硬岩石中，同时也必须具备大型施工机械。隧洞长度或施工区段长度不宜太短，否则采用大型机械化施工的经济性就差；根据经验，这个长度不应小于 1km。

（3）全断面开挖法的优缺点。全断面开挖有较大的工作空间，适用于大型配套机械化施工，施工速度较快，且因单工作面作业，便于施工组织和管理；断面进尺比（即开挖断面面积与掘进进尺之比）较大，可获得较好的爆破效果，同时爆破对围岩的震动次数相对较少，有利于围岩的稳定。一般应尽量采用全断面开挖法。采用全断面开挖，每次爆破震动强度较大，因此要求进行分段装药，严格控制爆破设计，尤其是对于稳定性较差的围岩。因开挖面大，围岩相对稳定性降低，且每个循环工作量相对较大，因此要求具有较强的开挖、出渣能力和相应的支护能力。

(4) 采用全断面法开挖时应注意以下事项：

1) 摸清开挖面前方的地质情况，随时准备好应急措施（包括改变施工方法），以确保施工安全。尤其应注意突然发生的地质条件恶化，如大量涌水、地下泥石流等。

2) 对于有地下水涌出的可能施工地段，必须坚持“有疑必探，先探后掘”的原则，对于岩层性质变化较大的区域，必须进行地层资料的收集整理工作，及早提出相应的施工措施。

3) 各工序使用的机械设备与人力资源务必配套，以充分发挥机械设备的使用效率，在保证隧洞稳定安全的条件下，提高施工速度。

4) 在软弱破碎的围岩中使用全断面法开挖时，应加强对辅助施工方法的设计和作业检查，以及以支护后围岩的动态量测与监护。

2. 台阶开挖法

台阶开挖法一般是将设计断面分上半断面和下半断面两次开挖成型。台阶法包括长台阶法、短台阶法和超短台阶法等三种，其划分是根据台阶长度决定的（图 6.3）。施工中应采用何种台阶法要根据两个条件来决定：第一，初次支护形成闭合断面的时间要求，围岩越差，闭合时间要求越短；第二，上断面施工所用的开挖、支护、出渣等机械设备以及施工场地大小的要求。在软围岩中应以前一条件为主，兼顾后者，确保施工安全。在围岩条件较好时，主要考虑是如何更好地发挥机械效率，保证施工的经济性，故主要考虑后一条件。现将各种台阶法施工叙述如下。

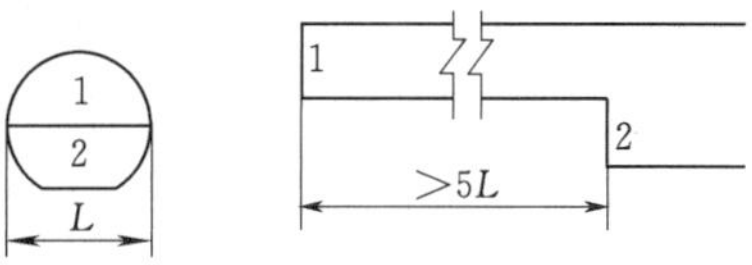

(a) 长台阶法

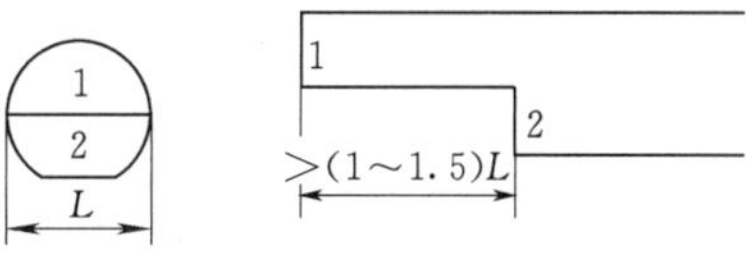

(b) 短台阶法

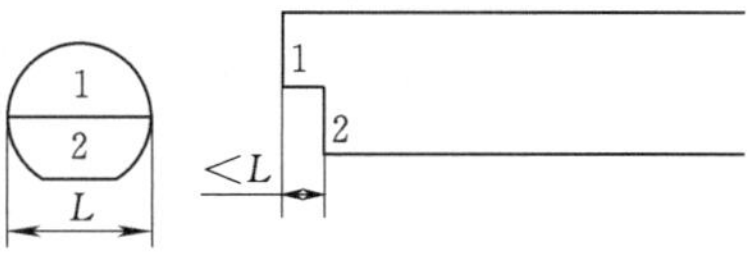

(c) 超短台阶法

图 6.3　台阶法施工形式

(1) 长台阶法（导洞法）。上下断面相距较远，一般上台阶超前 50m 以上或大于 5 倍洞跨，施工时上下部可配置同类机械进行平行作业，当机械不足时也可用一套机械设备交替作业，即在上半断面开挖一个进尺，然后再在下断面开挖一个进尺。当隧洞长度较短时，亦可先将上半断面全部挖通后，再进行下半断面施工，即为半断面法。

上半断面开挖作业顺序：钻眼、装药、联接起爆网路、引爆炸药，通风、洒水、排烟、降尘，排除危石、安设锚杆和钢筋网（必要时可加设钢支撑、喷射混凝土），将石渣推运到台阶下，再由装载机装入车内运至洞外。

下半断面开挖作业顺序：钻眼、装药、联接起爆网路、引爆炸药，通风、洒水、排烟、降尘，装渣直接运出洞外，安设边墙锚杆（必要时）和喷混凝土，用反铲挖掘机开挖水沟，喷底部混凝土，浇筑水沟。

长台阶法的纵向工序布置和机械配置如图 6.4 所示。

长台阶法优缺点及适用条件。其优点是有足够的工作空间和相当的施工速度，上部开

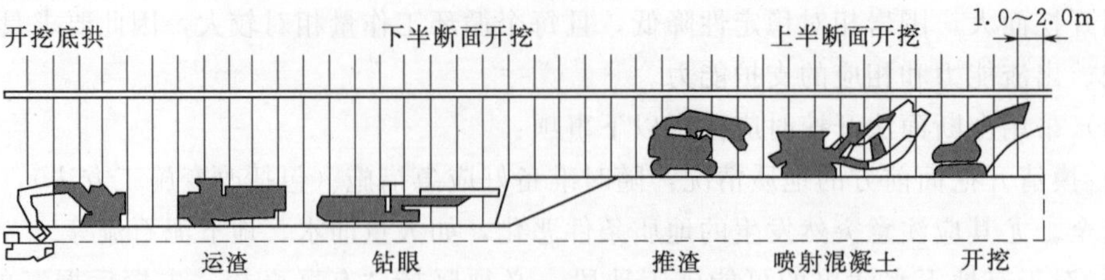

图 6.4　长台阶法施工形式

挖支护后，下部作业就较为安全，但上下部作业有一定的干扰。相对于全断面法来说，长台阶法一次开挖的断面和高度都比较小，只需配备中型钻孔台车即可施工，而且，对维持开挖面的稳定也十分有利。所以它的适用范围较全断面法广泛，凡是在全断面法中开挖不能自稳，但围岩坚硬不需用底拱封闭断面的情况，都可采用长台阶法。

（2）短台阶法。台阶长度小于 5 倍但大于 1～1.5 倍洞跨，上下断面采用平行作业。短台阶法的作业顺序和长台阶相同。

短台阶法优缺点及适用条件。由于短台阶法可缩短支护结构闭合的时间，改善初次支护的受力条件，有利于控制隧洞收敛速度和量值，所以适用范围很广，Ⅰ～Ⅴ级围岩都能采用，尤其适用于Ⅳ、Ⅴ级围岩，是新奥法施工中经常采用的方法。缺点是上台阶出渣时对下半断面施工的干扰较大，不能全部平行作业。为解决这种干扰可采用长皮带机运输上台阶的石渣，或设置由上半断面过渡到下半断面的坡道。将上台阶的石渣直接装车运出。过渡坡道的位置设在中间，也可交替地设在两则。过渡坡道法通常用于断面较大的隧洞中。

（3）超短台阶法。台阶仅超前 3～5m，只能采用上下部交替作业。超短台阶法施工作业顺序（图 6.5）为：首先，用一台停在台阶下的长臂挖掘机或单臂掘进机开挖上半断面至一个进尺；其次，安设拱部锚杆、钢筋网或钢支撑，喷拱部混凝土；然后，用同一台机械开挖下半断面至一个进尺，安设边墙锚杆、钢筋网或接长钢支撑，喷边墙混凝土（必要时加喷拱部混凝土）；最后，开挖水沟、安设底部钢支撑，喷底拱混凝土，灌筑内层衬砌。

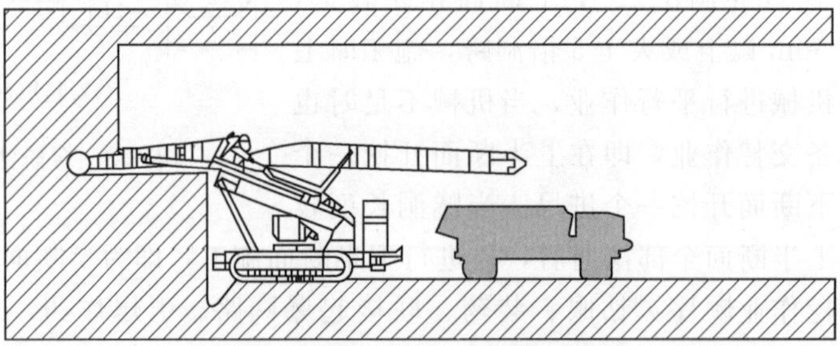

图 6.5　超短台阶法施工形式

如无大型机械也可采用小型机具交替地在上下部进行开挖，由于上半部断面施工作业场地狭小，常常需要配置移动式施工台架，以解决上半断面施工机具的布置问题。

超短台阶法优缺点及适用条件。由于超短台阶法初次支护全断面闭合时间更短，更有利于控制围岩变形。在城市隧洞施工中，能更有效的控制地表沉陷。所以超短台阶法适用于膨胀性围岩、土质围岩和要求及早闭合断面的情况，也适用于不便采用机械施工的各类围岩地段。缺点是上下断面相距较近，机械设备集中，作业时相互干扰较大，生产效率较低，施工速度较慢。在软弱围岩中施工时，应特别注意开挖工作面的稳定性，必要时可对开挖面进行预加固或预支护。

最后还应指出，在所有台阶法施工中，开挖下半断面时要求做到以下几点：

（1）下半断面的开挖（又称落底）和封闭应在上半断面初次支护基本稳定后进行，或采取其他有效措施确保初次支护体系的稳定性，例如扩大拱脚、打拱脚锚杆、加强纵向联接等，使上部初次支护与围岩形成完整体系。若围岩稳定性好，则可以分段顺序开挖；若围岩稳定性较差，则应缩短下部掘进循环进尺；或稳定性更差，则可采用单侧落底或双侧交错落底，避免上部初次支护两侧拱脚同时悬空；或先拉中槽后再挖边帮。还可以视围岩状况严格控制落底长度，一般采用1～3m，并不得大于6m。

（2）下部边墙开挖后必须立即喷射混凝土，并按规定做初次支护。

（3）量测工作必须及时，以观察拱顶、拱脚和边墙中部位移值，当发现变形速率增大时，立即进行底（仰）拱封闭。

3. 分部开挖法

分部开挖法是开挖软弱岩层或土层隧洞时采用的一种施工方法，它将隧洞断面分部开挖逐步成型，且一般将某部超前开挖，故也可称为导坑超前开挖法。分部开挖法可分为台阶分部开挖法、单侧壁导坑法、双侧壁导坑法（图 6.6）。

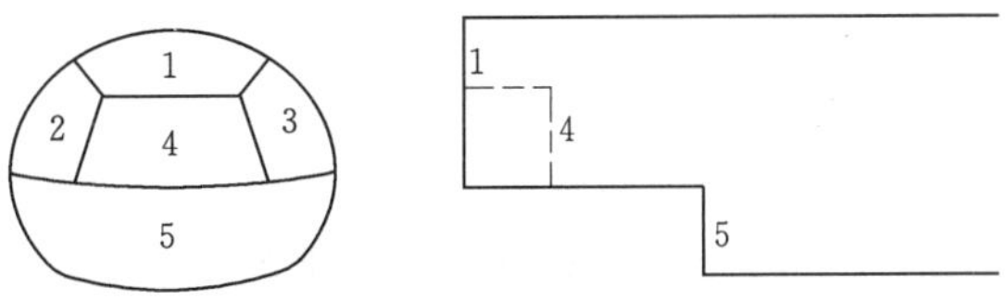

(a)台阶分部开挖法

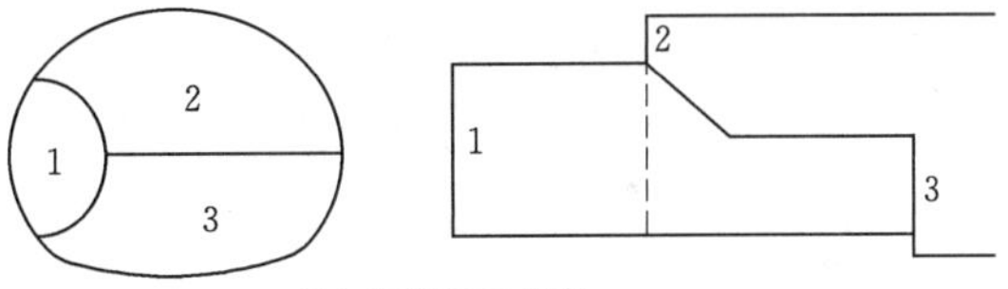

(b)单侧壁导坑法

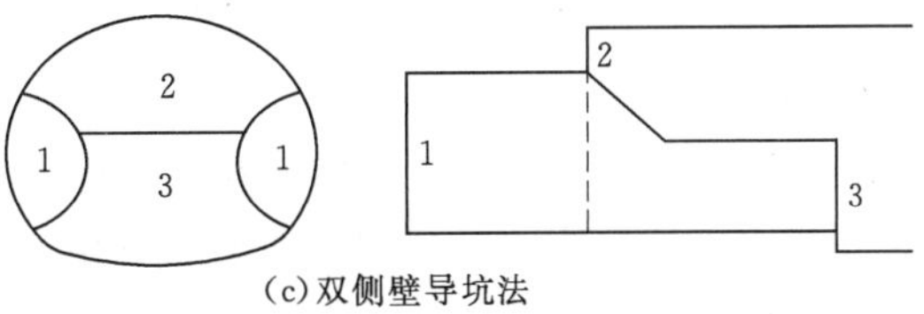

(c)双侧壁导坑法

图 6.6　分部开挖法布置形式
1～5—开挖顺序

（1）台阶分部开挖法（又称留核心环形开挖法）。如图 6.6（a）所示，因为上部留有核心体土支撑着开挖面，而且能迅速及时地进行拱部初次支护，所以开挖工作面稳定性好。和台阶法一样，核心体和下部开挖都是在拱部初次支护保护下进行的，施工安全性好。这种方法适用于一般土质或易坍塌的软弱围岩中，与超短台阶法相比，台阶长度可以加长，减少上下台阶施工干扰。与侧壁导坑法相比，施工机械化程度较高，施工速度可加快；虽然核心土增强了开挖面的稳定，但开挖中围岩要受多次扰动，而且断面分块多，支护结构形成全断面封闭的时间长，这些都有可能使围岩变形增大，因此常要结合辅助施工措施对开挖工作面及其前方岩体进行预支护或预加固。

（2）单侧壁导坑法。一般将断面分成三块，即侧壁导坑、上台阶、下台阶，见图 6.6（b）。侧壁导坑尺寸应本着充分利用台阶的支撑作用，并考虑机械设备和施工条件而定。一般侧壁导坑宽度不宜超过 0.5 倍洞宽，高度以到起拱线为宜，这样，导坑可分两次进行开挖和支护，不需要架设工作平台，人工架立钢支撑也较方便。导坑与台阶的距离没有硬性规定，但一般应以导坑施工和台阶施工不发生干扰为原则，所以在短隧洞中可先挖通导坑，而后再开挖台阶。上下台阶的距离则视围岩情况参照短台阶法或超短台阶法拟定。

单侧壁导坑法是将断面横向分成3块或4块，每步开挖的宽度较小，而且封闭型的导坑初次支护承载能力大，所以单侧壁导坑法适用于断面跨度大、地表沉陷难于控制的软弱松散围岩中。

(3) 双侧壁导坑法（又称眼镜工法）。一般将断面分成四块：左、右侧壁导坑、上部核心土、下台阶，见图6.6 (c)。导坑尺寸拟定的原则同前，但宽度不宜超过断面最大跨度的1/3，左右侧导坑错开的距离应根据开挖一侧导坑所引起的围岩应力重分布的影响不致波及另一侧已成导坑的原则确定。

当隧洞跨度很大，地表沉陷很大，地表沉陷要求严格，围岩条件特别差，单侧壁导坑难以控制围岩变形时，可采用双侧壁导坑法。工程实践表时，双侧壁导坑法所引起的地表沉陷仅为短台阶法的1/2，双侧壁导坑法开挖断面分块多，扰动大，初次支护全断面闭合的时间长，速度较慢，成本较高，但侧壁导坑法施工安全。

任务6.2　竖井和斜洞的开挖

请思考：

1. 什么是竖井和斜洞？
2. 竖井的开挖方法和特点是什么？
3. 斜洞的开挖方法和特点是什么？

以洞线与水平夹角区分，洞线与水平的夹角大于75°为竖井，75°～48°为斜井，6°～48°为斜洞。由于洞线较长，竖井和斜洞开挖可采用自上而下和自下而上同时开挖的两头并进方式，底面铺设轨道，扒渣机装渣，多台卷扬机接力运输斗车出渣，挖通后进行衬砌。

水利水电工程中的竖井和斜井包括调压井、闸门井、出线井、通风井、压力管道和运输井等。竖井、斜井的高度较大而断面较小，在施工程序上各有特点。

6.2.1　竖井

竖井施工的主要特点是竖向作业，竖向开挖、出渣和衬砌。

一般水工建筑物的竖井均有水平通道相连，先挖通这些水平通道，可以为竖井施工的出渣和衬砌材料运输等创造条件。

1. 全断面法

竖井的全断面施工方法一般按照自上而下的程序进行，该法施工程序简单，但施工时要注意做好竖井锁口，确保井口稳定；起重提升设备应有专门设计，确保人员、设备和石渣等的安全提升；涌水和淋水地段要做好井内外排水设施；围岩稳定性较差或在不良地层中修筑竖井，宜开挖一段衬砌一段，或采用预灌浆方法加固以后再进行开挖、衬砌；井壁穿过的地层中有不利的节理裂隙时，要及时进行锚固。

2. 导井法

导井法施工是在竖井的中部先开挖导井，其断面面积一般为4～5m^2，然后再扩大开挖。扩大开挖时的石渣经导井落入井底，由井底水平通道运出洞外，以减小出渣运输工作量。导井开挖亦可采用自上而下或自下而上作业。自上而下开挖常采用普通钻爆法、一次钻爆分段爆破法或大钻机钻进法，其中大钻机钻进法常需要用钻机钻出一个贯通的小口径导孔，然后再用爬罐法、反井钻机法或吊罐法开挖出断面面积满足溜渣需要的导井。

6.2.2　斜洞

其施工条件与竖井相近，可按竖井的方法施工。

任务 6.3　隧洞钻孔爆破施工

请思考：

1. 钻孔爆破法的特点是什么？
2. 炮眼布置的要求有哪些？
3. 爆破设计的内容有哪些？
4. 钻爆施工主要工序有哪些？
5. 隧洞围岩灌浆的内容是什么？有哪些方法？
6. 锚喷支护的内容有哪些？什么时间实施？具体方法及要求如何？
7. 隧洞循环作业的要求是什么？

6.3.1　隧洞钻孔爆破设计

钻孔爆破法一直是地下建筑施工中岩体开挖的主要方法，而控制爆破是新奥法的基本特征，这种方法对岩层地质条件适应性强，开挖成本低，尤其适合岩石坚硬、长度较短的洞室施工。做好钻爆设计是确保开挖质量和施工进度及施工安全的基础。

与露天开挖爆破比较，地下洞室岩石开挖爆破施工有以下主要特点：

(1) 因照明、通风、噪声及渗水等影响，钻爆作业条件差，钻爆工作与支护出渣运输等工序交叉，施工场面受到限制，增加了施工难度。

(2) 爆破自由面少，岩石的夹制作用大，增大了破碎岩石的难度，使岩石爆破的单位耗药量提高。

(3) 爆破质量要求提高，对隧洞断面的轮廓形成一般有严格的标准，控制超挖，不允许欠挖，必须防止飞石和空气冲击波对洞室有关设施及结构的损坏，应尽量控制爆破对围岩及附近支护结构的扰动和质量影响，确保洞室围岩的安全稳定。

隧洞爆破方法的应用主要是要解决好掏槽爆破技术、炮眼布置、炮眼参数以及装药起爆等。

6.3.1.1　开挖断面轮廓线的确定

考虑到开挖坑道后，围岩因失去部分约束而产生向坑道方向的收缩变形，施工开挖轮廓线应在设计开挖轮廓线的基础上适当加大，称为预留变形。

预留变形量的大小主要取决于围岩本身的工程性质，但受到工程条件的影响，如隧洞断面大小、开挖方法、掘进方式、支护方法等。变形量的大小可以根据实际量测数据分析确定，并进行调整。采用新奥法施工即钻爆掘进、喷锚支护时，若无量测数据，则可参照

表6.1预留变形量。

表6.1 开挖轮廓预留变形量 单位：cm

跨度/m	围岩级别			
	Ⅱ	Ⅲ	Ⅳ	Ⅴ
9～11	5～7	7～12	12～17	特殊设计
7～9	3～5	5～7	7～10	10～15

6.3.1.2 炮眼布置

炮眼布置首先应确定施工开挖线，然后进行炮眼布置，隧洞爆破通常将开挖断面上的炮眼分区布置，顺序起爆，逐步扩大，完成一次爆破开挖。

1. 掏槽眼布置

掏槽眼的作用是将开挖面上某一部位的岩石掏出一个槽，以形成新的临空面，为其余炮眼的爆破创造有利条件。掏槽炮眼一般要比其他的炮眼深10～20cm，以保证爆破后开挖深度一致。掏槽眼本身只有一个临空面，且受周围岩石的夹制作用，故常采用较大的炸药耗量，以增大爆破粉碎区，并利于爆炸冲击波及爆炸产物做功，将岩石抛出槽口。为保证掏槽炮能有效地将石渣抛出槽口，采用孔底反向连续装药和双雷管起爆，槽口尺寸常在1.0～2.5m^2之间，要与循环进尺、断面大小和掏槽方式相协调。

根据坑道断面、岩石性质和地质构造等条件，掏槽眼排列形式有很多种，总的可分成斜眼掏槽和直眼掏槽两大类。

斜眼掏槽特点是掏槽眼方向与开挖工作面斜交，常用的有锥形掏槽、楔形掏槽、单向掏槽。锥形掏槽是各掏槽眼以相等或相近的角度向工作面中心轴线倾斜，眼底趋于集中，但互相并不贯通，爆破后形成锥形槽；眼数为3～6个，通常呈三角锥形、正锥形和圆锥形［图6.7（a）］。楔形掏槽通常由两排相对称的倾斜炮眼组成，爆破后形成楔形槽。楔形掏槽可分为水平楔形掏槽和垂直楔形掏槽两种［图6.7（b）、（c）］。单向掏槽是掏槽眼排列成一行，并朝一个方向倾斜［图6.7（d）］。其中最常用的水平楔形掏槽。

斜眼掏槽的优点是，可以按岩层的实际情况选择掏槽方式和掏槽角度，容易把岩石抛出，而且所需掏槽眼数较少，掏槽体积大，易将岩石抛出，有利于其他炮眼的爆破。其缺点是炮眼深受坑道断面尺寸的限制，不便于多台钻机同时凿岩。掏槽眼深度受到坑道断面限制，因而影响到每个掘进循环的进尺；岩石抛掷距离远，岩堆分散，影响装渣效率。

直眼掏槽的优点是，可以实行多机凿岩、钻眼机械化和深眼爆破，从而为加快掘进速度提供了有利条件；凿岩作业比较方便，不需随循环进尺的改变而变化掏槽形式，仅需改变炮眼深度；直眼掏石渣抛掷距离也可缩短。所以目前现场多采用直眼掏槽。其缺点是炮眼数目和单位用药量较多，炮眼位置和钻眼方向也要求高度准确，才能保证良好的掏槽效果，技术比较复杂。

近年来，重型凿岩机投入施工，尤其是能钻大于100mm直径大孔的液压钻机投入施工后，直眼掏槽的布置形式有了新的发展。大直径孔眼的作用相当于为装药掏槽眼提供了辅助临空面，掏槽效果良好。一般在中硬和坚硬岩层中，当设计循环进尺为3.5m左右时，采用双临空孔形式最佳［图6.8（a）］；3.5～5.15m的深孔掏槽则采用三临空孔形

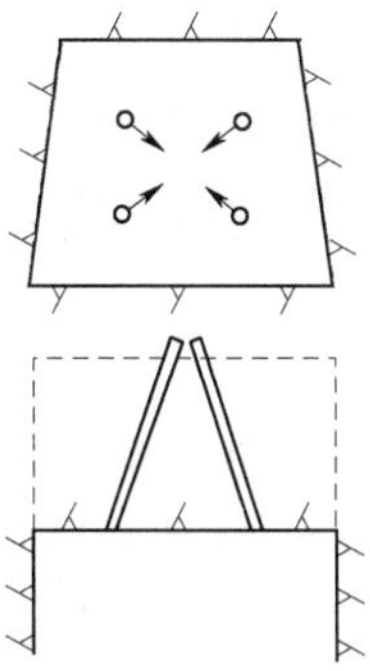

(a)锥形掏槽

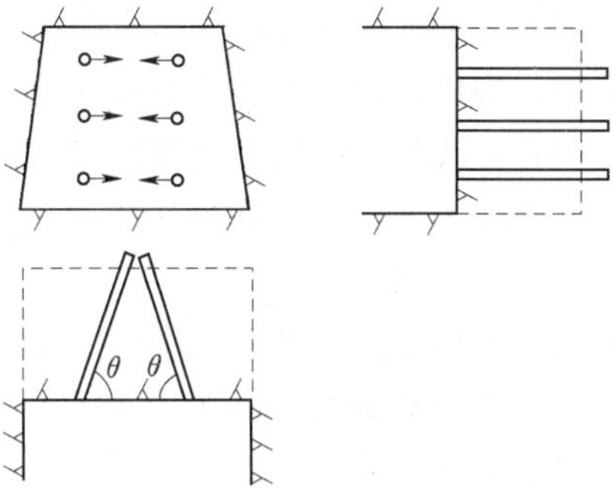

(b)水平楔形掏槽

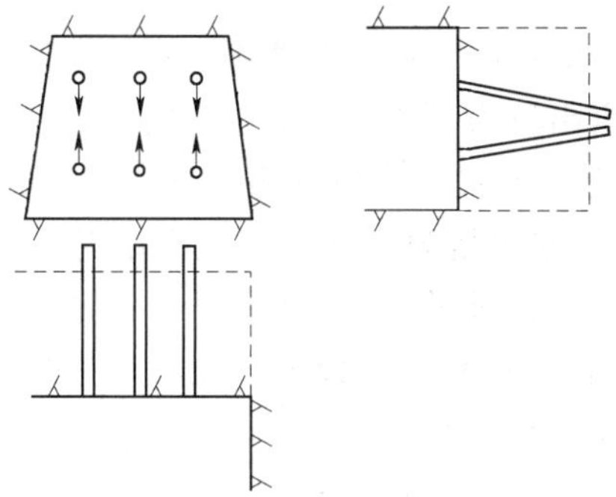

(c)垂直楔形掏槽

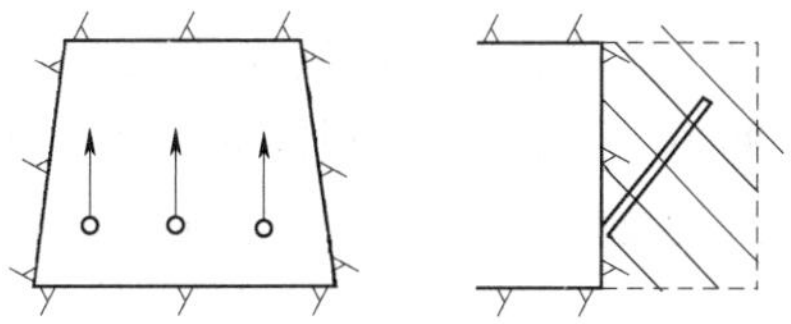

(d)单向掏槽

图 6.7 斜眼掏槽形式

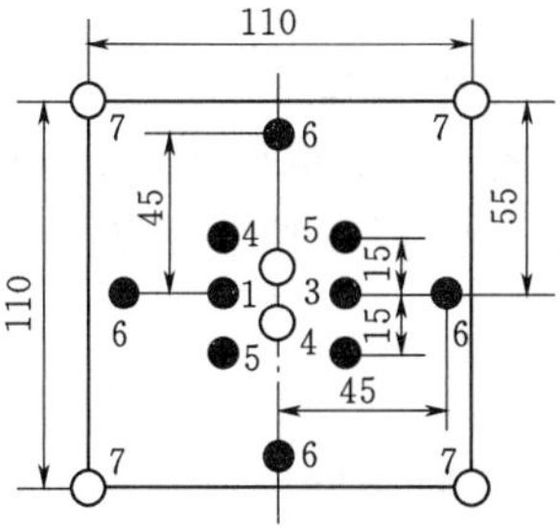

(a) 双临空孔形

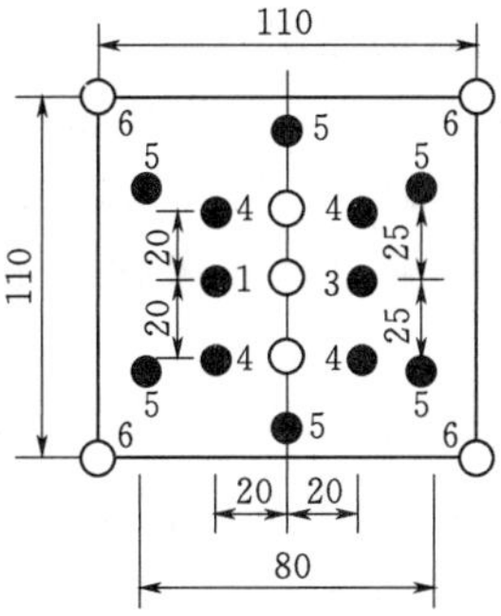

(b) 三临空孔形

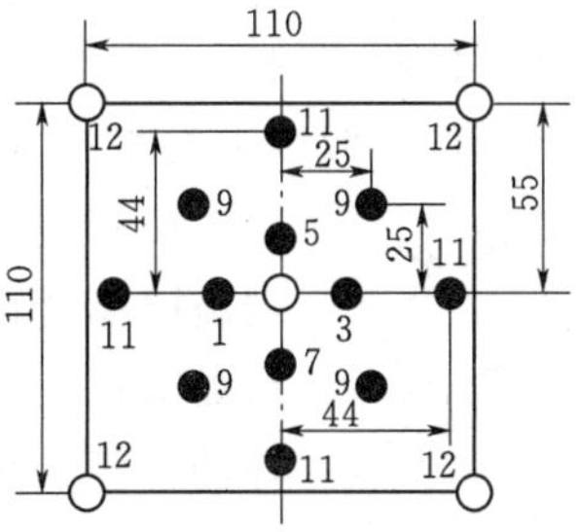

(c) 单临空孔形

图 6.8 直眼掏槽形式（单位：cm）

注：炮眼旁数字为毫秒雷管段别。

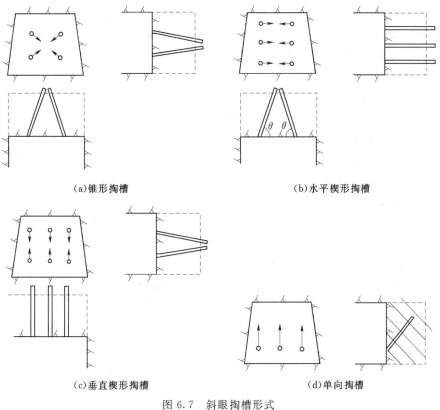

式最好［图 6.8（b）］；3m 以下的浅眼掏槽则采用单临空孔形式较好［图 6.8（c）］。为提高掏槽效果，掏槽眼围绕空孔布置成螺旋，成为螺旋掏槽，其药孔距中心穿插孔距离依次增大，装药孔连线呈现螺旋状并按螺旋线顺序微差起爆。还有按螺旋装药孔对称布置、至空孔距离逐渐加大的双螺旋掏槽法。

2. 辅助眼的布置

辅助眼的作用是进一步扩大掏槽体积和增大爆破量，并为周边眼创造有利的爆破条件。其布置主要是解决炮眼间距 E 和最小抵抗线 W 问题，这可以由工地经验决定，一般取周边眼密集系数 $E/W=60\%\sim80\%$ 为宜。辅助眼应由内向外逐层布置，逐层起爆，逐步接近开挖断面轮廓形状。

3. 周边眼布置

周边眼的作用是爆破后使坑道断面达到设计的形状。周边眼原则上沿着设计轮廓均匀布置，间距和最小抵抗线应比辅助眼小，以便爆出较为平顺的轮廓。周边眼口一般沿设计轮廓线布置。眼底应根据岩石的抗爆破性来确定其位置，应将炮眼方向以 3%～5%的斜率外插，这样做一方面是为了控制超欠挖，另一方面是为了便于下次钻眼时容易落钻开眼。一般对于松软岩层，眼底应落在设计轮廓线上；对于中硬岩及硬岩，眼底应落在设计轮廓线以外 10～15cm，底板眼的眼底一般都落在设计轮廓线以外。此外，为保证开挖面平整，辅助眼及周边眼的深度应使其眼底落在同一垂直面上，必要时应根据实际情况调整炮眼深度。

周边眼的爆破，在很大程度上影响着开挖轮廓的质量和对围岩的扰动破坏程度，可采用光面爆破或预裂爆破。特别当岩质较软或较破碎时，应加强开挖轮廓面钻爆施工。

6.3.1.3　周边围岩的控制

在隧洞爆破施工中，首先要求炮眼利用率高，开挖轮廓及尺寸准确，对围岩震动小，按通常的周边炮眼布置，若以普通钻爆法开挖，常常难以爆破出理想的设计断面，对围岩扰动又大；采用光面爆破与预裂爆破技术，就可以控制爆破轮廓，尽量保持围岩的稳定。

1. 光面爆破控制

光面爆破的主要参数包括周边眼的间距、光面爆破层的厚度、周边眼密集系数（E/W）、周边眼的线装药量密度（炮眼内每米装药量）等。影响光面爆破参数选择的因素很多，主要有岩石的爆破性能、炸药品种、一次爆破的断面大小及形状等，其中影响最大的是地质条件。光面爆破参数的选择，目前还缺乏一定的理论计算公式，多采用经验方法。

为了获得良好的光面爆破效果，可采取以下技术措施：

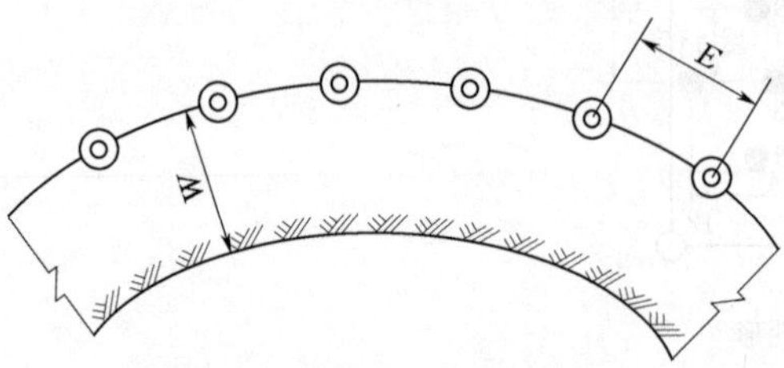

图 6.9　光面爆破炮眼布置

（1）适当加密周边眼间距，合理确定光面爆破层厚度轮廓，避免超欠挖，又不致过大地增加钻眼工作量。孔间距的大小与岩石性质、炸药种类、炮眼直径有关，一般为 $E=(8\sim18)d\approx40\sim70$cm，$E$ 为孔距（图 6.9），d 为炮眼直径。一般情况下，坚硬或破碎的岩石宜取小值，软质或完整的岩石宜取大值。

光面爆破层厚度，就是周边眼与最外层辅助眼之间的一圈岩石层。光面爆破层厚度就是周边眼的最小抵抗线 W（图 6.9）。为了保证孔间贯穿裂缝优先形成，须使周边眼的最小抵抗线大于炮眼间距，通常取 $E/W=0.8$ 为宜，即 $W\approx 50\sim 90$cm。

（2）合理用药及合理装药结构。用于光面爆破的炸药，既要求有较高的破岩应力能，又要消除或减轻爆破对围岩的扰动，所以宜采用低猛度、低爆速、传爆性能好的炸药。但在炮眼底部，为了克服眼底岩石的夹制作用和上覆石渣的压制，应改用高爆速炸药，同时，又起到翻渣作用。

炮眼中间正常装药段每米长的装药量称为线装药密度。周边眼的线装密度是光面爆破参数中最重要的一个参数。恰当的装药量应是既要具有破岩所需的应力能，又不造成围岩的破坏。施工中应根据孔距、光面爆破层厚度、石质及炸药种类等综合考虑确定装药量。一般来说，线装药密度应控制在 0.04～0.4kg/m。

药卷与炮眼壁间留有空隙，称为不耦合装药结构。炮眼直径与药卷直径之比称为不耦合系数。在装药结构上，宜采用比炮眼直径小的小直径药卷连续或间隔装药，此时，光面爆破的不耦合系数可控制在 1.25～2.0 之间，但药卷直径不应小于该炸药的临界直径，以保证稳定起爆。

（3）保证周边眼同时起爆。据测定，各炮眼的起爆时差超过 200ms 时，就近似于单个炮眼爆破，不能形成爆炸应力波叠加。使用瞬发雷管与导爆索是保证光面爆破眼同时起爆的好方法，同段毫秒雷管起爆次之。

为使光面爆破有较好的效果，要为周边眼光面爆破创造临空面，这可以在开挖程序和起爆顺序上予以保证，还应使辅助炮眼爆破后尽量接近开挖轮廓形状，对靠近光面爆破层的辅助眼的布置和装药量给予特殊注意，即使光爆层厚度尽可能一致，并应注意不要使先爆落的石渣堵死周边眼的临空面。

2. 预裂爆破控制

预裂爆破掘进技术的原理就是利用聚能管改变坑道周边眼的装药方式及方法，以获得较好的爆破效果。在周边眼装药时，将炸药放在 ABS 塑料或竹管制成的聚能管内，对炮孔实行不偶合装药，使聚能管本身对爆轰力产生瞬时抑制和导向作用，并通过切缝提供瞬时卸压空间，使爆轰压力在切缝处形成高能射流，集中在坑道轮廓线方向上传导，使其沿轮廓方向优先产生裂缝并定向扩展，获得良好的爆破效果。这种爆破技术的关键是，首先要利用 ABS 塑料管或竹管制成标准的聚能管，装药时将聚能管的切缝对准坑道的轮廓线，另外周边眼的间距要小于最小抵抗线。

聚能药包爆破目前常采用切缝药包，切缝药包爆破的实质是在具有一定密度和强度的炸药外包装上开有不同角度、不同形状的切槽（图 6.10）。利用切槽控制爆炸应力场的分布与爆生气体对介质准静态作用和尖劈作用，达到控制被爆介质的破碎程度的目的。它是利用药包外壳在爆轰产物高压作用阶段产生的局部集中应力来控制预定区域内的径向裂缝的发展。药包外壳作用的基本原理是在炮孔壁

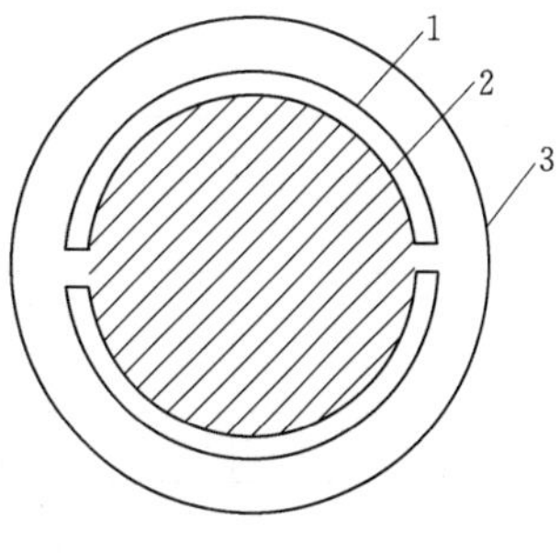

图 6.10　切缝药包

1—外壳；2—炸药；3—炮孔

四周形成不均匀的应力分布，尤其是在药包的切缝方向形成的应力突变，使预定方向上的介质产生裂缝。

6.3.1.4 爆破参数的确定

炮眼参数包括炮眼直径、炮眼数目和炮眼长度、单位耗药量等在爆破设计时应认真确定。

1. 炮眼直径

炮眼直径对凿岩生产率、炮眼数目、单位炸药消耗量和洞壁的平整程度均有影响，炮眼直径以及相应药卷直径增加可使炸药能量相对集中，爆炸效果得以提高。但炮眼直径过大将导致凿岩速度显著下降，并影响岩石破碎质量、洞壁平整程度和围岩稳定性。因此，必须根据岩性、凿岩设备和工具、炸药性能予以综合分析，合理选用孔径。

药卷直径大小应与炮眼直径相匹配，以免导致药卷拒爆。工程爆破中，常用不耦合系数来控制药卷直径，不耦合系数一般应控制在 1.1～1.4 之间，且要求药卷直径不小该炸药的临界直径。

实际爆破设计时，对掏槽眼及辅助眼应采用较小的值，以提高炸药的爆破效率；对周边眼则可采用较大的值，以减少对围岩的破坏。

2. 炮眼数目

炮眼数目主要与开挖断面、岩石性质和炸药性能有关。炮眼数目应能装入所需的适量炸药，通常可根据各炮眼平均分配炸药量的原则来计算炮眼数目 N：

$$N=\frac{qS}{ar} \tag{6.2}$$

式中 q——单位炸药消耗量，kg/m^3，参见表 6.2；

S——开挖断面积，m^2；

a——装药系数，指装药深度与炮眼长度的比值，可参考表 6.3；

r——每米药卷的炸药量，kg/m，2 号岩石硝铵炸药的每米药卷量见表 6.4。

3. 炮眼长度

炮眼长度决定着每一掘进循环的钻眼工作量、出渣工作量、循环时间和次数以及施工组织。它对掘进速度的影响很大，对围岩的稳定性和断面超欠挖也有重大影响。因此，合理的炮眼长度应是在隧洞施工优质、安全、节省投资的前提下，能够防止爆破面以外围岩过大的松动，减少繁重支护，避免过大的超欠挖，又能获得最好的掘进速度，采用 3.5m 以下的炮眼长度对减少超挖是有利的。

表 6.2　隧洞开挖爆破所需的单位耖药量 q 参考值　　单位：kg/m^3

开挖断面面积/m^2	围岩类别			
	Ⅰ类	Ⅱ类	Ⅲ类	Ⅳ～Ⅴ类
4～6	2.9	2.3	1.7	1.6
7～9	2.5	2.0	1.6	1.3
10～12	2.25	1.8	1.5	1.2
13～15	2.1	1.7	1.4	1.2
16～20	2.0	1.6	1.3	1.1
20～43	1.4	1.1		

表 6.3 装药系数 a 值

炮眼名称	围岩类别			
	Ⅳ～Ⅴ	Ⅲ	Ⅱ	Ⅰ
掏槽眼	0.50	0.55	0.60	0.65～0.80
辅助眼	0.40	0.45	0.50	0.55～0.70
周边眼	0.40	0.45	0.55	0.60～0.75

表 6.4 2号岩石炸药每米质量 r 值

药卷直径/mm	32	35	38	40	45	50
r/(kg/m)	0.78	0.96	1.10	1.25	1.50	1.60

4. 单位炸药消耗量

爆破 $1m^3$ 原岩所需的炸药质量称为单位炸药消耗量，通常以 q(kg/m^3) 表示，该值的大小对爆破效果、凿岩和装岩工作量、炮眼利用率、坑道轮廓的平整性和围岩的稳定性都有较大的影响。单位炸药消耗量偏低时，则可能使隧洞断面达不到设计要求，岩石破碎不均匀，甚至崩落不下来。当单位炸药消耗量偏高时，不仅会增加炸药的用量，而且可能造成坑道超挖、降低围岩的稳定性，甚至还会损坏支架和设备。表 6.2 给了隧洞开挖爆破单耗药量参考值。

爆破效果的好坏，在很大程度上取决于其参数设计正确与否。目前，参数设计的方法很多，各有优缺点。研究试验表明，通过近似计算和工程类比法（即查表法）选择爆破参数，再在工程实践中通过漏斗试验法校正，这样综合确定的爆破参数比较符合实际，效果较好。同时，在中硬岩石中以工程类比法和漏斗试验进行参数设计，在软岩石中以漏斗试验法确定爆破参数。

漏斗试验法就是按利文斯顿爆破漏斗理论来进行试验的一种方法，确定临界深度、临界装药量、最佳深度及最佳装药量。临界深度是周边眼设计的重要依据，而最佳深度为掏槽眼的设计依据，漏斗试验适用于以软弱围岩为主的岩性条件。漏斗试验选择具有代表性的岩层作为试验点，如在坑内或地表钻凿一定深度的炮眼（尽量与作业循环同深度，深度不一致时需应用相似原理计算结果），一般一组炮眼为 3 个，需要 3 组炮眼的试验才能基本上确定所需的深度和装药量。

为了取得裂隙贯穿时的试验结果，还可做 3 孔漏斗试验确定周边眼间距，试验方法与上述方法相似，主要是取得贯穿时的临界深度和装药量。根据掘进工作面的不同岩石条件进行试验，按所得参数制定光面爆破的施工作业规程。

5. 装药结构

掏槽眼和辅助眼多用大直径药卷孔底起爆连续装药，周边眼可采用小直径药卷连续装药。

6.3.1.5 起爆网路及时差

根据拟定的爆破参数和炮孔布置形式，将炮孔用传爆材料连接起来形成起爆网路。试验和研究表明，各层（卷）炮之间的起爆时差越小，爆破效果越好；常采用的时差为 50～

200ms，称为微差爆破。

同圈眼必须同时起爆，尤其是掏槽眼和周边眼，以保证同圈眼的共同作用效果。

6.3.2 隧洞开挖爆破施工

根据钻爆设计图进行钻爆施工的主要工序有测量放线布孔，钻孔、清孔装药，联接网路、起爆，通风排烟，危石处理，清渣支护等。

6.3.2.1 钻孔

1. 钻眼机具

隧洞工程中常使用的凿岩机有风动凿岩机和液压凿岩机，另外还有电动凿岩机和内燃凿岩机，但较少采用。钻机工作原理都是利用镶嵌在钻头体前端的凿刃反复冲击并转动破碎岩石而成孔，有的可能通过调节冲击功大小和转动速度以适应不同硬度的石质，达到最佳成孔效果。

液压凿岩机是以电力带动高压油泵，通过改变油路使活塞往复运动，实现冲击作用。

液压凿岩机与风动凿岩机比较，具有以下主要特点：

(1) 动力消耗少，能量利用率高。液压凿岩机动力消耗仅为风动凿岩机的 1/3～1/2；液压凿岩机的能量利用率可达 30%～40%，风动的仅为 15%。

(2) 凿岩速度快。液压凿岩机比风动凿岩机的凿岩速度快 50%～150%。在花岗岩中纯钻进速度可达 170～200cm/min。

(3) 液压凿岩机的液压系统设计配套合理，能自动调节冲击频率、扭矩、转速和推力等参数，适应不同性质的岩石，以提高凿岩功效，且润滑条件好，各主要零件使用寿命较长。

(4) 环境保护较好。液压钻的噪声比风钻降低 10～15dB；液压钻也没有像风钻那样排气，工作面没有雾气和粉尘，空气较清晰。目前液压钻已广泛应用于隧洞工程中。

(5) 液压凿岩机构造复杂，造价较高，重量大，附属装置较多，多安装在台车上使用。

凿岩台车是将多台凿岩机安装在一个专门的移动设备上，实现多机同时作业，集中控制。凿岩台车按其走行方式可分为轨道走行、轮胎走行及履带走行三种，按其结构形式可分为实腹式、门架式两种。实腹式凿岩台车通常为轮胎走行，可以安装 1～4 台凿岩机及一个工作平台，其立定工作范围可以达到宽 10～15m，高 7～12m，分别可适用于不同断面的隧洞中。但实腹式凿岩台车占用坑道空间较大，需与出渣运输车辆交会避让，占用循环时间，尤其是在隧洞断面不大时，机械避让占用的非工作时间就更长。故实腹式凿岩台车多应用于断面较大的隧洞中。

门架式凿岩台车的腹部可通行出渣运输车辆，可以减少机械避让时间。门架式凿岩台车通常为轨道走行式，安装 2～3 台凿岩机。门架式凿岩台车多用于中等断面（20～80m^2）的隧洞开挖，开挖断面过小或过大都不宜采用。

凿岩台车若按其控制自动化程度来分，可以分为人工控制、电脑控制、电脑导向 3 种。人工控制是由人工控制操纵杆来实现钻机的定位、定向和钻进，钻眼位置由工程师标出，钻眼方向则由操作手按经验目测确定。电脑控制凿岩台车的所有动作都在电脑的控制下进行，必要时可操作进行干预。电脑导向凿岩台车不仅具有电脑控制功能，而且可以在隧洞定位（导向）激光束的帮助下进行自动定位和定向，因此能进一步缩短钻眼作业时间，提高钻眼精度，减少超欠挖量。

2. 周边钻孔控制

钻孔精度对隧洞超欠挖的影响主要是周边炮孔的外插角 θ、开口误差 e 和一次爆破进尺 L 见图 6.11，它们与超欠挖高度（h）有如下关系：

$$h=e+L\tan\theta \tag{6.3}$$

由此可见，随 θ、L 的增大，h 增大。当 θ、L 一定时，e 作为一个独立参数；e 为正值时（即孔口位置在设计线外时），随 e 的增大，h 也增大；e 为负值时，随 e 的减小，h 也减小。

L 可近似用炮孔深度代替，它是一个设计指标，可在设计中加以控制。即在其他条件一定时，采用较浅孔爆破对减少超挖是有利的，这也是国外在钻孔深度上很少采用超过 4.0 m 以上深孔的原因，一般都采用 3.5 m 左右的钻孔深度。此外，还应指出，深孔爆破的一次装药量较大，对周边围岩的损伤也较大，不符合施工中尽可能维护围岩自身固有强度的原则。

角度 θ 则主要取决于钻工的操作水平和所采用的钻机的某些性能。为确保控制 θ，一定要努力提高钻工的操作水平和责任心，并借助激光指向仪、测斜仪辅助定向；还可以采用计算机控制的凿岩台车来钻孔。

实际施工中，周边孔开口位置 e 有三种情况（图 6.11），其出现几率和差值大小主要决定于钻孔水平。第一种情况［图 6.11（a）］不影响超欠挖；在图 6.11（b）的情况时，将使超挖增加一个 e 值；而第三种情况，将使超挖减小一个 e 值，出现欠挖。因而，钻孔时先定位，后钻进，并在掌子面上完整醒目地标出周边孔位线，把 e 控制在较小范围内（约 3cm）是可能的。

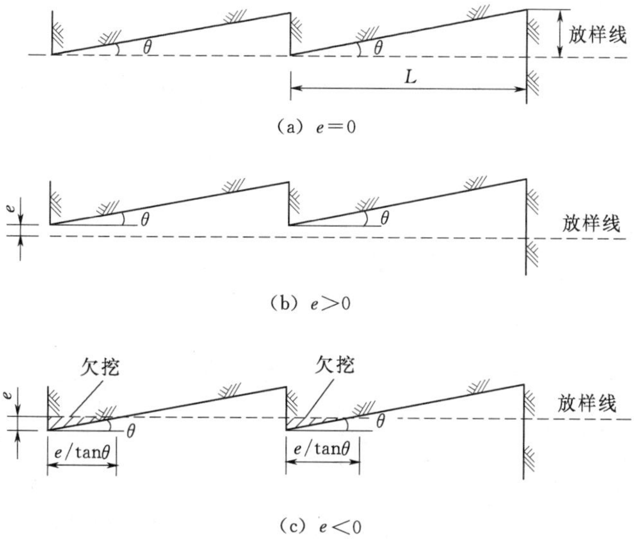

图 6.11　周边孔口误差的几种情况

e—开口位置；θ—钻机偏角

从实际施工的经验看，控制θ是比较困难的，但控制e值是可能的。有一些国家容许一定的欠挖，即有意识地使e为负值［图6.11（c）］，对减少超挖是有效的。

6.3.2.2 清孔装药、堵塞及起爆

内容同前述爆破部分。

6.3.2.3 通风、散烟等辅助作业

通风、散烟、除尘、排水、照明和风水电供应等，是地下工程施工中的辅助作业。做好这些辅助作业可以改善施工人员作业环境，为加快地下工程施工创造良好的条件。

1. 通风、散烟及除尘

通风、散烟及除尘是为了控制因凿岩、爆破、装渣、喷射混土和内燃机运行等而产生的有害气体和岩石粉尘含量，及时供给工作面充足的新鲜空气，改善洞内的温度、湿度和气流速度等状况，创造满足卫生标准的洞内工作环境（表6.5）。这在长隧洞施工中尤为重要。

表6.5 洞内温度与风速的关系

温度/℃	<15	15～20	20～22	22～24	24～28
风速/(m/s)	<0.5	0.5～1.0	1.0～1.5	1.5～2.0	>2.0

（1）通风方式。洞内通风方式有自然通风和机械通风两种。自然通风只适用在长度不超过40m的短洞。实际工程中多采用机械通风。机械通风的形式有压入式、吸出式和混合式三种。

1）压入式通风。压入式通风是通过风管将新鲜空气直接送到工作面附近，稀释污浊空气，并经由洞身排至洞外，如图6.12（a）所示，图中S为开挖面面积。此法的优点是施工人员比较集中的工作面附近能够很快地获得新鲜空气，缺点是污浊空气容易扩散到整个洞室。

2）吸出式通风。吸出式通风是通过风管将工作面前的污浊空气吸走并排至洞外，新鲜空气则由洞口流入洞内，如图6.12（b）所示。此法的优点是工作面处的污浊空气能在

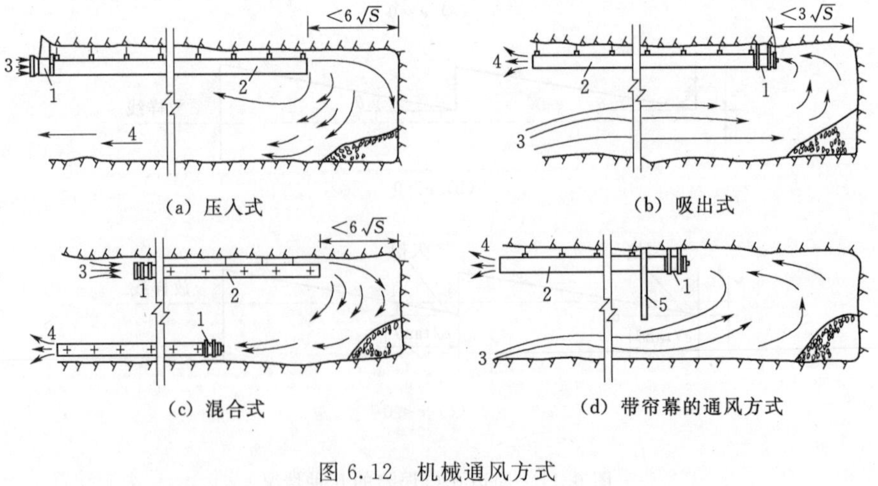

图6.12 机械通风方式

1—风机；2—风筒；3—新鲜空气；4—污浊气体；5—帘幕

较短时间内经由管路吸出，避免了沿整个洞室流通扩散；缺点是新鲜空气流到工作面比较缓慢，且易遭污染，对较长的平洞该缺点尤为明显。

3）混合式通风。混合式通风是在经常性供风时用压入式，爆破后进行定期通风时用吸出式，通过上述两种通风方式的结合可以充分发挥各自的优点，如图 6.12（c）所示。

有时为了充分发挥风机效能，加快换气速度，施工中常利用帆布、塑料布或麻袋等制成帘幕，防止炮烟扩散，使排除污浊气体的范围缩小。帘幕设在靠近工作面处，但要有一定的防爆距离，一般为 12～15m。有条件时也可以设置水幕或压气水幕来代替帆布一类的帘幕，如图 6.12（d）所示。

机械通风方式的选择，取决于洞室型式、断面大小和隧洞长度。竖井、斜井和短洞开挖，可采用压入式通风；小断面长洞开挖时，宜采用吸出式通风；大断面长洞开挖时，宜采用混合式通风。在改善通风的同时，还要重视粉尘和有害气体的控制。湿钻凿岩、爆破后喷雾降尘、出渣前对石渣喷水防尘等都是降低空气中粉尘含量行之有效的措施。洞内施工严禁使用汽油发动机，使用柴油机时，宜加设废气净化装置，降低有害尾气的排放。

（2）通风量计算。通风量可根据下列三种情况分别计算，取其中最大值，并应根据通风方式和长度考虑漏风增加值，漏风系数一般取 1.2～1.5。

1）施工人员所需的通风量为

$$Q=mq \tag{6.4}$$

式中 Q——通风量，m^3/min；

m——同时在洞内工作的最多人数；

q——每人所需的通风量，取 $q=3m^3/min$。

2）冲淡有害气体的通风量为

$$Q=\frac{AB}{(1000\times0.02\%)t}=\frac{5AB}{t}=10A \tag{6.5}$$

式中 A——工作面上同时爆破的最大炸药量，kg；

B——每千克炸药产生的一氧化碳气体量，按 $B=40L/kg$ 计算；

t——通风时间，可采用 20min。

式（6.5）中，1000 表示 $1m^3$ 换算为 1000L；0.02%表示爆破后连续通风使一氧化碳浓度降至 0.02%时，施工人员可进入工作面工作。此外，在开挖过程中若有其他有害气体时，应保证将其冲淡至规定的浓度。

3）洞内使用柴油机械施工时的通风量按每马力 $3m^3/min$ 风量计算，并与工作人员所需风量相加。（1 马力＝735.499W）

计算的通风量应按最大、最小容许风速和洞室温度所需的风速进行校核。

2. 防尘

（1）防尘的必要性。在隧洞施工中，凿岩、爆破、装渣、喷射混凝土等项作业都有粉尘产生，其中以凿岩和喷射混凝土产生的粉尘最多。对人体危害最大的是粒径小于 $10\mu m$ 的粉尘，此类粉尘能在空气中长期悬浮，最易吸入人体内。人们长期吸入粉尘，可能会得尘肺病，这是一种极为严重的职业病，伤害呼吸功能，影响劳动能力，缩短劳动寿命，甚至死亡。粉尘进入机械设备的油液、运动部件之中，污染设备，加快运动零件的磨损，缩短设备的使用寿命；某些粉尘（如煤、硫化物）在一定条件下还会发生爆炸，造成重大事故。所以，必须采取多种措施，把粉尘浓度降到 2mg/m^3 以下的标准。

(2) 主要的防尘措施：

1) 湿式作业。湿式作业是矿山和铁路、交通、水工隧洞等施工中普遍采用的一项重要的防尘技术措施，主要有以下措施：

湿式凿岩。在钻眼时用高压水通过钻头冲洗孔眼，使岩粉变成岩浆而流出，湿式凿岩是防尘措施中最主要的措施。

水封爆破。利用装满水的塑料袋代替炮泥堵塞炮口，爆炸时水变成雾或蒸汽，能吸附粉尘。

装渣洒水喷雾。在装渣运输等产尘较大的工序和工点，都应喷雾洒水，以减少产尘量和防止粉尘飞扬。

喷雾捕尘（用水捕捉悬浮在空气中的粉尘）。把水雾化成微细水滴并喷射于空气中，使之与尘粒碰撞接触，尘粒被水滴捕捉而附于水滴上或者被湿润的尘粒相互凝集成大颗粒，从而加快其沉降速度。

2) 机械通风。施工通风可以稀释隧洞内的有害气体浓度，给施工人员提供足够的新鲜空气，同时也是持久防尘的基本方法。因此，除爆破后需要通风外，还应经常保持通风，这对于消除装渣运输中产生的粉尘是十分有利的。

3) 个人防护。个人防护也是综合防尘措施之一，目前主要是配戴防尘口罩，在凿岩、喷混凝土等作业时还要配戴防噪声的耳塞及防护眼镜等。

3. 风、水、电供应

在洞室开挖过程中，对于供风（压缩空气）、供水、供电、照明及排水等辅助作业，虽不像钻孔爆破、出渣运输等工作那样，直接影响开挖掘进的速度、质量和安全，但它们对于保证钻爆和运输作业的正常进行都有影响，在整个开挖作业中必须统筹考虑，不能疏漏。

对所有必要的辅助作业，不仅在循环作业图表中要安排一定的时间，使风水电管线的延长或拆移有切实的保证，而且在制订开挖施工技术规程和开挖措施计划时，对于各项辅助作业都要提出相应的技术标准和要求。

所有辅助作业都应与开挖掘进工作密切配合。输送到工作面的压缩空气，不仅风量要充足，而且风压不应低于 0.5MPa。施工用水的数量、质量和压力，应满足钻孔、喷水、喷锚作业、混凝土衬砌、灌浆消防和生活等方面的要求。洞内的供电线路，宜按动力、照明、电力起爆的不同需要，分开架设，并注意防水和绝缘的要求。洞内照明，为安全计应采用 36V 或 24V 的低压电，保证洞室沿线和工作面的照明亮度。洞内排水系统必须畅通，保证工作面和路面没有积水。

6.3.2.4 安全检查与处理

在通风散烟后，应检查隧洞周围特别是拱顶是否有黏连在围岩母体上的危石。对这些危石以前常采用长撬棍处理，但不安全，条件许可时，可以采用轻型的长臂挖掘机进行处理。

6.3.2.5 初期支护

当围岩质量较差或自稳性较差时，为预防塌方或松动掉块，必须对暴露围岩进行临时支撑或支护。

临时支撑的形式很多，有木支撑、钢支撑、钢筋混凝土支撑、喷混凝土和锚杆支撑，可根据地质条件、材料来源及安全性、经济性等方面的要求来选择。

喷锚支护是地下工程施工中对围岩进行保护与加固的主要技术措施。对于不同地层条件、不同断面大小、不同用途的地下洞室都表现出较好的适用性。DL/T 5099—1999《水工建筑物地下开挖工程施工技术规范》明确规定了要优先采用锚喷支护。

锚喷支护技术有很多类型，包括单一的喷混凝土或锚杆支护，喷混凝土、锚杆（索）、钢筋网、钢拱架等分别组合而成的多种联合支护。锚喷支护具有显著的技术经济优势，根据大量工程的统计，锚喷支护较之传统的模注混凝土衬砌，混凝土用量减少 50%，用于支承及模板的材料可全部节省，出渣量减少 15%～25%，劳动力节省 50%，造价降低 50%左右，施工速度加快一倍以上，同时，其良好的力学性能与工作性使得其对围岩的支护更加合理、更加有效。

锚喷支护，是适时采用既有一定刚度又有一定柔性的支护结构主动加固近壁围岩，使围岩的变形受到抑制，同时与围岩共同形成具有抵抗外力作用的承载拱圈（也称为广义的复合支护系统），从而有效增加洞室围岩的稳定性。

锚喷支护特别强调合适的支护时机，过早支护，结构要承担围岩向着洞室变形而产生的形变压力，这样不仅不经济，而且可能导致支护结构破坏；过迟支护，围岩会因过度松弛而使岩体强度大幅度下降，甚至导致洞室破坏。正确的做法是，在洞室开挖后，先让其产生一定的变形，再施作一定的柔性支护，使围岩与支护在加以限制的情况下共同变形，不致发展到有害的程度。

正确运用锚喷支护必须特别重视支护结构、支护构筑时机、围岩应力状态及围岩变形过程这四者的相互关系。

锚喷支护一般分两期进行。初期支护，即在洞室开挖后，适时采用薄层的喷混凝土支护，建立起一个柔性的外层支护，必要时可加锚杆或钢筋网、钢拱架等措施，同时通过量测手段，随时掌握围岩的变形与应力情况；初期支护是保证施工早期洞室安全稳定的关键。二期支护，即待初期支护后且围岩变形达到基本稳定时进行的支护，如复喷混凝土、锚杆加密，也可采用模注混凝土，进一步提高其耐久性、防水性、安全系数及表面平整度等。

1. 锚喷支护的作用与选型

锚喷支护的作用是加固与保护围岩，确保洞室的安全稳定。由于围岩条件复杂多变，其变形、破坏的形式与过程多有不同，各类支护措施及其作用特点也就不相同。在实际工程中，尽管围岩的破坏形态很多，但总体上围岩破坏表现为局部性破坏和整体性破坏两大类。

（1）局部性破坏。局部性破坏的表现形式包括开裂、错动、崩塌等，多发生在受到地质结构面切割的坚硬岩体中。对于局部性破坏，只要在可能出现破坏的部位对围岩进行支护就可有效地维护洞体的稳定。实践证明，锚喷支护是处理局部性破坏的一种简易而有效的手段。利用锚杆的抗剪与抗拉能力，可以提高围的 c、φ 值及对不稳定岩体进行悬吊。喷混凝土支护的作用：①填平凹凸不平的壁面，以避免过大的局部应力集中；②封闭岩面，以防止岩体的风化；③堵塞岩体结构面的渗水通道、胶结已松动的岩块，以提高岩层的整体性；④提供一定的抗剪力。

（2）整体性破坏。整体性破坏也称强度破坏，是大范围内岩体应力超限所引起的一种破坏现象，表现为大范围塌落、边墙挤出、底鼓、断面大幅度缩小等破坏形式。针对这种破坏，常采用复式喷混凝土与系统锚杆支护相结合的方法，这样不仅能够加固围岩，而且可以调整围岩的受力分布。另外，喷混凝土锚杆钢筋网支护和喷混凝土锚杆钢拱架支护等不同支护复合型式，对处理整体性破坏也有很好的效果。由于围岩状况的复杂性以及锚喷支护理论尚处在发展中，对于具体的地下洞室支护结构型式选择与参数设计，目前一般多采用工程类比和现场测试相结合的方法。根据大量工程实践的分析与总结，表 6.6 给出了不同的类别 围岩条件下建议的支护类型与设计参数，可供初步参考。

表 6.6　　地下洞室锚喷支护的型式和设计参数

围岩类别	围岩特征	毛洞跨度/m	支护型式和设计参数
Ⅰ	稳定，围岩坚硬、致密完整、不易风化的岩层	2～5	不支护
		5～10	不支护或拱部 5cm 厚喷混凝土
		10～15	5～8cm 厚喷混凝土，2.0～2.5m 长锚杆
		15～25	8～15cm 厚喷混凝土，2.5～4m 长锚杆
Ⅱ	稳定性较好，坚硬、有轻微裂隙的岩层	2～5	3～5cm 厚喷混凝土
		5～10	5～7cm 厚喷混凝土，1.5～2.0m 长锚杆
		10～15	8～12cm 厚喷混凝土，2.0～2.5m 长锚杆
		15～25	12～20cm 厚喷混凝土，2.5～4.0m 长锚杆
Ⅲ	中等稳定，节理裂隙中等发育，易引起小块掉落的火成岩、变质岩；中等坚硬的沉积岩	2～5	5cm 厚喷混凝土，1.5～2.0m 长锚杆
		5～10	8～10cm 厚喷混凝土，2.0～2.5m 长锚杆，必要时配置钢筋网
		10～15	10～15cm 厚钢筋网喷混凝土，2.6～3.0 长锚杆
		15～20	15～20cm 厚钢筋网喷混凝土，3.0～4.0 长锚杆
Ⅳ	稳定性较差，节理裂隙发育的强破碎岩层；裂隙明显张开、夹杂较多黏土质充填物的岩层或其他稳定性较差的岩层	2～5	8～10cm 厚喷混凝土，1.5～2.0m 长锚杆
		5～10	10～15cm 厚钢筋网喷混凝土，2.0～2.5m 长锚杆
		10～20	15～20cm 厚钢筋网喷混凝土，2.5～3.5m 长锚杆
Ⅴ	不稳定，严重的构造软弱带、大断层，易风化解体剥落的松软岩层或其他下稳定岩层	2～5	12～15cm 厚钢筋网喷混凝土，1.5～2.0m 长锚杆，必要时加仰拱
		5～10	15～20cm 厚钢筋网喷混凝土，2.0～3.0m 长锚杆，加仰拱，必要时采用钢拱架

2. 锚杆支护及其施工

锚杆是用金属（主要是钢材）或其他高抗拉性能材料制作的杆状构件，配合使用某些机械装置、胶凝介质，按一定施工工艺，将其锚固于地下洞室围岩的钻孔中，起到加固围岩、承受荷载、阻止围岩变形的目的。

在工程中，按锚杆与围岩的锚固方式，基本上可分为集中锚固和全长锚固两类。

楔缝式锚杆和胀壳式锚杆是属于集中锚固的两种锚杆，如图 6.13（a）、（b）所示。它们是由锚杆端部的楔瓣或胀圈扩开以后所提供的嵌固力而得到锚固的。

全长锚固的锚杆有砂浆锚杆和树脂锚杆等，如图 6.13（c）～（g）所示。全长锚固的锚杆由于锚固可靠耐久（这在松软岩体中效果尤为显著），工程建设中使用较多，其中由水泥砂浆胶结的螺纹钢筋锚杆，由于施工简便，经济可靠，使用得更为普遍。

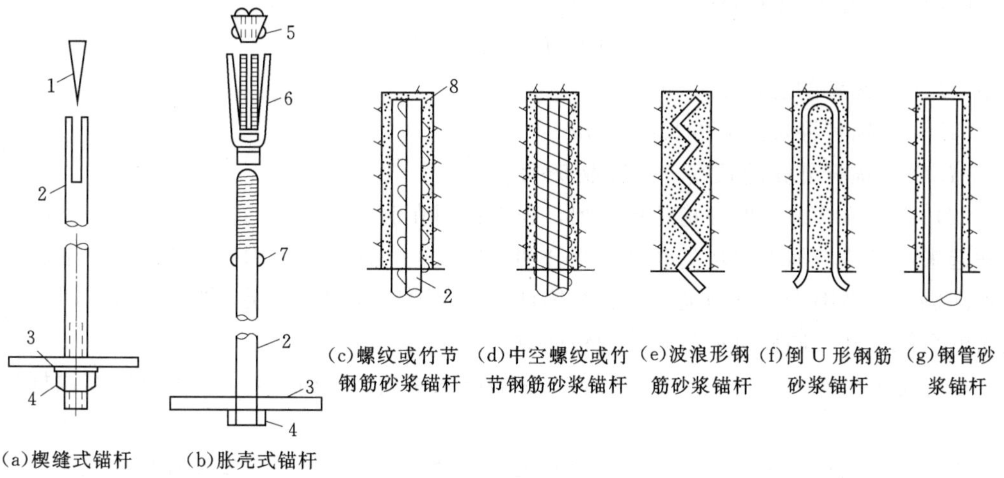

图 6.13　锚杆的类型

1—楔块；2—锚杆；3—垫板；4—螺帽；5—锥形螺帽；6—胀圈；7—突头；8—水泥砂浆或树脂

随着我国基本建设速度的加快，有许多大跨度、大断面的地下洞室在十分复杂的岩体中修建，对锚杆材料及锚固介质有更高的要求，如采用高强度或超高强度的金属作为杆件材料，并对杆体进行冷拉、滚丝处理，可大大提高支护效果。树脂是一种高分子材料，具有优越的黏结性能，较之以快硬水泥为主要材料的砂浆锚固，在施工中具有更好的操控性和可靠性。

根据围岩变形与破坏的特性，从发挥锚杆不同作用考虑，锚杆在洞室的布置有局部（随机）锚杆和系统锚杆。

（1）局部（随机）锚杆。主要用来加固危石，防止掉块。锚杆参数按悬吊理论计算。悬吊理论认为不稳定岩体的重量（或滑动力）应全部由锚杆承担，即

$$n\frac{\pi d^2}{4}R_g \geqslant \gamma V g \tag{6.6}$$

式中　n——锚杆根数；

d——锚杆的计算直径，cm；

R_g——锚杆的设计抗拉强度，N/cm^2；

γ——危岩密度，kg/m^3；

V——危岩的体积，m^3；

g——重大加速度，m/s^2。

对于洞室侧壁有滑动倾向的危岩，上式右边项应为危岩的滑动力和抗滑力的代数和。

为了保证危岩的有效锚固，锚杆应锚入稳定岩体，锚入深度应满足：

$$L_1 \geqslant \frac{dR_g}{4t} \tag{6.7}$$

式中 L_1——锚杆锚入稳定岩体的深度，cm；

t——砂浆与锚杆的黏结强度，N/cm^2；

其余符号意义同式（6.6）。

因此，加固危岩的锚杆总长度应为

$$L = L_1 + L_2 + L_3 \tag{6.8}$$

式中 L——锚杆的总长度，cm；

L_2——锚杆穿过危岩的长度，cm；

L_3——锚杆外露的长度，一般取 5～15cm。

（2）系统锚杆。一般按梅花形排列，连续锚固在洞壁内。它们将被结构面切割的岩块串联起来，保持与加强岩块的联锁、咬合和嵌固效应，使分割的围岩组成一体，形成一连续加固拱，提高围岩的承载能力。系统锚杆不一定要锚入稳定岩层，当围岩破碎时，用短而密的系统锚杆，同样可取得较好的锚固效果。

锚杆施工应按施工工艺严格控制各工序的施工质量。下面主要介绍水泥砂浆锚杆的施工方法。

水泥砂浆锚杆的施工，可以先压注砂浆后安设锚杆，也可以先安设锚杆后压浆。其施工顺序主要包括钻孔、钻孔清洗、压注砂浆和安设锚杆等。

钻孔时要控制孔位、孔向、孔径、孔深，使之符合设计要求，一般要求孔位误差不大于 20cm，孔向尽可能垂直岩层的结构面，孔径比锚杆直径大 10mm 左右，孔深误差不大于 5cm 。

钻孔清洗要彻底，可用高压风将孔内岩粉积水冲洗干净，以保证砂浆与孔壁的黏结强度。

压注砂浆要密实饱满，不允许有气泡残留。先注砂浆后设锚杆时，注浆管宜插入孔底，随砂浆的注入徐徐匀速拔出，拔管过快会使砂浆脱节。砂浆应拌和均匀，随拌随用，砂浆配合比应符合设计要求，一般水泥和砂的重量比为 1∶1～1∶2，水灰比 0.38～0.45。砂子要洁净过筛，控制粒径不大于 3mm，以防堵管。

安设锚杆应徐徐插入，插至孔底后，立即在孔口楔紧，待砂浆凝固再撤除楔块。

先设锚杆后注砂浆的施工工艺基本要求同上。

3. 喷混凝土施工

喷混凝土是将水泥、砂、石和外加剂（速凝剂）等材料，按一定配比拌和后，装入喷射机中，用压缩空气将混合料压送到喷头处，与水混合后高速喷到作业面上，快速凝固在被支护的洞室壁面，形成一种薄层支护结构。

这种支护结构在凝固初期有一定强度和柔性，能适应围岩的松弛变形，减少围岩的变形压力。喷混凝土不但与围岩表面有一定黏结力，而且能充填围岩的缝隙，将分离的岩面黏结成整体，提高围岩的自身强度，增强围岩抵抗位移和松动的能力。喷凝土还能封闭围岩，防止风化，缓和应力集中，是一种高效、早强、经济的轻型支护结构。

(1) 喷混凝土的材料。喷混凝土的原材料与普通混凝土基本相同，但在技术要求上有以下差别：

1) 水泥。喷混凝土的水泥以选用普通硅酸盐水泥为好，强度等级应不低于 C45，以使喷射混凝土在速凝剂的作用下早期强度增长快，干硬收缩小，保水性能好。

2) 砂子。一般采用坚硬洁净的中、粗砂，平均粒径 0.35～0.5cm。砂子过粗容易产生回弹，过细则不仅会增加水泥用量，而且会增加混凝土的收缩，降低混凝土的强度。砂子的含水率对喷射工艺有很大影响：含水率过低，混合料在管中容易分离，造成堵管，喷射时粉尘较大；含水率过高，骨料有可能发生胶结。工程实践证明中砂或中粗砂的含水率以 4%～6%为宜。

3) 石料。碎石、卵石都可以用作喷混凝土的粗骨料。石料粒径为 5～20mm，其中大于 15mm 的颗粒宜控制在 20%以下，以减少回弹，保证输料管路的畅通。石料使用前应经过筛洗。

4) 水。喷混凝土用水与一般混凝土对水的要求相同。地下洞室中的混浊水和一切含酸、碱的侵蚀水不能使用。

5) 速凝剂。为加快喷混凝土凝结硬化过程，提高早期强度，增加一次喷射的厚度，提高喷混凝土在潮湿含水地段的适应能力，需在喷混凝土中掺入速凝剂。速凝剂应符合国家标准，其初凝时间不大于 5min，终凝时间不大于 10min。

(2) 主要施工工艺。喷混凝土的施工方法主要有干喷、湿喷及裹砂法三种。

干喷法。将水泥、砂、石和速凝剂加微量水干拌后，用压缩空气输送到喷嘴处，再与适量水混合，喷射到岩石表面；也可以将干混合料压送到喷嘴处，再加液体速凝剂和水进行喷射。这种施工方法便于调节加水量，控制水灰比，但喷射时粉尘较大。

湿喷法。将骨料和水拌匀后送到喷嘴处，再添加液体速凝剂，并用压缩空气补给能量进行喷射。湿喷法主要克服喷射时粉尘较大的缺点。

为了进一步改善喷混凝土的施工工艺，控制喷射粉尘，在工程实践中还研究出如水泥裹砂法（SEC 法）、双裹并列法和潮料掺浆法等喷混凝土的新工艺。

图 6.14 分别介绍了干喷法、湿喷法及水泥裹砂法的喷射工艺流程。

(3) 施工技术要求。为了保证喷混凝土的质量，必须严格控制有关的施工参数，并注意以下施工技术要求：

1) 风压。正常作业时喷射机工作室内的风压，一般为 0.2MPa，风压过大，喷射速度高，混凝土回弹量大，粉尘多，水泥耗量大；风压过小，则混凝土不密实。

2) 水压。喷头处的水压必须大于该处风压，并要求水压稳定，保证喷射水具有较强的穿透骨料的能力。水压不足时，可设专用水箱，用压缩空气加压，以保证骨料能充分湿润。

3) 喷射方向和喷射距离。喷头与受喷面应尽量垂直，角度偏差宜控制在 20°以内，利用喷射料束抑阻骨料的回弹，以减少回弹量。喷头与受喷面的距离，与风压和喷射速度有关。据试验，当喷射距离为 1.0m 左右时，对于提高喷射质量、减少骨料回弹都比较

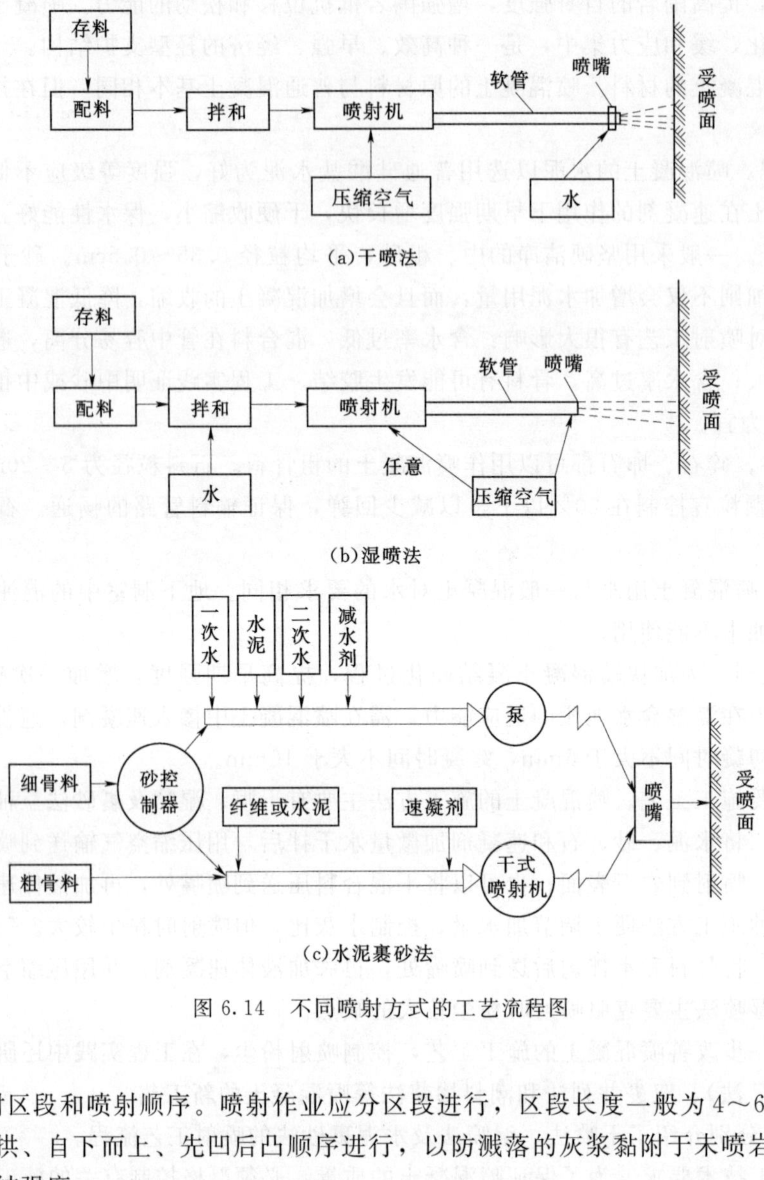

图 6.14 不同喷射方式的工艺流程图

理想。

4）喷射区段和喷射顺序。喷射作业应分区段进行，区段长度一般为4～6m。喷射时，通常先墙后拱、自下而上、先凹后凸顺序进行，以防溅落的灰浆黏附于未喷岩面，影响喷混凝土的黏结强度。

5）喷射分层和间歇时间。当喷混凝土设计厚度大于10cm时，一般应分层喷射。一次喷射厚度，边墙控制在6～10cm，顶拱3～6cm，局部超挖处可稍厚2～3cm；掺速凝剂时可厚些，不掺时应薄些。一次喷射太厚，容易因自重而引起分层脱落或与岩面脱开；一次喷射太薄，若喷射厚度小于最大骨粒粒径，则回弹率又会迅速提高。

分层喷射时，后一层喷射应在前一层混凝土终凝后进行，但也不宜间隔过久，若终凝1～2h后再进行喷射，应用风水清洗混凝土表面，以利层间结合。

当喷混凝土紧跟开挖面进行时，从混凝土喷完到下一次开挖循环中放炮时间的间隔，一般不小于4h，以保证喷混凝土强度有一定增长，避免引起爆破震动裂缝。

6）喷混凝土的养护。喷混凝土单位体积的水泥用量比较大，凝结硬化快，为使混凝土强度均匀增长，减少或防止不正常的收缩，必须加强养护。一般喷完后 2～4h 开始洒水养护，并保持混凝土的湿润状态，养护时间不少于 14 天。

6.3.2.6　出渣运输

出渣运输是隧洞开挖中费力费时的工作，所花时间约占循环时间的 1/3～1/2，它是控制掘进速度的关键工序，在大断面洞室中尤其如此。因此，必须制定切实可行的施工组织措施，规划好洞内外运输线路和弃渣场地，通过计算选择配套的运输设备，拟定装渣运输设备的调度运输方式和安全运行措施。

装渣运输作业包括装渣和运输两项工作。

1. 装渣

（1）人工装渣。常在装渣地点设置钢板，使爆破石渣落在钢板上，以便用铁铲装车。如事先埋设松渣炸药包，用松渣炮将堆渣翻松，将有利于装渣。为了提高装渣效率，当采用下半分部开挖方式时，常利用漏斗棚架装渣；当采用上半分部开挖方式时，常利用工作平台车装渣。

（2）机械装渣。常用设备有斗容 0.2～0.4m^3 的装岩机，其生产率为 20～48m^3/h；斗容 1～3m^3 的装载机；还有适合地下工程特点的 1m^3 短臂正向铲。

2. 运输

石渣运输多采用窄轨铁路及装渣列车，一般由电气机车或电瓶机车牵引。当运距短、出渣量少时，也可采用人力推运或卷扬机牵引 0.6m^3 窄轨斗车运输。洞内有轨运输宜铺设双线，并每隔 300～400m 设置岔道，以满足装卸及调车的需要。如采用单线时，应每隔 100～200m 设置错车岔道，其有效长度应满足停放一列列车的要求。堆渣地点应设在洞口附近，其高程较洞底板低些，以便重车下坡，并可利用废渣铺路基逐渐向外延伸。

当隧洞断面较大时，也可以采用自卸汽车运输石渣，但应加强洞内通风，以排除内燃机产生的有害气体。

6.3.2.7　隧洞开挖循环作业设计

开挖循环作业是指在一个循环周期（循环时间）内，完成一定掘进深度（即循环进尺）所进行的各工序过程，而循环时间是指各工序循环一次所用时间的总和，常以每一次钻孔开始算起，到下一次开始钻孔为止。循环时间常采用 4h、6h、8h、12h 等，以便于工人定时换班。

隧洞开挖循环作业所包括的主要工作（工序）有钻孔、装药、爆破、通风排烟、爆后检查处理、装渣运输、铺接轨道等。

为了确保掘进速度，常采用流水作业法（平行作业法和交叉作业法）组织各工序进行开挖掘进工作。在一个循环时间内，各工序的起、止时间和进度安排，常用循环作业图表示。

编制循环作业图的关键是合理确定循环掘进深度。掘进深度越大，炮孔深度越大，钻孔和装渣运输所占的时间越长，整个循环时间也越长。编制循环作业图时，往往先确定循环时间，再推算出相应的掘进深度。计算掘进深度的步骤如下。

（1）计算开挖面的炮孔数目 N：

$$N=k\sqrt{fs} \tag{6.9}$$

式中　f——岩石坚固系数；

s——隧洞断面面积；

k——临空面影响系数。

（2）计算开挖面掘进1m时的炮孔总长$L_{总}$（m）：

$$L_{总}=\frac{N\times 1}{\eta} \tag{6.10}$$

式中　η——炮孔利用系数，约为0.8～0.9。

（3）计算开挖面掘进1m时的钻孔时间$t_{钻}$（h）：

$$t_{钻}=\frac{L_{总}}{\pi_{钻}\ \mu\varphi}(\mathrm{h}) \tag{6.11}$$

式中　$\pi_{钻}$——风钻的生产率，m/h，当使用手持式风钻时可取3；

μ——使用的风钻台数；

φ——μ台风钻同时工作系数。

（4）计算开挖面掘进1m时的出渣时间$t_{钻}$（h）：

$$t_{渣}=\frac{Sk_{松}\times 1}{\pi_{渣}} \tag{6.12}$$

式中　S——开挖断面面积，m^2；

$k_{松}$——岩石松散系数，取1.6～1.9；

$\pi_{渣}$——装岩机的生产率，m^3/h。

（5）确定其他辅助工序的时间$T_{辅}$(h)。包括装药、爆破、通风排烟、爆破后检查处理、铺接轨道等工序所占用的时间，这些时间比较固定，可按工程类比法确定。

（6）计算开挖面循环掘进深度L(m)：

$$L=\frac{T-T_{辅}}{t_{钻}+t_{渣}} \tag{6.13}$$

式中　T——预定的循环时间，h。

式（6.13）系考虑钻孔与出渣为连续流水作业的计算式。如为平行作业，则不能简单相加，钻孔与出渣同时工作的时间只能计算一次。

（7）计算掘进深度为L时的钻孔时间$T_{钻}$(h）和出渣时间$T_{渣}$(h)：

$$T_{钻}=Lt_{钻} \tag{6.14}$$

$$T_{渣}=Lt_{渣} \tag{6.15}$$

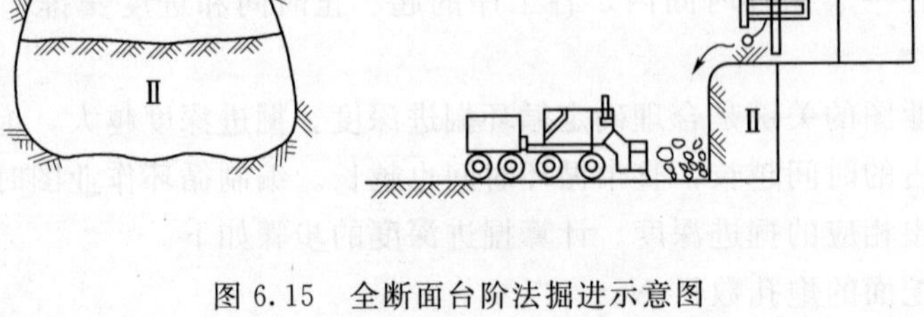

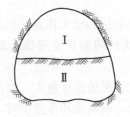

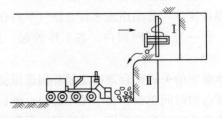

图6.15　全断面台阶法掘进示意图

Ⅰ—上台阶；Ⅱ—下台阶

图 6.15 为全断面台阶法掘进方案。工作开始时，先将台阶的石渣扒到洞底，因而上台阶钻孔可与下台阶出渣平行作业，然后进行下台阶的钻孔，最后上、下台阶同时装药爆破，其循环作业见表 6.7。

表 6.7　　　　循 环 作 业 表

序号	工序	时间/h	班时/h							
			1	2	3	4	5	6	7	8
1	工作面检查清理	0.5								
2	上台阶扒渣	0.5								
3	上台阶钻孔	5.9								
4	出渣	2.9								
5	下台阶钻孔	3.1								
6	装药爆破、通风	1.0								

6.3.2.8　塌方预防及处理

塌方是最为常见也是比较典型的一类事故。造成塌方的原因多种多样，有地质上突发的因素，即地质状态、受力状态、地下水变化等，也有人为因素，即不适当的设计或不适当的施工作业方法等。由于塌方往往会给施工带来很大的困难和经济损失，因此，需要尽量注意排除可导致塌方的各种因素，尽可能避免塌方的发生。应树立塌方是可以预测、可以控制的观点，不断培养工程技术人员在不良地质条件下施工的应变能力和处理能力。

1. 发生塌方的主要原因

（1）不良地质及水文地质条件。在下述地质条件下，如施工不当，就会发生不同程度的塌方：

1）在断层破碎带中，视断层规模，从小规模崩塌到大规模崩塌都有发生；在断层处，视其破碎程度，发生一次崩塌或多次崩塌的情况都有。

2）在断层围岩中，通常都会发生小规模的崩塌。例如，在第三纪的砂岩、页岩互层中，因少量涌水，固结度低的砂岩层会流出，残留的泥岩部分将呈块状崩落。崩塌的程度因砂岩层的固结度、层理面的间距、层理面的固结度、砂岩层中的水量、水压等而异，崩塌会因涌水而加剧。

3）在强风化的围岩中，会产生比较大的崩塌，有涌水时崩塌规模会更大。

4）由于层理面产生崩塌的围岩，可发生中等规模到大规模的崩塌，视层理面的强度和掌子面状况、涌水等，会在数小时内发生几次崩塌。

5）在砂质围岩中，多发生小规模和中等规模的崩塌。

6）有突发涌水或大量涌水的场合等。

7）隧洞穿越地层覆盖过薄地段，如在沿河傍山、偏压地段、沟谷凹地浅埋和丘陵浅埋地段极易发生塌方。

（2）人为因素：

1）地质勘探资料不详细。缺乏较详细的隧洞所处位置的地质及水文地质资料，未能查明可能塌方的因素，或没有绕开可以绕避的不良地质地段，造成设计不尽合理而引起施工指导或施工方案的失误。

2）施工方法与地质条件不相适应。地质条件发生变化，没有及时改变施工方法；工序安排不当；支护不及时，支撑架立不合要求，或抽换不当，"先拆后支"；地层暴露过久，引起围岩松动、风化，导致塌方。

3）喷锚支护不及时，喷射混凝土的质量、厚度不符合要求。

4）按新奥法施工的隧洞，没有按规定进行量测，或信息反馈不及时，决策失误，措施不力。

5）围岩爆破用药量过多，因震动引起坍塌。

6）对危石检查不重视、不及时，处理危石措施不当，引起岩层坍塌。

7）对已施工段坑道水文地质情况、岩性特征资料收集不够及时、准确，描述不详细，变形量测不到位；对未施工段坑道水文地质情况、岩性特征推断不准确，事故应变措施不到位，重视程度不够。

2. 预防塌方的施工措施

首先应加强初期支护，控制塌方；其次通过观察、量测等手段预测塌方，如发现征兆应高度重视，及时分析，采取有力措施处理隐患，防患于未然。一般采取以下措施预防塌方：

（1）隧洞开挖后，应及时有效地完成喷锚支护或喷锚网联合支护，并应考虑采用早强喷射混凝土、早强锚杆和钢支撑支护措施等。在不良地质、围岩破碎地段，应采取"先排水、短开挖、弱爆破、强支护、早衬砌、勤量测"的施工方法。

（2）加强塌方的预测。预测塌方常用以下方法：

1）观察法。定期和不定期地观察洞内围岩的受力及变形状态；检查支护结构是否发生了较大的变形；观察岩层的层理、节理是否裂隙变大，坑顶或坑壁是否松动掉块；喷射混凝土是否发生脱落；地表是否下沉等。对掘进工作面应进行地质素描，或采用探孔对地质情况或水文情况进行探察，分析判断掘进前方有无可能发生塌方。

2）量测法。采用一般的量测仪器，按时量测观测点的位移、应力，及时发现不正常的受力、位移状态及有可能导致塌方的情况；或根据微地震学测量法和声学测量法，通过专用仪器确定岩石的受力状态，并预测塌方可能发生的情况。

3. 隧洞塌方的处理措施

查明原因，制定处理方案。发生塌方后，应及时迅速处理。首先应查明塌方发生的原因和地下水活动情况，详细观测塌方范围、形状、塌穴的地质构造，认真分析，制定合理的处理方案。

先加固未坍塌地段，然后清除渣体，完成衬砌。塌方发生后，为防止继续发展，可按下列方法进行处理：

（1）小塌方。纵向延伸不长、塌穴不高。首先加固塌方体两端洞身，并抓紧喷射混凝土或采用锚喷联合支护封闭塌穴顶部和侧部，再进行清渣。在确保安全的前提下，也可在塌渣上架设临时支架，稳定顶部，然后清渣。临时支架待灌筑衬砌混凝土达到要求强度后方可拆除。

（2）大塌方。塌穴高、塌渣数量大，渣体完全堵住洞身时，宜采取先护后挖的方法。在查清塌穴规模大小和穴顶位置后，可采用管棚法和注浆固结法稳固围岩体和渣体，待其基本稳定后，按先上部后下部的顺序清除渣体，采取短进尺、弱爆破、早封闭的原则挖塌方体，并尽快完成衬砌（图 6.16）。

（3）塌方冒顶，在清渣前应支护陷穴口，地层条件极差时，在陷穴口附近地面打设地表锚杆，洞内可采用管棚支护或钢架支撑。

（4）洞口塌方，一般易塌至地表，可采取暗洞明作的办法。

在处理塌方的同时，应加强防排水工作。塌方往往与地下水活动有关，治塌方应先治水，防止地表水渗入塌方体或地下，引截地下水防止渗入塌方地段，以免塌方扩大。具体措施有：①地表沉陷或裂缝用不透水土壤夯填紧密，开挖截水沟，防止地表水渗入塌方体；②塌方通顶时，应在塌陷穴口地表四周挖沟排水，并设雨棚遮盖穴顶。塌陷穴口回填应高出地面并用黏土或圬工封口，做好排水；③塌方体内有地下水活动时，应用管槽引至排水沟排出，防止塌方扩大。

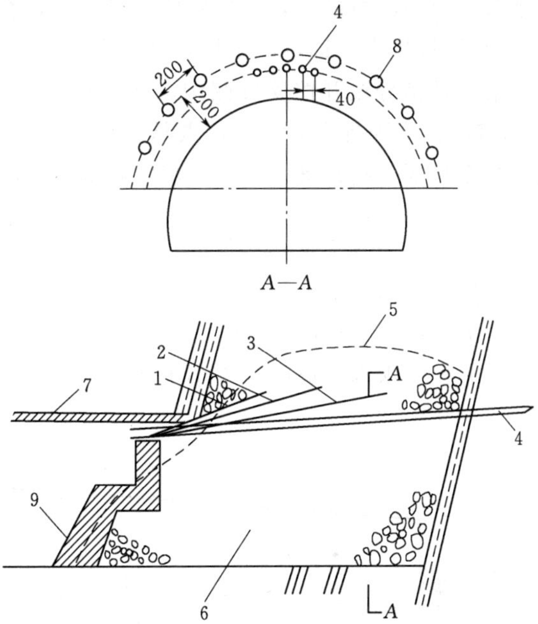

图 6.16　大规模塌方处理实例示意图

1—第一次注浆；2—第二次注浆；3—第三次注浆；4—管棚；5—坍线；6—塌方；7—初期支护；8—注浆孔；9—混凝土封堵线

塌方地段的衬砌应视塌穴大小和地质情况予以加强。衬砌背后与塌穴洞孔周壁间必须紧密支撑。当塌穴较小时，可用浆砌片石或干砌片石将塌穴填满；当塌穴较大时，可先用浆砌片石回填一定厚度，其以上空间应采用钢支撑等顶住稳定围岩；特大塌穴应作特殊处理。

采用新奥法施工的隧洞或有条件的隧洞，塌方后要加设量测点，增加量测频率，根据量测信息及时研究对策。浅埋隧洞，要进行地表下沉测量。

6.3.2.9　隧洞施工过程中的地下水控制

在施工期间，由于地下水的作用不仅降低围岩的稳定性（尤其是对软弱破碎围岩影响更为严重），使得开挖十分困难，且增加了支护的难度和费用，甚至需采取超前支护或预注浆堵水加固围岩。

(1) 洞外排水。主要是做好洞口的防洪和排水设施，防止雨季到来时山洪或地面水倒流入洞。对于斜井、竖井尤应多加注意。其次是将与地下水有补给关系的洼地、沟缝用黏土回填密实，并做截水沟截流导排。

(2) 洞内排水。洞内水主要来源于地下水和施工用水。对于有污染性的施工用水，还应按环境保护要求经净化处理后方能排入河流。洞内排水方式，根据路线坡度情况可分为两种。

1) 顺坡排水。即进洞上坡，一般只需按线路设计坡度，在坑道一侧挖出纵向排水沟；若利用平行导坑排水时，则应较洞低0.2～0.6m，使横通道（联系洞）有一个顺坡，有利于排水。应当注意的是，一般将施工排水沟挖在结构排水沟的位置上。

2) 反坡排水。即进洞下坡，此时水向工作面汇集，需用水泵排水。排水方式有两种：

第一种是分段开挖反坡侧沟，在侧沟每一分段上设一集水坑，用水泵把水排出洞外（图6.17)。这种排水方式的优点是工作面无积水，水泵位置固定，不需水管，缺点是使用水泵多且要开挖反坡水沟；一般在隧洞较短、线路坡度较小时采用。集水坑间距为

$$L_k = \frac{h_k}{i_s + i_k} \tag{6.16}$$

式中 h_k——水沟最大开挖深度，一般不超过0.7m；

i_s——线路坡度，‰；

i_k——水沟底坡度，不小于2‰。

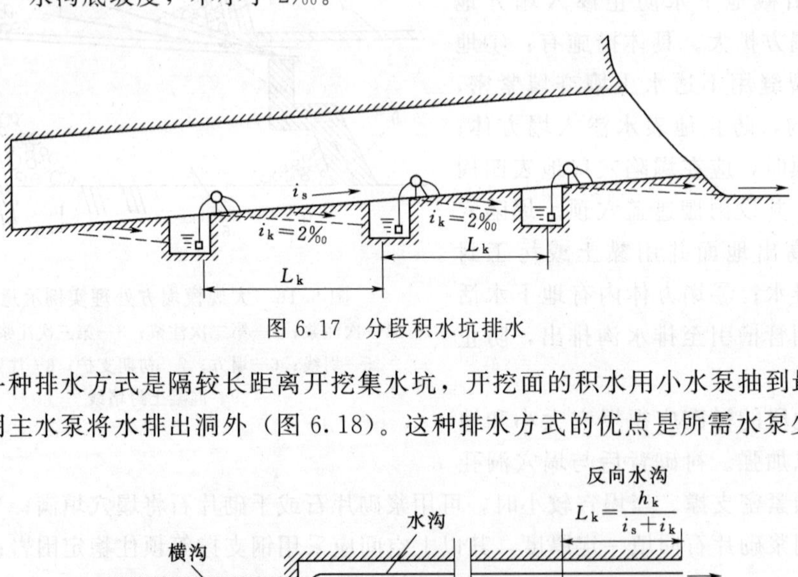

图6.17 分段积水坑排水

另外一种排水方式是隔较长距离开挖集水坑，开挖面的积水用小水泵抽到最近的集水坑内，再用主水泵将水排出洞外（图6.18)。这种排水方式的优点是所需水泵少，但要装

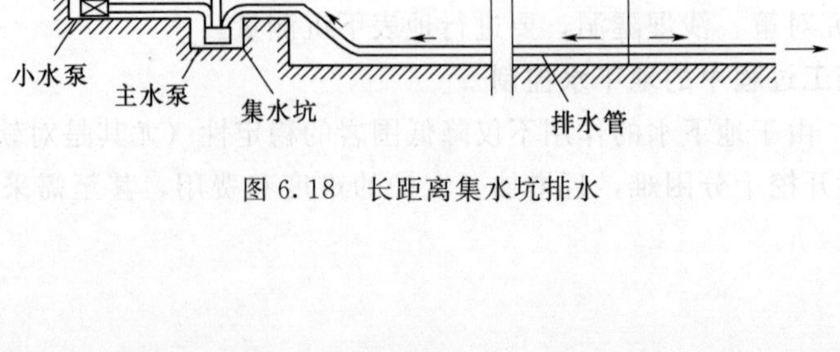

图6.18 长距离集水坑排水

水管，水泵也要随开挖面掘进而拆迁前移；一般在隧洞较长、涌水量较大时采用。

应当注意的是，进洞下坡施工的隧洞，应配备足够的排水设施（留一定的备用水泵）。必要时应在开挖面上钻深眼探水，防止突然遇到地下水、暗河等淹没坑道，造成事故。

任务 6.4　隧洞衬砌施工

请思考：

1. 隧洞衬砌施工是如何进行的？
2. 隧洞衬砌施工的顺序是什么？
3. 隧洞衬砌施工的模板有哪些？

隧洞混凝土和钢筋混凝土衬砌的施工，有现浇、预填骨料压浆和预制安装等方法。

现浇衬砌施工，与一般混凝土及钢筋混凝土施工基本相同，由于地下洞室空间狭窄，工作面小，作业方式和组织形式有其自身特点。

6.4.1　平洞衬砌的分缝分块及浇筑顺序

平洞的衬砌，在纵向通常要分段进行浇筑。当结构上设有永久伸缩缝时，可以利用永久缝分段。当永久缝间距过大或无永久缝时，则应设施工缝分段，分段长度一般为 4～18m，视平洞断面大小、围岩约束特性以及施工浇筑能力等因素而定。

分段浇筑的方式有跳仓浇筑、分段流水浇筑、分段留空当浇筑等方式，分别如图 6.19（a）～（c）所示。当地质条件较差时，采用肋拱肋墙法施工，这是一种开挖与衬砌交替进行的跳仓浇筑法。对于无压平洞，结构上按允许开裂设计，也可采用滑动模板连续施工方法进行浇筑，以加快衬砌施工，但施工工艺必须严格控制。

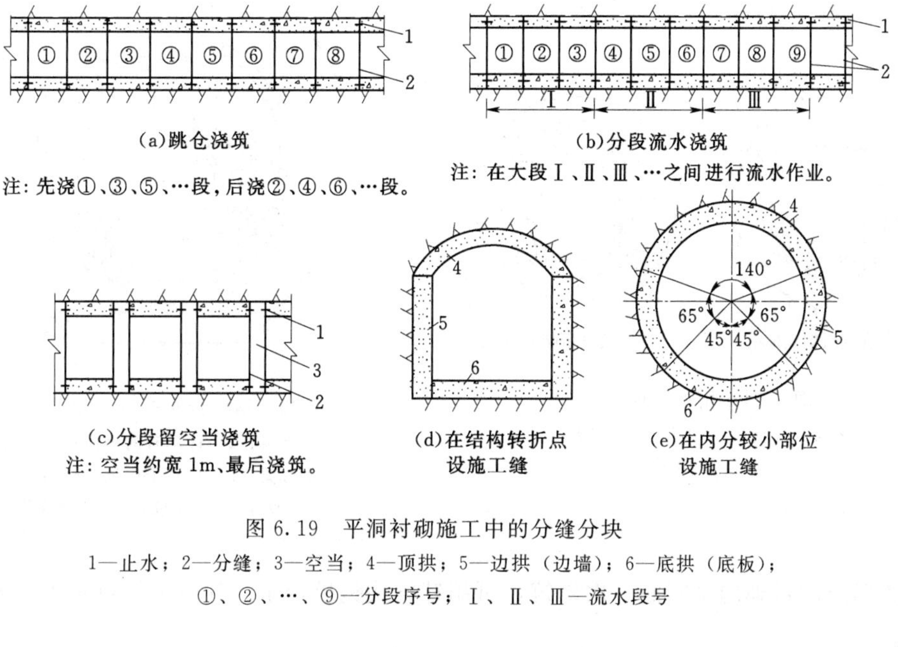

图 6.19　平洞衬砌施工中的分缝分块

1—止水；2—分缝；3—空当；4—顶拱；5—边拱（边墙）；6—底拱（底板）；①、②、…、⑨—分段序号；Ⅰ、Ⅱ、Ⅲ—流水段号

衬砌施工在横断面上也常分块进行。一般分成底拱（底板）、边拱（边墙）和顶拱三块。横断面上浇筑的顺序，正常情况是先底拱（底板），后边拱（边墙）和顶拱，其中边拱（边墙）和顶拱，可以连续浇筑，也可以分块浇筑，视模板型式和浇筑能力而定。在地质条件较差时，可以先浇筑顶拱，再浇筑边拱（边墙）和底拱（底板）；有时为了满足开挖与衬砌平行作业的要求，隧洞底板还未清理成形以前先浇好边拱（边墙）和顶拱，最后浇筑底拱（底板）。

后两种浇筑顺序，由于在浇筑顶拱、边拱（边墙）时，混凝土体下方无支托，应注意防止衬砌的下移和变形，并做好分块接头处反缝的处理，必要时反缝要进行灌浆。

6.4.2　平洞衬砌模板

平洞衬砌模板的型式依隧洞洞型、断面尺寸、施工方法和浇筑部位等因素而定。

对底拱而言，当中心角较小时，可以像底板浇筑那样，不用表面模板，只立端部挡板，混凝土浇筑后用型板将混凝土表面刮成弧形即可。当中心角较大时，一般采用悬挂式弧形模板（图6.20）。目前，使用牵引式拖模连续浇筑或底拱模板台车分段浇筑底拱也获得了广泛应用。

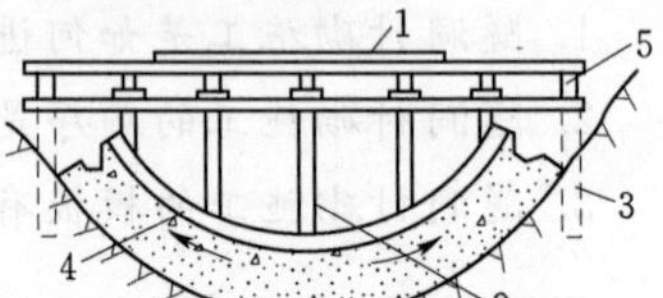

图6.20　底拱模板

1—仓面板；2—模板桁架；3—桁架支柱；4—拱形模板；5—纵梁（架在仓面板支撑上）

浇筑边拱（边墙）、顶拱时，常用桁架式或钢模台车。

桁架式模板，由桁架和面板组成（图6.21），施工前，在洞外先将桁架拼装好，运入洞内就位后，再随着混凝土浇筑面的上升，逐次安设模板。

钢模台车是一种可移动的多功能隧洞衬砌模板车（图6.22），根据需要，它可作顶拱钢模、边拱墙钢模以及全断面模板使用。

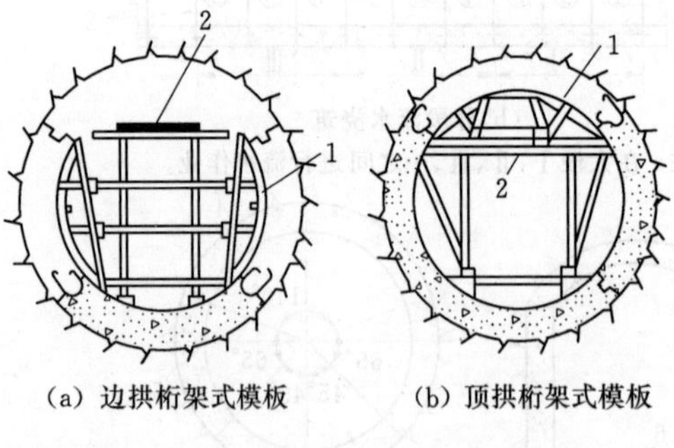

(a) 边拱桁架式模板　　(b) 顶拱桁架式模板

图6.21　桁架式模板

1—桁架式模板；2—工作平台或脚手架

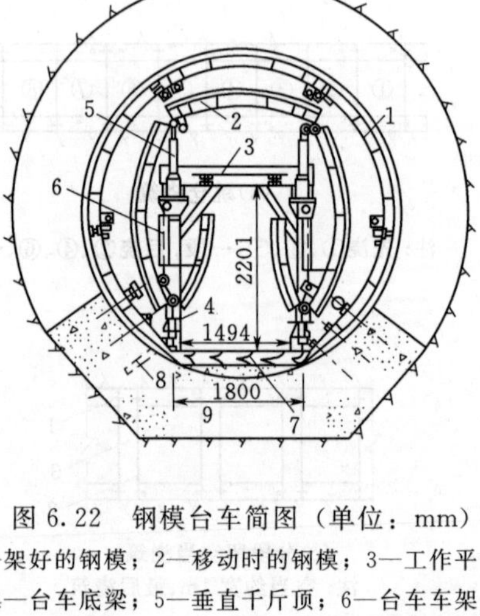

图6.22　钢模台车简图（单位：mm）

1—架好的钢模；2—移动时的钢模；3—工作平台；4—台车底梁；5—垂直千斤顶；6—台车车架；7—枕木；8—拉筋；9—已浇底拱

圆形隧洞衬砌的全断面一次浇筑，可用针梁式钢模台车。其施工特点是不需要铺设轨道，模板的支撑、收缩和多动，均依靠一个伸出的针梁（图 6.23）。

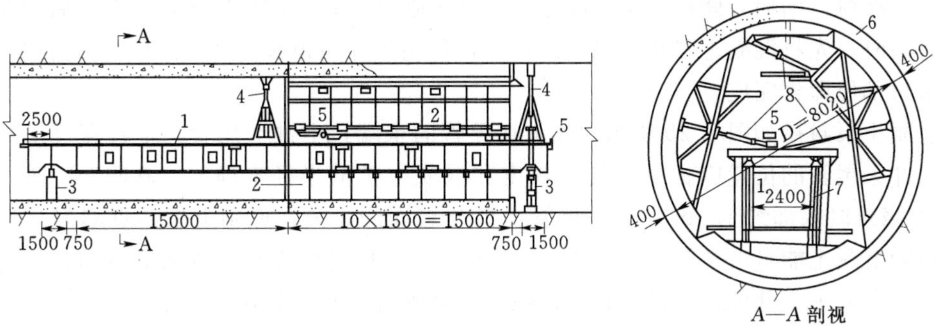

图 6.23　针梁式钢模台车简图（单位：mm）
1—针梁；2—钢模；3—支座液压千斤顶；4—抗浮液压千斤顶；5—行走系统；
6—混凝土衬砌；7—行走梁框；8—手动螺蛤千斤顶

模板台车使用灵活，周转快，重复使用次数多。用台车进行钢模的安装、运输和拆卸，一部台车可配几套钢模板进行流水作业，施工效率高。

6.4.3　衬砌的浇筑

隧洞衬砌多采用二级配混凝土。对中小型隧洞，混凝土一般采用斗车或轨式混凝土搅拌运输车，由电瓶车牵引运至浇筑部位；对大中型隧洞，则多采用 3～6m^3 的轮式混凝土搅拌运输车运输。在浇筑部位，通常用混凝土泵将混凝土压送并浇入仓内。常用的混凝土泵有柱塞式、风动式和挤压式等工作方式，它们均能适应洞内狭窄的施工条件，完成混凝土的运输和浇筑，能够保证混凝土的质量。

泵送混凝土的配合比，应保证有良好的和易性和流动性，其坍落度一般为 8～16cm。

混凝土浇捣因衬砌洞壁厚度与采用的模板形式不同而异，当洞壁厚度较大时，作业人员可以进入仓内用振捣棒进行浇捣，当洞壁较薄，人不能进入仓内时，可在模板不同位置预留进料窗口，并由此窗口插入振捣器进行振捣。如果是台车，也可以在台车上安装附着式振捣器进行振捣。由窗口振捣时，随着浇筑混凝土面的抬升可封堵窗口再由上层窗口进料和振捣。

6.4.4　衬砌的封拱

平洞的衬砌封拱是指顶拱混凝土即将浇筑完毕前，将拱顶范围内未充满混凝土的空隙和预留的进出口、窗口进行浇筑、封堵填实的过程。封拱工作对于保证衬砌体与围岩紧密接触，形成完整的拱圈是非常重要的。

封拱方法多采用封拱盒法和混凝土泵封拱。封拱盒封拱如图 6.24 所示。

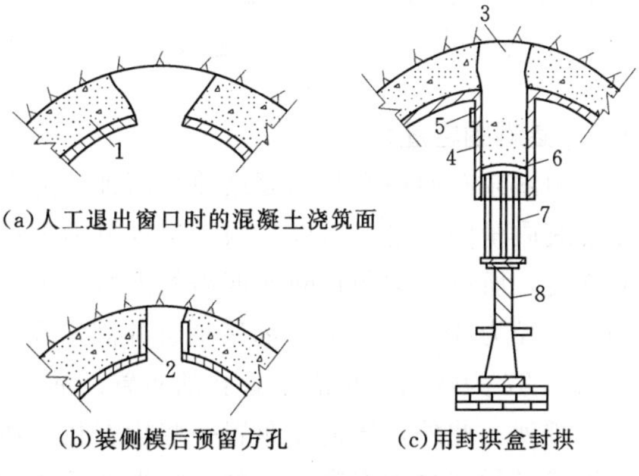

图 6.24　封拱盒封拱示意图
1—已浇混凝土；2—模框；3—封拱部位；4—封拱盒；
5—进料活门；6—活动封门板；7—顶架；8—千斤顶

在封拱前，先在拱顶预留一小窗口，尽量把能浇筑的四周部分浇好，然后从窗口退出人和机具，并在窗口四周立侧模，待混凝土达到规定强度后，将侧模拆除，凿毛之后安装封拱盒。封堵时，先将混凝土料从盒侧活门送入，再用千斤顶顶起活动封门板，将盒内混凝土压入待封部位即告完成。

混凝土泵封拱如图6.25所示。通常在导管的末端接上冲天尾管，垂直穿过模板伸入仓内。冲天尾管的位置应根据浇筑段长度和混凝土扩散半径来确定，其间距一般为4～6m，离浇筑段端部约1.5m左右。尾管出口与岩面的距离，原则上越贴近越好，但应保证压出的混凝土能自由扩散，一般为20cm左右。封拱时应在仓内岩面最高的地方设置排气管，在仓的中央部位设置进人孔，以便进入仓内进行必要的辅助工作。

混凝土泵封拱的施工程序是：①当混凝土浇至顶拱仓面时，撤出仓内各种器材，尽量筑高两端混凝土；②当混凝土达到与进人孔齐平时，仓内人员全部撤离，封闭进人孔，同时增大混凝土的坍落度（达14～16cm），加快混凝土泵的压送速度，连续压送混凝土；③当排气管开始漏浆或压入的混凝土量已超过预计方量时，停止压送混凝土；④去掉尾管上包住预留孔眼的铁箍，从孔眼中插入防止混凝土塌落的钢筋；⑤拆除导管；⑥待顶拱混凝土凝固后，将外伸的尾管割除，并用灰浆抹平，如图6.26所示。

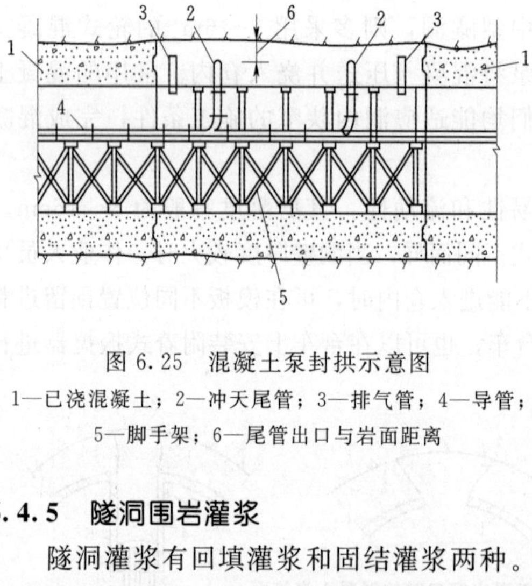

图6.25 混凝土泵封拱示意图

1—已浇混凝土；2—冲天尾管；3—排气管；4—导管；5—脚手架；6—尾管出口与岩面距离

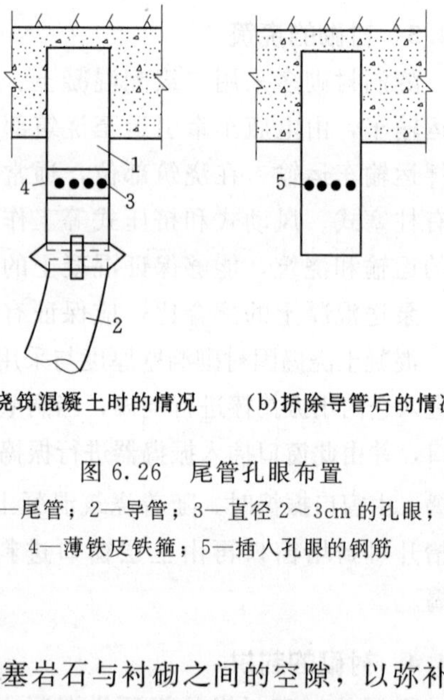

图6.26 尾管孔眼布置

1—尾管；2—导管；3—直径2～3cm的孔眼；4—薄铁皮铁箍；5—插入孔眼的钢筋

6.4.5 隧洞围岩灌浆

隧洞灌浆有回填灌浆和固结灌浆两种。前者是填塞岩石与衬砌之间的空隙，以弥补混凝土浇筑质量的不足，所以只限于顶拱范围内；后者是为了加固围岩，以提高围岩的整体性和强度，所以范围包括断面四周的围岩。为了节省钻孔工作量，两种灌浆都需要在衬砌时预留直径为38～50mm的灌浆钢管并固定在模板上。

图6.27为隧洞两种灌浆管孔的布置。灌浆管孔沿洞轴线每2～4m布置一排，各排孔位交叉排列。此外，还需要布置一些检查孔，用以检查灌浆质量。

灌浆必须在衬砌混凝土达到一定强度后才能进行，并先进行回填灌浆，隔一个星期后再进行固结灌浆。灌浆时应先用压缩空气清孔，然后用压力水冲洗。灌浆在断面上应自下而上进行，并利用上部管孔排气，在洞轴线方向采用隔排灌注、逐步加密的方法。

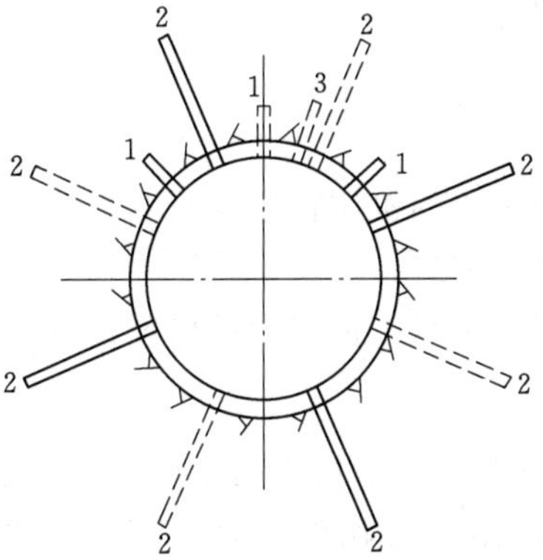

图 6.27　灌浆管孔的布置

1—回填灌浆管；2—固结灌浆管孔；3—检查管

为了保证灌浆质量和防止衬砌结构的破坏，必须严格控制灌浆压力。回填灌浆压力为：无压隧洞第一序孔用 100～304kPa，有压隧洞第一序孔用 200～405kPa；第二序孔可增大到 1.5～2 倍。固结灌浆的压力应比回填灌浆的压力高一些，以使岩石裂缝灌注密实。

任务 6.5　掘进机法开挖隧洞

请思考：

1. 掘进机法的优缺点是什么？
2. 掘进机法开挖隧洞的施工步骤有哪些？
3. 掘进机法开挖隧洞的施工注意事项有哪些？

6.5.1　掘进机法的施工特点

隧洞掘进机（简称 TBM）是一种机械化的隧洞掘进设备。掘进机法是利用掘进机切削破岩，开凿隧洞的施工方法。掘进机施工有着钻爆法施工不可比拟的优点：采用掘进机开挖隧洞具有一次成洞；洞壁光滑；施工质量好；速度快，劳动条件好，对围岩的损伤小，几乎不产生松弛，掉块，崩塌的危险小，支护的工作量小；超挖小，衬砌也省；震动、噪声小，对周围的居民和结构物的影响小等一系列优越性。

隧洞掘进机法的缺点是机械的购置费和运输、组装解体等的费用高，机械的设计制造时间长，初期投资高；施工途中不能改变开挖直径；掘进机施工方式一经确定，就不可像钻爆法施工那样自由变更，难以适应复杂的地质变化情况，对断层、破碎带和软弱掘进困难。开挖断面的大小、形状变更困难。

目前使用的 TBM 有敞开式、护棚式、护盾式等类型，地质条件较好时，多采用开敞式。

6.5.2　TBM 的构成

（1）开挖部：刀盘及其主轴和驱动装置。

（2）开挖反力支承部：支承靴。

（3）推进部：推进千斤顶。

6.5.3 TBM的推进方式

掘进机的推动方式

（1）扩张支承靴，固定掘进机的机体在隧洞壁上。

（2）回转刀盘，开动千斤顶前进。

（3）推进一行程后，缩回支承靴，把支承靴移置到前方，返回（1）的状态。

6.5.4 TBM的工作过程

岩石隧洞掘进机切削头为焊接钢结构，通常向前呈弧面凸出，在凸面上按最佳切削作用和根据不同区域要求的间距布置切削刀具，可以承受巨大的推力和扭矩。在切削头的边缘有一系列铲斗，破岩后的石渣由铲斗铲起，旋转至顶部导入输送机系统，再运出洞外。

机体内有驱动马达、其他电气和液压设备以及附属设备。驱动马达提供转动切削头所需的扭矩。液压设备主要为推力千斤顶，踏撑千顶和支承千斤顶。推力千斤顶提供掘进机所需的推力；踏撑千斤顶是为了在掘进机钻进时撑紧岩壁，使机身固定。

任务6.6 盾构法开挖隧洞

请思考：

1. 盾构施工法的优缺点是什么？
2. 盾构施工法的施工步骤有哪些？
3. 盾构施工法的注意事项有哪些？

盾构施工法是软土隧洞掘进施工的一种有效方法，在城市地下铁道施工中已得到广泛应用。随着盾构技术的飞跃式发展，盾构机已可适用于任何地层。

盾构就是软土隧洞掘进机，既可能是机械开挖，也可能是人工开挖；既是一种施工机具，又是一个强有力的临时支撑结构；在盾壳的保护下既可进行开挖，又能进行衬砌。采用盾构施工，具有不影响地面交通、没有振动、对地面邻近建筑物影响较小、施工费用不受埋深的影响等特点。在土质差、水位高的地方建设埋深较大的隧洞，盾构法有较高的技术经济优越性。

6.6.1 盾构的组成

盾构由盾壳、推进机构、取土机构、拼装或现浇衬砌机构以及盾尾等部分组成。盾构推进中所受到的地层阻力，通过盾构千斤顶传至盾构尾部已拼装的预制隧洞衬砌结构，再传到竖井或基坑的后靠壁上。它是一个能支承地层荷载而又能在地层中推进的圆形或矩形或马蹄形等特殊形状的钢筒结构。在钢筒的前面设置各种类型的支撑和开挖土体的装置，在钢筒中段周圈内面安装顶进所需的千斤顶，钢筒尾部是具有一定空间的壳体，在盾尾内可以拼装1～2环预制的隧洞衬砌环。盾构每推进一环距离，就在盾尾支护下拼装一环衬砌，并及时向紧靠盾尾后面的开挖坑道周边与衬砌环外周之间的空隙中压注足够的浆体，以防止围岩松弛和地面下沉。在盾构推进过程中不断从开挖面排出土方。

6.6.2　盾构的类型

1. 按开挖方式分类

(1) 手掘式盾构，开挖和出土可用人工进行。

(2) 半机械式盾构，大部分的开挖工作和出土由机械进行。

(3) 机械式盾构，从开挖到出土均采用机械。

2. 按开挖面的支护方式分类

(1) 无固定支护式的盾构。如开胸式盾构（包括辐射式带转子构件的盾构），带隔板（隔开工作面）的盾构，开挖面带压板和旋转夺板的盾构，以及带有活动迭梁的盾构等。

(2) 固定机械支护式盾构。如带有开挖面封闭衬板的盾构（闭胸式），用黏土作护壁面移动或是在盾构下面隔板上设有小孔的盾构，以及刀盘可以调节岩石进入量的转子开缝式盾构。

(3) 工作面近旁带有气压室的盾构。这类盾构用一定的气压平衡地下水，以稳定工作面，由于喷射压缩空气而易发生喷气的危险，故较少采用。近年来德国和法国研制了利用压缩空气使触变性溶液在开挖面表面形成黏土表层的工艺，使压缩空气不再喷出。

(4) 泥水加压式盾构。这种盾构的旋转切削头后面有一个用隔板密封起来的泥浆室，其间充满从地面泥水处理设备输送来的有压泥浆，泥浆的压力比开挖面的地下水压力高，从而保护开挖面稳定。弃渣与泥浆混合后由输泥管抽出洞外进行渣泥分离处理。

使用水泥加压盾构，能在很浅覆盖层的砂卵石地层中、也能在很高的水压下挖掘，而不会像气压盾构施工那样有喷气的危险。施工人员可以常压下工作，不会像在气压盾构的高压下工作那样困难；但此种盾构需要附有庞大的泥水处理设备，成本较高、泥水加压式盾构适宜于黏性软土或砂质含水地层的施工，自 1975 年问世以来，用此类盾构修建的工程数量剧增。

(5) 土压式盾构。这种盾构把旋刀削下来的土留存于储土室内，然后根据掘进量并在保持对开挖面施加一定压力的条件下，由螺旋输送器自动控制出土量，连续出土。这样不仅可以防止开挖面坍塌，滞留在螺旋输送器内的土砂还可以起隔水墙的作用来抵抗地下水压力。土压式盾构适用黏结性土壤的开挖。

这类盾构比泥水加压式盾构具有更明显的优越性，近年来已超过泥水加压式盾构的发展速度。

6.6.3　盾构法的施工过程

盾构法施工具有在软弱地层亦有较强的适应性、地表沉降易于控制、施工噪声小等优点，而且还可避免道路两侧管线受干扰。盾构法施工的工序较为复杂，施工精度及技术要求很高，其主要施工内容及步骤为：①在盾构法施工隧洞的起始端和终端各建一个工作井，分别称为始发井和到达井（或称拼装室、拆卸室）；②盾构在端头井内拼装就位；③洞口地层加固；④依靠盾构千斤顶推力（作用在已拼装好的衬砌环和工作井后壁上）将盾构从起始工作井的墙壁开孔处推出（此工序为盾构出洞）；⑤盾构在地层中沿着设计轴线推进，在推进的同时不断出土和安装衬砌管片；⑥及时向衬砌背后的空隙注浆，防止地层移动和固定衬砌环位置；⑦盾构进入终端工作井并被拆除（此工序为盾构进洞），如施工需要，可穿越工作井或盾构过站再向前推进。

盾构掘进过程可划分为 4 个阶段：①负环段掘进（从拼装后靠管片起至盾尾离开出洞井内壁止）；② 出洞段掘进（从盾尾离开出洞井内壁至盾尾离开出洞井内壁 40m 止）；③正常段掘进（从出洞段掘进结束到进洞段掘进开始）；④进洞段掘进（从盾构切口距进洞井外壁 5 倍盾构直径起，到盾构入基座止）。

现代的盾构能适用于各种复杂的工程地质和水文地质条件，施工速度快，能有效控制地面沉降。但应指出，盾构法施工需要较多的时间和投资用于盾构与附属设备的设计和制造，以及建造端头井等工程设施，同时其施工技术方案和施工细节对围岩条件的依赖性较其他方法高。这就要求事先做好细致的水文地质勘察工作，并要根据围岩的复杂程度做好各种应变的准备。因此，只有在不宜采用明挖法或矿山法，且地下水发育，围岩稳定性差，隧洞很长而又工期要求紧迫的情况下，采用盾构法施工才是经济合理的。

参 考 文 献

[1] 潘家铮. 中国水力发电工程：施工卷 [M]. 北京：中国电力出版社，2000.
[2] 司兆乐. 水利水电枢纽施工技术 [M]. 北京：中国水利水电出版社，2002.
[3] 吴立，等. 凿岩爆破工程 [M]. 武汉：中国地质大学出版社，2005.
[4] 冯叔瑜. 爆破员读本 [M]. 北京：冶金工业出版社，1992.
[5] 袁光裕. 水利工程施工 [M]. 北京：中国水利水电出版社，2005.
[6] 钟汉华. 水利水电工程施工技术 [M]. 北京：中国水利水电出版社，2004.
[7] 梅锦煜. 水利水电工程施工手册　土石方工程 [M]. 北京：中国电力出版社，2002.
[8] 李德武. 隧洞 [M]. 北京：中国铁道出版社，2004.
[9] 水利电力部水利水电建设总局. 砌石坝施工 [M]. 北京：水利电力出版社，1983.